日本石炭産業分析

隅谷三喜男著

岩 波 書 店

はしがき

石炭産業史を書いてみようと思い立ったのは、今から一〇年以上前のことである。いうまでもないが、当時石炭産業はまだ陽のあたる産業であった。戦後の傾斜生産以来、石炭は日本経済の再建・発展を支えるキイ産業であった。この産業の分析を手がかりとして、日本経済全体への展望をもつことも可能になるのではないか、とも考えていた。炭坑を歩き、坑内に入り、案内をしてくれる技術者と生産や労働の問題について語り、組合の事務所をたずねて、労働運動について立入った質問をしたりすることは、労働問題、とくに労働組合運動の研究を志していた関係で、終戦後間もないころから始められた。その最初の成果は「石炭礦業の生産力と労働階級――戦時戦後の炭礦労働をめぐって――」(東大経済学部創立三十周年記念論文集(二)『戦時戦後の日本経済』所収、昭和二四年)であり、続いて「石炭礦業の労働組合――『炭礦労働組合総連合』を中心として」(大河内一男編『日本労働組合論』所収、昭和二九年)などを書いた。

そのころ私は学部の都合で工業経済論の講座を担当することとなり、労働問題研究に一段落をつける必要もあって、数年間はそれらの準備やら跡始末やらに忙殺されたが、それが一応片付いたころ、以上のような関係から、工業経済論の一特殊研究として石炭鉱業史の研究をしてみよう、と思い立った。そのため、もう一度山をまわって史料を集め、整理する努力をはじめてみると、石炭産業分析の視角を確立する必要を痛感するようになった。産業史の分析視角が確立しなければ、史料蒐集の範囲も定まらないし、選択・整理の基準も確立しないことはもちろん、そもそも経済史の専攻者でない者が、工業経済研究の一分野としてここに立入る必要もないのではないか、と考えたからである。そのため、昭和三三年に「石炭産業分析序論」(後に『経済学論集』二七巻四号に掲載)を書き、分析のための基礎範疇として、炭層、生産過程としての運搬、生産手段としての坑道・切羽、鉱区所有等々の意義を解明すべく努力した。他方では集めた史料を整理して、特殊なテーマについてつぎのような二、三の試論も書いた。

「納屋制度の成立と崩壊」(『思想』昭和三五年八月号)

「炭鉱における労務管理の成立——三池炭鉱坑夫管理史」(脇村教授還暦記念論文集『企業経済分析』所収、昭和三七年)

そのころには、石炭産業はすでに斜陽化していた。資源の賦存条件においても、流体燃料という輸送・貯蔵の条件においても、有機化合物としての組成の点からいっても、さらに重要なことは、価格の点からみても、石炭は石油に対抗することが困難であった。石油資本は世界企業として、日本の市場をも支配するに至ったのである。私は日本経済の推進者としての栄光を担った石炭産業の歴史を書こうと準備を進めたのであるが、いよいよ執筆に入ったときには、日本石炭産業の葬送の賦を物さなければならない状況に変ってしまった。

当初、私は幕末から現在にいたる石炭産業史を書く心積りであった。経済史専攻でない私にとっては、現在に連絡しない過去は、それ自体として大きな関心事にならないからである。だが、いよいよ執筆の計画を立ててみると、幕末から始めるわけにはいかなかった。石炭の塩田との結びつきは一八世紀末にみられるのであり、そこまで遡れば、石炭産業の出発点まで立ち返ることはもう一歩のことであった。ところで、徳川中期——本格的には末期——から始めるということは、私をズルズルと経済史固有の領域に引き込んだ。筑豊や唐津地方を廻って、庄屋文書を探し出し、これを読むことを余儀なくされたのである。また長崎県庁や佐賀県庁で県庁の古い文書を引き出して、何百枚も写真をとることもした。そうこうしているうちに、当初比較的手軽に処理する予定でいた幕末・維新期の史料がしだいにふくれあがり、この時期を簡単に通過しえなくなってしまった。筑豊炭田の本格的分析に入ったときには、原稿はすでに数百枚にのぼっていた。

この執筆過程で、私は産業史分析の方法自体についても、改訂・拡充しなければならない問題に直面した。それは何よりも市場分析である。産業史分析に市場視点が重要であることは当初から認識していたが、分析の道具を十分に持ち合わせなかったのである。それが、昭和三七、八年ころ産業分析の方法を検討する過程で、産業構造論《industrial organization》の道具を使えるという見透しがついたので、これを石炭産業史の研究にも適用する必要と有効性を考え、市場分析を大幅に拡大することとなった。それによって石炭産業史はかなりに経済学的分析の密度をこくすることとなったが、同時にスペースもとることとなった。

こうして明治三〇年代の分析を終ってみると、当初予定していた枚数をすでにオーバーしてしまっていた。そのうえ、公務が多忙となって、きめ細かい分析を続けることは困難でもあった。石炭産業における独占の形成というところで、終止符をうたざるをえなかった。その体制が第二次大戦後に至って行き詰るわけであるから、ここまで考察すればいちおうの見透しはつくわけである。当初、産業史、現状分析、分析理論の三部構成をとるつもりであったのが、産業史が二〇世紀初頭で終ることとなっただけでなく、現状分析を省略せざるをえなくなった。その代りに分析理論＝「石炭産業分析序論」を少々拡大し、現時点の数字などを入れて、現状分析への展望を与えることに努めた。注意深い読者は、歴史分析と分析理論とから、現状認識についての基本的視角を見出されるであろう。そこからまた、私がいわゆる原理論・段階論・現状分析論という三段階論とは異なる見解をもっていることも容易に読みとられるであろう。

以上のような経緯で出来上った本書は、史料蒐集の過程で多くの方々の御協力をえた。筑豊の庄屋文書について便宜を与えられた宮崎百太郎氏をはじめ、三井鉱山の沿革史料閲覧の便を図られた三井鉱山株式会社、三池鉱業所、三菱社史および高島炭坑事件関係史料の閲読を許された三菱の関係者および高島鉱業所、唐津炭田関係では相知公民館、佐賀県庁、その他、長崎県庁、早稲田大学図書館、東京大学経済学部および工学部図書室等々に御厄介になった。紙上をかりてあつく御礼を申しあげる。なお、「石炭産業分析序論」を書きなおした第二部と、明治一〇年代の市場を分析し、「明治前期石炭市場の構造」(東大経済学部『経済学論集』三一巻一号)として発表した第一部第二章第二節の一部を除いては、すべてここに始めて発表するものである。

最後に、本書について岩波書店との間に出版の話が成立したのは昭和三二年であるから、出版まで丁度一〇年である。その間、怠慢な筆者を責めもせず、諦めもせず、ここまで忍耐された岩波書店には、いうべき言葉もない。この一〇年、筆者を督励したり、鞭撻したりした岩波書店の編集関係者に対してあつく御礼を申しあげる。

昭和四十二年九月

隅谷三喜男

目　次

文献

索引

第一部　日本石炭産業の史的分析

第一章　幕末・維新期の石炭産業

第一節　石炭産業の成立

1　石炭市場の展開

石炭生産に関する具体的な叙述が記録に現れるのは、一七世紀末葉以降のことである。元禄一六年(一七〇三)に脱稿したといわれる貝原益軒『筑前続風土記』には、

「燃石(もえいし)　遠賀郡・鞍手郡・嘉摩郡・穂波郡・宗像郡の中、所々山野に有之、村民是を掘り取て、薪に代用ゆ。遠賀・鞍手殊に多し、頃年糟屋の山にてもほる。烟多く臭悪しといへどもよくもえて火久しく有、水風呂のかまにたきてよし。民用に便あり、薪なき里に多し、是造化自然の助也」(『益軒全集』第四巻、六七四頁)

とあり、これに約一〇年おくれて正徳二年(一七一二)に編纂された寺島良安『和漢三才図会』は、

「石炭(いしずみ)は筑前の黒崎村、長門の舟木村に多く有之、土人山を堀て之を取り以て薪に代ふ。其気臭し。彼地峩(はげやま)多くして柴薪に乏しければ、これ乃ち一助となる」

と記している。このほか当時の記録、西鶴『一目玉鉾』(一六八九年)、ケンペル『日本誌』(一六九一、二年)、津田元貫『石城誌』(一七六五年)、古河古松軒『西遊雑記』(一七八三年)、等を併せ考察すると、一七世紀後半には、筑前、

豊前、長門等において、薪の代用として石炭が利用されており、しかも「山林うすくなりて薪柴乏しかりしにかかるもの出来りて民生日用の助となれるも造物主のめぐみ」(『石城誌』巻八)、「臭気悪敷中以下ノ百姓ナラデハ焼木ニハセヌ事」(『西遊雑記』)と記されているように、家事用燃料の入手に苦しんだ地方で、主として貧農の自家用燃料として採掘され、その一部は後に見るように農民の間に販売されていたことを知ることができる。[1]

ところで、燃料の不足は都市貧民の生活をもおびやかしたから、自家用燃料をこえる余剰石炭は、やがて一八世紀はじめころから燃料不足に悩んだ福岡、博多などの都市にあらわれ、都市石炭市場の成立につれて、逆に商品生産としての石炭採掘が一般化するに至った。

「〔前略〕臭気ありとて忌嫌ふもの多し、然とも日用に便利のことをしりたれば、後には町々戸々につたへて、あまねく両市中及田家まで流行せり。人また是に馴れぬれば、おのつから臭気を覚へす、夫より両郡〔糟屋・席田――筆者〕の村民等燃石をほりて炭となし[2]、馬におふて日々両市中に来りてひさぐ事おひたゝし」(『石城誌』巻八土産考下)。

一八世紀の三〇年代以後には、筑豊の石炭も福・博市場へ流入するようになり[3]、延享四年(一七四七)には鞍手炭三千俵(一俵=一〇〇斤)、翌寛延元年には五千俵、同四年には八千俵の石がらが積み出されている(「筑前炭坑史料」『福岡県史料叢書』第七輯、昭和二四年、一八頁)。他方、石炭は福岡藩外へも流出し、延享三年には「石がらは内々蘆屋若松洲口余分に積出され、下関や小倉では国〔筑前〕の石がらは自由に売買」(同上)されていた。[4] こうして、一八世紀末葉ともなれば、筑前諸郡の石炭生産は増大し、芦屋を基点として福・博その他の市場へ販売されるに至った。寛政年間の記録とされる『筑前国続風土記附録』によれば、

「燃石　糟屋郡遠賀郡鞍手郡嘉麻郡穂波郡等より生づ。これを焼て炭とし販ぐ。近年は殊に多く掘出す。民用に

便なり、燵て炭とならざる有けれど、賤民薪にかへ用ゆ。嘉麻穂波鞍手の諸村にて焼たるは、皆蘆屋に出し、船に積み、福岡博多に艜廻して販ぐ。これを蘆屋炭と云」（『福岡県史料叢書』第七輯、一七頁）。

しかしながら、一八世紀末葉においては、芦屋炭の主要市場は、すでに都市の燃料市場ではなく、実際には北九州から瀬戸内海へかけての塩田であった。石炭生産は当時の重要産業であった製塩業に市場を見出すことによって、このころ商品生産としての確立をみるに至ったのである。そもそも、石炭が北九州の塩浜に販路を見出したのは、一八世紀初頭と考えられる。享保五年（一七二〇）七月、遠賀郡の焼石払底につき、「蘆屋沖の平太船持共から、豊前赤池と鞍手郡赤地両所で焼石を買ひ調へ、左の浦々へ売渡したいと願ひ出た。其の浦々は、波津浦　鐘崎　勝浦（塩浜共）津屋崎　福間　新宮　奈多（塩浜共）」（前掲「筑前炭坑史料」一七頁）で、塩浜への販売が明記されている。(5)

製塩業と石炭との結合は、一八世紀末葉、石炭が当時全国製塩高の九〇％を占めた十州塩田に市場を見出すことによってはじめて確立を見た。(6)当時の製塩法は入浜式であり、天日製塩と異なり入浜塩田でえられる鹹水を煎熬して塩を作ったから、燃料は製塩にとって重要な生産手段であり、当初は干葉焚と称して松葉等を使用したが、燃料の不足から価格が騰貴し、塩価を高騰せしめたので、当時、十州塩田地帯ではその解決が一つの課題となっていたのである。

「安永七年〔一七七八〕三月吉敷郡青江浜江村新右衛門干葉焚キニ換フルニ石炭ヲ使用スルノ途ヲ開キ又東須賀忠右衛門豊前曾福浜ヨリ石炭ヲ使用シ得ル竈ヲ伝習シテ帰リ、九月始メテ大浜ニテ試ム、之レ三田尻浜ニ於ケル石炭ヲ燃料トスル始メナリ、降テ天明元年〔一七八一〕夏ニ筑前津屋崎浜ニ人ヲ派遣シ研究スル所アリテヨリ防長二州悉ク石炭ヲ使用スルニ至レリ、依テ藩主長門国有帆炭ヲ採掘セシム、然レトモ産額僅少ニシテ需要ヲ充スニ足ラス。〔中略〕寛政元年〔一七八九〕ニハ石炭愈々欠乏シ塩価頗ル騰貴シタレトモ、五ケ所ノ浜ニ命シテ善後ノ方法ヲ講究セシメ〔中略〕結局豊肥両国ヨリ石炭ヲ買入ル、コトヲ得ルニ至レリ。尚寛政三年ニハ筑前炭ノ入津ヲモ見ルニ至リテ好況ヲ呈セシカ翌四年ニハ三田尻浜ニ限リ九州炭輸入ノ都度一振〔一〇〇斤〕ニ付十二文ノ運上及御口銭トシテ四文合計十六文ヲ課セラレタルカ故ニ物議ヲ生シタルモ地頭ノ尽力ニ依リ此ノ課税ヲ免除スルコトヲ得タルモ尚御馳走ト称シ一振ニ付四文宛上納ヲ命セラレ漸ク事ナキニ至レリ」(大蔵省『大日本塩業全書』三田尻塩務局本局、三頁)。

こうして寛政以降石炭焚は漸次十州塩田に普及し、一八世紀末には「石炭(いしずみ)は中国九州等より多(おほく)出せり。〔中略〕塩浜の薪に代てこれを用ゆ」(木村孔恭『蒹葭堂雑録』巻五)と記されることになるとともに、筑豊は石炭生産地としての支配的地歩を確立し、その生産量は急速に増大した。(7)

なお、筑前炭より早く瀬戸内海塩田に進出したといわれる豊前炭については、金田手永の大庄屋六角家の寛政二年(一七九〇)の文書に、

「御米船石積に而差間候義御蔵方より船方へ御沙汰立船方より申出る」(瓜生二成「遠賀川流域に於ける石炭運送の史的展望」若松高等学校『研究紀要』五集、八頁)

とあり、遠賀川の米積船の通行が石炭船のために支障を来たすほどになっており、さらに享和三年(一八〇三)以降は採掘を自由にするとともに、他国販売をも自由にしたが、塩田への販売が地売りより有利であったことは、同じ六角家の次の文書に明らかである。

「右掘石は都て船積にて、他所売と相成候事故、百姓相求め候所は、先年と違ひ殊之外高値にて手を下曜(ママ)ひ受候様にても、旅売御免を堅に、権柄之事にて、百姓の地売は容易に不仕候故、筑前遠方迄罷越相求候事にて、甚下方難渋之節に候」(「豊前の炭坑史料」『福岡県史料叢書』第六輯、一七―八頁)。

こうして、購買力の乏しい地元貧農は見捨てられ、広大な需要をもつ北九州・瀬戸内海の塩田市場が注目をひくに至ったのである。石炭は自家用燃料として、農閑期に農民によって採掘されることから出発し、都市燃料として新たな市場が展開され、商品生産としての展開をみるに至っても、農民の採掘は自由であり、「自由に石炭を売」(内野荘『安々洞秘函』安永六年)ることができた。ところが、一八世紀初頭以降塩田用として大量の需要が、しかも年間を通じて生ずるに伴ない、石炭生産にも変化が生じた。「農事の暇には石炭をうりて業とする」(同上)もののみでなく、石炭採掘を専業とする焚石山元=小営業者たる鉱業人が現れ、これが急速に石炭生産の主導権をにぎるに至った。

「亥年(享和三年)以来旅出石御免之由にて、数十百人の溢者共相集め、御山式掘崩申候て、近年所々御山式引割り候場所出来御田地式も地下を掘崩し(以下略)」(前掲「豊前の炭坑史料」一八頁)

と記されるような、小営業、零細マニュが、筑豊石炭生産の中核をなすに至った。こうして天保八年(一八三七)には筑前四郡の石炭生産は次のとおりであった(遠藤正男『九州経済史研究』昭和一七年、二三頁)。

三月—一二月　遠賀・鞍手両郡計
　　五三六一万九四六〇斤
同　　　嘉麻・穂波両郡計
　　一三七四万八六一〇斤
右計　　六七三六万八〇七〇斤

その九八%、六六〇〇万斤は旅売り、すなわち、他領への販売、具体的には「近来防長両国内塩浜石焚ニ相成繁昌仕」(『若松市史』第二集、昭和三四年、一四八頁)といわれた、瀬戸内海の塩田への販売であった。

(1)「貞享年中〔一六八四—八年〕藩債累りて、償責の道なく、国中の竹木を伐りて、一時の急を救ひければ、薪炭甚乏しくなりて、人皆憂苦せしに、石炭の発する事、年を逐て増しければ、民生日用の助となれり」(長野誠「福岡藩民政誌略」『福岡県史資料』第一輯、三九一―二頁)。

「民政誌略」は糟屋・席田の石炭生産は元禄(一六八八―一七〇三年)、宝永(一七〇四―一〇年)の頃からと記している。なお、糟屋郡の石炭生産については『日本産業史大系』九州地方編(昭和三五年)中の「北九州の石炭」参照。

(2)「焼返して浮石の如くなりたるは臭気少し、粕席二郡は城下に近ければ、焼返して日毎に馬に負せ来り、うる事夥し」(「福岡藩民政誌略」前掲書、三九一頁)。「炭となし」とはこの「石殻(イシガラ)」(骸炭)を意味する。

(3) 筑前藩は元文元年(一七三六)に鞍手郡小竹村次郎吉を他国出炭改(焼石目付)に任ずるとともに、福岡に焼石を送る買元として許可した。もっとも、これは永続しなかった。翌二年の文書によれば、

「鞍手郡勝野村次郎吉石炭支配被仰付置候処今程石掘申人柄少く候に付、福岡廻も不得仕候間右支配御免願出候願之通御免被仰付候」(「筑前炭坑史料」『福岡県史料叢書』第七輯、一八頁)。

(4) 延享五年(一七四八)鞍手郡の石がらを福博へ廻し販売する願は、「これを許すと、実際は福博へ廻るのは少く、小倉瀬戸内海辺へ廻るのが多く、鞍手郡人の利益とならない」という理由で不許可になっている(前掲「筑前炭坑史料」一八頁)。

当時石炭の市場がすでに北九州一帯から瀬戸内海に亘っていたことを知ることができる。それは博多、福岡のほか小倉、下関等における都市貧民の燃料市場の存在を示すとともに、これらの地帯の塩田にも部分的に進出していたことを示すものと思われる。

(5) 同じ事実を示す史料としては、遠藤正男『九州経済史研究』一三七頁をみよ。

(6)「明和年間〔一七六四―七二年〕に於て筑前国遠賀郡若松の庄屋に和田佐平といふ者あり、石炭の用途を考へ遂に塩を焼くの用に供すべきを案出し、直ちに住吉丸、恵比寿丸に満載して之を周防三田尻に輸送したるも製塩業者未だ之を焚くの方法を知らず、佐平亦之を説明するの知識と経験に乏しく、為に失敗し悉く海中に投じて帰国せり。其後考究の結果遂に鉄鍋を用ひて燃焼する方法を案出し再び之を製塩業者に送りて頗る好結果を得、製塩業者亦初めて石炭の効用著大なるを悟り遠近の製塩業者伝へ聞いて大いに之を需要するに至りし〔以下略〕」(『若松市史』昭和一二年、一一七―八頁)

という著名な口碑は、むしろ塩釜の石炭焚技術の改善を契機とする石炭と塩浜との全面的結合の象徴と解すべきである。

(7) 高島、三池もこのころから塩田用を中心に発展を開始する。一九世紀初頭に記されたと思われる『高島記』(高島炭坑所蔵)

によれば、

「炭山は以前より為有之趣にて深掘鍛冶炭に用ひ来候よし也。

右炭并ニ其挊（かせぎ）をいたし候を当年五平太と唱候事は、拾四五年以前平戸領より五平太と申候者仕組相立深堀よりまぶの近所に新規に打啓きほり出し申候炭穴の事をまぶと唱え、右を諸方の塩浜に相廻し候処段々手広く相成利潤多く相見へ候故、深掘家来中の致所得五六年も相過候処、利潤余慶之段領主の耳に相達し取揚に相成、唯今ニは領主支配ニ相成候。最前之仕組之者に付通称を五平太と相成候よし。此石炭名産にて一向臭気無之灰ニなり候迄も燃申候。焰之当り柔か也。大阪伊予其外中国より惣〆致し弐拾五反斗の船廿五艘にて運送致申候。日本一之石炭と評判致候也。当時まぶ数六ヶ所ニ相成居申候。右小浜に深掘家来両人宛年番ニて相勤申候役所有之候。近所に深堀より町人之出店有之、諸色屋と申候金銀両替をはしめ諸色弁利を通申候」。

2　領主的支配の確立
――筑前炭田の生産構造――

封建領主は領民の手に所得が生ずる一切の活動に対して、仮借なく貢租を課した。すでに貞享四年（一六八七）以来、豊前藩においては、田川の炭坑に対し小物成を徴していた。「金田手永銀小物成鑑」によれば、(8)

	金田	河原弓削田	宮尾	後藤寺
貞享四	―	―	四口廿八匁	―
元禄元	一口七匁	―	〃	一口五匁
〃二	〃	―	〃	〃
〃三	〃	二口十四匁	〃	二口十二匁

元禄四	一ロ七匁	一ロ七匁	五ロ卅五匁	一ロ五匁
〃五	〃	〃	〃	〃
〃六	〃	二ロ十四匁	〃	〃
〃七	〃	四ロ廿八匁	〃	二ロ十二匁
〃八	〃	〃	一ロ七匁	〃
〃九	〃	三ロ廿一匁	〃	一ロ五匁

であり、一七世紀末すでに金田、後藤寺間に六―一二の炭坑が存在するとともに、これに対して一坑銀五―七匁の小物成が徴せられている。坑数と小物成の額は、宝永、正徳のころでもほぼ同一であり、市場の限界のゆえに生産が拡大しなかったことを物語っている。

ところで、一八世紀初頭以降、都市市場の成立と塩田市場の展開につれ、輸送の便の比較的大きい筑前遠賀川流域の石炭生産は次第に盛大となり、とくに、一七六〇年代に遠賀川と洞海湾を結ぶ堀川が開通すると、遠賀川の石炭輸送力は急速に増大し、芦屋とならんで若松が石炭集散地として、急速に需要の増大する瀬戸内海塩田への石炭輸送の基地となるに至った。

当時、幕藩体制の危機の進行の例にもれず、福岡藩も一方では「国用逼迫し、〔徳川〕中期以後に於ては常に収入相償はざる状態」（遠藤正男「福岡藩の藩債」『九州経済史研究』所収、二五四頁）であり、他方、かかる事態のもとで農民層もかさなる収奪に生産力発展への一切の可能性をつみ取られたうえ、抵抗力を失った農業生産には、しばしば凶作が訪れ、農事を放棄して流民となるものも現れ、「増税しても徴収意の如くならざ」（同上、二五六頁）る事情にあった。

「光之の代末に及び、負債累なり、国用不足し、貞享四年〔一六八七〕に至り、終に生財の術尽て、有司の輩士禄を削らんと議す。光之甚憂へて、他の道は無きかと、再議せしめらる。勘定奉行村山角右衛門政真、国中の樹木を伐り、其価銀にて、負財を償ひ給へと建言す。光之聞て、伐木も後年の害となるべけれども、禄は削るべきにあらず、先眼前の急を救はんとて、政真が説を用ゐて〔中略〕公私の竹木共に伐りければ、赭山と変じ、椿とする小木すら、他に買ひ、竹は隣国に求るに至れり」(「福岡藩民政誌略」前掲書、三九四―五頁)。

この藩体制の危機克服策に起因する薪炭の欠乏こそが、いち早く福岡藩内に石炭の市場生産が展開された条件であった。ところで、体制の危機はその後も進行し、享保一七年(一七三二)の大凶作以後、藩財政の窮迫と凶作・飢饉と農村の窮乏とが、加速度的に激化し、明和―寛政の間は一時好転の兆もあったが、文化・文政度にはまた悪化した。このころ、瀬戸内塩田への旅売りを中心に発展しつつあった石炭産業を、藩体制の危機救済の一策として利用したのが、芦屋および若松におかれた焚石所であり、農民的商品流通を基盤として展開されてきた石炭生産を、領主およびこれと結びついた問屋資本の支配下に再編成し、いわゆる石炭「専売」の収益によって、藩財政の危機をのり越える一助とするとともに、石炭の生産と流通を統轄することによって窮迫零細農民の逃散を阻止しようとしたのである。だが、これは永続的なものではなかった(たとえば、遠藤、前掲書、一五頁)。

領主経済があらためて石炭の生産と流通を完全に自己の支配下におく体制をとるに至ったのは、文政末年から天保にかけての頃であった。文政九年(一八二六)の「一太家〔遠賀郡堀川庄屋〕文書」によれば、

依御仕組遠賀、鞍手、嘉麻、穂波の四郡より掘出候焚石当戌年より五ケ年之間旅売御免被仰付候に付、於蘆屋町に会所相立売捌取計亭に候

とあり、文政一三年(一八三〇)には若松にも会所が設けられた(瓜生、前掲論文、一四頁参照)。この仕組体制は天保八年(一八三七)の「焚石会所作法書」[9]によって確立を見るに至ったのである。

当時、採炭業者は山元、炭坑は丁場と呼ばれ、仕組法下においては、村庄屋および焚石取締役の監督下に、山元は丁場を開いて採炭に従事した。庄屋については、「丁場々々其村庄屋立廻リ不絶見ケ〆」(「達ヶ条」許斐家〔嘉穂郡勢田庄屋〕文書)、「山元送り状其村庄屋より会所え対し可差出候」(同上)と記されているごとく、庄屋は管轄下の山元の直接的監督に任じた。これに対し焚石取締役=焚石見ケ〆役は大庄屋の中から任命されたが、遠賀・鞍手に一人、嘉麻・穂波に一人おかれた会所の役人であり、郡内の採炭および運搬の監督に当った。その後、二人の焚石取締役だけでは、繁雑多様化する山元監督事務の処理が困難となり、山元のなかから山元取締役=山元頭取を任命し、石炭関係業務を取り扱わせた。すなわち、

両郡焚石山元取締方受持是迄者無之候得共、差支之次第茂有之ニ付右請持之者被相立度段被申出名元を茂被伺出御評議有之候処、無拠趣ニ茂有之近来頻りニ前借差支所之方角ニよつて益(えき)下ケ等相願候茂有之旁申出之通を以別紙達書之通被仰付候〔以下略〕

八月十六日

郡役所

(古野家〔鞍手郡笠松村庄屋〕文書)

たとえば、「焚石見ケ〆役〔鞍手郡〕原田村庄屋有吉八次郎、山元頭取四郎丸村六郎七、同御徳村小平」(入江六郎七記録、文久四年)と記されており、しかも山元頭取六郎七について「当四郎丸山元兄伝七、弟六郎七両人也。於両山ニ御用石被仰付分百四拾万斤」(同上、安政六年)とも「焚石丁場受持勘場入江六郎七」(同上、慶応四年)とも記されているごとく、頭取六郎七は自身山元であったことを知ることができる。会所は年々需要を勘案し、採掘高を定め、これを焚石取締役を通じて各山元に分課した。

つぎに、かかる会所の監督下にあった採炭業者＝山元について[10]、二、三の史料をかかげる。

(1)　〔郡奉行より焚石会所大庄屋宛覚〕

一　山元一統石丁場深式ニ相成仕繰大造ニ而是迄之通直段ニ而ハ難渋之趣相達候ニ付、重畳吟味之上百斤ニ付十六文宛直段上ケ申付候〔中略〕。依之大山小山ニ応シ救銭取分ケ不相違候事

天保戊九年七月

（楠野家文書、遠藤、前掲書、二二一頁）

(2)　鞍手郡芹田村山元孫平より乍恐御願申上候口上之覚

一　当村大谷焚石丁場兼而御免被仰付難有奉存上候。追々掘方仕凡数十ヶ年茂相立候間坑内弥増間数遠く相成、且は水出も相増掘方茂出来不申候間、坑内ニ而赤石〔不良炭〕掘方之儀去ル七月ニ御願申上候処〔中略〕、石下品ニ相成候義ニ付少々御益之内より御救被仰付候様奉願上候。左候ハヽ、御蔭ヲ以仮成ニ取続御前貸銀速ニ御返納之道も相立誠ニ難有奉存上候〔以下略〕

安政六年四月

芹田村山元　孫平

（石井家〔鞍手郡若宮庄屋〕文書）

(3)　鞍手郡上大隈村焚石山元卯三郎乍恐申上候口上之覚

一　当村梅木ニ旅出焚石丁場先年より堀万御免被仰付置是迄掘方仕り難有仕合ニ奉存候。然ニ右丁場極々深敷ニ而只今拾五丈斗リ割下ケ居申候間、水引銭ヲ初諸費殊之外余分出財仕リ大ニ難渋仕候。根元私儀貧窮者ニ而借入金ヲ以掘方仕候処、銀主払大造ニ相成必至と相立不申候間掘方取止メ可申哉と奉存上候得共、只今相止申候而者

極々深敷丁場ニ付後年ニ至底石掘方之手段無御座〔中略〕

右ニ付恐多御願ニ御座候得共㊦印焚石沖売直段弐拾文丈ケ御上ケ被仰付、右之内ヲ以山元為御救仕切銭御増渡

被仰付可〔後略〕

嘉永五年三月

上大隈村焚石

山元　卯三郎

（石井家文書）

これらの史料から明らかなことは、仕組体制下において、筑前諸炭坑はすでに一般に「深敷」となり、なかには開坑数十年のものもあり、坑内の「間数遠く相成」り、仕繰の経費がかさむ上に、坑の深さ一五丈におよぶものさえ現れ、「水引銭ヲ初諸費殊之外余分出財」という状況にあり、しかも買上価格は会所によって決定され、余剰分を経営資金として蓄積する途も閉されていたので、一方では、前掲史料の示すごとく、繰り返し買上価格の引き上げを求めざるをえなかったとともに、他方では、もともと乏しかった経営資金を以てしては如何ともしがたく、「借入金ヲ以掘方仕候処銀主払大造ニ相成」り、経営はますます窮迫するにもかかわらず、採掘の進行にともなって経営資金の必要は増大せざるをえなかったから、会所から前借銀を「拝借」することが次第に一般化していった。[11]安政四年の「焚石山元前借銀借状帳」（石井家文書）によれば、焚石七五〇万斤分として金三〇〇両を金生触の九名の山元が連名して前借しているが、その返済については、「積下ケ石代より百斤ニ付銭三拾文充押へ銭ヲ以速ニ上納申上」ることになっている。この前貸は会所の側からは「山元御救」と呼ばれているが、「一ヶ月一歩之利付ヲ以御貸渡」という高利であった。安政六年の同じ「借状帳」（石井家文書）によれば、

焚石九百五拾万斤　金三百八十両

内

百弐拾万斤　金四拾八両　長井鶴　山元孫蔵
百万斤　金四拾両　同　山元伝平
弐百万斤　金八拾両　四郎丸村山元五平
弐百万斤　金八拾両　同　山元六平
百六拾万斤　金六拾四両　鶴田村　山元徳次郎
百弐拾万斤　金四拾八両　磯光村　山元与七
五拾万斤　金弐拾両　芹田村　山元孫平

これを金壱両＝銀六八目で計算すると、一〇〇斤当り二七・二文となるのに対し、安政五年の買上価格は平均二九文であった(石井家文書)。

また、石井家の別の記録によっても、前貸金と石炭買上代金との関係は、山元により異なるが、全体としては過不足が相半ばする状態にあり、したがって清算すると残額はほとんどないことになる。

山元の経営規模は、前掲金生触の場合には年産五〇万―二〇〇万斤であるが、幕末における大山の一つであった直方御館山の、慶応二年一二月の焚石掘出斤数(飯野家〔直方庄屋〕文書)についてみれば、月産七五・七万斤、一日平均使役人員二七・七人となっている(表I-1)。金生触の場合は平均的にこれよりはるかに小規模であったが、にもかかわらず、前述のごとく、「仕繰大造」「水引銭余分出財」で、仕繰、掘子、水引等の分業の展開を見るに至っていた。したがって、すでに零細マニュファクチュアとしての形成を見ていたのである。

ここで採掘された石炭は、前述のごとく庄屋の検査をうけ、川艜(ひらた)で遠賀川を下り、芦屋、若松の会所に送られ、会

表 I -1　御館山坑出炭状況

月　日	稼働(人)	出炭(斤)
12. 1	19	22,400
2	16	21,700
3	18	22,400
4	—	—
5	30	33,600
6	36	42,000
7	40	35,700
8	34	36,400
9	32	31,500
10	31	39,200
11	40	46,900
12	43	48,300
13	38	37,800
14	—	—
15	23	28,000
16	30	25,900
17	29	34,650
18	25	29,400
19	33	36,400
20	—	—
21	25	28,000
22	29	37,800
23	29	38,500
24	—	—
25	19	21,700
26	21	26,100
27	10	16,100
28	14	16,100
計	(平均) 27.7	756,550

備考　瓜生 前掲論文 p. 20 による

所の手代の監督下に沖船に引き渡された。「達ヶ条」はその間の手続についてこう記している。

沖船売渡候節欠石者船頭弁ニ申付候条於場所斤数全く可受取候。右ニ付而ハ出シ方ノ者荷量入念曲リケ間敷儀不相致、互ニ御用物ト心得聊荷繁之趣向後無之様専川端勘場之者より正当ニ可申合候

この川艜は一艘焚石七千斤積で、慶応年間には「遠鞍山所ゝより之運賃凡拼(ならし)百斤ニ付九拾文」(松尾家(遠賀郡木屋瀬庄屋)文書)で、そのころの石炭上石一〇〇斤沖売価格は七〇〇―八〇〇文であった。もっともこの川艜運賃は距離によって異なるのみならず、季節により、また積石の良否によっても異なった。(12)

焚石積方日数其時ゝ之依都合難相居候得共、川場ニ出石御座候得ハ登舟即日ニ積立翌日積下御会所ニ相届、沖船入津仕居申石品宜敷沖船相望候得ハ、蘆屋ニ而日数三四日、若松ニ而五六日ニ而揚方仕申候。乍併極干川之節者七千斤之積立出来不仕、二三千斤も積入漕落(中略)、石品不思敷好人少節者長く繋舟仕、後ゝ者上品之石割込等被仰付候ニ付、往返滞舟中共日数十四五日も掛り候義も間ゝ御座候

(「御仕組石炭焚石積送方是迄現在取斗凡左ニ書上申候通ニ御座候」慶応年間、松尾家文書)

かくして販売された石炭の販路が、大部分塩田、なかんずく十州塩田であったことは前述のごとくであるが、自家用燃料としてはもちろん、川筋付近一帯農村の燃料等としても販売、消費されたことは、いうまでもない。

百姓屋敷〔中略〕等之古丁場ニ而銘々焚料ニ石炭焚石等掘立候儀勝手次第ニ候。御仕組之丁場たり共近村百姓焚料又者瓦焼入用等ニ致所望候ハヽ、無指支様置売致候事

（前掲「達ヶ条」）

こうして仕組体制下において採掘された石炭の量は、安政五年（一八五八）、遠鞍両郡については「近年旅売焚石当御両郡ニ而壱ヶ年凡三千万斤余之御極」（松尾家文書）であり、その後一時は「焚石極気方宜敷四郡ニ而一億万斤余も一ヶ年ニ御売捌ニ相成候節」（同上、慶応三年）もあったが、慶応年間の前掲史料「御仕組石炭焚石積送方云々」によれば、

一、近年焚石旅売遠賀鞍手嘉麻穂波ニ而一ヶ年掘出石凡六千万斤余り御会所より被仰付置候ニ付、遠鞍両郡ニ而掘出石凡三千万斤余ニ御座候

一、遠鞍両郡ニ者石炭余分之焼立無御座候得共年中ニ而凡拾四五万俵共ハ焼立可申奉存候

とあり、幕末には、石炭生産の総額は八千万斤程度に停滞していたと見るべきであろう。[13]

しからば、このような仕組法の意義はどう解すべきであろうか。第一に、前述のごとく商品生産者として発展しつつあった焚石山元＝零細炭鉱経営者と、これを塩田に売りさばく若松、芦屋の石炭問屋との直接取引を禁止し、石炭の買入価格と販売価格を規制することによって、一方では、山元生産を完全に支配し、市場の展開につれ蓄積されつつあった生産手段と生産力とを活用して、そこに生ずる一切の余剰を藩体制の側に吸収し、他方では、拡大する塩田市場への販売により商業利潤を独占していた問屋をこれまた藩体制の下に再編し、「売捌候炭壱俵ニ付益銭拾文宛会所江相納可申候。依之問屋為口銭壱俵ニ付五文宛請取可申候」（楠野家文書、遠藤、前掲書、一六頁）と定めることによっ

て、商業利潤を問屋との間に配分することを課題としていた。約言するならば、採炭零細マニュ—石炭問屋—製塩マニュの展開構造を中断して、これを生産および流通の領主的支配の形態へ再編することにあった。

ところで、藩当局が石炭生産の支配に乗り出したのには、もう一つの配慮が存した。仕組体制の実施以前には、藩当局は天与の鉱産である石炭の他領流出を、むしろ好ましからざる事態と考えていた。[14]その後、石炭市場の展開にともなって、旅売の藩経済にもたらす利益が少なくないことが明らかになって以後も、「既に尽たる地も多ければ、目前の利のみを貪り、猥に発売して、後年を思慮せざる」(「福岡藩民政誌略」前掲書、三九二頁)ことを警戒するとともに、何よりも濫掘により供給の過剰を生じ、炭価の下落を来たすことによって、いたずらに他領をうるおすことを恐れもした。なお、石炭生産の発展につれ、農民が農事をすてて石炭稼に転ずることをこれによって抑制しようとしたことも否定しえない。

村々百姓之内丁場日雇岡出し等之稼相望候者共ハ、其村庄屋より委敷相調ネ村方幷作方共不相障者へハ大庄屋承届ケ提札可相渡候事

(前掲「達ヶ条」)

このような石炭生産の統制・制限政策によって、前述したごとく、筑前の石炭生産は、仕組体制下三十余年の間ほぼ八千万斤程度に止まったのである。だが、この生産停滞の背後には、当年の筑前諸炭坑の生産諸条件の悪化が進行していたことも、無視しがたい事実である。前述したごとく、仕組法実施の翌天保九年には、「山元一統石丁場深式ニ相成仕繰大造」と記され、嘉永五年(一八五二)には「丁場極々深敷ニ而只今拾五丈斗リ割下ケ居申候間、水引銭ヲ初諸費殊之外余分出財仕リ大ニ難渋仕候」とも記されているように、当年の生産力水準をもってしては、生産費の増大が生産の拡大を困難ならしめていたのである。そのうえさらに、輸送が生産増大の隘路となっていた。石炭はすべ

て遠賀川の舟運によらざるをえなかったが、艜の積載量と舟航可能数とが、運送量の限界をなしたのである。

鞍手郡四郎丸長井鶴両村焚石山元乍恐御願申上候事

一　私共両村数年来焚石旅出御免被仰付御陰を以兎ャ角掘方取続難有仕合ニ奉存上候。然ルニ井手上船数少ク年々積捌不申、夏之比ハ養水井手堰留、秋ニ相成候得ハ御米積下ケ指支申候而、纔春内ニ而余分之石高何様積捌不申〔以下略〕

安政五年十一月

四郎丸山元　五平

〔以下連名〕

（石井家文書）

農事優先の封建体制下にあって、灌漑のための堰止め、米穀運搬の間隙をぬって、石炭を狭い堀川を通じて輸送しなければならない事情の下では、筑前炭旅売六千万斤が一応の限界であった、といわねばならない。次の史料は石炭供給が需要に対応し得なかったことを物語っている。

鞍手郡大庄屋中乍恐御願申上候事

一　当郡村々近年打続候凶作ニ付内情殊之外零落仕居申候。〔中略〕諸方金談承合候処、御仕組焚石諸国ニ御売出ニ相成候分を中国三田尻岩国両塩浜ニ不残売渡ニ被仰付候ハヽ、浜方より相応之出金利安ニ而来九月迄取替可申談手続之者引合口出候〔後略〕

嘉永四年九月

原田村大庄屋　与三郎

黒丸村大庄屋安永権次郎
上境村大庄屋　加藤仁助
植木村大庄屋　香月勘吉
（石井家文書）

三田尻、岩国の製塩業者は、石炭確保のため鞍手郡一円の村々へ生活資金の融資さえ申し出ているのである。

このような領主による石炭生産の支配は、筑前のみならず、豊前小倉藩[15]、秋月藩[16]、筑後三池藩[17]等当時の九州石炭産出地方に広く見られたところである。各地方における山元の経営規模および商業資本の発展に対応し、藩によって生産支配の具体的形態には差異があるが、少なくとも一九世紀前半の段階においては、筑前藩の仕組法を典型とすると見てよいであろう。

ところで、以上のごとき石炭生産の体制は、一九世紀初頭以来の中国市場をめぐる英米資本主義の争覇の余波が、欧米資本主義に最後に残された市場としての日本に波及し、とくに蒸汽船に対する薪水補給地としての意義が加わることによって、重大な変化を受けざるをえなかった[18]。安政条約による長崎開港（安政六年）がその直接の契機となった。「去冬〔安政五年〕長崎表御積廻御用石丁場ゝゝ共ニ急速余分積下仕候様御稠敷追ゝ御触達被仰付」（石井家文書）たのを手始めとして、石炭の市場と生産は大きく転換をとげる。

一　当未ノ春旦、亦極初ニハ午〔五年〕冬より焚石唐土ニ渡る御仕組始る也。尤大公儀御仕組ニ而三四寸角石下をして大塊石斗長崎迄御積廻ニ相成申候。当国ニ而御用石　壱ヶ年ニ付三千万斤
三池平島一切ニ而肥前わ七千万斤、都合年中ニ壱億万斤丈年ゝ御積廻ニ相成申候事
（入江六郎七記録、安政六年）

大塊石一億斤が船舶用炭として長崎に送られるに至ったのである。のみならず、そのころ、幕府をはじめ各雄藩は、きそって反射炉を築き、蒸汽艦船を購入して軍備の拡充に力を注いだので、後述するごとく、石炭生産の軍事的重要性も亦急激に増大した。

　このように市場の状勢が激変し、新市場が展開した時、筑前諸炭坑の生産諸条件はこれに対応して生産を発展せしめることを困難ならしめていた。安政六年長崎に石炭一億斤の新需要が発生した際、その七割七千万斤は新興の炭坑地帯唐津炭田に求められたのである。こうして開国以後石炭生産は、一方では開港場箱館および神奈川をひかえた北海道(19)および常磐(20)を含めて、全国的に拡大されるとともに、他方において、その中心を筑豊から肥前唐津に移動させるに至った。

(8)　以下の叙述は「豊前の炭坑史料」(『福岡県史料叢書』第六輯)による。なお、手永は豊前における大庄屋の管轄地域をいう。

(9)　この「作法書」および会所の組織については、これを直接分析の対象とした、遠藤、前掲書、第一章参照。なお、遠藤氏の論文には会所の機構等について多少の混乱が存する。

(10)　遠藤氏、前掲書の最大の難点は、採炭業者＝炭坑夫とする見解に立っている点にある。「彼等〔採炭業者＝〕採炭労働者は自己の生活費を始め採炭に要する一切の資金を藩政府よりの融通に仰ぐ外なくなつたのである。即ち……冬になつて益銭中より坑夫に支払ふ『山元渡』の大部分は……」(二〇頁)。山元＝坑夫、したがって山元渡は賃金なりや否やが遠藤氏の解かんとした課題であったが、この設定は出発点から誤っていたといわねばならない。

(11)　「山元之内自然前借等申出候ロも有之候ハヽ、其村庄屋よりくわしく遂吟味無拠次第ニ候ハヽ、……詮議之上可及指図候事」(「焚石会所作法書」遠藤、前掲書、二〇頁)とあり、問屋への直売および相対売を禁じたので、経営資金の貧困な山元に対して、当初からある程度の前貸は予定されていたと思われる。その後、この「拝借金」制度は急速に一般化した。

(12)　当時、石炭は大部分堀川を通って若松に運ばれ、そこで三田尻船等に売られたが、堀川の庄屋一太家の文書によれば、天保一三年中の堀川通過の焚石艜の数は月別に次のごとくであった。

	筑前焚石	筑前・豊前石殻焚石樫炭	その他
1月	376	25	86
2月	984	153	132
3月	1,272	266	99
4月	454	117	194
5月	306	30	75
6月	484	29	56
7月	134	2	3
8月	388	107	27
9月	714	198	307
10月	149	37	866
11月	132	61	831
12月	46	26	482
計	5,439	1,051	3,158

一〇月以降は年貢米の輸送が多く、また全体としては農繁期や渇水期には輸送量が減じる一方、製塩は春から秋までが中心であったから、これら諸事情の複合として、上表のごとき数字が現れたのである。

(13) 幕末における筑豊の石炭総生産が、ほぼ一億斤であった点については、「一億斤以下の制限で採られてゐた」(高崎勝文「幕末時代における北九州の鉱業」『筑紫史談』一〇集)、「一ケ年間約壱億万斤の採掘高と定め」(中野徳次郎「礦業実験談」『筑豊石炭鉱業組合月報』三三号、三二頁)とあるごとく、見解はほぼ一致している。

(14) 筑前藩は元文元年(一七三六)に、「嘉麻穂波鞍手遠賀四郡の石炭石がらが、猥りに他国に出されては、郡内の石炭石がらが乏しくなる。石炭を出すことは兼ねて停止してあるから、此際次郎吉を他国出炭改に命じ、若し他国へ出す石炭があれば、取押えることを命じた」(前掲「筑前炭坑史料」一八頁)。

(15) 小倉藩は赤池に会所を置いて、石炭生産を統轄したが、これについては、高野江基太郎『日本炭礦誌』八頁を参照。もっとも小倉藩の場合にも、石炭は遠賀川を利用し、若松で取引したので、藩は直接販売を統轄することが困難であり、弘化四年(一八四七)には藩仕組を解いて民間の経営に移した。「田川郡石炭山地方江御引戻ニ相成此度右世話方引受候ニ付而者当未年より御郡益百五拾両宛年ゝ無滞相納可申候事」(六角家(田川郡金田庄屋)文書)。このような状況のもとで、販売の実権は小倉の中原屋、若松の川口屋等ににぎられるに至った。

(16) 小倉藩と同様、遠賀の水運を利用せざるをえなかった秋月藩の石炭仕組については、『若松市史』昭和一二年、二二〇―六頁参照。

(17) 三池藩では寛政二年(一七九〇)石山法度を布告し、石炭の生産、販売の支配にのり出したが、直接生産は「請元」が支配していた。この点については、『三池鉱業所沿革史』第一巻「前史」其一、および『大牟田産業経済の沿革と現況』昭和三一年、第一部第二章参照。

(18) 石炭補給地としての日本の意義は次のごとく要約されている。
「当時の汽船は、未だ貨物輸送の点に於て、帆船との競争能力がなかった。それは単式機関であったから甚しく石炭を消費し、寄港地に乏しい大洋航路では炭庫に場所を塞がれて、貨物を積む余地が少なかったからである。故にカルフォルニア・支那間の汽船航路開設の前には、中間に寄港地を必要とした。結局、当時の米国にあっては、支那市場に挑んで勝利を得んがために、太平洋航路の中間寄港地として日本が問題に上ったのである」(石井孝『幕末貿易史の研究』三―四頁)。事情はイギリスにとっても本質的には異ならなかった。

(19) 嘉永七年(一八五四)神奈川条約によって、箱館が下田とともに、汽船への薪水供給のため開港場となったのを直接の契機として、北海道白糠(一八五六年)および茅沼(一八五七年)炭坑の開発が始められる。『白糠町史』(昭和二九年)および茅沼炭化礦業株式会社『開礦百年史』(昭和三一年)参照。

(20) 常磐の石炭採掘はまず嘉永年間に開始され、「下総国行徳浜塩焚場ニ用キ」るため、「石炭三百俵磯原河原迄採掘ノ上積出」(『常磐炭礦誌』三一頁)したが、これは永続せず、その発展は下田(一八五四年)、神奈川(一八五九年)の開港と結びついている。磐城(一八五八年)、茨城(一八五九年)いずれも「開港場ニ石炭夥多入用ノ由」(同上、三二頁)との見地から再開されるに至った。

図Ⅰ-1　唐津炭田略図

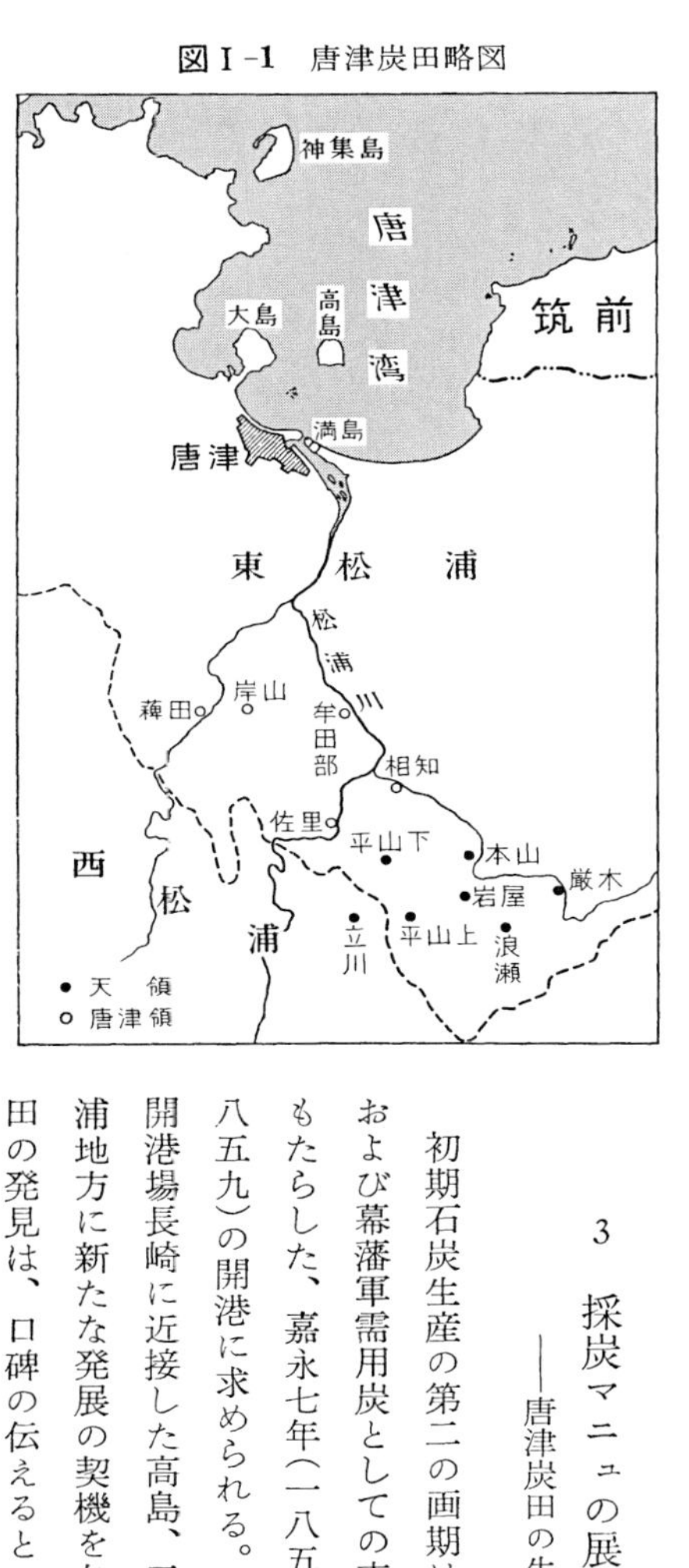

3　採炭マニュの展開
――唐津炭田の生産構造――

初期石炭生産の第二の画期は、外国蒸汽船焚料、および幕藩軍需用炭としての市場の新たな展開をもたらした、嘉永七年(一八五四)―安政六年(一八五九)の開港に求められる。それは必然的に、開港場長崎に近接した高島、三池、とくに肥前松浦地方に新たな発展の契機を与えた。肥前唐津炭田の発見は、口碑の伝えるところでも享保年間

（一七一六—三五年）とされているが、『御巡見様御附副記録』の寛政元年（一七八九）の分には、石炭積出の記述はなく、文政年間（一八一八—二九年）の記録に「此度佐藤六左衛門・蜂屋又右衛門かかりに而御領分石炭有之村々え筑前之者召連罷越（中略）石炭為掘候間其旨相心得候様」（檜垣元吉「唐津藩石炭史の研究」『史淵』八二輯、八五頁）とある点から、石炭採掘は一八世紀中頃から行なわれてはいたが、本格的に採掘が行なわれるようになったのは、文政年間以後と考えられる。

明治一四年、長崎県（当時佐賀県は長崎県の一部）勧業課が、郡役所に照会して作成した『鉱山沿革調』によれば、唐津炭田（東松浦郡）の開坑以来の沿革はほぼ次のごとくである。

鉱山沿革調

村名	開坑	販路	盛衰
佐里村	文政八年（一八二五）発見同年開業	発見ノ際ハ生炭或ハ焼炭トナシ塩浜鍛冶工湯屋用ノ為同郡満島石炭問屋エ販売其後安政六年ノ頃ヨリ内外国汽船或ハ諸職工場用ノ為引続同所ニ販売	発見ノ際ハ出炭ノ額一ヶ月凡ソ三拾万斤ヲ採掘シ爾後安政六七年ノ頃ヨリ漸ク盛大ニ趣キ一ヶ月ノ採炭額ハ凡弐百万斤ニ下ラサルモ明治四五年ノ頃ニ至ルマテ其容易ニ採掘シ得ヘキ炭脈ノ良所ハ概ネ掘尽ス
平山下村	文政十二年（一八二九）発見、同年開業	発見ノ際ハ生炭或ハ焼炭トナシ塩浜鍛冶工或ハ風呂屋用ノ為メ肥前国満島港炭問屋エ販売其後安政六年頃ヨリ内外国汽船或ハ諸工場用ノ為兵庫、長崎或ハ満島港石炭問屋業エ仕向販売	発見ノ際ハ出炭額一ヶ月百五十万斤ヲ採取シ安政六年頃ヨリ旧慣ヲ改メ人力「ポンプ」ヲ用ヒ水路ノ便ヲ得テヨリ一ヶ月ノ出炭額凡五百万斤ニ及ヒシモ漸々衰フ
平山上村	文政十二年（一八二	同右	発見ノ際出炭額一ヶ月六万斤ヲ採取、安政六

	九)発見、同年ヨリ開業		年頃ヨリ旧慣ヲ改メ人力「ポンプ」ヲ用ヒ水路ノ便ヲ得テヨリ一ヶ月ノ出炭額凡五十万斤ニ及ヒシモ漸々衰フ
長部田村	文政元年(一八一八)発見、同三年開業、同八年マテ営業	佐里村ニ同ジ	開業ノ際ハ出炭額一ヶ月凡六万斤
久保村	文政三年(一八二〇)発見、同年開業	同右	発見ノ際ハ出炭額一ヶ月凡拾弐万斤ヲ採掘シ爾後明治初元ノ頃ニ至ルマテ年々浮沈不同スト雖モ概ネ前出炭額ヲ減ゼサルモ既ニ其良炭含有ノ地所ヲ掘尽ス
相知村	寛政三年(一七九一)発見、同四年開業	平山下村ニ同ジ	発見ノ際ハ出炭ノ額凡一ヶ月拾万斤ヲ採掘シ、天保十三四年ノ頃ヨリ漸ク盛大ニ赴キ安政五六年ノ頃ニ至テハ一ヶ月ノ出炭額凡二百万斤ニ下サルモ其採掘ノ容易ナル場所ハ漸々掘尽ス
蕨田村	文政年度炭脈発見開業	発見ノ際ハ本郡内塩浜焚用或ハ焼石トナシタリ	
岸山村	同右	発見ノ際ハ本邦塩浜其他湯屋用等当郡満島港江仕向ケ其後追々必要品トナリ本邦軍艦用或ハ外国船用等ニテ長崎表エ重ニ仕向ケ販売ス	発見ノ際ハ出炭額一ヶ月弐三拾万斤位掘採シ、安政年度ニ至リ釣瓶或ハ吹革(俗ニ云、スツポウ)等ノ器械等ニテ水路ヲ開キ一ヶ月五六拾万斤位掘採
本山村	文政九年(一八二六)発見、同年開業	佐里村ニ同ジ	発見ノ際ハ出炭額一ヶ月凡九拾万斤ヲ掘採シ爾来盛大ニ赴キ、明治六七年頃マテ一ヶ月採掘炭凡六百万斤ヲ下ラス

浪瀬村	文政十三年(一八三〇)発見、同年開業	同右	発見ノ際ハ出炭ノ額一ヶ月凡弐拾四五万斤ヲ掘採シ、爾後安政六七年ノ頃ヨリ漸盛大ニ赴一ヶ月ノ採掘炭額ハ凡百八拾万斤ニ下ラサルモ明治四五年頃ニ至ルマテ其容易ニ掘採シ得ヘキ炭脈ノ良所ハ概ネ掘尽ス
岩屋村	文政九年(一八二六)発見、同年開業	同右	発見ノ際ハ出炭ノ額一ヶ月凡百万斤ヲ掘採シ爾来盛大ニ赴キ一ヶ月採掘炭額凡七百万斤ニ下ラサルモ明治六七年頃ヨリ衰徴ノ兆ヲ露セリ

備考　一村一記録ということは、東松浦郡に関するかぎり『沿革調』が村を単位とし、村の石炭生産の沿革を調査したことを示す。したがってこの史料は各炭坑個々の実態を示すものではない。

すなわち、開坑の最も早いのは相知村の寛政四年であり、その他はすべて文政年間となっており、前述の推論を裏付けている。その販路については、ほぼ一様に「発見ノ際ハ塩浜鍛冶工或ハ風呂屋用ノ為メ肥前国満島港石炭問屋エ販売其後安政六年頃ヨリ内外国汽船或ハ諸職工場用ノ為長崎或ハ満島港石炭問屋エ販売」と記され、安政開国を契機に市場が一変したことが示されている。

かくて唐津炭田における石炭生産が文政初年から急速に増大したことが知られるが、『沿革調』の記す出炭量からすれば、文政末年にはすでに月産五〇〇―六〇〇万斤に達していたと考えられ、安政六年には長崎仕向七千万斤も可能となったわけである。だが、『沿革調』の強調する時点はむしろそれ以後に属する。「安政六七年ノ頃ヨリ漸ク盛大ニ趣キ」(佐里村、相知村、浪瀬村等)と記されているゆえんである。その記述によれば、最盛時には一カ月出炭高は相知村二〇〇万斤、平山下村五〇〇万斤、本山村六〇〇万斤、岩屋村七〇〇万斤等となり、これを単純に合計すれば月産二五〇〇万斤におよぶ。これは驚くべき出炭額であるが、梶山役場の明治元年「此方様肥後様筑後様其他石炭出高しらべ帳」(梶山村文書)によれば、この数字は比較的信頼しうるものと考えられる。梶山村(後の相知村の一部)の同年一月から一一月まで一二カ月間の出炭は表I-2のごとくであり、月平均一七〇万斤、年産二千万斤におよんでいる。[21]

このように出炭が巨大な量に達したのは、表I-3にも明らかなごとく、主として炭坑規模の巨大化によるものであった。『沿革調』の記すところによれば、平山下村および平山上村では、「安政六年頃ヨリ旧慣ヲ改メ人力『ポンプ』を用ヒ水路ノ便ヲ得テヨリ」、岸山村では「安政年度ニ至リ釣瓶或ハ吹革(俗ニ云、スツポウ)等ノ器械等ニテ水路ヲ開キ」、以後出炭の増加を見ている。かかる状況は次の資料によっても検証されるところである。

〔前略〕無拠此節右之場所より出石仕度奉存候得共、仕操莫大相掛リ其上水引之儀も立つほ〔竪坑〕内ニ而ふいご仕掛立つほニ移し、其上ニ而立つほより引揚候ニ付、水引賃之儀も余計相掛、且又石立薄く土場方遠方旁以物入多く御座候得共外ニ出石仕候場所も無御座候ニ付〔後略〕

梶山村庄屋　忠　蔵

寅〔嘉永七年〕九月

(檜垣、前掲論文、八九頁)

ふいご仕掛、すなわち「人力ポンプ」に外ならない。ここでも「仕操莫大相掛リ」、「水引賃之儀も余計相掛」、筑前の炭坑と同一の状況に立ち至ったことを示しているごとくである。

しかしながら、唐津炭田の急速な発展は、むしろこの「水引賃」が次のごときわめて僅少であった点に重要な原因が存する。

出炭(明治１年)　　(単位 1,000 斤)

六月	七月	八月	九月	十月	十一月	計
976.5	332	674	494	217	192	4,912
713	849.5	564.5	314	244	959.5	5,355.5
—	—	—	—	—	—	—
150.5	126.5	327.5	216	196	128.5	2,214.5
11.5	58	8.5	—	—	—	465.5
185	93	183.5	198.5	61.5	29	1,259
1.5	4.5	—	2	—	—	33
277	137.5	237.5	182	106	85.5	1,657
8	—	—	2	—	—	117.5
70	2	31.5	51.5	27.5	19	497.5
—	—	—	—	—	—	9
62.5	14	129	110.5	72.5	60.5	749
—	—	—	—	—	—	8
17	—	6	—	—	—	53.5
51	24.5	54	58.5	19.5	14	343.2
—	—	—	—	—	—	23.5
56	21.5	23.5	20.5	6	6.5	354.5
—	—	—	—	—	—	5.5
39.5	16	32.5	25.5	15	15	206.5
—	—	—	—	—	—	4.5
—	—	—	—	—	—	16
87	42.5	54.5	—	6	129.5	480
—	—	—	—	—	—	3
17	—	—	—	—	53	90.5
16.5	—	—	—	—	—	145
—	—	13	29.5	24.5	50	117
—	—	—	—	8.5	—	8.5
31	36	83	85	107	46	774.5
79	49	37	24	37	52	715
2,733	1,695	2,414	1,785.5	1,111	1,788	19,088.7
116.5	111.5	45.5	28	37	52	1,529.5
2,849.5	1,806.5	2,459.5	1,813.5	1,148	1,840	20,618.2

表Ｉ-2　梶山村山元別

		一月	二月	三月	四月	閏四月	五月
御手山	上石	192.5	277.5	283	524	363.5	386
肥後御手山	〃	146	352.5	240	330.5	329	313
久留米御手山	〃	—	—	—	—	—	—
兼右衛門	〃	109.5	159.5	152.5	231.5	171	245.5
〃	中石	—	77.5	59	77	116	58
徳兵衛	上石	80.5	117.5	56.5	119	67.5	67.5
〃	中石	—	—	—	11	14	—
多吉	上石	30.5	77.5	91.5	201.5	125.5	105
〃	中石	—	24	70	5	8.5	—
力太郎	上石	21	41.5	43.5	73	47.5	69.5
〃	中石	—	—	9	—	—	—
友吉	上石	17	44.5	38	99	40.5	61
〃	中石	—	—	—	5.5	2.5	—
喜三郎	上石		10.5	3	6	5.5	5.5
儀助	〃	31	5.5	11.5	5.7	29.5	38.5
〃	中石	—	9	—	9	5.5	—
藤助	上石	27	42.5	17.5	45.5	38	50
〃	中石	—	—	—	5.5	—	—
平太郎	上石	—	—	22.5	—	8.5	32
〃	中石	—	—	—	—	4.5	—
清五郎	上石	—	16	—	—	—	—
周平	〃	—	—	—	24	69.5	67
〃	中石	—	—	—	—	3	—
五助	上石	—	—	—	6	5.5	9
〃	中石	—	—	—	—	34	94.5
善十	上石	—	—	—	—	—	—
儀六	〃	—	—	—	—	—	—
五平	〃	37.2	91.9	77.4	71	25	84
〃	中石	—	43	160	199		35
計	上石	692.2	1,236.9	1,036.9	1,736.7	1,326	1,533.5
	中石	—	153.5	298	199 113	188	187.5
	計	692.2	1,390.4	1,334.9	199 1,849.7	1,514	1,721

	御手山(慶応二年)	御手山(慶応三年)	小炭坑(明治六年)
石炭百斤	八百四十文	一貫四百五十文	
切賃	四百 文	四百八十文	八百六十文
水引賃	五文	十三文	四十文
仕繰賃	三十文	四十文	二百 八文
車下賃	—	二百八十文	百 五文

備考 「梶山村庄屋文書」による。慶応二年の分には運搬費が含まれていない。

表Ｉ-3　梶山村炭坑出炭規模別

年産	坑数	出炭量	%
5,000千斤以上	1	千斤 5,355.5	25.8
3,000 〃	1	4,912	23.8
1,000 〃	4	7,236	35.2
500 〃	2	1,263.5	6.1
100 〃	6	1,773.2	8.7
50 〃	1	53.5	0.3
10 〃	1	16	0.1
10千斤以下	1	8.5	—
計	17	20,618.2	100.0

備考　表Ｉ-2より算出

これは後述するごとく、筑豊において水引が掘子の数と大差なかった事情と比較するならば、顕著な特質といわねばならない。もちろん、前述のごとき例外もなくはなかったが、一般的に唐津炭田が急速な発展をとげえた、第一の、そして最大の原因は、この排水費の低廉、そこに起因する採炭費の割安にあった、といわねばならない。このように排水が問題とならなかったのは、炭坑が多く「からしき掘り」で、山腹に開坑し、水準以上の炭層を採掘しえたからにほかならない。『鉱山志料調』(長崎県勧業課、明治一七年)も、本山村、岩屋村、波瀬村、平山上村、平山下村等々の炭坑は、「横坑」＝水平坑である、と記している。かかる事情によって、筑前の場合のごとく、坑内が深くなるにつれて排水が決定的な隘路となる、という事態を生ぜしめることなく、規模をある程度まで拡大することができたのである。

唐津炭田発展の第二の条件は、その運搬距離にあった。前述したように、消費市場までの石炭運搬がもっぱら舟運によっていた当時にあっては、石炭価格中に占める運搬費の比重はきわめて大であった。筑豊に比較して、唐津が新市場長崎までの海上運送において有利な地歩を占めたことは別としても、唐津における石炭集散地満島港と、当時の唐津炭田のほぼ中央に当る相知との間の松浦川による舟運距離は三里一八町〔約一四キロ〕であるのに対し、筑豊の石炭集散地若松と筑豊諸炭坑との舟運距離は、平均して約二倍となっている。唐津炭田の優位性はこの点においても明らかである。

かかる石炭生産に対して、唐津藩も当初は豊前とほぼ同様の支配体制をとった。文政四年の「御書出写」〔梶山村庄屋文書〕には、「国産の品　米麦大豆菜種櫨油粕干鰯煎海鼠干鮑石炭綿実の類共〔中略〕右国産之品買入方為取締大庄屋大年寄之内掛役申付候」とあり、早くも藩が石炭流通を管理するに至ったことが示されている。天保一三年の記録には「炭方役所近来出来」〔船宮役所大船頭松下東平次日記〕とあり、管理体制は次第に整備されていった。唐津の場合にも山元の資金難は筑前の場合と異なることがなかったから、拝借金制度は一般的であった。

拝借証文之事

一　七弐銭　壱貫百六拾匁弐分三厘五毛
　　　　　　　　　　　恵右衛門
一　同　　　壱貫六百八拾四匁弐分九厘五毛
　　　　　　　　　　　多　吉
一　同　　　六百八拾四匁弐分八厘七毛
　　　　　　　　　　　七左衛門

右之通石炭山出石拝見奉願候処御慈悲を以拝借被仰付慥ニ受取申上候。然ル処返納之儀申(さる)正月より積下シ候生石百斤ニ付廿文宛月ミ返納可仕候。万一相障候節者私ニ而致計念上納可仕候。為後日証文乃而如件

安政六未年十二月

水主町松本治右衛門
水主町　吉井定治
梶山村庄屋　峯中蔵

（「己未貢税手帳」梶山村庄屋文書）

地方御役所

松本、吉井両名は満島の問屋であり、ここでは、拝借の責任者として庄屋より問屋の比重が大きい点が注目される。それだけ問屋の山元支配が進行していたのであり[22]、藩はこの体制に便乗しながら、炭坑経営の「益銭」を取得した。もっとも、慶応三年の採炭見積によれば石炭一〇〇斤の経費は一貫二六二文であって、そのなかには「御益」一〇五文が含まれて居り、一〇〇斤の価格一貫四五〇文との差額一八八文が元方の収入となる。すなわち、「御益」は事実上経費の一項目、換言すれば、運上に外ならなかったのである[23]。

ところで、文久度以降、内外の政治的・軍事的諸状勢が緊迫化するにつれ、軍事用とくに軍艦焚料としての石炭需要の質量的意義が重要となると、唐津藩をはじめ諸藩は[24]、自らの手で炭坑経営に乗り出し、石炭の確保を図るに至った。これが「御手山」であり、唐津藩では元治元年(一八六四)に御手山方を設けたが、慶応から明治初年にかけて唐津炭田の発展を推し進めたものは、外ならぬこれら諸藩の「御手山」であった。

前掲梶山村の史料によっても、二つの御手山で全出炭量の二分の一を占めていた。御手山としては唐津藩(相知)以外に、薩摩藩(岩屋、本山)、肥後藩(平山下村)、久留米藩(平山下村)のものが存した。そもそも、松浦郡の東南部一帯は、小笠原氏が唐津を領有するに至った時、天領に編入され、岩屋、本山、平山下等の各村は天領に属した。したがって、薩摩、肥後、久留米等の各藩は幕末幕府の許可を得てそれぞれ天領内に開坑したのであるが[25]、その後間もなく、唐津藩内においても開坑するに至った。[26] 梶山村の唐津藩御手山開坑については、次の如くである。

以書付御受申上候事

当御時勢柄石炭必要之品ニ付

御主意被為在当村字押川御林内本谷と申所江御手石炭山被仰出候処、御田地障者勿論其外障之義も夫ゝ御手当被仰出候ニ付、右之次第当所一同江申諭候様御沙汰之趣奉畏委細申諭候処、当所ニ而も往ゝ難渋不相成候様御田地障り其外共夫ゝ取調之上御願申上候通被仰付被下置候〔以下略〕

卯〔慶応三年〕三月　　梶山村惣代

今　平

地方御役所　　〔以下略〕

（「梶山押川御林之内本谷御手山石炭一件記」梶山村庄屋文書）

その前年寅十二月に御手山支配人向定吉の提出した「押川御林石炭出石方積」の「覚」によれば、その採掘計画は次のごとくであった。

一、上石炭千万斤

此積

一、掘子百弐拾人

一、車下八拾人

一、小納屋三拾軒

此代金百八拾両

一、大納屋三軒
同　三拾六両
一、車八拾
同　八拾両
一、䳄鷟弐百四拾挺
代七拾弐両
一、げんのふ六拾挺
代三拾六両
〔以下略〕
〆金千百拾八両弐歩

すなわち、掘子一二〇人、資金一一一八両で、年一千万斤の出炭が見込まれたのであり、事実、明治元年には一一一月で四九〇万斤であったが、翌二年および三年には八〇〇万斤に達している(梶山村庄屋文書)。

御手山経営は支配人＝請負人の手で行なわれたのであり、徳川期金属鉱山における請山経営の形態をとった。

差上申御請一札之事
梶山村押川御林之内御手石炭山
一、諸入用勘定向都而支配人ニ而引受ニ可仕候
一、御益銭之儀外並通ニ而御勘弁被下置難有仕合奉存候
一、拝借金返納之儀百斤ニ付弐百文宛相納候様御聴済被下置難有奉存候

一、御出役様御小使之儀支配人手人ニ而壱人差出御用弁可仕候
一、御出役御番人様並御小使共御三人御賄之義支配人ニ而引受御賄可仕候
〔以下略〕

慶応三年卯九月

御手山支配人　向　定吉
梶山村庄屋　兼　治
懸リ庄屋　小野善助

すなわち、藩役人監督の下に、経営の一切は「都而支配人ニ而引受」たが、藩の意図したところは、旅売によって収益の増大を図ることもさることながら、何よりも価格を抑えて大量の軍事用石炭を確保することにあったから、「御益銭之儀外並通」で差支えなかったわけである。

こうして幕末石炭の軍事的意義が重要となるにつれ、唐津炭田はその生産の中核としての地歩を確保し、薩摩、肥後、久留米諸藩の進出を見るに至り、それとともに、石炭に対する領主的支配の強化をも見たのである。(27)

(21)　山により、村によって最盛時が異なるゆえ、単純な合計から唐津炭の出炭総量を推定することはできないが、慶応年間には年産三億斤前後に達したであろう。梶山村の唐津藩御手山は明治二年および三年には、年産八〇〇万斤に達しており、平山下村には肥後藩および久留米藩御手山が、本山村および岩屋村には薩摩藩御手山があり、それぞれ盛大に採炭されていた。

(22)　たとえば、試掘願ともいうべきものが、問屋と庄屋の名で提出されている。

以書付奉願上候事

一、字長屋　石炭山　壱ケ所

梶山村常右衛門

右者石炭見出申候ニ付為試問掘仕度奉存候。願之通被仰付被下置候ハヽ、難有仕合奉存候。此段以書付奉願候　以上

亥七月廿五日

問　屋　松本治右衛門

〔庄屋〕　向　郁　治

(23)　文政初期には、石炭一〇〇斤一〇〇文で、その経費見積九一文のうちに元方の所得五文が含められており、残額九文が「御益」となっている。すなわち、収益はすべて藩の収入となる形をとっていたのが、いつごろからか、「御益」が経費と見なされ、残額が元方の収益となる形に変った。

(24)　幕府もその軍事的必要から石炭採掘に手をつけたことは、次の史料に明らかである。

「兵庫地鷹取山石炭坑昨年已来御代官方ニて追々堀出候得共、未夕性合宜からす御用途相成兼候故、入費相嵩困居候由御代官申聞候。右坑幷工夫等操練局附属被仰付、性合不良之分近村塩釜に払出、且ツ少可之分者当家蒸気船江売渡、追々利益出候様相成候ハヽ、海軍之御入費ニ仕度候

子〔元治元年〕六月」

(『海軍歴史』明治二二年、巻一七)

なお「性合宜敷分御入用ニ御遣相成候事」(同上)とも記されている。

(25)　次の記述は不正確であるが、各藩御手山の大勢を知ることができる。

「薩摩藩よりは、慶応年間藩士池上次郎太を派して岩屋の人藤田源助・藤田平内・藤田令蔵等の斡旋の下に、最初本山舟木谷に坑区を開き、其の後鹿子岩を経て、岩屋方面各所に着手せしも、廃藩と共に明治六年よりは池上次郎太個人の営業に移り〔中略〕。

久留米は同藩御用商人松村文平に命じ、慶応年間平山下村『ローサイ』に開坑して納炭せしめたるものであるが、廃藩と共に同人個人の経営となる。出炭は佐里川岩小屋土場より船積として川下せしものなり。

肥後山とは、明治三年肥後藩より藩士横田卯平内外二名を派遣し、宗田信左衛門を棟梁とし、平山下村武蔵谷に開坑せしが、一時は出炭額も多量にして、相知村岩バヱ土場より川下しとした」(『東松浦郡史』大正一四年、四九九頁)。

なお、肥後藩が明治三年以前から炭坑を経営していたことは、表I-2により明らかである。

(26)　唐津藩が「売山掛」を置いて、諸藩と石炭採掘について取引した点については、植村平八郎『幕末に於ける唐津藩の研究』

(昭和八年)および同「幕末期の唐津炭を中心とする薩藩と唐津藩との関係」『経済史研究』昭和八年一月号参照。それによれば、元治元年三井令輔なる人物が売山掛を仰付けられている。

なお、植村論文もそうであるが、一般に唐津炭田＝唐津藩と考え、各藩の御手山がまず天領に設けられたことが無視されている。

(27)　石炭に対する領主的支配の強化は、軍事的意義のみに由来するものではない。開港以後の石炭需要の激増による炭坑経営の有利性と、諸藩の財政的危機との結合が、もう一方の有力な要因であり、三池藩における浜会所＝石炭会所の設置を中心とする「石山御改革」(万延元年)も、肥前藩における英商グラバー(ガラブル)との合弁による高島炭坑の開坑(慶応四年)も、さらにまた、長州藩における石炭局の設置(明治元年)も、この点から説明される。後述参照。

第二節　幕末における石炭生産機構

1　土地所有と鉱山領有

徳川期、鉱山はすべて幕藩の領有するところであり、原則として「金銀ハ幕府之ヲ専有シ其他ノ鉱物ハ之ヲ封建諸侯ノ専有」(和田維四郎『坑法論』明治二三年、一九頁)とし、直轄鉱山=直山にせよ、山師の請負鉱山=請山にせよ、いずれもこれら《Regalherr》の厳重な仕法にもとづいて経営された。[1] すなわち、土地の上級所有者たる封建領主は、領主経済にとって重大な意義を有する金属鉱山については、下級土地所有の領有を排して、その「専有」を主張した。しかしながら、石炭の採掘については、当初領主経済における意義が乏しかったから、徳川中期においてはその採掘・販売を農民の自由に任せたのである。

「近年ハ農事の暇にハ石炭をうりて業とするゆへ金銀を不惜(中略)只今のごとく自由に石炭を売しむる時ハ其有余となりて村民の害となる」(内野荘『安々洞秘函』安永六年)。

しかしながら、領主の上級所有権は強大であったから、市場の展開につれて生産が拡大し、石炭生産の経済的意義が大きくなると、上級所有権者=領主は地中の石炭に対しても自己の所有権を確認し、下級所有権者=農民の土地利用=石炭生産も領主の統轄下に行なわれるべきものとし、これを領主的商品流通のなかに再編成するに至った。これが九州各藩に見られた仕組法の意義である。こうして一方において、仕組法下に上級所有権の優位性が再確認され、他方において、山元=採炭業者の専業化が進むと、地上の下級所有権と地中の石炭採掘権との分離が進行し、採掘の許可は下級土地所有者の了解もさることながら、最終的には領主の上級所有権に包含されることとなった。

(1)右之場所ハ田畠御山ニも相障候処ニ無御座候条乍恐来二月迄御免被仰付被為下候ハヽ、貧窮之者共茲御蔭を以家内相育〔以下略〕

天保十年七月

〔遠賀郡〕香月村組頭　喜　平

〔以下連名〕

（末松家〔折尾庄屋〕文書）

(2)私共両村数年来焚石旅出御免被仰付御陰を以兎ヤ角掘方取続難有仕合ニ奉存上候。然ルニ井手上船数少ク年々積捌不申〔以下略〕

安政五年十一月

四郎丸山元　五平

六平

長井鶴山元　孫蔵

伝平

（石井家文書）

(3)当村側筒谷長浦弐ヶ所焚石丁場山元忠右衛門先年御願申上御免ニ相成掘方仕候

〔年月不詳〕

〔鞍手郡〕山部村組頭　原次郎

外
（飯野家文書）

すなわち、藩当局から「御免被仰付」れることが、山元の採炭の前提条件であった。

ところで、地上の耕作権と地中の採掘権とが分離すると、採掘炭層が浅いだけにそこに鉱害問題が生ずるのみならず、石炭運搬のための道路用地、炭粉の混入した排水の水田への流入等、封建社会の生産的基底であった農業生産と対立する諸問題が発生せざるをえない。前述「達ヶ条」はこの点について次のごとく規定している。

一、丁場々々其村庄屋立廻り不絶見ケ〆田畠幷建込之御山ハ勿論都而当座之利欲ニ拘り後々之障筋ニ相成儀ハ無之哉心を寄可申候事

一、新丁場見立候ハヽ於村方重畳取しらべ石置場等田畠之費者仮令纔之事にて作毛之穿鑿にも不及地所たり共後来訖度仕戻之道相立地主相対取拘り候上可願出候見分之上不相障分者被差免候事

当時の採掘許可願にも「右之場所ハ田畠御山ニも相障候処ニ無御座候」（末松家文書、天保一〇年）、「場所等見改候得共作方障ニも相成申間敷様場所柄ニ付」（松尾家文書、明治三年）等々と記されているごとく、農業生産への支障のないことが前提されているのであり、農事優先の原則は一応貫徹されている。だが、実際問題としては、悪水の流入、道路・石置場の新設等が多少とも農作を阻害することは不可避であったが、その点は山元の補償によって解決した。

以書付奉願候事

一　田地　六升蒔　　　　　　　　　梶山村　甚　九　郎

　此出来米四俵程　　但　田高八斗七升九合

右者石炭御掘立ニ而炭かす流れ込植付候而茂熟し兼可申旨申出候ニ付見分仕候処、申出候通炭かす入土性茂相替

合候得共根付之儀者急度仕候様申付置候。尤是迄出来米之儀年之豊凶ニ茂候得共平均四俵程ニ而御座候ニ付、土地合立直り候迄年々御見立之上弁米御渡被下置候様御願申上度奉存候旨申出候ニ付願出申候通被仰付候ハは難有奉存候此段以書付奉願候　以上

申〔万延元年(一八六〇)〕六月五日

梶山村名頭　仁平次
同　村庄屋　峯忠蔵

炭方御役所

唐津においては田障、悪水障、溝障、御林障、道弁等が存在し、初期には前記史料のごとく「弁米」として米で支給されたが、後には通貨で支払われるに至った。(2)

上石百斤　悪水障　溝障　林障　道弁　村益
一貫四百五十文　二文　一文　二文　二十文　二文

ここにも明らかなごとく道弁の比重が大きいが、それはしばしば米で支払われた。

覚

一銭弐文　御林障
一同弐文　梶山村悪水障
一同壱文　溝障
一同弐文　梶山村益
一米壱合五勺　古道障
一同壱石七斗弐升弐合　新道

（梶山村庄屋文書）

しかるに幕末開港以後、一方においては幕藩体制の危機が進行し、他方においては石炭の軍事的・経済的意義が重要となると、これに対応して石炭生産に対する領主的支配はさらに前進するに至る。請山的形態をとるにせよ、直山的形態をとるにせよ、金属鉱山におけると同様の領有形態が炭坑にも出現する。前者の事例に属するのは唐津における御手山であり、後者の事例に属するものは肥前藩の高島炭坑および三池藩の稲荷山、柳川藩の平野山である。長州藩の場合はこの両者が併存している。

唐津藩御手山においては、藩役人の監督下に、支配人＝請負人が採炭の一切を請負う請山の形態をとったことは、前述したところであるが、この場合には、御手山の鉱区たる押川は「押川御林」と記されるごとく元来藩有林であり、明治五年の記録には「官山」（壬申五月区長より佐賀県唐津出張所宛「石炭山稼人出入御届」梶山村庄屋文書）となっているゆえ、下級所有権の否認という事態は改めて発生はしなかった。だが、炭山経営と農民の利害については新たな事態が生じた。御手山に関しても「御田地障者勿論其外障之義も夫〻御手当被仰出」（前掲）た点では差異はないが、その取扱いについて紛議が生じた場合には、藩権力をもって農民を屈伏させ、鉱山に対する領主支配の農民的土地所有に対する優位を貫徹させたのである。

去巳〔明治二年〕秋より押川御林内より石炭御掘被成度段々御沙汰御座候得共、御田地へ障候ニ付村方納得不仕候処、午正月又々御談示ニ付何レ御出役之上直々小前之者へ御沙汰被下候様申上候。〔中略〕段々村方江申談候処御役々様より被仰付候儀一向ニ御請不申上儀も恐入候ニ付、村方江如何ニも御手当被下置候哉御伺申上呉候様申出居候旨申上候。然ル処高山様より何レ明廿七日其村へ出役可致候ニ付村方重モ立候者呼出置可申段御沙汰ニ付左之人数呼出候〔以下略〕

（檜垣、前掲論文、九三頁）

領主による鉱山特権《Bergregal》の確認が、農民の下級所有権を否認するに至った顕著な事例は、長州藩船木炭田に見ることができる。長州藩は明治元年船木宰判内に石炭局を設け、その出先機関として炭坑所在の各村に石炭会所を設け、「従来地下の者によつて自由に稼行されてゐた炭坑はすべて石炭局の手によつて経営され、今迄の経営者は石炭局の事業の請負人と云ふ形式で採掘に従事する」（『宇部産業史』昭和二八年、四四頁）こととした。その間の具体的事例を示せば次のごとくである。

御願申上候事

船木部有帆村比砂ケ迫堤懸り之田数壱町八反弐畝高弐拾五石三斗七升壱合之処ぇ品相宜石炭有之候所、堀取候而ハ溜池水並山野より出水土中ぇ透候而田ぇ不相成故、田持中より堀取差留候場所ニ御座候。然ル処近年石炭直段余程引立候ニ付堀取候ハゞ余分の利益ニも可相成、永年畠作仕候而も徳分を以修甫元取建可申積ニ而、田持中申合御部署へ御願仕堀取御免相成、過ル卯ノ年〔慶応三年〕入費銀借出取掛仕操相調居候処、御仕法替り之御沙汰相成、其儘御取揚御手悩ニ被仰付、堤底左右ハ不申及石炭被遊御堀取、仕操元銀丈ケ御払下被仰付、其後年々比砂ケ迫浴筋水掛不残畠作仕作徳一向無御座候。田高ぇ当ル年貢米之儀ハ石炭方より御払下相成候得共、兼而小身之者ニ而外ニ持合之田地も無、数年増難渋相嵩此儘ニ而ハ百姓軒取続難相成如何可仕哉と当惑千万ニ奉存候〔以下略〕

癸酉〔明治六年〕ノ二月

地下総代　伊藤慶蔵

（「石炭方諸控」『小野田市史』資料篇下巻、三一―二頁）

領主の石炭専有とともに地中の石炭に対する下級所有権が取りあげられ、農民の土地所有自体もそれにともなって深刻な影響をうけた事情が、これによって明らかである。

長州藩ではその後間もなく、直山的経営＝御手悩山の外に、請山的形態＝御運上掘をも認めるに至った。[3]

此度宇部琴芝村西沢ニおゐて御手悩之規則を以下任御運上立ニして石炭堀取被差許候処、偏地下御願之御趣意ニ付、兼而石炭稼渡世いたし候ものハ彼場所罷出万端御仕法筋相守可致仕役出精候。尤喧嘩口論其ノ外不作法之儀有之間敷候事

一　堀場所地損仕戻之儀請負主より相償候様被仰付候処、御手悩山之振も有之事ニ付、受負方地主共双方不当之儀致間敷候事〔後略〕

未〔明治四年〕ノ十月　　　　　　　　　　　　　　　　笠原大属

（同上、二七―八頁）

この場合にも、直山＝御手悩山の経営、土地所有との関係が、基準となるべきことが示されているわけである。船木炭田においては、幕末には採炭の中心が次第に海岸寄りの水田地帯に移行したため、炭層の領主専有体制の確立は、必然的に耕地における農民的土地所有との相克を発生せしめたわけである。

このような地下埋蔵物に対する農民的土地所有の全面的な否定＝領主による炭鉱領有が、部分的にせよ見られるに至ったのは、何よりも体制側が軍事用炭確保の必要に迫られたからであった。しかも経済的危機に直面していた幕藩体制は、この新たな軍事必需品を大量に必要としたのみならず、低廉な価格で入手する必要があった。供給側である唐津藩や長州藩にとっては、需要の増大と価格の昂騰は、窮乏した藩財政にとっては好ましい状況であったが、今や

自ら大量需要者となった幕府・諸藩にとっては、拱手傍観を許さぬ重大問題であった。価格の昂騰は結局問屋資本をうるおすことによって、幕藩体制の危機を前進させるのみであった。それが幕藩体制を炭鉱領有に推しやった事情は、次の史料に明らかである。

蒸気御船遣石炭掘取方其外見込之趣取調申上候書付

松平対馬守
〔その他連名〕

御軍艦所御預蒸気御船と航海遣石炭之義者是迄江戸表町人共所持之品等御買上仕候ニ付、多分之御入用高に相成候間、山元に於て御買上之上御軍艦所江貯置候様仕度義等、去ル戌正月中別紙写之通御軍艦奉行井上信濃守外壱人より相伺候処、其通可取計旨去と亥三月に至り御下知御座候得共、右ニ而も永続之御仕法ニ無之且不都合之廉も御座候ニ付、尚篤と一同勘弁仕候処、石炭之義者蒸気御船ニ者一日も不可欠要品ニ而、当時之御船数丈ニ而も不絶百万斤余者必御軍艦所江御貯無之候而者、差掛リ候御用筋者勿論非常之折柄差支候ニ付、御軍艦所江御貯方等之義者別紙御下知済之通ニ而可然候得共、一体石炭之義御軍艦所御預リ御船と遣幷諸家所持蒸気船遣之分丈ケ山元より掘取、商人共売買致し候義ニハ無之、相互ニ利潤を競ひ銘と御開港場江持出し外国船へ売捌キ候方、御国ニ而遣払候十倍ニも当リ可申哉ニ而、横浜表ニ而も壱ケ年大凡千五百万斤者商人より売渡し候趣ニ付、長崎箱館共合せ候得者壱ケ年大凡三四千万斤程者売渡し可申、右之利潤者悉皆姦商共之所得ニ相成御益ニ者更ニ相成不申、素と石炭之義者蒸気御船必要之品ニ候処、御国内出産之石炭猥ニ外国人江高価ニ売渡し候より、御船遣も夫ニ連れ高直之品御買上ニ致し候様ニ成行候儀ニ付、石炭売捌方等之仕法聢と不相立候而者直安之石炭御船と江遣廻し候訳ニ至リ兼候ニ付、石炭之事ニ付而者以来都而御勘定奉行御軍艦奉行江御委任相成、御料私領之無差別石炭出産致候場所ニ者石炭掘取り切出候迄都而御勘定奉行之持と相定、たとひ百姓持山ニ候共不残御手山ニ被仰付相当ニ御手当被下、御勘定奉行御軍艦奉行之免許無之内者勝手に掘出し候義者決而不相成事と取極メ候方と奉存候得共、方今之形勢私領所迄手を下し候而者以之外ニ付、私領所より出産致し候石炭山掘取方売捌方等者先是迄通ニ致し置、差向御料幷万石以下之知行所より出産致し候石炭山之分者渾而御手山ニ被仰付、石炭出進之高ニ応し村方江相当之御手当被下、右山者御勘定所ニ而進退仕候様被仰渡〔中略〕候様仕度奉存候〔後略〕

〔慶応元年〕正月

（『海軍歴史』巻二五、一七―九丁）

「御料私領之無差別石炭出産致候場所ニ者石炭掘取り切出候迄都而御勘定奉行之持」とするところに、当年の幕府官僚の金属鉱山に対する領有形態を典型とする石炭山領有の姿勢を見ることができる。だが、「方今之形勢私領所迄手を下し候而者以之外」であるから、「差向御料幷万石以下之知行所より出産致し候石炭山之分者渾而御手山ニ被仰付」るべきだとしたのである。(4)(5) ここに示される下級所有権否定の姿勢は、同時に諸藩の石炭政策の背後に存した論理でもあった。その基本方針としては、「たとひ百姓持山ニ候共不残御手山ニ被仰付」るべきものであるが、それに伴なう「御手当」などを考慮して、多くの場合は藩有の山林地が御手山として開坑されることになったわけである。

（1）　徳川期における金属鉱山の領有制については、小葉田淳『鉱山の歴史』昭和三一年、後編五、および『明治工業史』鉱業篇第一編参照。

（2）　唐津炭田における農村への補償については、檜垣元吉、前掲論文、九二―三頁参照。「潰れ地一歩に付き二升と云う様に米を以て損害を補償する慣習が当初から存在したようである」(九二頁)。もっとも「藩当局が農民の為に耕作地を保護しようとした事例は殆んど見ることが出来ない」(同上)という断定には賛成しえない。引用されている事例は後述するように、御手山のケースであり、これを一般化するのは危険である。

（3）　金属鉱山の請山においても取られた方式であるが、運上掘においては入札制がとられた。
当部有帆村比砂ケ迫中堀炭当月より来三月迄拾万振已上堀取諸雑用並売直段別紙之通地下人功者之者、尚於石炭方是迄之振合をも委敷遂詮儀、前積算相立候上入札之沙汰ニ及び候処、前書之通高札ニ付此辻を以御運上堀差免候条此段致御届候已上
未ノ十月　　　　笠原大属

（4）　この伺に対して同年七月、経費を出来る限り切りつめること、三港における売捌は商人をして行なわせること、を条件として、「伺之通可被心得候事」（『海軍歴史』巻二五、二二丁）となったが、前述兵庫鷹取山石炭坑および北海道茅沼炭坑の外には幕府の御手山経営の事例は明らかでない。もっとも幕府はこのころ炭坑開発にはかなりの熱意をもっていたと思われる。
「幕府に於ても大いに炭坑開発の必要を認め、文久三年〔元年の誤〕米国人、ポムペリー及プレーキ二氏を聘して、先づ北海道全体に亘る地質を調査せしめ〔中略〕其結果、文久三年茅沼炭山を開坑し、大島高任をして担当せしめ、次で慶応三年、英人イー・エッチ・ガールを聘し、同坑に運炭の為め二哩余の鉄道を布設し、蒸汽機関車を用ひたり」（『日本鉱業発達史』中巻、一四三―四頁）。

蒸気機関車を用いたことは通説となっているが、誤りである。この点、山田民弥『恵曾谷日誌抄』（北海道大学所蔵）参照。なお、多羅尾忠郎『北海道鉱山略記』（明治二三年）をみよ。

（5）　徳川期の石炭山の領有形態を論じた研究は見当らない。従来、この点にふれた叙述には少なからぬ混乱が存する。たとえば、「当時の石炭山には御領炭山と藩有炭山の二種があった。併し主要な炭山は藩領に属したと見得る。〔中略〕併し唐津地方の炭田の如く、天領山は日田代官によって支配され、他の私領山は熊本・久留米・薩摩等の諸藩に分属し」（遠藤、前掲書、一四一頁）たといわれる場合、その分析の混乱は上述したところから明らかであろう。

2　生産過程と生産力

当然のことながら、「石炭のほり所は国により、所によりて違ふ」（木崎盛標『肥前州産物図考』）が、徳川期において

は、開坑方式は竪坑方式と水平坑方式とに二大別できる。天明四年(一七八四)、唐津藩の諸産業を絵巻『肥前州産物図考』とした木崎盛標は、[6]次のように記している。

「低は先つ竪に掘り夫より又横にほる也。是を釣瓶掘と云、出水多く水溜り強き故に水も釣瓶にて汲とり、石炭をもつり揚る也」。

すなわち、炭層が平地にある場合には、竪坑を掘るわけであるが、この場合には排水が大きな問題であった。だが、唐津炭田においては露頭は多く山腹に見られ、『州産物図考』も主として水平坑の場合について説明を加えている。

「石炭の有り所山根にある所は見立次第に山を穿ち石炭にあたりて夫より横に掘り入る也、是を走込と云也」。

「石ある所低きは山根より直に横にほり入る也。成る丈けむかふ低にほらず、水くみ取にくき故なり、是非に不及向ふ低になりたる時には水溜る也。其時にはスホンにて水をかへ出す也。まぶの真深くなりて曲もおほくなればスホンも段々続足しかたく此時は少々掘りしつめ溝を付て水を流す也」。

すなわち、水平坑により極力自然排水を行なうが、止むを得ぬ場合は「スホン」=サイフォンを用いたことが知られる。[7]坑道は炭層のなかに縦横に掘った。

「まぶの這入口は凡四五尺斗也。大小ありて定らず、石炭の有り処次第にてまぶの中左へも右へも幾筋も掘入る也」。

危険な場所には炭柱を残すか、木で支柱を行なった。

「われめ等有りて危く気遣ひの所には石を柱の如く切りのこし、或は木の柱を丈夫にたてゝ掘入る事也、且見計らひ也、石を柱の如く切残したるをば切りはりともいふ也」。

なお、明治初年長州藩石炭局時代の有帆・舟木地方の事情を記した『石炭略説』(名嶋明郎「本邦石炭史に関する二、三の

資料」『石炭時報』一三巻九号)によれば、

「炭の掘方は先づ坑底の敷炭を取り夫より正目に幾筋も鑿り入り又板目に切取るなり、縦横方罫に釿鍬を以て鑿り竹籃に入れ背負ひ出すなり、掘夫一人運丁一人一日(夜は息む)凡三四十振内外掘出す、賃銭今時凡一振百二十文位なれども掘取の難易に因て差あり、掘得る所の炭段数〔炭層数〕の厚薄に因て多少あり、有保〔帆〕にては一反の地にて三分の一柱に残し置き掘上げの炭凡二万振余出るなり、段数少き地にては此例にあらず」

と記されている。掘進および採炭には一般に「鶴の嘴」=ツルハシを用いたが、用途に従い大小数種あり、必要な場合には鉄鎚・鉄矢をも使用した。「鶴觜矢ゲンノーヲ使用シ」(『鉱山志料調』東松浦諸炭坑)と記されているゆえんである。照明は「さざいからへ火をともしまぶの中に入る」(『州産物図考』)と記されているように、油を容器に入れて裸火をともしたが、坑が深くなるとガスのため照明が困難となり、それが採炭の限界でもあった。

坑内運搬には一般に竹籃を用い、水平坑の場合には綱をかけて曳き出したが、「底のさんに鉄の板金を打つけあり、是も引ずり出るにかごの底の破れざる用意也」(『蒹葭堂雑録』)、「鉄ノ台ヲ附ケシ籠ヲ以テ石炭ヲ坑内ヨリ引出ス」(『鉱山志料調』久原村の項)とあるように、鉄板を打ちつけて運搬の便を図ったり、小径の四輪車に竹籃をのせて運搬(『州産物図考』)したりすることが行なわれた。竹籃はすり(同上)あるいは摺(す)ラ(『鉱山志料調』)と呼ばれている。竪坑の場合には、前掲史料にあるように、「竹籃に入れ背負ひ出す」のが普通であった。運搬夫は後山と呼ばれ、松浦地方では「先山一人ニ後山一人ヅツ附属シ先後二人ニテ一日ニ石炭三百六拾貫目ヲ採掘」(『鉱山志料調』久原村の項)と記されているが、一般に先山一人と後山一人で一労働単位を構成していた。

ところで、徳川期における採炭上の最大の困難は、採炭や運搬ではなく、排水であった。当時坑道の長さは明治五年の梶山村史料によれば、「平均拾五間」、「平均五拾間」等と記され、最も大規模な炭坑の一つであった旧唐津藩御手山については「平均七拾間」と記され、当時、筑豊第一の大山と称された香月の城の前坑でも、「五六十間」に過ぎなかった(中野徳次郎「礦業実験談」『筑豊石炭鉱業組合月報』三巻三三号)。それゆえ、運搬自体は未だ石炭生産の決定的隘路とはならなかったのに対し、排水は採掘炭層が地表以下に移行すると同時に重大問題となり、坑が深くなるにつれて炭坑の死活を制する要因となるに至った。

北九州の炭層は一般に相当の傾斜が見られるので、採炭が進むといきおい切羽は深くなる。採炭の歴史の比較的長い筑豊の山は、幕末すでに相当の深さに達していたことは、先に述べたところである。この場合には竪坑を掘り、釣瓶で排水したりしたのであるが、坑が深くなると釣瓶だけでは排水が不可能で、段汲法が行なわれた。維新直後の香月の城の前炭坑について、次のごとく記されている。

「一時四百八十人の坑夫を使役したりといはゞ、其の採炭も一日三五十万斤に達せしかの如く思はるれど、実は二ケ年の長き間に採掘せし総額僅に一千三百七八十万斤に過ぎざりし程にて、今日より之を見れば、何人も何故に彼の如き多人数を要せしやを疑はざるものなかるべし。

然れども此の少額の採掘に、彼の如き多人数を要せしは、全く斯業幼稚の現象にして、採炭よりは寧ろ排水工事に労力の大部分を費したり、当時城の前坑にては十二段に排水を汲上げしが、之に要する人員は実に四十人の多きに達し、三番交代にて百二十人を要したり、此の如く十二段の汲み揚げなりしといはゞ、坑道も亦数百間の長きに延長せし如く思はるべきも、是亦案外にして実は五六十間に過ぎざりし也」(前掲「礦業実験談」)。

「深敷」が炭坑経営の困難の原因としてあげられたのは、何よりも排水費の増大に起因したのである。したがって、「水山」に出あうと、多くの場合には坑を放棄した。

この点で最も困難を感じたのは船木・宇部の炭田であった。この地方は露頭は船木の丘陵地に見られるが、炭層は南にゆるく傾斜(平均三度)して直ちに海底に入っている。幕末、船木地方で本格的に採炭が行なわれるようになった際には、炭坑は大部分海岸寄りの水田地帯に開坑され、湧水の多い「弱い」山であった。そこに特殊な排水労働手段=南蛮(なんば)の形成を見る必然性が存した。(8)

土地の浅深一定ならずと雖ども今時掘得る所の坑は大概二三丈より八九丈に至るなり、坑に方円の釣井あり斜に掘入るを「走り込」と云、浅きは「刎釣瓶」深きは「南蛮車」(天保の頃宇部の農夫九十郎と云者創めて此器を製し今専ら之を用ゆ)等にて水を汲取るなり、車一坐九人掛り一昼夜交代にして十八人吊桶大約水六七斗を容る、汲上る水の量数は坑の浅深水の多少によりて車数を増減す、されども未だ其至便を尽さず(中略)炭礦従事の官員に於ても頻年深く此事を憂れとも未だ十丈以下は昇水の便器を得ず(前掲『石炭略説』)。

ここに当年における南蛮の排水能力とその限界を見ることができる。なお、同じ時期の史料は次のごとく記している。

沖宇部於笹山村ニ去八月より石炭振別弐百拾文之御運上を以堀取被差免難有奉存候然ル処右場所三町程之間去年之堀残炭凡四拾万振り之見込ニて深サ七拾弐尺より百三拾壱尺五寸迄も堀下ケ追々五拾八炭生(たぶ)相仕操夫々南蛮を掛水汲上ケ候処何分水勢強且炭之運ひ共六ツケ敷彼是余分之雑費算当相立不申候(以下略)

西ノ五月

(『小野田市史』資料篇下巻、六〇頁)

南蛮の出現は十州塩田に対する船木炭の進出と結びついている。始めは直接「轆轤に綱を捲き」、後には改良されて「軸の回りに枠を造り、この枠に綱を捲きつけ」(『宇部産業史』二九頁)、綱に桶を吊りこれを捲きあげた。幕末・維新期の炭坑経営は、こうして湧水問題の解決と取りくんだが、それは経営にとって大きな負担となった。この時期に炭層そのものとしては比較的恵まれた筑豊、長門の炭田に対して、炭層条件のより劣悪な唐津が優位を占めえたのは、

表 I-4　幕末・維新期の炭坑生産力

	地方	年次	期間	稼働人員			出炭	1人1日当出炭(概算)			史料
				掘子	坑内夫	坑内外夫		掘子	坑内夫	坑内外夫	
1	筑前	慶応2	1月	人 664	人 —	人 —	千斤 747.5	斤 1,100	斤 —	斤 —	飯野家文書
2	筑前	明治6	1年	1,400	2,500	4,668	1,500	1,100	600	320	許斐家文書
				907	1,821	3,564	1,260	1,400	700	350	
				900	1,700	2,895	1,100	1,200	650	350	
				1,350	2,550	4,840	1,500	1,100	600	330	
3	唐津	明治4	1日			14	2			150	梶山村文書
						6	1			170	
						130	20			150	
4	佐賀	幕末	1年		1,020		500		500		鉱山志料調
					1,070		500		(500) 500		
					430		200		(400) 500		
					1,880		1,800		950		
					4,880		3,000		(600) 600		
					2,880		2,500		(600) 870		
5	宇部	明治初年						1,500—2,000			石炭略説

備考　史料(4)1人1日当出炭の上欄(　)内は「1人1日ノ工程」による

何よりも後者が自然排水に依拠しえた点にある、といわねばならない。

以上記したような技術過程の上に立って、幕末における炭坑の労働生産力は幾何程度であったろうか。利用しうる史料を整理して表示すれば表I-4のごとくである。史料3の唐津の場合は計算の基礎が一日当りで、しかも実際の使役人員でないため、他の史料に比して生産力が低く示されているが、これをのぞけば、地域的に顕著な差異は見られず、坑内夫で一日一人五〇〇―七〇〇斤となっている。

ところで、採掘され坑外まで搬出された石炭は、商品としての自己を実現するためには、さらに石炭取引の行なわれる地点まで運搬されなければならない。それは後述するように、しばしば商港――筑豊についていえば芦屋・若松、唐津地方については満島――であり、その過程は炭坑―土場、土場―港の二つから構成され、前者は陸上輸送であり、後者は河川輸送である。後者はしばしば炭坑経営と分化し、社会的分業が成立しているので、ここでは前者についてのみ簡単に考察しておく。

『肥前州産物図考』によれば、坑外に搬出された石炭は大型の「土場出し車」によって河畔の貯炭場である土場まで運搬される。したがって、唐津では土場までの運搬は「車下し」と呼ばれている。だがそれは道路条件が良好か運搬距離の比較的短い場合のことであって、唐津以外では多くは馬背にのせて土場まで運んだ。この坑外運搬過程を筑豊では「岡出し」、宇部では「津出し」と呼んでいる。この坑外運搬の距離は坑口の所在によって異ならざるをえないが、唐津の「車下し」について二、三の事例を見れば次のごとくであった。

a　梶山村字小城の尾　二一町四〇間

b　同　村字どきて　六町

c　同　村字押川　二八町

もっとも唐津地方でも道路条件の不良な場合には馬を用いた。たとえば立川村の炭坑について、「其運輸ハ炭山ヨリ当郡駒鳴村ニ至ル迄馬ヲ用ヒ其里程二拾五町余ニテ賃銭壱万斤ニ付壱円三拾銭、又駒鳴村ヨリ満島ニ至ル舟ヲ用ユ、其川路六里賃銭壱万斤ニ付壱円拾銭トス」(『鉱山志料調』)と記されている。車下し＝岡出しに関する記録の残存するものは多くないが、輸送手段の未発展な当時にあっては、坑外運搬は排水につぐ石炭産業の重大問題であった。(9) この点でも唐津炭田は一般的に筑豊等に比して有利な地歩を占めていたのである。

(6)「絵巻」中の石炭に関する部分は、久保山石炭研究所『古今炭鉱名鑑』に複製されている。

なお、岡田陽一「本邦古代の採炭技術に就て」(『筑豊石炭鉱業組合月報』二七巻三二七号)および檜垣元吉「唐津藩石炭史の研究」(前掲)参照。

(7) スホン＝siphon。オランダを媒介として西欧技術が部分的・端緒的に導入されていることが知られる。

(8) 「往時の採掘施設は、極めて幼稚なるものにして、撥釣瓶を竪坑に装置して、少量の石炭及水を揚ぐるに過ぎざりしが、事業の箇所も漸次其深さを増加するに至り、運搬・排水の作業困難となり、漸く勃興し初めたる炭業も、此の苦境に到達して難色あるに至れり。此時に当り、本市亀浦の人、向田七郎右衛門・同九十郎の兄弟力を戮せて、捲揚装置の改善に努力し、木綿車の構造より着想し、辛苦研鑽の末、遂に天保十一年南蛮車と称する、人力を以て捲揚げ得る簡単なる装置を発明するに至り、玆に炭業界は一新生面を開き、従来は其深さ二、三十尺以上に達し得ざりしも、此装置に依り、百数十尺迄も採掘し得るに至れり」(『宇部炭業史』大正一五年、四頁)。

(9) 幕末の磐城地方炭坑について、次のごとく記されている。
「坑口ヨリ浜方迄ハ道路僅ニ三里内外ナレドモ、当時ハ道路険悪ナルコト想像以上ナリシヲ以テ、駄馬ノ困難甚シク、駄送スル者少ク、止ムナク駄送料ヲ高メ、或ハ駄馬買入金トシテ相当ノ金額ヲ貸出シ特約人ヲ求ムル等百方勧誘シテ漸ク日々諸坑ヲ合セテ一千頭ノ駄馬ヲ得ルニ至リタレドモ尚予定ノ炭ヲ運送スル事能ハズ」(加納家「炭業要録」『常磐炭礦誌』所収)。

3 炭坑経営

前掲表I-2「梶山村山元別出炭」は、一つの興味ある事実を物語っている。一山元の例外をのぞき、年出炭三五万斤以上の炭坑は年間を通じて出炭しているのに対し、それ以下の小炭坑はある季節のみ出炭を記録しているにすぎない。このような事情は唐津のみに限られたことではない。

差上申一札之覚

一林ヶ谷石炭山　　壱ヶ所

但九月より翌二月限

右者当七月私共始村方頭百姓御立合之上御見分被仰付候縄張候通被遊掘方段一統納得仕候〔以下略〕

嘉永七年
　　　　　　　　　　　　　　　　　　　　　　　　金田村方頭　源七
　　　　　　　　　　　　　　　　　　　　　　　　〔外四名連名〕
石炭山御役所

このような季節的採炭は、石炭生産の初期、市場が家庭用燃料を中心とした段階では、当然のことながら一般的形態であった。たとえば、糟屋仲原村では、安永四年（一七七五）から寛政二年（一七九〇）の間に一〇ヵ所の石丁場開坑願がみられるが、すべて「十一月から二月まで稼行」（『日本産業史大系』九州地方編、二二三頁）されている。それは何よりも市場の条件に規定されていたわけであるが、季節性を規定したもう一つの要因は、封建経済の基盤であった農業経営との関係であった。この点は、もっとも端的に船木炭田地方に見られる。前述のごとく、船木地方では幕末には海岸寄り平坦地で採炭が行なわれ、いきおい田畑の中に開坑されたため、作物収穫後に開坑し、翌春田植の時期までに採掘を終えて、「仕戻し」＝田畑の復元を行なう。[10] 若干の事例を示せば次のごとくである。

(1)　比砂ケ迫炭坑

当部有帆村比砂ケ迫中堀炭当月より来三月迄拾万振已上堀取諸雑用並売直段別紙之通地下人功者之者尚於石炭方是迄之振合をも委敷遂詮儀前積算相立候上入札之沙汰ニ及び候処前書之通高札ニ付此辻を以御運上堀差免候条此段致御届候已上

未〔明治四年〕ノ十月

（『小野田市史』資料篇下巻、二八頁）

(2)　宇部西沢炭坑

当部中宇部西沢五段石炭当十月より来三月迄凡拾万振之掠了を以堀取諸雑用並売直段別紙之通地下人巧者之者尚於石炭方是迄之振相をも委敷遂詮儀前書之通御運上堀差免候条此段致御届候以上

未ノ十月

（同上、二九頁）

(3) 宇部恩田山炭坑開坑費

一銀百貫目　　但諸仕繰銀之分
一同二百四十貫目　但掘揚炭二十万振振別掘賃百十文宛ニテ右之辻
一同二百貫　　但南蛮水汲大棟梁其外諸賃銀固屋雑用共ニ日数百二、、十日分之辻
一同二十八貫目　但諸心附銀右之辻
一同百二十貫目　但浜出シ仲使賃共
〆六百九十三貫目
一銀九百八十貫目　但掘揚炭二十万振三割引ニテ正味十四万振振別七匁宛ニテ右之辻
差引　二百八十七貫目　但御益銀
右宇部恩田山芝ノ中村石炭御掘場荒積ニ御座候
〔明治二年〕十一月

（『宇部産業史』四五―六頁）

もっとも船木の場合には、かかる季節的経営を可能とし、必要とした条件が存する。可能としたのは、平坦地における炭層の賦存状況が、「今時掘得る所の坑は大概二三丈より八九丈に至る」（前掲『石炭略説』）程度で、比較的地表に近

表I-5　東松浦郡炭坑規模

村	字	発見	盛大ナリシ時ノ年出炭	坑夫ノ使役高(年)	
				男	女
平山上村	向野	慶応2	万斤 50	700	370
	〃	元治1	20	250	180
	〃	文久3	180	1,340	540
	〃	慶応1	50	540	480
平山下村	高尾ノ谷	弘化4	—	1,440	720
	五郎谷	安政2	140	1,440	1,080
	ソマコバ	文政2	300	2,880	2,000
	灰ノ谷	嘉永6	40	720	350
	五郎谷	安政2	250	1,800	1,080
	ロウサイ	安政6	—	2,880	1,728
	高尾谷	弘化4	120	1,800	1,440
	五郎谷	安政2	20	350	300
	〃	〃	50	720	350
	〃	〃	40	500	280
	高尾ノ谷	弘化4	100	2,880	1,440
	丸石	天保3	15	360	200
	ウバノツクラ	〃	5	50	30
	五郎谷	安政2	80	1,080	360

備考　使役高はしばしば360の倍数となっているところから明らかなごとく，1日使役人員を360倍して得たものと考えられる

かったうえ、洪積層・沖積層におおわれて比較的開坑が容易だったからである。だが、これらの条件は逆に季節的採炭を必要ともした。というのは船木地方の炭坑は掘り易かったただけ地盤も弱く、湧水も多かったので、春から夏にかけての降雨量の多い季節には崩壊の危険が少なくなかったうえ、排水に困難が存したからである。

船木の場合には、年出炭一五万振＝二四〇万斤前後というごとき大山についても、このような事情から季節的経営が行なわれたが、一般的には、排水の必要な炭坑では、排水の中止は水没を意味するから、仕繰・開坑に相当の投資を必要とする程度の炭坑ともなれば、通年採炭が行なわれた。

しからば、幕末・維新期における採炭規模いかんについて見ると、佐賀県『鉱山志料調』(明治一七年)によれば、幕末の東松浦地方の

状況は表I-5のごとくである。

この数字は必ずしも正確なものではないが、傾向を知るには差支えない。これによれば、年出炭二〇万斤前後から三〇〇万斤までで、その使役人員は年間延五〇〇人前後から四八八〇人までとなる。季節的変動等のため、一坑当り雇用人員を正確に知ることは困難であるが、前掲東松浦郡梶山村(表I-4)および鞍手郡直方町史料によれば、掘夫の人員と出炭量はつぎのとおりである。

梶山村	小城の尾	一四人	一日	二千斤
	どきて	六人		千斤
	押川	一三〇人		二万斤
直方	長浦	六人	一年	八〇万斤
	御館山	六人		六〇万斤
	側筒谷	八人		五〇万斤

実働人員は日によって大きく変動したことは、表I-1に明らかであり、慶応二年の御館山坑の場合には掘子の平均二七・七人であるが、最低一〇人から最高四三人の幅を示している。これらの事例から知りうることは、炭坑の規模が一般にきわめて零細であって、季節性と採掘容易の所だけを採掘するため、「開坑ノ后四五ヶ月ニシテ中止シ又五六ヶ月経テ再掘スル」(「久原村戸長副申」『鉱山志料調』)零細炭坑を底辺とし、使役坑夫一〇人前後で通年採炭する小炭坑が広汎に存在し、そのうえに少数の大炭坑——坑夫一〇〇人以上——がそびえていた、と見て大過ないであろう。

坑夫一〇人内外の小炭坑においても、掘子、水引、仕繰、岡出の分業が存したことは、表I-6の勢田村史料「石炭場所書上税金上納分事」(許斐家文書)に明らかである。しかも、掘子の比重がやや高いとはいえ、水引、仕繰と大差なく、勢田村では岡出し運搬距離が比較的短いので、その比率がやや低いが、距離が遠くなれば、この四者にほぼ均分される関係にある。唐津の場合には排水労働の比率が低い等の地域的差異はあるが、幕末・維新期の経営はかかる小マニュファクチュアを基盤としていたのである。しかもこれら小マニュファクチュアは、採炭の進行に伴なって運搬・排水・通気等の条件が劣悪化するので、繰返し坑口・坑道を更新し、炭坑の若返りをはからなければならなかった。たとえば前記許斐家文書は各山元について次のごとく記している。

許斐六平　権現堂(官林)、卯請ヶ谷(官林)、明神(官林)、弥八ヶ谷(野山)　〆右四ヶ所当時掘方止メ

許斐平三　松尾(野山)、小富士(野山)、権現堂(官林)、小竹山(野山)、五畝谷(野山)　〆右五ヶ所当時掘方取止

また梶山村文書においても一山元につき「坑六口内一口但風抜、一口但掘夫無し休坑、一口但立坪、二口但廃坑」とあり、結局、立坪一つが稼働されていたことを示している。

すなわち、旧坑の掘方を順次取止めて、新坑に移っていることを知ることができる。前掲「久原村戸長副申」が個々の坑につき「満三ヶ年継続セシモノ無之」と記しているのも、このような事情を物語っている。これが当時の石炭小マニュファクチュアの姿であった。

だが、この点は、これら小マニュファクチュアの上にそびえていた藩営大炭坑についても、基本的に異なるところはない。明治五年の梶山村文書によれば、前年六三〇万斤の出炭をみた旧唐津藩営押川坑の状況は次のごとくである。

一、坑三拾五口

内

拾口　辛未〔明治四年〕五月より掘夫無し追々休坑

十六口　庚午〔明治三年〕より辛未十二月迄追々廃坑

表Ⅰ-6　勢田村炭坑使役人員　(明治6年)

山元	出炭	掘子	水引	仕繰	岡出	計
許斐六平	万斤 150	1,400	1,240	1,100	928	4,668
〃 平三	126	907	737	914	1,006	3,564
〃茂九平	110	900	740	800	455	2,895
沢原静門	150	1,350	1,410	1,200	880	4,840
計	536	4,557	4,127	4,014	3,269	15,967
%	—	28.5	25.8	25.1	20.5	100.0

したがって、この時点では九坑口のみが稼働していたのであり、坑口が、したがって切羽の数も多く、出炭も多かったのであって、個々の坑についてみれば、前記小マニュファクチュアと基本的に異なることはない。幕末・維新期すでに日本最大の炭坑で、「嘉永七年〔一八五四〕筑後三池に於いては、坑口を九尺四方に設け、五百人を労役せり。内、百五十人は採炭夫にして、鶴嘴及び鍬を以て採炭せり。之に要する運搬夫は三百人、排水夫は五十人なり」(『明治工業史』鉱業篇、七四―五頁)と記された三池炭坑でも、柳川藩平野山のみで、明治初年までに廃坑となったものが、梅ヶ谷坑四ヶ所、満谷坑八ヶ所、西谷坑九ヶ所、本谷坑五ヶ所等三〇ヶ所あり(『三池鉱業所沿革史』第一巻、二二頁)、

「各坑口は採炭場所が遠くなつたり、通気が悪くなつたり、或は水害のため排水が困難になつたりすると、その坑口を廃して又新に附近の便利な場所へ坑口を開けると云ふ有様で、その時の条件によつて転々移動してゐたことが判る」(同上、二三頁)

と記されるような状況である。しかも、「掘方〔採炭夫〕は少い坑でも十人位、多い所では二、三十人以上も居り、荷方〔運搬夫〕は常に掘方の三四倍位の数を示していた」(同上、九二頁)といわれ、明治六年には大浦坑をはじめ一一坑で稼行していた。規模の差は、主としてほぼ同質的な採炭単位の多少にもとづくものにすぎない。

このような炭坑が幕末・維新期に、筑豊、唐津にどのように分布点在していたかは、炭坑自体のひんぱんな開坑・閉坑もあって、今日的確に把握することはできないが、嘉麻郡の石炭生産の中心地であった綱分触の天保一一年の状況は表I-7のごとくである(有松家〔嘉穂郡下山田庄屋〕文書)。一〇カ村で稼行丁場六九の多数にのぼり、「村方焚料ニ掘方仕居分」も一〇丁場見られる。しかるに、明治六年の「石炭場所書上税金上納分事」(表I-6参照)によれば、前記史料で一五丁場の存在が確認されている勢田村は四丁場の存在を認めうるだけであって、しかも一丁場当り一一〇

表I-7 綱分触焚石丁場 （天保11年）

	村方焚料ニ掘方仕居分	船積旅出掘方仕居分	生石炭焼立仕ル分	不明	計	近年掘方相止居分
綱分村	2				2	5
有安村	2				2	
有井村			6		6	
鹿毛馬村		3			3	
勢田村		15			15	3
佐与村	2	2			4	
鯰田村		2		*22	24	
立岩村		8			8	
下三緒村	1	1			2	
赤坂村	3				3	
計	10	31	6	22	69	8

備考 *は大部分船積旅出掘方仕居分に入るべきものと思われる

万―一五〇万斤とその規模は相当大きくなっている。この間に炭坑経営の分解が徐々に進み、小経営的形態から零細マニュファクチュアが析出されるとともに、経営数が減少していったものと推定して大過ないであろう。

しからば、藩営炭坑は別として、当時の炭坑経営者＝山元はいかなる階層に属するものであったかについては、必ずしも十分の史料がないが、ともかく数人の労働者を雇用するものであったから、一般には本百姓ないし高持百姓であった。

嘉麻郡綱分村庄屋大庄屋格上野定右衛門乍恐申上候口上之覚

仁保村新開義七郎前妻ハ私妹縁ニ付参居候〔中略〕同人儀近年内味不繰合之上焚石山元仕候処運方不思敷損失仕候頻年増及多借田畠等質入且売払焚石仕入ニ仕候得共弥金子借入手段ニ尽果山元取続之道無之依而去正月立岩村麻布太右衛門ニ家屋敷書入金子六拾三両相談仕候由ニ候〔以下略〕

慶応三年八月　　上野定右衛門

上座下座嘉麻穂波

御郡御役所

（有吉家〔鞍手郡若宮庄屋〕文書）

ここから逆に山元義七郎が大庄屋格の義兄弟で、田畠・家屋敷を所有していたことが確認される。なお、本百姓のみならず、庄屋のうちにも山元となったものが見られる。

〔慶応三年五月〕郡焚石当村於万之浦新丁場御取起ニ相成御上より御見込ヲ以山元御免御書附頂戴仕候事

四郎丸村庄屋
新丁場山元
古野惣五郎
生年三拾四才
同村山元頭取
新丁場山元
入江六郎七
同三拾五才

（入江六郎七記録）

経営資金については、藩からの拝借金＝御救を必要としたとはいえ、雇用労働者が一〇人前後ともなれば、もはや貧農のよく経営しうるところではなかった。もっとも、零細経営については、一部に貧農山元の存在も認めることができる。(11)

ところで、炭坑経営は当時においても——当時こそというべきであるかもしれない——投機的要素を多分に存していたから、一般の百姓は必ずしも積極的に石炭経営に向かわなかった。前掲「綱分村庄屋大庄屋格上野定右衛門乍恐申上候口上之覚」は、前掲文の後にこう記している。

一族中より申出候ニハ焚石山元之儀者決而相望儀ニ者無之候得共今更難取止趣ニ付〔中略〕是非共金子御受合被下取続之道御世話被下候様一族中一同之願ニ付不得止事〔以下略〕

この史料も山元の倒産にかかわる一件であるが、幕末における山元に関する史料には、「元方逃去」「石炭山仕潰大借凌兼罷在候処、行衛相分不申候」(檜垣、前掲論文、九五、九六頁)等と記されているものが少なくない。そこから、農民の間に炭坑経営に対する警戒と、投機的性格に対する批判が生じたことは否定しえないが、しばしば指摘されるような炭坑経営に対する蔑視は必ずしも一般的ではなかった。村共同体自体が村内の窮民救済のために、炭坑の共同経営を行なった事例もしばしば見られる。

(1)　嘉麻郡鹿毛馬村庄屋組頭乍恐御願申上候事

当村累年之零落村ニ而無限も御厄介ニ相成御蔭ヲ以取続居申候然ルニ兼而村仕組石炭旅売分御益銭御救渡被仰付置重と難有存極貧者兎や角取続居申候〔以下略〕

鹿毛馬組頭　兵三

外

安政四年巳正月

(有松家文書)

(2)　御歎願申上候事

私共有帆村ニおゐて代々奉遂御百姓軒来り候処有帆筋之儀ハ元来御田地無数処柄ニ付農業間合ニ石炭堀稼彼是に而渡世仕来り今日迄日々露命繋罷居候処昨年より諸山一統石炭堀取御休山之儀被仰出候ニ就而ハ家内軒組落段当

惑千万ニ奉存候ニ付乍恐再三御願出仕候処窮民為御救之出格之御詮儀を以葭ケ浴山石炭下任せ堀被差免難有仕合ニ奉存候然る処有帆筋家数弐百軒之余も御座候内次三男相集候得ハ弐百六七拾人も仕役人御座候処元来葭ケ浴山之儀ハ以前下山ニ而堀取仕候残り炭ニ而纔之小山ニ御座候間始終仕役たり不申候得共地下中順番ニして仕役仕且々相凌居候〔以下略〕

明治未ノ五月

惣代　伊藤慶蔵

〔外　連名〕

（『小野田市史』資料篇下巻、二一頁）

幕末・維新期の石炭経営の収支については、一そう史料がとぼしい。仕組法の行なわれた筑豊では、藩が山元からの買上げ価格を決定しており、物価騰貴や採炭条件の劣悪化による生産費の増大に、買上価格の引上げが追いつかないため、繰り返し価格引上げの要望が山元から提出されている。

遠賀鞍手嘉麻穂波四郡御庄屋中惣代ニ而御伺申上事

一　当初秋之比より焚石旅売景気宜敷且又山元難渋之次第も御座候間百斤ニ付四文充直段上ケ之儀御願申上候処、宜敷御聞通被仰付弐文ハ御益銭弐文ハ山元渡ニ被仰付重畳難有奉存候〔以下略〕

酉〔天保八年〕九月

各山元大庄屋中

（古野家文書）

経営の困難が、藩からの拝借金＝御救を必然的ならしめた点については前述したが、経営の困難と値上げと救渡しとの関連を示す一史料をここにかかげておく。

鞍手郡直方町山元嘉兵衛ょり乍恐御願申上候口上之覚

一、兼而御免被仰付候当町抱御館山焚石丁場去秋之比ょり掘方仕居候折節長崎表江御差廻ニ可相成御用荒塊石御用達仕上候様被仰付難有奉存上追ゝ掘方出情仕申候処最早数年之掘跡ニ御座候而極ゝ深式之上懸リ水夥敷大造之仕繰銭相費其上荒石専ニ掘方仕候事ニ候得者欠失余分相立元来手弱之私ニ而銀主借入等多く候而実ニ当惑仕居申候。右ニ付恐多御願ニ御座候得共御益銭之内ょり百斤ニ付拾弐文充御救渡被仰付候ハ者御蔭ヲ以山所取続茂出来仕追ゝ銀主勘定も相立可申重畳難有奉存上候。春以来焚石直段上ヶ茂被仰付候末何分奉恐入御願申上兼候得共

〔中略〕偏ニ奉願上候已上

文久三年〔一八六三〕亥四月

（飯野家文書）

当時の石炭産業の経費概要を一括して示せば、表Ⅰ-8のごとくである。ここに示されている二、三の傾向を摘記すれば、第一に、地方ごとに原価の構成がかなり異なる点であり、たとえば、唐津では排水費がいうに足りないのに対し、船木では切賃と匹敵する額にのぼっている。第二に、採炭費に対して運搬費その他雑費の比重がきわめて高い点であり、船木の場合は管理諸費が含まれていないのでさほどでないが、唐津では一〇〇％前後に達している。そのなかでも運搬費の比重がきわめて高いことが注目される。この点については後述する。第三に、利益率が高い点である。慶応三年の唐津のケースでは、一〇五文の御益が藩に上納される計算になっているので、これを加えると約二〇％の利潤率であり、船木では約三〇％となるが、石炭方の管理費がこのなかに含まれているので、実質的には唐津と大差ないであろう。この点は筑前の場合にもほぼ同様であって、表Ⅰ-9によれば、藩の「御益」は二〇％強となってい

炭坑経費概要

坑外運搬費		勘場	その他雑費		輸送費		流通費	税	経	利	価
車下シ	車下棟梁	その他雑費	村方益・土場料等	土場欠減	港まで輸送費	輸送関係雑費	問屋等口銭	金	費計	益	格
11	—	7	10.9	13	9	1	売値4 % 1.2	売値8 % 5	12% 147.6		
13	2.5	8.5	9.1	13	9	1	4 % 1.2	8 % 5	12% 147.8		
20	1.5	12	8.7	13	9	1	4 % 1.2	8 % 5	12% 148.2		
14.7	1.3	9.2	9.6	13	9	1	1.2	8 % 5	147.9		
280	—	72	73	—	120		14	(御益) 105	1,241	209	1,450
120		—	28	—	—			—	693	287	980

る(計は合わないがそのままにした). なお永銭1文=丁銭14文.

表 I-9　筑前(鞍手)炭坑の原価構成(100斤ニ付)　明治4年

		沖売代価	山元渡	御益	川艜	会所番	諸口
A	極上石	貫 文 1 175	文 731	文 250	文 110	文 62	文 22
B	中石	貫 文 1 035	文 680	文 212	文 110	—	文 33

備考　入江六郎七記録による

る。それゆえ、出水その他の災害に遭遇しない限り、炭坑経営は比較的有利な事業であった、といわねばならない。

だが、石炭経営が有利であったということは、ただちに山元経営が有利であったことを意味するものではない。筑前の仕組法を中心とする幕末の体制は、領主的土地所有を基軸として利潤を可能な限り藩財政のなかに吸収することを意図していたから、山元渡の仕切価格は経営を辛うじて維持しうる程度をそれほど越すものではなく、したがって坑道の延長にともない仕繰・排水費に事欠き、藩の拝借金に依存せざるをえなかったのである。とはいえ、そこにわれわれは僅かながらも山元経営の萌芽的利潤の形成を見ることができる。この山元渡と川艜運賃と諸雑費を差引いたものが、「御益」として藩の収入になったわけである。もっとも唐津の場合には、問屋の勢

表Ⅰ-8

	年次	石炭山	出炭	採炭費 切賃	柱木等	水引賃	仕繰賃	坑口棟梁	小計
唐津	明治6年	1	月 斤 24,000	永 文 62	5.5	3	15	4	89.5
		2	〃 48,000	64	5	2.5	9	5	85.5
		3	〃 480,000	55	5.8	3	9	4	76.8
		平均	—	60.3	5.4	2.8	11	4.3	83.9
	慶3	3	年 万斤 1,000	丁 文 480	36	13	40	8	577
船木	明2		年 振 200,000	240貫		200	100	—	540

備考　唐津は梶山村文書で100斤当り．船木は『宇部産業史』pp. 45—6により，20万振の経費であ

力が強大であったから、利益は藩と問屋の間で分配された。

石炭沖売価格は、筑前の場合には、会所が一般物価と需要者の動向を勘案して決定していたが、幕末・維新期には、一般物価の上昇と、需要の増大におされて、傾向としては急激な騰貴をみている。

表Ⅰ-10　石炭沖売価格　　100斤正銭

年月	沖売100斤の価格 上石	中石	下石	備考
	文	文	(粉) 文	
安政6年	152	—	102	
文久4年1月	360	320	220	
元治1年4月	500	360	220	
〃 6月	560	450	280	油1升1貫200文 米1俵5貫100文
慶応2年9月	630	500	350	
〃 3年2月	770	600	400	
〃 〃 12月	920	780	500	油1升2貫400文 米1俵16貫200文
明治1年11月	500	400	280	油1升2貫600文 米1俵13貫600文
〃 2年6月	620	500	380	油1升2貫800文 米1俵25貫500文
〃 3年2月	770	600	470	〃 39貫440文
〃 〃 8月	1,100	800	600	〃 54貫400文
〃 4年8月	1,175	1,035	—	〃 17貫(代銀預)

備考　入江六郎七記録により作成

これを「入江六郎七記録」によって見れば、表I-10のごとくである。慶応三年一二月の項には「近年世間一統十分之作柄ニ候得共乱世故万事高値」とあり、明治二年には「当年は夏巳来より之雨天続ニ而世間一統不作ニ付諸品高直〔中略〕別而焚石気方宜敷」く、翌三年には「去巳年之凶作ニ付弥御粮米払底」で非常な高値になるとともに、「当春焚石買船蘆屋若松両洲ロニ而三百艘余も不絶入船」し、川艜の不足を訴えるに至り、石炭価格も騰貴した。すなわち、物価騰貴の一般的背景のうえで、石炭需給の変動に対応して、価格の変動を見ているのであるが、炭価の騰貴が生産を刺激するという事態は見られず、騰貴した場合にも、それは問屋および藩財政をうるおしただけで、諸記録に見られるかぎりでは、山元はむしろ物価騰貴のなかで経営の困難を増大させることが多かったようである。

(10) 船木地方においても、海岸など直接農業生産に支障のない場合には、通年採炭が行なわれた。

沖宇部笹山村五段石炭凡拾五万振当秋より来七月迄下任堀被差免候条望之者ハ来ル廿七日を限御運上銀入札小野田石炭会所え可差出候〔以下略〕

申〔明治五年〕七月

(11) 唐津炭田の山元、とくに、そのなかに小百姓層の見られることについては、檜垣、前掲論文、九四―六頁参照。もっとも檜垣教授の強調されるほど、「貧弱なもの」が多かったとは思われない。

なお、唐津では元方の下に下受が現われ、山元のまぶ数が増加するにつれ、各坑の採炭を下請した。この点についても檜垣、前掲論文、九八―一〇〇頁参照。

4 石炭運搬

――遠賀川水運を中心に――

前述のごとく、坑口から川端の積場=土場までの運搬は、山元=元方の経営内に属したのに対し、積場=土場から芦屋、若松あるいは満島までの舟運は、船持―船頭の管掌するところであった。運搬手段の発達していない当時にあっては、河川舟運は重要な商品輸送の方法であって、筑前の場合には、従前から貢米運搬に従事していた運送業者＝船持が、石炭輸送にも手を拡げ、堀川庄屋一太家の文書によれば、仕組法実施後数年の天保一二年には、すでに焚石船が貢米その他諸荷物船を凌駕するに至っている(表I-11)。

川舟は筑前では艜(ひらた)とよばれ、その所有と経営は次のごとくであった。

鞍手郡木屋瀬村川艜御改被成ニ付仕上候書物之事

一、私共所持之船毎年作事入念八月中ニ仕調御役目等御指支無御座候様可仕上候。第一年と召抱候船頭共人柄宜敷者相改可申上候。船頭中江被仰付置候御法相背候節者趣ニ寄船場御引上可被成候旨奉畏上候。右ニ付重畳船頭人柄相改書物差上候通私共常と相守候様ニ可申付候

一、船場売買幷親族江譲申節者前以願出御免ヲ請可申旨奉畏上候内証ニ而売買仕間敷候事

一、川艜三艘

川艜　長　四丈三尺
横　八尺
深サ一尺九寸
船持木屋瀬村　和三郎
船頭　善　市
〃　弥　平

表I-11　堀川通船種別　艘

	諸荷物	焚　石	豊前石 殻焚石	豊　前 御　米	計
天保11年	2,375	2,110	620	?	5,105
12年	2,860	3,670	?	?	6,530
13年	2,737	5,439	1,051	421	9,648

備考　一太家文書による

一、同　弐艘　　　　同　〃　茂十
　　　　　　　　　　　　松尾徳兵衛
　　　　　　　　　　　船頭　杢助
　　　　　　　　　　　　代左衛門

一、同　弐艘　　　　同　香月弥助
　　　　　　　　　　　船頭　善次
　　　　　　　　　　　〃　勝次

一、同　壱艘　　　　同　野面村　仁三郎
　　　　　　　　　　　船頭　勘四郎

〔以下略〕

〆川艜　弐拾四艘

右書上申候処相違無御座候以上

慶応二年九月　　　　木屋瀬村船組頭　善次
　　　　　　　　　　同　十右衛門
　　　　　　　　　　同　村船庄屋　弥平次

（「鞍手郡木屋瀬村川艜御改帳」松尾家文書）

この文書によれば、三艘所有者二人、二艘所有者六人、一艘所有者六人で計二四艘となっており、船持の規模がきわめて零細であったことが知られる。船持は船場＝繫船場の権利をもっていたが、その自由な譲渡は禁ぜられていた。

船持は毎年船頭を雇い入れ、艜の実際の運営に当らせたが、艜の第一の任務は貢米の輸送であったから、それに支障のないよう八月に艜の点検をすることを義務付けられ、石炭輸送は冬から春にかけての時季を中心とした。

鞍手郡四郎丸長井鶴両村焚石山元乍恐御願申上候事

一　私共両村数年来焚石旅出御免被仰付御陰を以兎ヤ角掘方取続難有仕合ニ奉存上候。然ルニ井手上船数少ク年々積捌不申、夏之比ハ養水井手堰留、秋ニ相成候得ハ御米積下ケ指支申候而、纔春内ニ而余分之石高何様積捌不申〔以下略〕

安政五年十一月

（石井家文書）

石炭市場が瀬戸内塩田を中心としていたかぎり、石炭輸送が春季を中心に行なわれたことは、ただちに大きな障害とはならなかったが、長崎表への石炭輸送が問題となると、生産と河川輸送と市場との対立はたちまち表面化した。

鞍手郡四郎丸長井鶴両村焚石山元中より乍恐御願申上候口上之覚

一　御仕組焚石掘方御免被仰付蘆屋若松於両洲口ニ御売捌被仰付難有奉存上候。然ル処近年焚石積艜少ク運送博(ハカ)明(アキ)不申ニ付村ヒ共ニ山所積場江掘溜石寝石ニ相成候ニ付、追ヒ船方役人衆中江御才判ヲ以積船差登被下候様御引合候得共行届不申、寝石欠落ニ相成直段下ケ等御願申上候内情難渋仕居申候折柄、去冬長崎表御積廻御用石丁場ヒヒ共ニ急速余分積下仕候様御稠敷追ヒ御触達被仰付候得共、根元積船少ク只今艜数ニ而ハ運送博明不申御用石御指支共ニハ相成申間敷哉と奉存上候〔以下略〕

安政六年三月

（石井家文書）

四郎丸・長井鶴両村山元は、自分たちの手で輸送問題を解決するため井手上船三五艘、井手下川艜一二艘を「御免被仰付候様」願い出ているが、同様の動きは川筋全般に見られ、船頭・船持がこれに反対した経緯は次の史料に明らかである。

鞍手郡直方木屋瀬植木三ヶ村船庄屋船組頭中より乍恐御願申上候口上之覚

一、私共支配川艜船頭御年貢米御積立長崎非常郡水夫其外船方諸御用御勤中上平日御仕組焚石積運渡世ニ仕運賃儲ニ而難有家内過侘船強メ仕居申候処、近年旅売焚石当御両郡ニ而壱ヶ年凡三千万斤余之御極ニ相成、両郡川艜御改帳誓紙血判仕分弐百余艘ニ而積方仕、聯之割当ニ相成間ゝ者石品不宜不揃之分も御座候而、蘆屋若松ニ数十日滞船仕運賃儲銭ニ而雑用不足仕候義も御座候得共、右下品之石積方不仕候ヘハ焚石山元難渋之向も御座候間、船頭山元申合兎ヤ角積運掘出岡取石等相残候儀無御座候。然ルニ焚石会所ニ為御仕組追ゝ川艜数拾艘御仕出、御試として三拾艘余当冬より焚石山元共船仕立御会所より御鑑札御渡ニ相成焚石積方ニ相成候段及承、船頭共難渋之旨船持中ニ申出、私共手元江歎出候間承合候処相違無御座候。〔中略〕最前御救方時分村ゝニ御救場と相唱川艜数拾艘御仕立ニ相成候処、御米場船頭難渋仕候間御救船場ハ追ゝ御取止ニ相成申候。此儀ハ不申上とも御分リ被遊通ニ御座候。御郡方御仕組ニ而大造之旅売石品宜敷捌方速ニ御座候節も御米場艜ニ而積運ひ無支仕居申候。此節御会所新ニ船増当御両郡ニ限候儀ニ無御座、嘉麻穂波御両郡ニも同様之儀ニ御座候。同御両郡ハ運送里数遠く石品宜敷焚石丁場も多ニ付船増ニ相成候而も格別障筋も有御座間敷、是迄間ゝ私共支配艜相雇積方仕居申候。当御両郡ハ石品も不宜敷焚石丁場も追ゝ相減、嘉穂焚石をも積方仕候間新ニ船場等相増候而ハ、目前難渋ニ指及諸御用御勤出来不仕様相成奉掛御厄介候而ハ重畳奉恐入候間、何分共宜敷御聞通御慈悲之上御詮儀ヲ以御会所新ニ船増ニ不相成様被仰付可被為下候。此段偏ニ奉願上候以上

安政五年十一月　　三ヶ村船組頭中
　　　　　　　　　同　船庄屋中

遠賀鞍手
御郡代御役所

（松尾家文書）

船持および船頭は山元の焚石輸送への進出によって仕事の一部を失い、生活をおびやかされることを恐れたわけであるが、会所の方針は実施され、「安政五年　諸御用留書」（石井家文書）中の「焚石艜山元共願奥書控」によれば、同年九月の調べで、山元の艜所有状況は表I-12のとおりであった。

表I-12　焚石山元艜所有状況（安政5）

	1艘	2艘	3艘	4艘	5艘
御徳村		2	4		
勝野村			2		
中泉村					1
下境村		1			
直方町	1				
赤地村			1		
新多村				1	
鶴田村			1		
四郎丸村				2	
長井鶴村		2			
計	1	5	8	3	1

備考　石井家文書による

この数字は前述専業船持の場合よりやや一人当り所有数が多くなっているが、それは船持より山元の方がやや富裕であったことを反映しているといって差支えないであろう。ともあれ、ここに炭坑経営と川艜輸送を一本化した経営が、輸送問題の解決策として現れたことは、注目に値いする(12)。

しからば、幾何の艜が稼働していたかというに、慶応三年には「遠賀鞍両郡川艜弐百六拾五艘」(13)で、その輸送状況はほぼ次のごとくである。

覚

一、川艜　弐百六拾五艘

年中焼立仕見込

一、石炭　拾五万俵
右者遠鞍両郡ょり年中積立凡見込
但シ壱艘ニ付弐百五拾俵凡積　正月ょり九月迄　壱ヶ月六拾六艘積　壱ヶ月三達　積立弐拾弐艘
一、艜　弐百六拾五艘
内
弐拾弐艘　石炭積立分
五拾壱艘
右者諸荷物積弁作事船凡見込
〆七拾三艘
残而　百九拾弐艘
壱ヶ月　拼(ならし)　四達凡積
此艜七百六拾八艘
壱艘ニ付拼凡七千斤積
壱ヶ月　五百三拾七万六千斤
但二月ょり八月迄七ヶ月積立分凡積三千七百六拾三万弐千斤
（松尾家文書）

すなわち、石殻(いしがら)一五万俵輸送のため二二艘をさき、そのうえ、諸荷物輸送等のための五一艘をのぞき、残り一九二艘が月四往復するものとして七六八艘分となり、「干川之節も御座候条年中拼壱艘ニ付七千斤」として、二月から八月

迄七ヵ月に三七六三万斤を輸送しうる、というわけである。(14)

当時の石炭輸送の情況については、慶応三年の次の史料によってほぼ明らかである。

御仕組石炭焚石積送方是迄現在取斗凡左ニ書上申候通ニ御座候

一、近年焚石旅売遠賀鞍手嘉麻穂波ニ而一ヶ年掘出石凡六千万斤余リ御会所より被仰付置候ニ付、遠鞍両郡ニ而掘出石凡三千万斤余ニ御座候

一、遠鞍両郡ニ者石炭余分之焼立無御座候得共年中ニ而凡拾四五万俵共ハ焼立可申奉存候

一、焚石七千斤壱艘積ニして遠鞍山所ゝより之運賃凡拼百斤ニ付九拾文ニして七千斤分銀額六拾三匁ニ相当候

一、焚石積方日数其時ゝ之依都合難相居候得共、川場ニ出石御座候得ハ登舟即日ニ積立翌日積下御会所ニ相届、沖船入津仕居申石品宜敷沖船相望候得ハ、蘆屋ニ而日数三四日若松ニ而五六日ニ而揚方仕申候。乍併極干川之節者七千斤之積立出来不仕、二三千斤も積入漕落し明ケ舟を以又ゝ積下ケ候ニ付日数五六日掛リニ而御会所迄積下、沖船居合不申歟又者石品不思敷好人少節者長く繋舟仕、後ゝ者上品之石割込等被仰付候ニ付、往返滞舟中共日数十四五日も掛り候義も間ゝ御座候

一、山所ゝゝニ出石無御座登舟之上追ゝ掘出積込候得者、川艜五六艘組合之節者積場ニ而五六日も相滞、折悪敷揚方ニ付延引仕候得者不斗大滞舟仕候義も年中ニ而ハ折ゝ御座候

一、前件申上候通之運賃ニ付今程米穀初極高直ニ相成候間速ニ積下揚方仕候而も運賃儲ニ相成兼候間、滞舟等仕候節者雑用之助合又ハ酒代等船頭より山元江相談仕候義も間ゝ者御座候由ニ御座候

（松尾家文書）

遠賀川の舟運が一つのネックとなっていたことを知ることができる。

船持と船頭との契約は年々行なわれ、年々かなりの移動があった。「木屋瀬村川艜御改帳」(松尾家文書)の慶応二年の分と五年後の明治四年の分とを比較してみると、二四人の船頭中同一船持と引続き関係をもっているのは六人――外に一人船持船頭兼帯――にすぎない。船持と船頭の関係は雇用関係ではなく、請負関係であり、運賃の配分は明らかでないが、明治初年には半々となっていたもののごとく、明治五年の「此分不用ニ相成候」と記されている「川艜規則」(六角家文書)には、「貢米其外諸運賃居船水主総而半分割之事」と記されている。したがって、幕末の物価騰貴は山元経営を困難ならしめるとともに、運賃を規制され、その一定配分によって生活していた船頭の生活をもおびやかしたので、船頭からくり返し運賃引上げの請願が行なわれた。

遠賀鞍手両郡舟庄屋舟組頭中より乍恐御願申上候事

一、私共支配川艜船頭共御仕組焚石石炭積運仕年来過佗仕誠ニ以難有奉存上候処、近年一統諸品高値ニ付昨春焚石石炭共運賃御救増渡之儀御願申上候処、御慈悲之御詮儀ヲ以御増渡被仰付難有仕合奉存上、積運方出情仕質素倹約相守兎ヤ角家内相育居申候。然ルニ米穀ヲ始諸式只様高直ニ押移リ諸事多端ニ相成、今日之過佗相立兼極々難渋之趣内味歎出於私共も難処次第ニ奉存上候。勿論幼年之比より船頭渡世而已ニ而外ニ仕馴候業も無御座、船頭共多人数之家内相育得不申誠以難渋ニ相迫候間、不奉顧恐御願ニ御座候得共御憐愍ヲ以焚石石炭共今少運賃御救増渡シ被仰付候義者被為叶間敷哉〔以下略〕

(松尾家文書)

慶応三年に一〇〇斤九〇文であった運賃が、明治四年には一〇〇斤一一〇文(表I-9参照)となっているが、一般に会所の規制下にあった運賃の値上げは物価騰貴に及ばず、そのため船頭の生活困窮は拍車をかけられた。だが、この場合注目されるのは、前述のごとく、坑夫と異なり船頭は輸送手段=艜を直接管理するものとして、船持の雇用労働者ではなく、独立営業者と見なされている点である。船頭の生活困難が「運賃御救」増額の唯一の根拠とされているのみならず、その額はきわめてわずかであるが、船頭も山元に対すると同様の「拝借金」を前借している。

鞍手郡木屋瀬直方植木三ヶ所船庄屋組頭より乍恐御願申上候口上之覚

一、私共支配川艜船頭共米穀諸品高直ニ而過佗相立兼、舟作事等も不行届難渋ニ相迫内借出来仕居候折柄、只様困窮之時節ニ相成借財道付之手段無御座、間〻者乗出出来仕兼候者も御座候旨追〻私共所ニ申出候ニ付取調候処、大造借り入等仕居候者ハ無御座候得共、諸品買掛り等之支ニ而日用指支難渋之次第ニ付何卒払之道相立渡世取続候様仕度、川艜壱艘ニ付拼金弐両充りも御座候得者切払出来仕候得共、川艜船頭共都而難渋者斗りニ御座候而他方ニ而金子借入等出来不仕、焚石積運渡世候而過佗仕者ニ付、乍恐川艜壱艘ニ付金弐両充前借被仰付候様去春御願申上候処、御会所ニも御銀操御六ヶ敷被為在候得共船頭難渋尤ニ被聞召上、川艜壱艘ニ付金子壱両充前借被仰付難有奉存上、早速口〻返済仕度奉存上候得共拝借金高相減借財皆済ニ相成不申、甚以奉困入候得共、再応御願申上候而者勝手ケ間敷可被思召上奉恐入、私共手内ニ而半高丈他借可仕専ら借り入手段仕候得共、前条申上候通之時節柄殊ニ川艜船頭身軽者ニ付、金子借り入銀主等無御座金談出来不仕、御会所より拝借金を以半高払仕置新穀ニも取付候ハヽ米穀下直ニも可相成、左候ハヽ他借之道も出来可仕いつれニより共借金皆済船頭取続為致度奉存居候処、昨秋凶作米穀頻りニ高直ニ相成弥増難渋之上、却而御会所より大造之金子前借仕居候様風説仕諸口〻より折〻及催促、内情誠ニ難渋ニ相迫申於私共奉困入候。然ルニ昨春前借仕候金子百八両元利共無滞御上納相済申候義ニ付、御会所御銀操御六ヶ敷段重畳奉畏上候得共今一連去年之銀高前借被仰付被為下候御儀ハ被為叶間敷哉〔以下略〕

文久元年八月

（松尾家文書）

艜によって芦屋・若松に運ばれた石炭は、会所の手を通して沖船に売られた。沖船の多くは防長芸州等の商人のもので、(15)焚石山元とは何のかかわりもなかったし、会所の管理下にあるわけでもなかったから、ここではそれには立ち入らない。ただ、こうして輸送された石炭が最終需要地において、いかなる価格で取引されたかについて一言すれば、三池炭の場合は次のごとくであった(『大牟田市史』昭和一九年、四一―四頁)。

石炭一〇〇斤山元原価	一匁五分	
浜石欠ン＝悪石除け	五分	
下世話	三厘三毛	
問屋	四厘二毛	
〆て山元販売価格	二匁　七厘五毛	(一〇〇)
大牟田浜での値段	三匁三分四厘	(一六一)
嶋原届の値段	三匁六分　五毛	(一七六)
島原より長崎迄運賃諸掛	二匁八分九厘五毛	
長崎での値段	六匁五分	(三一三)

すなわち、大牟田浜での価格に対しても、長崎では二倍に達していた。

(12) 問屋の権限が強大であった唐津では、問屋が川船＝上荷船を所有し、石炭を直接山元から購入して、自己の船で満島まで輸送することも行なわれた。この点については檜垣、前掲論文、一〇七―九頁参照。もっとも、唐津でも運搬専業者が存在した。

以書付奉願候事

一　川船壱艘　佐里村　源右衛門

一　〃　壱艘　相知村　甚兵衛

一　〃　壱艘　　梶山村　定　七
一　〃　壱艘　　〃　　良　平
右之者石炭上荷株御願申上御免札被仰付、右上荷船此節新艘申候ニ付御焼印奉願候
巳二月　　　　　　　　　　　　　三ヶ村名頭
　　　　　　　　　　　　　　　　　　庄屋
　　　　　　　　　　　　　　　　（梶山村文書）

しかも梶山村の定七、良平については、「右之者共田畑等茂所持不仕暮方相成兼難」いので「石炭上荷漕仕家内育申度」いと願い出ている。石炭輸送が急激に増大した唐津では、従前からの貢米輸送とは別個に「石炭上荷株」が生れ、遠賀川の場合と異なって、船頭＝上荷漕がこれを所有した。かれらは「田畑等茂所持不仕」る者であったから、問屋の支配を直接間接に受けたであろうことは推察に難くない。

(13)　出炭量から見て、嘉麻穂波両郡の艜数もこれと大差ないものと思われる。なお、明治五、六年頃の数字は次のごとくである（瓜生、前掲論文、二八頁）。

郡	地名	艜数
遠賀郡（一五四）	芦屋	106
	芦屋浦	7
	木守	4
	楠橋	2
	中間	17
	岩瀬	2
	吉田	7
	二（ふた）	2
	若松	6
	柏原浦	1
鞍手郡（二五七）	直方	9
	山部	32
	新田	17
	勝野	67
	御徳	22
	中泉	11
	上境	1
	下境	1
	木屋瀬	33
	植木	49
	下大隈	8
	鶴田	7

郡	地名	艜数
穂波郡（一六七）	南尾	5
	目尾	2
	幸袋	27
	川津	1
	片島	28
	飯塚	94
	徳前	10
嘉麻郡（一八〇）	勢田	12
	鹿毛馬	1
	鯰田	45
	川島	73
	立岩	9
	栢ノ森	1
	下三緒	1
	上三緒	15
	山野	5
	大隈	7
	口ノ原	11
田川郡（八一）	金田	28
	上野	15
	添田	14
	猪漆	11
	大熊	4
	上糸田	1
	中糸田	2
	下糸田	6

(14) この文書自体は、「御仕組焚石石炭積運不捌ニ付焚石御会計ニ新ニ川艜百艘御造立ニ相成」(松尾家文書)ることになったのに対する反対請願書として書かれているので、この数字は多少割引いて見る必要がある。

(15) 三池藩は炭坑経営の資金確保のため、石炭を買取りに来る番船に敷金=据金を納入させたが、それによると据金と番船の所属は次のごとくである。

金八拾両	防州下ノ関	住吉丸
同	芸州大崎	妙福丸
同	予州今治	観祥丸
同	同　所	千祥丸
同	芸州大崎	住栄丸
同	同	同
同	防州平尾	金栄丸
同	同所上ノ関	天神丸
同	防州平尾	繁福丸
同	予州今治	金祥丸
同	防州平尾	天生丸
同	同所六島	住徳丸
同	同所平尾	大黒丸

(『大牟田市史』四七―八頁)

5 坑　夫

石炭がもっぱら農家の自家用燃料、ないし近辺都市貧窮者の代用燃料として「村民是を掘り取て薪に代用ゆ」(貝原益軒）段階では、石炭採掘は貧農の農閑期副業にすぎなかったことについては、前述したところである。しかるに、石炭市場の展開にともない、生産規模が拡大し、採掘期間も長くなって通年採炭が一般化するにつれ、採炭労働者についてもおのずから社会的分化が生じるに至った。筑前の仕組法実施直後の文書と見られる「達ヶ条」（許斐家文書）は、次のごとく記している。

一、御仕組焚石丁場江雇入候旅人統而山元見ケ〆役之者より生来相改提札相渡召仕候。尤提札銭として人別拾弐文宛右役手元江引立候。猶又村々百姓之内丁場日雇岡出し等之稼相望候者共ハ、其村庄屋より委敷相調ネ村方幷作方共不相障者へハ大庄屋承届ケ提札可相渡候事

但身帯有之百姓ニ而も当時農方之助ニ可相成者ハ吟味之上本文之通可取斗候

これによれば、焚石丁場に二様の労働者、一は旅人＝他国からの流入者、他は無高百姓や名子百姓のみならず、一部高持百姓をも含む村々百姓、が存在したことが知られる。かれらはすべて提札＝鑑札を所持していた。以下これら二様の労働者について考察する。

周知のように、金属鉱山においては、徳川期に広く専業鉱夫＝大工・掘子の形成をみたのであるが、一八世紀には石炭産業においても、これに類似した五平太盤（ごへいたぼり）の存在が記録されている。

此堀出す者は、其土地の産の農民などには非ず、五平太盤とて別にありて、諸国を廻て石炭（いしずみ）ある山を鑑定（みさだめ）て、価を極め買切て盤ち取事のよし聞ゆ

（『蒹葭堂雑録』巻五）

前掲『肥前州産物図考』も、縄のれんをかけた藁葺き小屋に注して、「山際仮の居宅但し五年も十年も炭を掘り尽す間は此の小屋に住居るなり」と記し、採炭が専業の「炭ほり」の手で行なわれていたことを示している。

このような専業坑夫の存在はその後の史料にも一貫して見られるところである。

(1)　鞍手郡長井鶴村庄屋組頭より御注進申上候口上之覚

一、当村抱椎木谷焚石丁場ニ何方之者共相知不申先月廿七日暮頃入込焚石掘出日雇稼仕度旨噂仕木屋ニ一宿致候処、廿八日朝より風と病気無言ニ相成候〔以下略〕

安政六年五月

(石井家文書)

(2)　奉願上口上覚

私義五ヶ年以前丑年出国仕所ゝ石炭山掘子稼仕、去辰十一月十二日御当所石炭山に罷越相稼居候処、十二月五日より病気付相知村医師江相掛薬用仕候処、瘡毒症ニ而一円快方不仕急ニ快方之程茂不相分候ニ付而者、頻リニ国元懐敷罷成帰国仕度相為候得共、病中之義ニ御座候得者何分歩行出来不申難渋至極〔以下略〕

豊後国海部郡大入寺嶋

明治二巳二月

駒　吉

当廿七才

(梶山村文書)

明治五年の相知村・梶山村「石炭掘子出入調書上帳」(梶山村文書)によると、たとえば和田山坑の稼人は次のごとくである。

一、和田山　此稼人　相知村受元　田原五助

〔1〕筑前国下見与村産　弥左衛門

表I-13　石炭掘子出身地調(相知・梶山村)　(明治5年)

		赤間田山		和田山		鳥越山		押川西谷山		合計		
		男	女	男	女	男	女	男	女	男	女	計
肥前	唐津	10	5			2				12	5	17
	伊万里			4	1					4	1	5
	大村	4	2			2	1			6	3	9
	その他	2		4	2	7	1	1		14	3	17
	小計	16	7	8	3	11	2	1		36	12	48
筑前	博多・福岡	8		1						9		9
	その他	13	2	1				1	1	15	3	18
	小計	21	2	2				1	1	24	3	27
豊前		3						1	1	4	1	5
豊後		1						1	1	2	1	3
長門		2								2		2
備後						1	1			1	1	2
その他		1	1	1	1			1		3	2	5
合計		44	10	11	4	12	3	5	3	72	20	92

備考　梶山村文書による．原本には赤間田山〆67人，和田山〆3人となっているが，一応人名別の記録によって集計した．

〔2の1〕肥前国伊万里立町産　利三郎
〔2の2〕右同断　まつ
〔2の3〕右同断　又右衛門
〔2の4〕右同断　巳之助
〔3の1〕筑前国博多大上寺前町産　孫平
〔3の2〕五嶋産　加祢
〔4の1〕肥前国有田中橋村産　吉蔵
〔4の2〕右同断　さと
〔4の3〕右同断　里ん
〔5〕右同断上幸平村産　定市
〔6〕右同断岩谷川内村産　光蔵
〔7〕筑後国柳川南後殿産　市蔵
〔8〕長崎古川町産　喜八
〔9〕伊万里出張所支配畑川内村産　広吉

すなわち、家族持三家族、単身者六人であって、その出身は唐津周辺はもちろん、筑前博多から長崎、柳川にわたっている。この「出入調」に記載されている諸炭坑の出身地を整理すれば、表I-

13のごとくである。これによれば唐津を中心として肥前が最も多く、筑前がこれに次ぎ、両者で約八〇％を占めるが[16]、炭坑地帯の出身者はほとんど見られず、農村出身者が多いのは当然としても、漁村出身および博多・福岡等都市出身者も少なからず見出される[17]。

幕末に至って急激に石炭生産の増大をみた唐津では、とくにかかる専業坑夫の流入を必要としたものと思われるが、かれらは元方の建てた納屋に居住した。慶応二年唐津藩御手山押川御林の「石炭出石方積」によれば、上石炭千万斤の出炭に掘子一二〇人、車下八〇人が必要で、そのために「小納屋」＝家族持用納屋三〇軒、「大納屋」＝単身者用納屋三軒を建造することとしており、坑夫の過半は納屋に居住するものと予定されている。採炭が年間を通じて行なわれる場合、石炭生産にとってはかかる専業坑夫の存在は不可欠であったから、農民の土地への緊縛を基本方針とした封建体制も、あえて流出農漁民が往来切手も所持しないことを問題とせず、むしろこれを納屋に居住させ、提札を与えて、体制の一環に組み入れるとともに、その行動を規制したのである。

文久二年(一八六二)唐津藩地方役所の出した「覚」に、

掘子共之儀米酒者勿論何品ニよらす勘場より相求候通法ニ有之候ニ付、若心得違村方へ立入諸品相調候共売渡申間敷候事

(檜垣、前掲論文、一〇六頁)

とあり、前掲「達ヶ条」が

掘子日雇之者へ売渡候諸品高利を貪リ無情之取斗仕間敷候

と記しているのも、かかる納屋住専業坑夫を対象としていると見なければならない。さらに、弘化四年田川の大庄屋に提出された「約定証文」(六角家文書)には、

石炭山之者用事之外村方江罷出候儀無之様締リ方手堅申付候事

とあり、納屋を中核として石山者と称される特殊な社会が、周辺農村から隔絶された形態において、形成されてきていたことを知ることができる。[18]

しかしながら、幕末・維新期における炭坑労働者としては、むしろ山元村々民の意義を重視しなければならない。前掲「石炭掘子出入調」に記載された稼人がすべて他地域の出身者であったのは、この文書がかかる労働者の出入を管理するためのものであったからであり、山元村民坑夫の存在を否定するものではない。とくに炭坑の歴史の比較的古い筑豊の場合はむしろそれが中核をなしていた。

(1)　遠賀郡香月村より乍恐御願申上口上覚

当村貧窮之者共御仕組焚石当夏迄掘方仕兎や角過佗仕居申候処、最早是迄御願申上候場所も底石ニ相成仕繰大造ニ御座候間当夏より掘方相止メ居申候。然ル処米穀高直ニ御座候而大勢之家内何分暮方相成兼難渋仕候ニ付、当村六万寺と申所ニ九蔵と申者請持之古野山内ニ最前掘残シ焚石御座候〔中略〕右之場所ハ田畠御山ニも相障候処ニ無御座候条乍恐来二月迄御免被仰付被為下候ハヽ、貧窮之者共玆御蔭を以家内相育ミ可申く難有奉存候。御慈悲之上宜敷御聞通被仰付可被為下候、偏ニ奉願上候以上

香月村組頭　喜　平

〔以下連名〕

天保十年七月

遠賀鞍手御郡御役所

（末松家文書）

(2)　鞍手郡上境村大庄屋加藤仁助原田村大庄屋与三郎乍恐御願申上候事

〔前略〕丁場別相応ニ仕繰掘出仕居申候得共切賃岡出銭之才覚必至と指支其儘取止メ候而ハ弥難渋仕候。且ハ村ミ貧窮小百姓共助勢無之賃稼難渋ニ差及申候間、切出賃前借御願申上候処吟味仕相違無御座候〔以下略〕

嘉永五年正月

原田村大庄屋
与三郎
上境村大庄屋
加藤仁助
（石井家文書）

(3)　鞍手郡笹田村庄屋組頭より乍恐御願申上候事

当村極貧窮者枯木等取集日々木屋瀬江賃取売捌仕居候処、昨秋より田方不毛上当秋同様之違作ニ而賃取持出之分買人無御座、村方田畠纔之村柄ニ而日雇稼も十分ニ無御座、初夏之比より米穀高価ニ付過佗之道難相立必至と差支難渋仕居候。然ルニ刈上ケ麦蒔付迄者仮成稼御座候得共、冬春賃日雇無覚束只今之内焚石丁場壱ヶ所御願申上呉候ハヽ、地売石炭焼等生活仕度段私共手元江申出候〔以下略〕

明治二年十月

笹田村組頭　仁平
〃　中西七平
同村庄屋　松尾徳平次
（松尾家文書）

このような農閑期の季節的副業としての石炭賃稼ぎは、船木地方に典型的に見られる。

御歎願申上候事

私共有帆村ニおゐて代々奉遂御百姓軒来り候処、有帆筋之儀ハ元来御田地無数処柄ニ付、農業間合ニ石炭堀稼彼是に而渡世仕来り今日迄日々露命繋罷居候処、昨年より諸山一統石炭堀取御休山之儀被仰出候ニ就而ハ、家内軒組落段当惑千万ニ奉存候ニ付乍恐再三御願出候処、窮民為御救之出格之御詮儀を以葭ケ浴山石炭下任せ堀被差免難有仕合ニ奉存候。然る処有帆筋家数弐百軒之余も御座候内次三男相集候得ハ弐百六七拾人も仕役人御座候処、元来葭ケ浴山之儀ハ以前下山ニ而堀取仕候残り炭ニ而纔之小山ニ御座候間、始終仕役たり不申候得共地下中順番ニして使役仕且々相凌居候処、前断申上候通り何れ葭ケ浴山計リニ而ハ有帆筋必(虫入)難渋ニ立至り候間、千万恐多御願ニハ御座候得ども窮民為御救之有帆村之内え壱ケ所御手悩御堀取之儀御免被仰付被遣候様奉願上候〔以下略〕

明治未〔四年〕ノ五月

惣代　伊藤慶蔵

〔外　連名〕

（『小野田市史』資料篇下巻、二一頁）

二〇〇軒の農家の二三男二百六、七十人が農業間合に石炭稼ぎをするというのであるから、大半の農家の二三男がこれに従事していたことを知ることができる。「農業間合夫相応仕業仕せ度」いという副業的形態が、きわめて一般的であったことは、『小野田市史』の諸史料に明らかである。(19)

以上明らかなごとく、炭坑労働は、農民が日雇賃稼ぎを必要としながらその機会の乏しかった当時、重要な賃稼ぎの機会となっていたが、このような状況のなかにも、此度宇部琴芝村西沢ニおゐて御手悩之規則を以下任御運上立ニして石炭堀取被差許候処、偏地下御願之御趣意ニ付兼而石炭稼渡世いたし候ものハ彼場所罷出万端御仕法筋相守可致仕役出精候。尤喧嘩口論其ノ外不作法之儀有之間敷候事〔以下略〕

未〔明治四年〕ノ十月

（同上、二七―八頁）

とあるように一部専業化も進行していた。こうして農閑期副業としての石炭賃稼ぎを母体としながら、通年採炭の一般化につれて、石炭採掘および運搬を主業とする労働者が分化してきたのである。たとえば、安政五年の三池平野山坑の労働者について、

「平野山ニテ生活仕居候小前千有余人ノ窮迫ニ差及ヒ、就中農業ノ産ニ就カス、坑内ノミニテ渡世仕居候者、三分通リ之アリ、右ノ者共忽チ産業ヲ失ヒ飢渇ニ相迫リ候」（『福岡県史料叢書』第参輯、六頁）

とあり、三割は専業化していたことを知ることができる。

次にこれら労働者の労働組織についてみるに、山元が丁場をたて、労働者を雇って稼行するに際しては、賃金の支払、販売その他の事務処理のため勘場(かんば)をおいた。たとえば、鞍手郡笠松村の山元入江六郎七の万の浦坑について、「焚石丁場受持勘場入江六郎七甥入江千兵衛」（入江六郎七記録、慶応四年）と記されるごとくである。他面、山元は必ずしも自ら採炭運搬の監督に当らず、しばしば棟梁をしてその任に当らしめた。「入江六郎七記録」文久三年の部に、

「当月廿六日正九ツ当村寺ヶ谷六平山受持茅左衛門殿坑(まぶ)ニ而当村才明寺谷卯七と申者土に埋り死去仕候〔中略〕其山の棟梁久右衛門受持也」

とあり、山元については茅左衛門殿、棟梁は久右衛門と記され、山元と棟梁の身分的差異をも示している。なお、前掲梶山村押川林における唐津藩御手山の慶応二年の経費見積りにおいても、掘子一二〇人、車下八〇人の労働者に対

し、「野取勘定場四人、棟梁三人、〆七人」と見積もられている。しかも勘場、棟梁はかかる大規模坑のみに見られるものではなく、表Ⅰ-8によっても知られるように、使役坑夫六名の坑にも見られる。もっともこの場合には坑口棟梁が車下し棟梁を兼ねているので、後者が欠如しているが、坑夫一四人以上の場合には坑口棟梁と車下し棟梁の分化が見られる。この場合棟梁はあくまで山元=元方に雇用された作業監督であり、その責任者であるが、それ以上ではない。三池の場合には、前述のごとく労働者は大部分地元農民であり、下世話方が実際の採炭責任者であったが、その労働組織は大略次のごとくであった(『三池鉱業所沿革史』第一巻、八〇―一頁)。

下世話方(採炭請負人)
　手代(今の書記であって従業員(坑夫)ではない)
　頭取(小頭格で従業員中重きをなす)
　穿子或は掘方(採炭先山夫)
　荷夫或は荷方(採炭後山夫)
　日雇
　　水方(排水掛、水車夫)
　　その他(油方、石取等)

明治五年の「人夫取扱方ニ関スル達」によれば、生山における定員は、手代、頭取各二名、穿子、荷夫は無定員、日雇四名、油方、石取各一名となっており、しかも穿子の賃金一日一五銭に対し、頭取は上等一六銭、下等一五銭で、穿子との間に実質的な差異は認められないのである。

これらの諸史料を整理して当時の作業組織を示せば次のごとくである。

山元＝元方─┬─勘場
　　　　　　├─坑口棟梁─掘子
　　　　　　└─車下棟梁─車下＝岡出

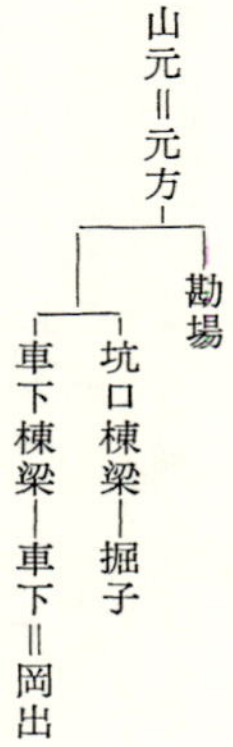

すなわち、幕末においてはすでに労働者の統轄者として棟梁が現れるが[20]、「米酒者勿論何品ニよらず」供給していた勘場は、棟梁にではなく山元＝元方に直属し、棟梁以下掘子、岡出等もすべて「受元某、此稼人某々」と記されるごとく、山元の雇用労働者であった。作業の面では棟梁が労働者を監督指揮したが、生活の側面に対する監督が必要な場合には勘場がその管理者であった。

当時の炭坑労働者の賃金については、充分な史料が存在しないが[21]、まず職人および日雇労働者の賃金について山元頭取入江六郎七の記すところを見ると表I-14のごとくである。

表I-14　日雇および職人賃金

	慶応1年	慶応3年	慶応4年	明治3年	明治6年
	貫　文	貫　文	貫　文	貫　文	貫　文
日　雇	300 (賄付)	1 600			
職　人	550 (賄付)	2 700	1 300 (賄付)	3 800	2 000 (外ニ賄600文)
米1俵	6 200	21 760	13 600	40 800	17 000

備考　入江六郎七記録より

労働者の賃金は、直接焚石価格の変動とは関係なく、むしろ、生活費の変動につれて騰落しており、主として農家の賃稼ぎの一端として石炭山における労働が行なわれていた筑豊などでは、かかる日雇、職人の賃金が直ちに坑夫のそれを規定していた、と見て誤りないであろう。なお、明治六年の許斐家文書によれば、一人一日当り賃金は、掘子二貫五〇〇文、水引、仕繰、岡出は二貫文となっており、前掲職人の日役賃金をわずかに下廻る程度となっている。また三池の前掲史料によれば、

穿子　一人賃拾五銭　但シ一人穿拾七銭、

荷夫　同　　拾四銭
日雇　同　　拾弐銭
油方　同　　拾壱銭
石取　同　　　九銭
水車方同　　上等拾三銭　中等拾壱銭　下等拾銭

等となっており、一般に雑役労働者が一〇銭前後に対し、労働条件の劣悪な坑夫は一五銭前後となっている。賃金が農村の日雇賃金によって規制されていたことは、唐津等における専業坑夫の場合にも同様であって、封建体制の内部にあっては、体制の経済的基盤をなす農村の、無高貧農・小前の者の生活程度に、基本的に規定されていたといわねばならない。

このような幕末・維新期の炭坑労働者をいかなる雇用労働者と規定すべきであろうか。この点、農村共同体の規制を直接に受けている農家兼業坑夫の場合と、農漁村から流出してきたにせよ、居村のまま石炭稼ぎで「渡世」するにせよ、専業坑夫の場合とは、一応区別して考察されなければならない。後者のうちでも流出農民は正規の往来切手を所持しない「不法」の流民であったから、炭坑労働力として必要なかぎりこれを黙認しながらも、その「出入」については監視を怠らなかった。「石炭山之者用事之外村方江罷出候儀無之様締り方手堅申付」けたのも、そのような配慮の一つに外ならない。したがってまた、かかる専業坑夫が炭坑から炭坑へ渡り歩くことも、好ましからざる事態であった。前掲文久二年の唐津藩地方役所の「覚」も

御領内石炭山より逃参り候掘子三十日之内者、其元方ニ而金銭等貸付不申、先元方より掛合来候ハヽ、無異儀相返可申候、右日限過候ハヽ、懸合来候共其元方可為了簡事

但　内々ニ而掘子雇等相見候義有之候ハヽ召捕可申出候事

（檜垣、前掲論文、一〇六頁）

とし、元方の保護と坑夫の移動取締りを規定している。掘子は自己の労働力を自由に処分することに対して、封建体制の側から十重二十重に制約を加えられていた。この点は農家兼業坑夫の場合には、権力的規制が表面化しないだけ共同体規制が働き、炭坑における賃稼ぎが零細隷農経営の困窮を補充し、逆に封建体制の崩壊を阻止する役割さえ演じていた。以上のような事情から、幕末・維新期の雇用労働をもって直ちに近代的賃労働関係と規定することはできない。

しかしながら他面、少なくとも専業坑夫について見れば、農業経営から多年にわたって切り離され、自己の労働力を萌芽的な企業家である山元に売る以外に、かれらを「殺さぬよう」に最低限の生活を可能ならしめる途は存在しなかったのであり、特定の山元との間に身分的隷属関係も存在せず、よりよい労働条件を求めて丁場から丁場へ移動さえした。しかも、生活物資を勘場以外から買うことを禁ぜられるというような制約の下にあったとはいえ、通貨をもって賃金を支払われ、その賃金は石炭価格のように藩によって直接決定されることなく、その時々の生活必需品の価格に規制されて変動した。すなわち、前述のような封建体制の枠の内部においてではあるが、丁場という特殊社会における直接的雇用関係においては、「自由な」労働力の取引が行なわれ、生活の再生産をもっぱらその賃労働に依存する萌芽的な賃労働者が形成されつつあった、といわねばならない。この点は地元専業坑夫についても同様に見ることができる。

要するに、通年採炭の行なわれた幕末・維新期の炭坑マニュファクチュアは、かかる萌芽的賃労働をその重要な労働力基盤とし、その周辺に多数の封建的農業生産の補充的日雇労働の厚い層をもった雇用労働構成をもって形成され

出身＼掘子＼元方	浅右衛門			恵右衛門			式蔵		
	単身	家族持	家族	単身	家族持	家族	単身	家族持	家族
肥前	6	2	4		1	3		2	7
平戸	1	1	2		1	5			
長崎		2	7						
筑前	4	3	8		2	8	1	1	4
島原							1	1	3
豊前					2	8			
柳川				1	1	4			
その他	3		*1						
計	14	8	22	1	7	28	2	4	14

備考　*は肥前出身者の女房

たのである。

(16)　文久二年梶山村諸炭坑の掘子について、檜垣教授の示される史料を整理すれば、その出身地は上表のごとくである。右史料によれば浅右衛門掘子三六人、恵右衛門三三人、式蔵一四人とあり、したがって、家族のうちの大部分も炭坑労働に従事していたものと見なければならない。

(17)　いま村とつく地名を農村、浦を漁村、町を都市として、上記九二名の出身を分類すれば、農村四一、漁村二七、都市二四となる。

(18)　石炭山労働者が特殊な眼で見られたことについては、たとえば、「天保十五年正月十九日　赤池村酒屋仁兵衛方ニ而石炭山之者共致狼藉其末村民六尺共致打擲、三人之内壱人大層ニ致怪我生死も無覚束旨、重三郎香月定右衛門殿より上野氏手元ニ申出ニ相成」(六角家文書)の伝えるニュアンスをみよ。

(19)　炭坑が町にある場合には、下層町民の炭坑賃稼も見られる。

鞍手郡直方町より乍恐御願申上事

直方町組頭　与七兵衛

当町御館山之内焚粉石炭山御願申上数ヶ年掘方仕居候処追々底石ニ相成堀出出来兼候間(中略)近年町方小前之者共賃取稼等茂無御座必至と難渋ニ相迫居候(以下略)

(20)　檜垣教授は梶山村の史料から、「納屋・勘場制は幕末に近付くに従って次第に整備されたらしく、文政―弘化迄は炭価を決定する諸懸りに納屋・勘場の経費は計上されないが、元治頃から諸懸りの中に棟梁、勘場等の項目が挙げられるようになった」(前掲論文、一〇五―六頁)として、納屋・勘場制度がこの頃成立したとされる。時間的経緯は唐津についてはこのように解すべきであるが、労働者統轄の実権は山元＝元方にあったがゆえにむしろ元方制と称すべきである。

(21)　遠藤正男『九州経済史研究』は、当時の炭坑労働者の賃金を分析している(一六一―四頁)が、「彼等の賃銀に相当するものは『山元御救』であった」(一六一頁)とする誤った認識の上に立っている。

6 総括——市場および生産額

幕末・維新期の石炭生産は以上のような構造をもって展開されたが、前述したごとく、それはまず製塩業と結合することによって市場を確保し、本格的市場生産の体制を確立した。ついで安政開国前後から日本が世界資本主義の植民地市場争奪戦の渦にまきこまれ、欧米列強の軍艦および商船に対する炭水補給地となることによって、石炭にも新たに船舶焚料としての市場が開かれ、かかる事態の下で推し進められた幕藩体制の危機のなかで、幕府および諸藩の軍備の増強、とくに洋式軍艦の購入は、軍事用としての石炭の意義を重大ならしめた。これらの諸需要が複合して、幕末・維新期の石炭市場を構成していたわけであるが、その需要はそれぞれ幾何程度の規模であったろうか。

表 I -15 地域別製塩状況(明治12年)

	塩田面積	製塩高
周防	812.17町	710,001石
讃岐	408.24	512,179
阿波	505.59	462,950
播磨	929.32	447,898
安芸	535.03(安芸・備後計)	833,520
備後		181,245
備前	454.42	364,449
伊予	412.11	298,653
長門	34.34	25,941
備中	59.54	16,955
小計(A)	4,150.76	3,853,791
全国計(B)	7,110.33	4,848,199
A/B	58.4%	79.4%

備考 『統計年鑑』明治15年

まず塩田市場についてみれば、前述したごとく、十州塩田に石炭焚が導入されたのは、三田尻地方をもって嚆矢とするが、その後次のように急速に各地に普及した(『大日本塩業全書』および日本専売公社『日本塩業史』五〇頁による)。

三田尻地方　安永七年(一七七八)
竹　原地方　文化二年(一八〇五)
撫　養地方　文化四年(一八〇七)

松　永地方　同　前
赤　穂地方　文政六年(一八二三)

かくて幕末には十州塩田においては、石炭焚が支配的となっていた。製塩に関する全国的統計が始めて得られる明治一二年についてみると表I-15に示されるような数字となっている。なお、明治九年の製塩高は四五四万石で、塩田面積は同じく七一一〇町とされている(『統計年鑑』明治一五年)。

塩田造成には相当の資金が必要であったから、徳川期には藩の積極的支援によってのみ塩田造成が行なわれたのに対し、維新以後はそのような条件が存在しなかったから、『統計年鑑』も明治初期には塩田面積の増減はなかったものと見做しているのであり、幕末においても前掲数字と大差なかったものと考えられる。

その生産量は徳川期の生産制限が多少弛緩したことによって増加したと考えられるが、「明治初期においては全般として製塩技術の改良は遅々として展開せず、基本的には依然として旧幕時代の生産技術にたよっていた」(前掲『日本塩業史』八八頁)から、技術の発展による多少の燃料の節約を考慮すれば、石炭消費量には大差なかったと推定される。しからば、塩一石の生産に幾何の石炭を要したかについてみれば、明治二〇年代で表I-16のごとくである。

表I-16　各地塩田生産状況（明治20年代）

地　名	営業期間	製塩1石に対する燃料(石炭)	1町歩に対する産塩高
赤　穂	9 カ 月	153斤	1,120石
坂　出	周　年	122	2,407
撫　養	周　年	134	1,000
三田尻	6 カ 月	119	1,399(22)

備考　井上甚太郎『塩政論』p. 23

すなわち、製塩一石につき一二〇—一五〇斤、平均約一三〇斤の石炭を必要とした。幕末においては、十州塩田では一般に石釜が使用されたから熱効率が悪く、煎熬にはこれよりやや多量の石炭が使用されたであろうが、他面干葉焚も残存していたゆえ、一応一三〇斤で計算すれば、十州塩田の製塩三五〇万石前後として、年間石炭消費量四億

表I-17　明治初年の石炭輸出

	実際の輸出		船中用		計
	量(トン)	価格(円)	量(トン)	価格(円)	量(トン)
1868年	15,584	79,519	945	4,760	16,529
69	14,552	82,978	18,665	99,603	33,217
70	25,162	139,085	30,845	159,258	56,007
71	18,744	100,429	45,003	224,552	63,747
72	23,789	180,279	30,883	155,637	54,672
73	47,172	225,158	99,194	402,931	146,366

備考　クルト・ネットウ『日本鉱山編』明治13年, p.70

五五〇〇万斤前後、約二七万トンとなる。これは製造高においても、煎熬技術においても大差のなかった明治一九年に、全国で製塩用石炭消費量が、四五、六万トンであった事実を考えれば、かなり信憑するに足りる数量といえよう。

次に幕末における石炭輸出について見るに、統計の示すところによれば次のごとくである。

慶応二年　二三、三七七千斤　(一四、〇〇〇トン)
同　三年　三三、四二三　(二〇、〇〇〇　)
明治元年　――　一五、八三三
同　二年　一四、七八五
(慶応三年までは統計寮「各港輸出物品表」、明治の分は『帝国統計年鑑』)

しかしながら、この数字は二重に事態を正しく反映していない[23]。第一に、ここにあげられている数字は狭義の輸出のみであり[24]、開港の本来の目標の一つであった航海用の石炭補給が含まれていない点である。これを含めると明治初年の石炭輸出量は表I-17のごとくである。すなわち、船中用は輸出用を常に上廻り、時には倍以上にのぼっている。第二に、当時は密貿易がきわめて盛んで、「長崎の貿易額は官府に届け出でられるものゝ外、別に約五割の密貿易あり」(Commercial Reports from Her Majesty's Consuls in China, Japan and Siam, 1865. 山口和雄『幕末貿易史』昭和一八年、一三頁より)と記される状況にあった点である。東亜の風雲急であった幕末には、艦船の日本に寄港し、石炭および水を積込むものが少なくなかったから、安政六年開港と同時に「都合壱億万斤(六万ト

表 I-18　幕末蒸汽艦船保有状況

	幕府		諸藩									差引増
	受取	廃棄	薩摩	肥後	肥前	筑前	久留米	長門	土佐	その他	廃棄	
1855年	1(150)											1
56												—
57	1(100)											1
58	2(60, 100)				1(100)							3
59												—
60								1(?)				1
61			1(100)									1
62	1(360)		1(300)			1(280)		1(300)		1(90)	1(破船)	4
63	7(25—350) (1)(越前藩より)	2(破船, 破船)	3(120, 45, 90)						1(100)	5(60—100)	4(撃沈)	10
64	3(45—350)	2(破船, 撃沈)	5(90—150)	1(120)	1(240)		1(60)			1(150)	—	10
65		1(解船)	4(70—110)		1(10)	1(120)		(1)(薩より70)		1(110)	1(売却)	5
66	8(35—400)			2(160, 20)	1(80)		2(8, 100)	1(30)	2(150, ?)	(1)(薩より) 5(45—126)	2(売却)	19
67	1(400) (1)(小倉藩より)		1(300)			1(90)			2(150, 25)	3(200, 80, 25)	2(売却, 沈没)	6
68	1(280)				1(259)					1(?)	1(焼失)	2
1868年現在	22		5	3	5	3	3	3	4	15		63

備考　『海軍歴史』巻23より算出．（　）内の数字は馬力数．

ン〕」「大塊石斗長崎迄御積廻ニ相成」(同上)る必要も生じたのである。横浜、兵庫等における需要も勘案すれば、開港以後、維新初年に至る外国艦船への積込炭は、輸出を含めて七万―八万トンはくだらなかったと見なして大過ないであろう。

最後に、幕末の軍事用炭＝軍艦焚料についてみるに、幕末および各藩の蒸汽艦船保有状況は表I-18のごとくである。この表から艦船の保有について二つの点が注目される。一つは幕府および西南雄藩の保有数が圧倒的に大きいことであり、もう一つは幕府の保有艦船が諸藩に比して質的に優位に立っていたことである。ところで、これだけの艦船を保有するため年間幾何の石炭を消費したかについてみるに、慶応四年幕府保有の八艦船の年間石炭消費予定量は表I-19のごとくであり、これだけで四六三五万斤となる。これらは当時の大艦船であるから、これをもって平均と見ることはできないが、慶応初年に少なくとも一億斤＝六万トンの石炭消費を推定して大過ないであろう。

以上を総括すれば、塩浜用二五万―三〇万トン、外国船用七万―八万トン、軍事用六万トン、合計大約四〇万トンとなる。この数字は従来考えられてきた幕末・維新期の石炭生産量をはるかに上廻るが、これに見合うべき生産はどうであったろうか。

(1) 筑豊 前述のごとく幕末において筑前は石殻をあわせて七千万斤、豊前を加えて一億斤と見るのが通説である。

(2) 肥前 唐津炭田は幕末・明治初期の最盛時には月産二五〇〇万斤、年産にして二億斤以上と推定される。これに北松浦、西彼杵の炭坑および慶応末年以降は杵島炭田が加わるので、肥前全体として三億斤の出炭を推定しうる。[25][26]

(3) 三池 柳川藩小野家経営の平野山および三池藩経営の稲荷山の幕末出炭量は表I-20のごとくである。稲荷山は日産であるゆえ、三〇〇日稼働とすれば、年出炭三万三千トンとなり、平野山と合計して約六万トンとなる。

(4) 宇部 明治六年の記録によれば、「当部〔舟木・有帆地区〕中一ヶ年石炭堀高凡八十万振百六拾目斤ニ直し八億〔千の誤り――筆者〕万斤ニ相当申候」(『小野田市史』資料篇下巻、三二頁)とあり、また石炭局の販売高について、

一、石炭七拾五万千九百振余

但明治二巳九月より同三午八月まで売払右之通

表I-19 幕府保有軍艦石炭消費量 (慶応4年)

艦名	馬力	受取年	石炭消費量
開陽	400	1867	1昼夜10万斤×90日=900万斤
富士山	350	1866	〃 8×〃=720
回天	400	〃	〃 8×〃=720
装鉄船	500	1868	〃 10×〃=900
朝陽	100	1858	〃 5×〃=450
蟠竜	60	〃	〃 2.5×〃=225
千代田型	60	1867	〃 1×〃= 90
翔鶴	350	1864	〃 7×〃=630

備考 『海軍歴史』巻24 15—30丁による

一、同七拾弐万六千三百八拾振余
　但同三午九月より同四未十二月まで同断
一、同弐拾九万四千七百四拾振余
　但当正月より四月まで同断
（名嶋明郎、前掲論文、八八頁）

とあり、前記数量とほぼ一致している。[27]

表Ⅰ-20　幕末三池出炭

平野山出炭高

	トン
元治1年	30,188
慶応1年	27,421
〃　2年	22,714
〃　3年	24,644
平　　均	26,242

『三池鉱業所沿革史』第1巻

稲荷山出炭高

	トン
大　浦　口	14
風　抜　口	30
長　谷　口	15
鳥　居　口	29
中小浦口	15
中　ノ　口	7
計	110

同上　藩営最後の記録で1日の出炭高

以上の合計三五万トンとなるが、この外、北海道、常磐等々が加わるので、最少限四〇万トンの生産を推定することは可能である。これは前述した当時の石炭需要にほぼ見合っている。

(22)　文化元年の塩浜の状況について次のごとく記されている。
　遠賀郡小石村大庄屋高崎喜右衛門乍恐御願申上口上之覚
〔前略〕近来防長両国内塩浜石焚ニ相成繁昌仕畝数壱丁五反之下浜ニ而壱ヶ年塩出来高凡千七八百石弐千石も出来仕候
　文化元年十一月
（『若松市史』第二集、昭和三四年、一四八頁）
一町歩の生産高一三〇〇石前後という数字は、明治二〇年代と大差ないことを示している。

(23)　イギリス領事の報告《Commercial Reports》によれば、石炭輸出港であった長崎の石炭輸出額は、慶応二年一万一八五トン、同三年には三万六一七〇トンである（石井孝『幕末貿易史の研究』昭和一九年、一〇六―九頁）。「これには港内船舶への供給を含んでをら」ない（同上、一〇九頁）。

(24)　石炭の輸出先は大部分上海であり、「そこで英国の石炭が得られないときの用に供せられた」（石井、前掲書、一〇九頁）。

(25)　杵島郡の出炭状況は『鉱山沿革調』によれば次のごとくである。

村	沿革	販路	盛衰
大崎村	一八二〇年代発見以来興廃存亡、慶応二年ヨリ開業	開業ノ際ハ瓦焼湯屋焚用等、其後慶応年間頃ヨリ軍艦並汽船用等ノ為メ長崎神戸肥後若津等へ販売	慶応二年開業ノ際ハ出炭額一ヶ月凡ソ二拾万斤掘採
志久村	一八一〇年代発見以来興廃存亡、慶応二年ヨリ開業	同右	慶応二年開業ノ際ハ出炭額一ヶ月凡ソ十万斤掘採
福母村	一七七〇年代発見以来興廃存亡、慶応二年ヨリ開業	同右	慶応二年開業ノ際ハ出炭額一ヶ月凡ソ三拾万斤掘採

(26)　松島については次のごとく記されている。

「同嶋浜泊ト唱フル所ハ西彼杵郡中最古ノ炭山ニシテ土人ノ口碑ニ拠レハ此地ニ於テ石炭ノ発見ハ大凡百六十年前ニアリト云フ。而シテ此地維新前大村氏ノ領地タリシ時坑業一時隆盛ニシテ爾来其業ヲ連続シ排水準上ノ石炭ハ稍々掘鑿シ尽シ〔後略〕」(栗本・山際「長崎県下松島煤田」『日本鉱業会誌』五号、明治一八年七月、二九六頁)。

(27)　『宇部産業史』(昭和二八年)は、「石炭局統制下の石炭生産量の詳細は判らないが大略の計画として厚狭郡全体で一ヶ年二百万振、宇部の引受額は五十万振とされていた」(五〇頁)と記している。すなわち、年産二億斤である。当時宇部地方の炭坑は一坑一〇万―二〇万振が普通であった(『小野田市史』資料篇下巻)から、『宇部産業史』の記すごとく、炭坑が「五ヶ所に制限された」(四九頁)とすれば本文の八〇万振と一致する。ここでは一応この数字を採用しておく。

第二章　鉱山王有制と炭坑マニュ

第一節　鉱山王有制の確立

1　鉱山領有制の確立過程

維新当初、政府の鉱山業に対する関心は、もっぱら貨幣材料獲得のために、金属鉱山に集中された。維新政府の最大の関心事の一つが、財政の確立にあったからである。政府が明治元年七月、大阪の旧幕府銅座役所を改組した銅会所を鉱山局と改称し、これを会計官に属させたのも、このような文脈において理解されなければならない。『工部省沿革報告』によってみても、当時の鉱山局の全関心が金銀銅、とくに銅にむけられていたことは、疑うべくもない。それはまさしく「幕府ノ旧制」(「工部省沿革報告」『明治前期財政経済史料集成』第一七巻所収、四八頁)＝伝統的鉱山政策の継承でもあった。それゆえ、明治二年二月、政府が「鉱山開拓之儀ハ其地居住之者共故障筋無之候ハヾ、其支配之府藩県へ願之上堀出不苦候。府藩県ニ於テモ旧習ニ不泥速ニ差免可申出事」(行政官布告第百七十七号)と、「鉱山解放」の方針を打ち出した場合にも、それによって民間資本の導入による鉱山業の発展と、そこから生ずる貨幣材料の増大を期待したのである。同年四月の「鉱山司規則書」も、第一条に「従来人民ノ私ニ各鉱山ヲ開採スルヲ禁セシモ之ヲ解廃シ、人民ノ私堀鉱物ハ官府ニ買収シテ其地方ヲ利潤シ以テ鉱業ヲ盛大ナラシムヘ」きことを定めている(『工部省沿革報告』四九頁）が、何れの場合にも、政府の関心は金銀銅に限られていたのであり、鉱産即金銀銅であった。[1]政府がようやく石炭に関心を示したのは、明治三年末、各府藩県に対し「石炭産出ノ地名幷一箇地出産ノ総数ニ炭塊ヲ添付シテ本省ニ呈出スヘク」（同上、五一頁）命じた以後といわねばならない。

したがって、この間における石炭産業の諸関係は、まったく幕末期と異なるところはなかった。たとえば、肥後藩は明治三年唐津平山下村において、新たに藩士に命じて石炭山を開坑し、さかんに採炭に当ったし、長州藩では明治元年新たに石炭局を設けて、従来地下(じげ)の者によって運上掘りされていたのを藩の直山とし、石炭局の管轄下におき、有帆、逢坂、宇部等の各村に石炭会所を設けて、その管理に当らせた。しかし、長州藩の直山経営は、維新の経済的混乱のもとでの石炭市場の複雑さと、政治的変革の進展のなかで、永く維持することが困難であり、三年九月には再び運上山にもどらざるをえなかった。

「石炭ハ金銀銅同様地下蔵蓄之物産ニテ、於下ニ勝手掘出売捌不相成ハ勿論之事候。就而ハ一昨年来御手悩之仕法ヲ以掘取売捌被仰付候。其後年来ノ旧習申立種々歎願致候ヘ共、決而以前之通下任セニハ不被仰付候。然ル処此度御詮議之趣有之比砂ケ迫御小山於下ニ銀子相任セ、組合商社之仕法建ニシテ上ヨリ諸事駈引被仰付掘取可仰付儀モ可有之候付、望之者ハ願書差出可申。尤一昨年来御手山掘取残炭売捌引受イタシ候者ナラデハ不被差免候事」

（『宇部産業史』五七頁）

三年秋以降、長州石炭局管下の炭坑は、運上山として経営されるに至っている（たとえば、『小野田市史』資料篇下巻、二一一頁をみよ）。また、唐津藩においても、明治五年二月には「旧唐津県ニ而相設置候石炭方紙方仕組之義今般可被廃止」（『佐賀県議会史』下巻、二二八頁）きことになった。その理由とされるところは、仕組法そのものではなく、その運営資金が「去ル未〔四年〕五月会計統一之御趣意ニ有金取調書置申候処、今般物産方引渡ニ相成」(同上)ったためであった。

とはいえ、この間に政府も石炭をも含めた鉱業法制の立案を進めていたのであって、四年四月には、

「鉱山開採ノ儀願出度輩ハ其地方官ニ於テ身元取調相応ノ仕法相立候分ハ伺ノ上御差許相成相当ノ税為相納請負可申付候条、願人有之候ハヾ早々可申出事」(太政官布告第百七十三号)

という請負掘りと租税収入増大・確保の方向が打ち出されたが、五年三月には「鉱山心得」が公布され、鉱山王有制の方針が確立を見たのである。工部省の左院への伺(五年三月一八日)が、「鉱山ノ儀旧幕府已来公私ノ分義判然不相立請負稼ノ者共旧来ノ陋習ニ慣レ自ツカラ私有物ノ如ク相心得居」(『太政類典』第二篇)と述べていることからも明らかなように、それは従来政府自体でも分明でなかった「鉱物ノ分義〔権利〕」を明らかにし、「公私ノ分義」を立てることに主眼がおかれた。「鉱山心得」はまず、鉱物を定義し、従来の金属山偏重を改めて、石炭等にその場を与える必要があった。

「凡鉱山ノ事ニ関スル者ハ第一ニ鉱物ノ何物タルヲ知ルヲ要ス。都テ無機物ノ品類之ヲ鉱物トナス。此無機物ニ二種アリ、一ヲ有鉱質金銀銅銕鉛錫其他スヘテ金属ヲ含ム諸類ヲ云フト云ヒ、一ヲ無鉱質石炭硫黄岩塩玉ノ如キ金属ヲ含マサル諸類ヲ云フト云」

という教科書的規定をもって始めたゆえんである。「心得」はこれに続けて「開採ノ分義」を明らかにする。

「此鉱物ナルモノ都テ政府ノ所有トス。故ニ独リ政府ノミ之ヲ開採スル分義アリトス。故ニ何レノ鉱山ヲ論セス其地面ハ地主ニ属スト雖モ、其地ニアル所ノ鉱物ハ其地表ニ現ハル、ト地底ニアルトヲ論セス、ミナ政府ノ所有物ニシテ地主ノ私有ニ非ス。此義判然識別セスンハアルヘカラス」

ここに判然と土地所有と分離されたBergregalの規定を見るのであり、しかもそれは今や全鉱石に適用されることになったのである。政府の所有である鉱石は、政府自ら採掘するか(直山＝官行鉱山)、請負って採掘させるか(請山＝民

行鉱山)の何れかとなる。後者について「心得」はこう規定する。

「鉱物ハ皆政府ノ所有タリ、故ニ諸府県管轄下ニ於テ国民ノ開採セルモノハ、悉ク政府ヨリノ請負稼ニアラサルコトナシ」

なお、「心得」は「外国人ヘ借金ノ引当ニ請負鉱山ノ稼方ヲ譲ルコト」を厳禁した。

「心得」はあくまで地方官が鉱山を管理する上の心得であったが、版籍奉還と廃藩置県によって土地所有に対する全国的統轄権をにぎった政府の鉱山政策の大綱は、ここに確定を見たのであり、各府県はこの方針にそって旧来の仕組法体制の変革を推し進めた。たとえば、筑前仕組法の解体については、次のごとく記されている。[2]

一、明治五年壬申九月従前御仕組石炭御会所御廃止ニ相成候事

右石炭ニ拘ル諸拝借分ハ速ニ上納仕候様被仰付候也

爰ニ蘆屋若松両会所家屋敷一切入札ニ相成候所山元中ヘ落札之事

代金札七百五拾両余右之通名当ニ而売渡御証文ヲ以壬申十一月十一日御払下ケ被仰付候事

山元頭取　入江六郎七　同許斐茂三郎

同　　　　山本徳次郎　同山本文吉

(入江六郎七記録　下)

「鉱山心得」の方針は、六年七月、「日本坑法」として法規的に体系化された。坑法は坑区の概念を確立するとともに、これを政府からの借区としたが、その基本原理について、鉱山官僚和田維四郎はこう記している。

「現行日本坑法ノ精神ハ前記ノ鉱山心得書ニ明記シタルモノト同一ノ主義ニシテ、欧洲ニ於テ前世紀ノ末マテ行ハレシ政府カ鉱物ノ専有権ヲ掌握スルノ主義ト同一ナリ。従テ同法中ノ規定皆ナ此主義ニ基カサルモノナシ。国

庫ノ費ヲ以テ鉱業ヲ為スモノハ此坑法ノ規定ニ依ラス、未タ法律上官行鉱山ニ対スルノ制裁アラサルナリ。国民ニハ十五ケ年ヲ期シテ請負稼即チ借区ヲ許可スト雖トモ、其許可ノ標準ニ就テハ一モ規定スル所ナキヲ以テ、其許否ハ政府ノ専権ニ属シ、国民ハ全ク恩恵ニ因テ借区ノ許可ヲ得ルモノナリ。従テ其借区権ハ官ノ許可ヲ経スシテ他人ニ譲渡スルコトヲ禁シ、若シ許可ヲ経スシテ譲渡シタルトキハ其業ヲ禁止(第五章第二十四)シ、借区期限十五ケ年ヲ経ルトキハ継続ヲ再願スルコトヲ得ルモ、其許否ハ政府ノ権(第三章第十一)ニ属シ、尚借区年限中ト雖トモ一年間ノ事業トシテ地面五百坪ノ下ニ就テ壮健ナル一夫三百日ヲ以テ為セル程ノ工事ヲ為サヽルトキハ、鉱業ノ禁止(第五章第二十)ヲ受ケ、身代限リノ場合ニ於テハ借区券ヲ引揚ケ、又鉱山ニ負債アルモ借区年限ノ満期鉱業ノ禁止及廃業ノ場合ニ於テハ、其負債ハ総テ鉱山ニ関係(第五章第二十五)セサルモノト規定シタルカ如キハ皆ナ政府専有ノ主義ニ基クモノナリ」(和田維四郎『坑法論』明治二三年、九六―八頁)。

「日本坑法」は「地主ニシテ自ラ試掘ヲ企ル者ハ衆ニ超テ許可ヲ得ヘキ分義アリトス」(第二章第五)として、その限り維新政府の一支柱であった土地所有に優先権を与えたが、「自ラ試掘ノ資本無クシテ他人ノ挙ヲ拒」んだり、「試掘ヲ経テ借区願出ル者ハ其坑区中別ニ地主有リト雖モ之ヲ拒ム」(第三章第九)だりすることを許さなかった。(3)

日本坑法による土地所有と鉱山(坑区)所有との分離は、六年七月の地租改正条例による土地の私的所有の確立＝地券の交付と、一体をなすものである。幕藩体制下にあって、領主による土地の上級所有権はなお強大であったが、これを全国的に把握した維新政権は、一方において地主的土地所有の確立をはかるとともに、その所有権を地表に限定し、他方において、鉱物の所有権をこれから分離して「日本政府ノ所有」とし、土地所有に対して地券を交付することとした政府は、坑区に対しては借区券を交付することを規定(第三章第十)したのである。

この「坑法」によって、旧仕法は崩壊し、最後まで残った長州の石炭局も解体し、全国統一的な鉱山王有制の確立

を見るに至った。(4)

しかしながら、仕組法の解体は採炭量の制約を解消し、販売を自由としたから、問屋の支配力を強大ならしめるとともに、山元の経営をいちじるしく困難ならしめた。そこでたとえば筑前では、「鉱税取締の名義を以て蘆屋若松両港に県官出張所を設け、採掘販売共に其の監督を受け、稍斯業の面目を保」(高野江基太郎『日本炭礦誌』明治四一年、一二頁)つことをえた。田川郡に於ても区長、戸長らが協議のうえ、八年一一月県庁の許可をえ、「石炭取締仮規則」を設けたが、その二、三の規定を示せば次のごとくである。

一、石炭取締ノ為メ若松港ヘ県庁ノ允許ヲ得問屋ヲ設立シ万般ノ取締ヲ為シメ候事
一、川船取締ノ為メ草場村ニ於テ張番所ヲ設ケ、保護ノ為県庁ヨリ取締役一名出張ヲ願置候事
一、稼人共石炭川下ゲノ節ハ草場村張番所ヨリ切手札貰請若松港問屋許江右切手相納可申事
一、若松港問屋幷草場張番所相設候上ハ稼人共自儘ニ輸出不相成必ズ問屋許江売払可申事

(有松家文書)

そして一年間の採炭量を一五〇〇斤と定めたのである。これらはいずれも旧豊前藩仕法の再現でないものはない。それは幕末の石炭仕法と日本坑法との間に基本的な連続関係があることを示すとともに、日本坑法制定前後においては、いまだ炭坑経営が絶対王制の監督を必要としていたことを物語っている。

その後、日本坑法は多少の修正をうけたとはいえ、基本的には変更を蒙ることなく、明治二三年制定の鉱業条例に至るのであり、その間の鉱山領有と坑区経営とを規定したのである。

(1) 従来、日本石炭鉱業史の研究においては、明治二年の「鉱山解放」を、維新政府の石炭政策の第一歩として重視する見解が支配的である(たとえば、正田誠一『筑豊炭鉱業における産業資本の形成』九州経済調査協会、一九五二年)が、この時点で

は鉱産としての石炭は政府の眼中には存在しなかった。たとえ、政府にその意図があったとしても、廃藩置県以前においては、旧慣によって政府は金属鉱山以外まで直接規制することはほとんど不可能であった。なお、この点については石村善助『鉱業権の研究』一九六〇年、第一編第二章第一節第二「新政府による鉱山開採の奨励」参照。

(2) 長州においては六年六月、日本坑法公布の直前まで、運上山経営が続けられていた。『小野田市史』資料篇下巻、三一―三頁および五九―六〇頁をみよ。

(3) 日本坑法については、前掲、和田『坑法論』および石村『鉱業権の研究』参照。

(4) なお、日本坑法は「日本ノ民籍タル者ニ非レハ試掘ヲ作シ、坑区ヲ借リ、坑物ヲ採製スル事業ノ本主、或ハ組合人ト成ルコトヲ得ス」(第一章第四)としたから、先進技術の導入を必要とし、現実に外国資本の協力をえていた当時の民営大炭坑に、多少の混乱と紛糾を生ぜしめた。後述する高島炭坑官営の直接的契機はそこに存した。

2 海軍予備炭坑と唐津炭田

鉱山王有制が端的に自己の権能を確認したのは、明治四年の海軍予備炭坑の設定であった。『工部省沿革報告』四年八月一九日の項に、

「肥前国平戸同唐津二県下ノ石炭山(平戸県大瀬山、唐津県下上松浦郡本山村岩屋村浪瀬村上平山村ノ各村中所々ニアリ)ヲ受領堀採センコトヲ兵部省ヨリ来求ス。乃チ之ヲ諾ス」

とある。これらの村々は旧天領であったから、この時点においても政府の直接的領有のうちにあったのであり、その範囲は六年以降徐々に拡大されていった。一二年には、

「長崎県肥前国松浦郡岩屋村、平山上下両村、波瀬村、本山村、佐里村、岸山村、久保村、杵島郡大崎村、東松浦郡相知村

合計　石炭場拾ヶ村

前書村々之石炭山従前人民ヱ試採並借区開坑等許可ノ箇所ヲ除ク之外軍艦用予備炭ト定、今般工部省ヨリ仮坑区券回送相成候条、為心得此旨相達候事」

（『法令全書』明治一二年、一〇二六頁）

ここから知られるように、海軍省は軍艦用焚料確保のため、維新期最大の産炭地であった唐津の優良坑区を、海軍予備炭山に編入して民間資本をここから閉め出したのである。海軍はこれによって平時における焚料の確保をはかるとともに、一朝有事の際に備えて、予備炭田内の採炭を統轄・制限したのである。ここに鉱山王有制の軍事的意義を見るべきである。

海軍省は予備炭山管理のため、唐津に海軍出張所（のち石炭用所と改称）をおき、相知に巡査詰所をおいてこれに当らせたが、各稼行坑区にはそれぞれ直雇の稼人あるいは請負の下稼人を置いて、採炭を行なわしめた。この点に関して、「唐津海軍石炭用所章程」（明治一六年二月、前年一五年三月制定の仮章程ほとんどそのままである）は、その業務を次のように定めている。

第十五条　石炭一万斤ニ対スル掘採賃川下ケ賃原炭代並ニ手数料等ノ額ヲ制定増減シ、及ヒ譲与炭ノ代価等ヲ制定増減スル事

第十六条　剰余炭払下ケノ方法及ヒ其価額等ヲ決定増減スル事

第十七条　石炭採掘稼人等ヘ金銭ヲ貸与スル事

第三十九条　一坑区ヲ負担セル直雇石炭掘採稼人及ヒ直雇水主等ノ去就ヲ許否シ、其人員等ヲ増減スル事

（『法規分類大全』第一編　兵制門　六一三一頁）

これらの諸規定、とくに第十五、十七条のごときは、筑前等の石炭会所の機能をほとんどそのまま受けついでいる、といって差支えない。しかしながら、仕組法体制の末端機構をなした庄屋制はすでに解体していたので、より官僚的な巡査がこれに代った。「唐津海軍石炭山取締巡査心得概則」(一四年一〇月)は次のようにその任務を規定している。

第二条　巡査ハ専ラ坑業ニ関スル取締ノ為メ設ケタル者ナルヲ以、海軍炭山ノ境界ト稼人受持ノ坑区及ヒ下稼人ノ姓名ヲ記入シタル毎坑区ニ対照シ、其地理及官坑ノ配置等ヲ熟知スルヲ要ス

第三条　巡査六名ノ内一名ハ常ニ詰所ニ在勤シ、一名ハ石炭置場ヘ出張シ、四名ハ炭山各坑ヲ巡視スルモノトス

第四条　石炭置場ヘ出張ノ巡査一名ハ該場ヘ運搬ノ車夫及上荷船ヘ積入方及其水夫等ノ動作ヲ監督スベシ。而シテ他ノ四名ハ適宜順序ヲ定メ炭山区域内各所坑口及石炭運搬ノ路線ヲ巡視シ、特ニ不良ノ所為等ヲ戒ムベシ

(同上、一二二頁)

なお、巡査の職務にはこのほか「下稼人共傭役スル所ノ坑夫車夫等ノ人員及姓名等ヲ手帳ヘ記載シ置キ、而シテ官坑夫私坑ヘ転ジ私坑ヨリ官坑ニ逃匿スル等ノ弊ヲ制御スルコトニ最モ注意スベ」(第八条)きことが定められており、労働者は経営に緊縛されるべきものと理解されている点に、鉱山王有制の対応物を見ることができる。

ところで「唐津用所ヨリ下稼ヲ命ズル者若干名ト為ス」(用所章程第八条)と定められているが、採炭は主として下稼人によって担当され(5)、その出炭の一部を海軍用炭として買上げ、残余の大部分は前記「章程」第十六条の規定のように、剰余炭として下稼人に払い下げ、その代価の八分を上納させた。そこから次のような批判が生じた。

「抑モ海軍省ニ於テ御留地トナシタルハ如何ナル理由アリテカ生等ノ知ル処ニ非ザレドモ、察スルニ軍艦用ノ燃料ニ供スルニ外ナラズト思ヒキヤ夫而已ナラズシテ、海軍用炭ノ外ニ出炭アリテ人民ヨリ売上代金ノ内ヲ徴収セリ。今唐津炭田ニ於テ海軍御用炭上納法ヲ聞クニ、数年前海軍省ニ於テ上等ノ煤田ヲ択ビ予備炭田トナシ、人民

ノ借区ヲ禁ジ、而シテ此借区禁制ナル坑区ノ開採ヲ人民ニ下受セシメ、其下受人ヨリハ海軍入用炭丈ケヲ市価売買ノ直段ヨリ安価ニ買揚ゲ、其余ニ出炭セシ分ハハネ炭ト唱エ、坑主ガ市場ニ売捌得タル売揚代金ノ八分ヲ海軍省ニ上納セザルヲ得ザル約束ナリ

日本坑法ニ因レバ凡テノ鉱物ハ政府ノ所有ナルガ故、政府ニ於テ全国ノ諸鉱山ヲ御用御留メ地トナスト為サヾルハ自由勝手ナリ。而シテ前述ノ如ク人民ニ下稼ヲ命シテ人民ヨリ売直ノ幾分ヲ徴収スルハ、決シテ損失ノナキ大丈夫ノ商法ニ似タリ。最モ炭鉱ハ金属鉱トハ違ヒ海軍御用炭ニスルト言フ必要ヨリ箇様ニ御留地トナシタル訳ナラン歟ナレドモ、左スレバ御用炭ノ外出炭セシメザル様致シテ、万世末代迄地中自然ノ海軍用石炭倉庫ト致置度モノナリ。前述ノ如ク御用炭堀採ハ人民ニ放任シテ正則ノ開採方ヲナサヽルガ故、所謂狸堀ト唱フル堀方トナリテ坑区ヲ無茶苦茶ナラシメ、第二ニハ売直ノ八分ヲ徴収スルガ故政府ノ商法トナリ、第三海軍御留メ地ナルガ故真面ノ実業家アレドモ該炭山区ノ坑業ヲシテ改良ヲ計リ、国益ヲ興スコト能ハザル等ノコトニシテ、小生等ノ意恨ニ堪ヘザル所ナリ」

(吉原政道「海軍省予備炭田」『日本鉱業会誌』明治二二年六月号、三三四―五頁)

海軍自体の意図は剰余炭で下稼人に利益を得させ、それだけ御用炭の炭価を引下げることを可能にするとともに、八分金の上納によって多少の収入を得ようとするにあったわけであるが、批判者のいうごとく、資本の導入を困難にし唐津炭田の発展を阻害するに至ったことも、否定することはできない。

前章に述べたごとく、唐津は舟運の便に恵まれたことによって、幕末・維新期日本の石炭鉱業の中心地となり、それゆえに海軍もここに予備炭田を設定したのであるが、炭層の賦存状況においては必ずしもすぐれていなかったから、後述するように、明治一〇年代末に至ると、採炭の中心は次第に筑豊に移行するに至った。それにともなって、海軍

も本来の「予備」炭田を筑豊地区に保有する方針に変り、一八年一一月「福岡県下一帯ニ人民ノ増借区出願ヲ差止」め、調査ののち二〇年二月とりあえず「県下御徳及ヒ各郡各村ニ於テ百十余ケ村海軍省ノ予備炭田ニ仮定シ福岡県達三拾八号ノ告示ヲ以テ試掘借区共出願御差留」(貝島伝平外「海軍省予備炭田封鎖解放之請願」明治二七年)となったが、翌二一年一月、つぎの三八カ村が正式に予備炭田に編入されるに至った。

糟屋郡　新原、志免、上須恵ほか一五カ村

鞍手郡　御徳、直方、勝野ほか四カ村

嘉麻郡　下山田、漆生ほか五カ村

田川郡　大熊、糸田、後藤寺ほか三カ村

これらはいずれも当時炭層の良好な点でもっとも有望な鉱区とされた地域であった。これに対して筑豊石炭坑業組合は、早くも明治一九年に、「海軍予備炭田ノ制度が民業ノ発達ヲ制限スルモノトシテ、特ニ委員ヲ上京セシメテ之が解放」(『筑豊石炭鉱業会五十年史』七〇頁)の運動を行なったのであるが、この時点においても、軍事的必要[6]と結びついた鉱山王有制は、ブルジョワ的利害に優先していたのである。その点において、海軍予備炭田は、日本坑法を貫く基本原理の軍事的発現の形態に外ならなかった。

(5)　当時の記録はいずれも、予備炭田の採炭が下稼人によって行なわれていたことを語っている。「唐津の石炭は其質上等に位し海軍省の炭坑にして、其坑業者は請負稼人なり」(立花軒多香「石炭の商業忽にすべからず」『東京経済雑誌』明治二〇年七月二日号)。

(6)　「高島、三池、唐津、幌内炭の如き外海を経て内地に輸送するものにして、若し海路を遮断せらるゝ如き不幸に遭遇せば、無数の軍艦ありと雖も其用を為す能はず、〔中略〕此際に当り筑前地方の石炭を門司港に送らば、仮令山陽の鉄路なきも内海を経て神戸に達し、石炭欠乏の虞なからん。是を以てか筑前地方の石炭場にして未だ人民の借区権を得ざるものは、悉く海軍省の準備炭坑となれり」(前掲「石炭の商業忽にすべからず」)。

3　明治政府と炭坑官営

鉱山については、貨幣材料の生産地としての金属鉱山以外に多くの関心をもたなかった維新政府は、徳川幕府の直山であった生野、佐渡等の鉱山を引きついだのみならず、諸藩の直山であった阿仁、院内(佐竹藩)、小坂(南部藩)等をも官収し、直山的形態において西欧技術の導入により採鉱体系の再建をはかったのであるが、前述したように、石炭に対しては幕末に諸藩が示したような関心を有しなかった。それゆえ、維新期わが国最大の炭山であり、しかも藩の直山的形態を有していた三池炭山についても、廃藩置県に際し、「三池県士族等帰農資産ヲ得ルノ目的ヲ以テ該県管下ノ石炭山ヲ借区開堀センコトヲ該県ニ請フヲ以テ乃チ之ヲ本省ニ禀申ス。此〔四年一二月〕ニ至テ今ヨリ以往五ケ年間之ヲ貸与スルヲ允可ス」(『工部省沿革報告』前掲書、五二頁)と記されているように、政府には石炭坑を本格的に官営＝直山経営する意図は当初存在しなかった。政府の石炭に対する関心は、艦船用をのぞけば、わずかに金属の精錬用燃料としての石炭に限られていた、といって大過ないであろう(7)。それゆえ、明治四年二月、大島高任が八戸管下久慈石炭山を巡検し、「石炭山巡回ハ石炭ヲ試鑿セント欲スルヲ以テナリ」(『工部省沿革報告』前掲書、五一頁)と記されている時点以降、政府の関心を惹いた諸炭坑は、九州の大炭坑よりはむしろ金属鉱山に近接した東北の貧弱な炭坑であった。その関心は結局明治一二年の山形県油戸炭山の官営となって結実した。「佐渡釜石ノ両鉱山ハ巨額ノ石炭ヲ資用ス。然ルニ之ヲ遠隔ノ地ヨリ輸送スルトキハ其費用夥多ニシテ、得失相償ハズ。故ニ近地ニ炭山ヲトセントス、乃チ此挙アリ」(同上、一四二頁)と記されるごとくである(8)。

しかしながら、炭坑官営はこれより以前から三池および高島において実施されていた。とはいえ、三池についてはいえば「営業者中紛紜ノ事情ヲ生ジ頗ル擾雑セルヲ以テ之ヲ官行場ト為サンコトヲ県庁ヨリ稟請ス。此ニ於テ六年五月鉱山大属小林秀知ヲ遣テ之ヲ視察セシムルニ、到底一山両主ノ和諧併立スベカラザル地勢ト事情トナルヲ以テ之ヲ官収スベキヲ復命ス」(同上、一〇七頁)という事情にあり、高島についていえば、「日本坑法ノ草案略ボ脱稿シ該法則中外国人ト併結シテ以テ堀採スルヲ許サヽルノ項アルヲ以テ該炭坑ヲ官収シ、本省ノ所管ト為スヲ議決シ」(同上、一一八頁)た事情にあり、いずれも政府が意欲的に炭坑官営に乗り出したものではなかった。したがって、その後も官営の方針は動揺を続け、民間からも払い下げの運動が相ついで行なわれ、高島は官営一年にして後藤象二郎に払い下げられるに至った。以下当時の代表的大炭坑であったこの二つの炭坑について考察する。

(a)　三池炭坑

三池炭坑官収の直接の契機について、監督当事者であった三潴県当局はこう記している。

元三池藩先年願立ニテ、五ケ年請負稼差許サレ候三池郡石炭山ノ内字生山ハ、元柳河藩領分境ノ山ニテ、同藩執政小野隆基私山字平野石炭山ト相接シ、先年来毎々論所ニ罷有候所、当春又々争論相起、兎角和熟致シ兼候ヨリ、終ニ生山ハ休坑、平野山ハ過半水坑ト相成リ申候。此ノ儘棄置候テハ、遂ニ名産ヲ破リ候義モ測ラレス。因テ右礦山ニ心得之アリ候者、出仕申付、検査為致候所、此姿ニテ双方ヘ委任致サレ候テハ、礦山永続ノ見込相立不申候段、申出候間、御省其掛リ官員、迅速出県ノ上、現地御点検、御直管ニ相成候様致シ度、此段伺ヒ奉リ候

明治五年壬申六月廿五日　　三　潴　県

工部省御中

(『大牟田市史』七三頁)

さらに生山と平野山との「経界判然ナラサルョリ、双方軋合候情状ヲ醸シ、或ハ坑夫ニ賃銭ヲ増シ、或ハ水害ヲ来シ」(同上、七四頁)たとも説明されている。そこで政府は、六年五月これを「官山ニ仰付」け、三池藩士に二万六〇九一円、小野隆基に「五ケ年ノ利潤ヲ予算シ金壱万五千円ヲ下付」(『三池鉱業所沿革史』第一巻「前史」、一二九頁)し、政府の直営下に納めた。(9)

ところで、官行当初の責任者小林秀知が経営上最も労苦したのは、炭坑内部の諸事情より、むしろ政府の三池官営方針の動揺であった。六年六月三池を視察した鉱山局鉱山師長ゴットフレーの三池炭山に対する評価はきわめて低く、「資本額四万円ヲ超過スベカラズ。之ヲ超ユレバ得失相償ハザルベシ」(『工部省沿革報告』前掲書、一〇七頁)というにあったので、「三池炭山ハ或ハ再ビ之ヲ民坑ト為スノ議」(同上)が生じた。小林はその阻止に奔走し、「漸クニシテ追テ指揮スルノ間従来ノ如ク施業スベキノ命ヲ得タリト云ヘドモ、民業ノ議未ダ全ク歇マズ。之レガ為メ屢〻定額増加新坑開鑿等ノ諸件建議ナスト云ヘドモ、一モ聴許セラル、所ナシ」(『炭山沿革史』)という状況にあった。同様の問題はさらに八年に至って再出した。

「八年五月ニ至リ省議又起ルアリテ到底三池炭山ニ若干ノ資財ヲ要シテ独立ノ坑業ヲ起サシムルモ、将来其収出相償ハザルニ於テハ徒ニ百金水投ノ誹ヲ免ガレザルヲ以テ、寧ロ三池炭山ハ生野鉱山ニ付属タラシメ、而シテ生野鉱山ニ於テ日ニ三百噸乃至三百五十噸ヲ消費スベキノ目途ナルカ故ニ、是レノ需要ニ聊カモ欠乏ヲ招カザルガ如ク近々開採ニ従事セシムルニ如クハナシト」(同上)。

このような動揺は、同年八月生野鉱山傭土質家ムーセがゴットフレーの見解を斥け、三池炭層および炭質の優秀性を証明したことによって、ようやく落着をみたのである。

前章において記したように、幕末、三池炭山の労働力は多く土着農民の副業労働であった。官営移行に伴なう一問題はいかにしてコンスタントに労働力の供給を確保するかにあった。この課題に答えたのが囚徒の使役であり、六年七月、試みに三潴県の囚徒五〇名を坑外運搬に従事せしめたが、八年四月「其便益大ナルヲ以テ尚ホ近県ノ囚徒ヲ使用セント欲シ、之ヲ各県ニ照会」(『工部省沿革報告』前掲書、一〇七頁)したところ、種々の障害があったが、福岡県から百五、六十人が派遣されることになった。だが、これを契機にその後囚徒は次第に三池労働力の基幹を構成するに至るのである。ここに鉱山王有制のむき出しの形態としての炭坑官営と、隷役的労働形態の極限としての囚人労働とが対応する。

当時の三池炭坑について、前述のごとき事情を念頭におけば、次の記述の意味するところは明白である。

「三池炭山の官業に帰せしは実に明治六年にあり、爾来監督の方法稍整備するに至りしも、其採掘に至りては尚依然として旧習を脱せず。排水の如きも一に足踏み車を以て之に充て、事業の規模見る可きものなく、其の目的とする処採炭其のものにあらずして、寧ろ囚人苦役の良法を得たるに満足するが如く、其産炭亦附近の製塩用に供するに過ぎざりしも、時勢の進歩は永く此の宝窖を放棄せず、瀛船の航海開くに従ひ石炭の需要頓に増加し、明治九年に至りては当路者の頭脳漸く採掘法の改良を感じ、併せて販売方法を拡張し、之を三井物産に依託して遠く上海に輸出を試み、且つ本国内地の商港に於て之れが販売をなせしより、其結果漸く現はれ、更に香港に輸出して漸次販路を拡張せり」[10](「三池炭礦誌」高野江基太郎『筑豊炭礦誌』明治三一年、四頁)。

石炭市場の発展と、前述した炭層、炭質の優良性の確認に支えられて、三池の官行はようやく九年以降確立をみるのである。

(b)　高島炭坑

幕末、大規模な藩制改革を行ない、富国強兵策を展開した佐賀藩は、その一環として洋式艦船を購入し、精錬所を設置したが、それは一方では、必然的に石炭需要を増大し、その確保が必要となり、他方では、その資金獲得の一策として、急速に市場の拡大を見ていた石炭に着目した。その際、佐賀藩の特色は、その開明的「君主」制を反映して、洋式技術の採用を積極的に推進した点に存する。すなわち、当時長崎にあって諸藩に兵器の売込商として活躍していた英国商社ガラブル社(Glover & Co.)と契約を結び、慶応四年五月、合弁事業として高島炭坑の開採に着手した。すなわち、イギリス人機械方、坑内方等を雇用し、一五〇尺の竪坑の開鑿を行ない、明治二年四月、八尺炭に着炭し、ここにわが国最初の蒸気機関による捲揚・採炭が実現した。佐賀藩が高島炭坑をあえて合弁としたのは、藩資金の不足をこれによってカバーしようとしたものであり、外国資本導入の一形態に外ならなかった。[11]

それがまた、鉱区所有を含めた土地所有を一つの基盤とした維新政府の鉱業政策と衝突するに至ったのであり、日本坑法の立案を契機として官収されたことは、前述のごとくである。政府は七年一月、「外国商ノ支出セシ諸費ヲ通計シ、並ニ爾余幾分ノ益金ヲ推算シテ洋銀四十万弗」をガラブル商社の後をついでいたオランダ商社ボードウィン社に支払い、合弁企業に関する条約を解除した。ところで、高島は長崎港外に位置し、炭質良好であり、外国船の石炭需要が多く、しかも当時わが国で唯一の洋式採炭を行ない、出炭も七年には六万九四五八トンにのぼる炭坑であったから、殖産興業上からも、経営条件の上からいっても、これを払い下げる必要は毫も存しなかった。にもかかわらず、石炭山経営そのものに積極的関心を有しなかった当時の明治政府は、これを早くも七年末には売与を請願していた後藤象二郎に五五万円——二〇万円即金上納、残り三五万円は利子を含め、八年以降毎年六万五千円宛分納——を以て払い下げてしまったのである。

以上において、日本坑法制定当初には、政府は金属鉱山を主眼において、鉱山王有制の体制を確立し――主要金属鉱山を官営し――たのであるが、石炭鉱業については、少なくとも官営の積極的意図は有せず、三池、高島の両炭坑もいずれかといえば非本質的な契機によって官収された事情を考察した。とはいえ、これら当時における代表的炭坑が官収されるに至った背後には、鉱山王有制一般に通ずる論理が貫徹していたことも注目しておかねばならない。たとえば、三池の場合「此ノ儘棄置候テハ、遂ニ名産ヲ破リ候義モ測ラレズ」と記されているように、国の資源としての「鉱利保護」の視点が見られる。この点は、鉱山技師ポッターによって「品質最モ上等ニシテ、含量モ亦多」いと認められた筑前新入炭坑に関する次の記録にも明らかである。

「之ヲ開鑿センニハ、先ヅ該村ヨリ豊前門司浦ニ達スル鉄道線ヲ設ケ、以テ運搬ノ便ヲ開カザルベカラズ。其他開鑿ノ構成ナリ、器械ノ購求ナリ、実ニ莫大ノ資本ヲ要ス可キ事業ナルヲ以テ、之ヲ民業ニ放任スル時ハ基礎ヲ確立スル事能ハズ。仮令採掘ヲ企ツルモ資力続カズ。甲興リ乙倒レ、独リ事業者ノ損害ヲ招クノミナラズ、此ノ如キ貴重ノ鉱物ヲシテ長ク地中ニ埋没セシメン事ヲ歎キ、官ニ於テ開鑿ノ挙アラン事ヲ〔一一年〕主省ヘ禀請セリ。主省モ亦之ヲ嘉納シ、該坑ヲ官用トナシ実測ノ業ヲ継続再興セリ。然ルニ十三年十月財政改革ノ廟議アルニ際シ、該炭坑ヲ解放シ、実測ノ業ヲ廃止セラレタリ。然リト雖モ、本県ニ於テハ該業ヲ半途ニシテ廃スル時ハ功ヲ一簣ニ欠クノ遺憾アルノミナラズ、仮令民業ニ放任スルモ、実測ノ業ヲ卒シ、而シテ資本予備ノ制限ヲ設ケラレン事ヲ主省ニ開申セリ」(「鉱山之事―明治十五年未済事務引渡演説書」『福岡県史資料』第一輯、七六五頁)。

この白請事項自体もついに中止を見るのであるが、その趣旨は明治一〇年以降石炭市場が急速に展開され、生産の増大が要請されるにつれ、大鉱区制の確立、したがって大資本優先という新たな――「ブルジョワ的」な――方向において実現されるに至るのである。しかし、民間資本の蓄積の貧困な事態のなかで、この課題を担当したのは、何よりも国家資本＝官営大炭坑であり、政商資本であった。

（7） 幕末・維新期、鉱山業全般に関してわが国最高の知識と経験をもった鉱山権正大島高任さえ、明治三年こう記している。

「西人常に曰く唯石炭以て其国を富すに足れりと、又曰く唯鉄以て其国を富すに足れりと。皇国の山産豈石炭と鉄のみならんや。其五金に富る亦欧米諸国に比なし」(『大島高任行実』六八三頁)。

産業資本の確立をみた欧米と、原始蓄積を推進していた日本との、鉱山業に対する関心の差をここに見ることができる。

（8） 油戸はさまざまの障害が生じ、ようやく一四年に至って出炭を見たが、一七年四月まで満三年間に、二万トン余の出炭を見ただけで、新潟県士族白勢成煕に払い下げられた。『工部省沿革報告』中「油戸鉱山」の項をみよ。

（9） この間の経緯については、『三池鉱業所沿革史』第一巻「前史」に詳しいが、一般的には、大牟田市『大牟田産業経済の沿革と現況』昭和三一年、第一部第三章第一節をみよ。

（10） 明治八年一二月の中島鉱山助「三池出張報告書」(三池鉱山文書)によれば、

「当時一ヶ年ノ出炭凡六万六千噸余ニシテ、売却望ノ高其量ニ倍シ、即今其請求ニ応ズルニ足ラズ。来九年売却高石炭取扱商人ヲシテ各其買入ベキ高ヲ概算セシメ候処、已ニ弐拾壱万余噸ニ及ブ」

とあり、販売市場の拡大を語っている。

（11） 佐賀藩とガラブル社との盟約(慶応四年四月)のうち注目すべき条項を記すと、

第六　炭坑有用ノ水揚炭揚蒸気器械ハ双方別費ニして各等数にて備事

第九　機械代銀を除之外炭坑諸入費一切双方之等費と極定し先ヅ是をガラブル社中相弁置炭坑物産を以償塞候事

その代銀については、

第四　掘働入費等石炭代銀之内より差引残銀三ケ月目毎ニ現金を以双方平等配分之事

(『高島石炭坑記』巻一)

とされ、ガラブル社にはその代りに石炭の一括販売権が与えられた。

この間の経緯については、『高島石炭坑記』に詳しい。なお、江頭恒治「高島炭坑に於ける旧藩末期の日英共同企業」『経済史研究』一三の二)をみよ。

4　官営大炭坑の成立

(a)　三池炭坑

三池では九年一月、梅谷坑の通気のため三ツ山に竪坑開鑿の工を起したが、当時の採炭状況は次のごとくであった。

「三池炭山官坑以来唯ヾ旧坑ノミノ掘採ニ止リ、為メニ出炭ノ乏シクシテ広ク各所ノ購求ニ応ズル能ハズ、其遺憾言フ可カラザルナリ。〔中略〕在来旧坑磐下或ハ炭柱等ヲ掘採スルガ如キ姑息ノ行業ニ安ンズルトキハ、本山各坑ハ続々トシテ頽廃ニ属スル敢テ一年ヲ待ツベカラズ。好シヤ仮令今日ノ出炭ニシテ之ヲ甘ンズルニセヨ、坑内空気不流通或ハ堀場深処ニシテ運輸ノ不便ナルガ為メ、必ズヤ損失ヲ醸成スル実ニ言ヲ俟タザル次第ニテ、苦慮ノ至リニ堪ヘザル処ナリ」(『炭山沿革史』)。

官営方針が動揺常なく、政府に本格的採炭計画がなかったため、坑内条件は劣悪化する一方であったのが、八年末官営の方針が確定を見るに至って、ようやく採炭機構の確立が課題とされたのである。すなわち、三ツ山の竪坑についで、五月には稲荷山疎水道開設の工を起し、同年八月には、水没中の大浦坑を二列八〇段の水車によって排水に着手し、一二月完了し、「壱丈四五尺ノ最厚層ノ良美炭線ヲ発顕」し、「後年礦業ノ旺盛ヲ致」(『工部省沿革報告』前掲書、一〇八頁)す契機を作った。その八月には英人土木師ポッターを雇い入れ、かれの計画で同年一二月から大浦坑に新坑道を開鑿した。

「新坑道の目的は、複線車道を布設し、坑口に備付けの汽力曳揚機で炭函を揚降するにあった。〔中略〕かくて全長四百間、幅二間、高さ約六尺の新坑道は十一年三月に竣工した」(『三池鉱業所沿革史』第一巻、二三七頁)。

このような採炭機構の整備は必然的に出炭の増大をもたらすが、その間の事情について『炭山沿革史』は次のように記している。

「九年六月上海在留総領事品川忠道ヘ本山産出ノ上層塊炭、磐下塊炭幷『コークス』共各々百斤ヲ送リ依頼書ヲ寄セテ曰ク、三池産炭従来売却ノ方法未ダ全タカラズ、唯各所購求人ノ多寡ニ由リ之レガ増減アルノミ。然ルニ来七月以降ハ弥坑業ノ盛大ヲ計リ、随テ販路モ亦従前ニ倍スベキハ論ヲ俟タザル次第ト云フベシ。然ルニ貴地ニ於テ本山炭山ノ石炭買求方望ノ者共之アル間敷哉」。

当時、三池炭は主として塩田を市場としていたので、塊炭の需要が少なく、その頃需要ののびていた蒸汽船用としての市場に新たな販路を見出そうとしたのである。その任に当ったのが九年七月創設された三井物産であった。

「弊社兼テ支那印度地方ノ貿易ニ従事シ、目今大ニ商途ノ開暢セルニ際シ、近頃聞所ニ拠レバ貴寮所轄三池炭礦逐日産炭増加ノ勢アリ。依テ冀クハ該産炭ノ売却ヲ弊社ニ御委任アランコトヲ」[12]（『三池鉱山分局第五次年報』）。

こうして物産はトン一円五〇銭で一手販売を引きうけることとなった。[13] その際政府の方針は、「其価値ノ如キモ仮令内国ニ貴ク外国ニ賤キモ毫モ関スルナク、苟モ原価ニ損失ナキヲ得バ強テ得益ノ多寡ヲ不論飽迄輸出ノ増加ニ勉メ、機ニ因ルアラバ内国販売ハ停止スルモ妨ゲナシ」（『第五次年報』）というにあった。その意図するところは、一つは「内地ノ市場ハ之ヲ人民ニ譲リ、暗ニ其起業ヲ庇蔭セザルヲ得ベカラズ、故ニ専ラ輸出ヲ主」（同上）とする民間資本保護政策にあり、他は「輸出入不平ノ一端ヲ補助シ或ハ実貨濫出ノ虚耗ヲ維持スル」（同上）貿易政策にあった。これによって三池炭坑の性格は一変し、明治政権の直接的な経済的基盤の一環に組み入れられるに至った。こうして、明治一二年以降出炭の増加もさることながら、上海を中心とする中国市場に急激に進出するに至ったのである（表II-1）。

このような市場の展開に支えられて、採炭機構の近代化も急速に進められた。

「九年度末ヨリ十年度始メニ亘リ新工事ヲ起シタルモノ数多アリト雖モ、就中採炭上ニ係ルモノ六件、第一曳導

表 II-1　三池炭輸出状況

年次	出炭(A)	輸出				B/A
		上海	香港	その他	計(B)	
明治10年	トン 54,589	200		209	409	0.8
11	78,207	7,512			7,512	9.6
12	120,186	24,067		10,000	34,067	28.4
13	118,211	62,105	577	7,532	70,214	59.5
14	168,899	55,467		13,535	69,002	40.9
15	156,430	89,038		2,264	91,302	58.3
16	158,592	56,882	15,177	5,230	77,289	48.8
17	209,775	77,054	29,291	19,069	125,414	60.0
18	248,137	81,864	85,405	12,603	179,872	72.5
19	277,718	59,805	110,627	15,798	186,230	67.1
20	317,717	54,739	116,917	21,494	193,150	60.8
21	368,109	62,946	102,225	52,131	217,302	59.0

出典　Tsunashiro Wada, Mining Industry in Japan, 1893, p. 243 より算出

機関装置、第二坑外汽罐設置、第三通気筒建築、第四坑内車道布設、第五坑内汽罐装置、第六煤炭竈築造、其運搬上ニ係ルモノ五件、第一坑外車道布設、第二自転車〔エンドレス〕建設、第三河渠拡鑿、第四大牟田村水門及搭載所建築、第五海底浚渫等ノ諸工事トス。皆十年度中ニ於テ竣成シ坑業運輸両ツナガラ大ニ其面目ヲ改メタリ」(『炭山沿革史』)。

国家資金による西欧技術の導入と採炭機構の合理化は、その後も着々と進められ、その点にかぎっていえば、日本で最も機械化の進んだ炭坑となっていった。それにともなって生産も急激に増大し、一六年には「当山産炭ハ専ラ之ヲ海外ニ輸出シ、内地人ハソノ功用ヲ知ラズ。故ニ鉄道工作等ノ官局ハ勿論官省諸工場ニ使用セバ、ソノ価直民炭ヲ購フヨリ廉ニシテ人民モ亦該炭ノ功用ヲ知得シ、遂ニ内地ノ需用ヲ増スニ至ラン」(『工部省沿革報告』前掲書、一一二頁)という視点から、国内市場にも注目するに至った。それは当然に民坑と対立抗争するに至る。この時期に至っては、後述するように、もはや民間資本の存立は無視すべくもなかった。この三池の積極

策に対し、鉱山局長伊藤弥次郎は、「民行炭業ヲ損傷シ破産者続々輩出セントス、豈何ソ民業ヲ保護奨励スルノ道ナランヤ」(同上、一一六頁)としてこれを抑えようとしたのであるが[14]、三池の生産力の増大自体はこれを阻止しうべくもなかった。自然条件と技術的条件の優良な三池鉱山、一手販売権をにぎる三井物産、市場発展に支えられる民間炭坑資本、この三者の対抗と緊張のなかで、三池の命運は決定されていく[15]。

ところで、このような三池の発展を支えた労働力についてみれば、前述した囚人労働は、三池の発展にともなってその比重を増大し、三池労働力の基幹を形成するに至った。すなわち、三池では官業移行の当時は「地元の土着農民が多数を占め」ていたが、「土民坑夫は募集が困難なばかりでなく、農繁期ともなれば坑業を放棄して帰農するものが多く、行業日を追ふて盛大に赴きつつある折柄、寧ろ集散の憂ひのない囚徒を召集する方が得策といふ結論に達し」(『三池鉱業所沿革史』第一巻、四三〇頁)、九年五月には、その数三潴県六一名、福岡県四七名、熊本県五〇名、計一五八名であったのが、その後、一三、四年の頃に至ると、福岡県囚徒は三三一名(一三年一二月)、熊本県囚徒は二百余名(一四年六月)、長崎県囚徒は三〇〇名(一三年六月)を超え、いずれも当時三池の中心であった大浦坑(全出炭の三分の二)の採炭に従事した。当時三池の使役人員は約二千名であったから、その四割強に当るが、重要なことは坑内作業を主としたので、採炭夫についていえば大半を占めていた点である。新鋭七浦坑の採炭開始に当っては、この労働力体系は動かすべからざるものとなった。

「[一五年]七月採炭事業ハ逐日ニ拡張シ、目下七浦坑モ既ニ炭脈ニ鑿到セルヲ以テ坑夫ノ増員ヲ要スルコト急且ツ多数ナリ、然リ而テ従来ノ経験ヲ顧ルニ傍近農民ハ農事ノ閑隙ヲ以テスルヲ以テ専ラ之ヲ使役スルヲ得ズ、先年来近県ノ囚徒ヲ役セルニ彼此便益ヲ得、此ヲ以テ近傍ニ一ツノ集治監ヲ建設シ、中国四国九州各県ノ囚徒二千人許ヲ駆テ之ヲ使役セバ其益大ナルヲ分局ヨリ本省ニ申請ス」(『工部省沿革報告』前掲書、一一一―二頁)。

これは九月許可され、一六年四月開庁、一七年末には囚徒六六六名に達し、七浦坑の採炭に従事した。(16)

明治初年、囚人を鉱山その他の労働力として使役することはかなり広汎に見られたところであるが、三池の場合には、それが採炭労働力の中核を構成したことによって、三池炭坑の領有形態と対応するものとなった。鉱山王有制下の官府直営炭坑と囚人労働、それがいかに近代技術をもって装備されても、そこに一片の近代資本制的性格をも見出しえないのである。この点で注目されるのは『炭山沿革史』の一六年の記述である。

「近頃世間衰況ニ赴キタルガ為メ是迄地方ノ農民ヲシテ本山各磐下坑ヲ掘採アリシモ、販路渋滞渉々敷需用者ナキヲ以テ一時各磐下坑ヲ閉塞スルニ至レリ。〔中略〕頑民等所々ニ集合シテ己レ等炭坑ノ使役ニ与ラザルヲ遺恨ニ思ヒ、常ニ語リテ曰ク、我等ニシテ自今坑役ヲ許サレザルハ斯ク各県囚徒ノ労役ニ就クアレバナリ、我等ニシテモ一朝獄衣ヲ着スルノ身タランニハ、奚ンゾ今日ノ糊口ヲ凌グニ困ラン、安ジテ坑役ニ従事スルコトヲ得ンニト。嗚呼実ニ如此天下ニ容レラレザルノ亡命無頼ノ悪徒ヲ欣羨シ、他ニ産業ノ道ヲ求メズ」。

ここに囚徒が三池の労働体制を動かす槓杆となり、良民がこれに従属していた事情を見ることができる。

(b) 幌内炭坑

長崎と同時に開港された北辺函館の地で供給すべき石炭を確保するため、白糠、茅沼等が開発されたことは先にふれたが、明治二年開拓使がおかれた当初は、全道鉱山はその管理下に入ったとはいえ、開拓に重点のおかれた北海道では採鉱は比較的自由であった。それが五年九月には「自今筳坑ヲ請フ者ハ鉱脈ノ性質鉱業成否及願人身元等ヲ糺シ確実ト認ムルトキハ本使限リ之ヲ許可」(多羅尾忠郎『北海道鉱山略記』明治二三年、二丁)することとなり、鉱山心得・日本坑法と同一体制をとるに至ったのみならず、事実上、炭坑はもっぱら開拓使の官行するところとなった。

これより先、開拓使は北海道で必要とする石炭を供給するため、明治二年「イワナイ石炭山ニ詰所ヲ置キ」(同上、一一丁)、英人ガール等を雇って採炭体制を整備し、「車道ヲ作リ四噸車ヲ運転シ且ツ坑内一輪車ヲ用ヰ」(同上、一一九丁)た。[17] 坑内外夫三二名で、その規模は大きくないが、西欧技術導入の点では見るべきものがあった。

だが、開拓使が最も力を注いで開発につとめた炭坑は幌内であった。開拓使は五年、地質鉱物調査のためアメリカ人鉱山士ライマン(B. S. Lyman)を雇い、六年以降三カ年間全北海道の地質調査に当らせたが、[18] ライマンが最も着目したのはポロナイ(幌内)であった。しかし輸送問題が困難であったため、一二年ポロナイから江別、札幌を経て小樽の手宮港に至る鉄道の計画がたてられ、同年末開坑に着手した。開坑に先立って周到な炭層調査が行なわれたが、一五年三月予想どおり坑道延長一千尺で炭層に達し、同年六月風井および片盤坑道工事を完成し、出炭を見るに至った。茅沼と同じく炭層は水準上にあったから、「疏水ハ自然排水ヲ利用シ」(同上、一〇八丁)、坑道は水平坑であり、多少の傾斜をつけ「自転車」を据えつけ、採炭には「ロングウォール・システム」と火薬を用いた。[19]

ところで幌内炭坑には経営上重大な問題が存した。採炭作業の季節的制約がそれである。

「ポロナイ煤田採炭ノ事業ハ一周年通シテ操業スル事能ハズ、春夏秋ノ三季ヲ以テ専ラ之ニ従事シ、冬期ハ翌年度採炭準備ノ為メ唯ダ沿層坑道掘進ノミヲ施セリ。其然ル所以ノ者ハ冬季ハ積雪ノ為メ汽車運転ヲ中止シ随テ運炭ノ途ナク、且ツ山元ニモ貯炭スベキ炭庫少キガ為メ、斯ノ如ク計画セシ者ナリ。故ニ年々採掘スル炭量モ実ニ徴々タル者ニシテ、未ダ需要ノ半ヲモ充ス能ハズ」(同上、九七―八丁)。

稼行の季節性と植民地北海道における労働力の一般的不足とは、ここでも囚人労働力を必然的に基幹的ならしめた。採炭の開始された一五年にここに空知集治監が設けられ、明治一八年以降の良民、囚徒の就労構成は表II-2のごとくであるが、採炭機構の確立につれて囚徒の比重が大きくなる点が注目される。しかも、良民坑夫は文柱その他雑作

表Ⅱ-2　幌内炭坑労働力構成(延工数)

年次	良民			囚徒			比率	
	坑夫	人夫	計(A)	坑夫	人夫	計(B)	良民(A)	囚徒(B)
明治18年	100,444	11,385	111,829	62,648	2,334	64,982	63	37
19	125,220	15,324	140,544	108,648	60,851	169,499	45	55
20	60,256	9,256	69,512	138,795	64,734	203,529	26	74
21	53,517	11,755	65,272	163,935	68,276	232,211	22	78

備考　水野五郎「幌内炭坑の官営とその払下げ」北大『経済学研究』9号 p. 101より

業に従事し、採炭および運炭には「渾テ囚徒ノミヲ使役」(同上、一〇六、一一一丁)した。幌内の労働力構成は三池の場合より一そう強く囚人労働力基盤のうえに据えられた。

北海道のような植民地では、鉱山王有の体制に加えて、植民地的労働力不足が要請する「人為的奴隷制」が追加される。幌内の囚人労働はその典型であり、その点で、採炭が軌道に乗りだした明治一九年以降、幌内が空知監獄署の所管に移行したことは、きわめて象徴的だといわねばならない。

(12)　三井物産の社長であった益田孝はこの間の事情をこう記している。

「当時工部卿であつた伊藤〔博文〕さんが、今度益田が三井物産会社と云ふものを創立して外国貿易をやるさうだから、三池炭礦の石炭の販売を益田に引受けさせるがよい、引受けさせるとすれば、けちな事を言はずに原価で払下げて、どし〳〵やらせるがよいと云ふて、私へ相談があつた」(『自叙益田孝翁伝』一七七頁)。

このような経緯から本文のごとき上申書が提出されたものと思われる。

(13)　三池炭一手販売による三井物産の利益について益田はこう記している。

「三池の石炭販売は、利益はたいしたものではなかつたが、其よりも発展である。物産会社も三池の石炭を輸出したので海外に手が延びたのである。鉱山会社も三池が元である。之れを大きく考へると、三井全体の発展も三池から起つて居ると云ふてよい。物産会社もなく、鉱山会社もなく、銀行だけでは、三井は今日のやうに発展はして居まい」(『自叙益田孝翁伝』一八一頁)。

とはいえ、三池との契約は物産にとってはなはだ有利なものであった。一二年に改訂された「命令条目」によれば、石炭の払下げ価格はトン二円で、物産は売上高の二一・五%の手数料と、海外に販売して得た純益の半分を与えられることになっていた(『三池鉱業所沿革史』第一巻、三四六頁)。事実、一三年以降、三井の収益は両者を合せて、年々五万円前後にのぼった。

(14) 三池鉱山局長小林秀知は、一八年、三池の出炭量を年三〇万トンに増大しようとしたのに対し、工部省はこれを一五万トンに制限した。その間の事情について『炭山沿革史』は、国内炭坑業者の悪評、とくに中国市場で競争の立場にあった高島炭坑の中傷によるものと記している。当時「高島炭ノ販路月ニ年ニ退縮スルト云フ」状況であったが、「彼地市場ニ輸入減少ヲ来タセルモノハ決シテ高島炭ニ非スシテ全ク英米豪各国ノ産炭」であり、三池炭の輸出増加は、新たな市場開拓によるものであることを主張している。なお、第二章第二節5参照。

(15) 官営期三池炭坑の沿革については、三池鉱業所『三池鉱業所沿革史』第一巻「前史」、『工部省沿革報告』(明治二二年)および、三池鉱山局『炭山沿革史』(明治二一年)をみよ。なお、最後の『炭山沿革史』は、鉱山局の年々の報告『三池鉱山分局年報』を中心に編輯されたものであり、内容は『工部省沿革報告』の「三池鉱山」の項と大同小異である。

(16) 三池の労働力については、前掲『三池鉱業所沿革史』第一巻、および拙稿「炭鉱における労務管理の成立——三池炭鉱坑夫管理史」(脇村教授還暦記念論文集『企業経済分析』昭和三七年)をみよ。

(17) ガールが岩内=茅沼の採炭に初めて当ったのは慶応三年で、従来の炭鉱史ではその時蒸汽機関車を用いたとされてきた。「慶応三年、英人イー・エツチ・ガールを聘し、同坑に運炭の為め二哩余の鉄道を布設し、蒸汽機関車を用ひたり。之我国石炭山に於ける蒸汽機関車使用の初にして実に明治五年九月十日新橋横浜間鉄道開通に先ずる事六年なり」(『日本鉱業発達史』中巻、一四四頁)。

だが、明治二年の現地状況を報道している山田民弥『恵曾谷日誌抄』(北海道大学所蔵)によれば、その実情は次のごとくであった。

「山の石炭坑まで車道二十六丁の処下へ柱を横に敷き、其上に又竪に柱を二行に敷き、夫へ延銕を張る。車は大中小三通なり。大の方は車四輪ありて前車上に動止をなす車ありて壱人其処へ乗り、一度動かせば二十六丁の道独り走るといふ。車上の石炭を入る箱は四トン入るといふ。中の車ハ坂路を運送する車にて坂路ハ銕道二条になりて坂上に又別車の小屋あり、其車より糸縄を引き一端ハ石炭を積下ス車へ附ケ、一端ハ坂を上せる空車へ附け、両車を上下する事ハ井の釣瓶仕懸なり。〔中略〕石炭を中車より大車へ移す所ハ、橋を架し置き其下へ大車を据え中車を坂路より直に橋まで来る仕懸にして、橋の穴より大車の箱へ苦なしに移すなり。此大車載せる物重ければ独り走り〔中略〕海岸まで到り、空車にて山へ引戻る時は手に車を引せ上る由」。

なお採炭については次のように記されている。

「坑ハ蜂の巣の如くにして左右上下に幾つもあり、火薬を以て打砕き其部を鑿すといふ。下段の坑より水出るゆへ水抜の筒を仕懸置容に水を抜き出すなり。職人は三十二人ありて二十人は石炭掘、外十二人は石炭を運び出し或ハ木を伐鳥居抔組建る〔支柱〕よし、一人の職人日ニ一トンヅヽ掘出す定にて日に二十トンヅツ出るといふ」。

運搬、採炭とも当時としては著しく進んでいたことが知られる。

茅沼炭坑の沿革については、『北海道鉱山略記』の外、茅沼炭化礦業株式会社『開礦百年史』(昭和三一年)をみよ。

(18)　西欧炭鉱関係技術の導入者として、三池のポッターとともにライマンの功績は少なくない。かれの薫陶を受けた者のなかから、後年、稲垣徹之進、島田純一、安達仁造等のような日本の石炭産業に担う人物が輩出した。なお、アメリカ資本主義のバックグラウンドをもったライマンは、炭坑の官営には賛成でなかった。「若シ政府ニテ着手スル時ハ、其事務ヤ開坑ノ事少ク或ハ全ク知ラザル官員ノ手ニ落ル事殆ド止ヲ得ザル者ニシテ、仮令其人物性質方正ナルモ、概スルニ公金ヲ取扱フ已レガ材ノ如ク厳密ニハ至ラザル者也。〔中略〕余此故ニ謹ミ恭シク切言ス。鉱山ハ庶人ニ開採セシメ、出炭噸数ニ付政府ニ税ヲ納メシムベシ」(『新撰北海道史』第三巻、五四六頁)。ライマンについては、桑田権平『来曼先生小伝』(昭和一二年)をみよ。

(19)　「之ヲ施スニハ第一着ニ透シ掘ト称ヘ鶴嘴ヲ以テ炭層ノ下部ヲ掘採シ炭層ト下磐トノ間ニ空隙ヲ生ゼシメ、後其炭層中良処ヲ撰ミ之ニ発破孔ヲ掘リ、発破ヲ行フテ炭塊ヲ得ルナリ」(『北海道鉱山略記』一〇〇丁)。ここに典型的な発破採炭をみることができる。もっともここでロングウォールと記されている実態は、むしろ炭柱式というべきであろう。

なお、この期の幌内炭坑については、『開拓使事業報告』第三編、および水野五郎「幌内炭坑の官営とその払下げ」(北大『経済学研究』9号、一九五五年)をみよ。

5　政商系大炭坑の形成

日本唯一の機械化された炭坑高島の払下げをうけた後藤が、その経営上もっとも苦しんだのは資金の調達であった。[20]即金二〇万円の調達がすでにはなはだ困難で、「止まるも窮す。行くも窮す。寧ろ突進して、金策の成否は、運命に一任せむのみ」(大町桂月『伯爵後藤象二郎』四七六―七頁)という状態であった。払下げの命令条目第七条には「此借区並営業ハ外国人ヘ引譲或ハ質入引当等ノ事ヲナスヲ得ザルハ勿論諸事日本坑法及ヒ坑業関係ノ布達ニ違戻スベカラズ候事」とあり、さらに「右炭坑附属品地所並従前鉱山寮用船共悉皆引譲相成候得共、年賦金皆済迄ハ同人私有物ニ無之候間勝手ニ引当其他ニ差出候義不相成」(『三菱合資会社々史』第一五巻、一五二頁)とされていたのであるが、後藤は当時極東貿易に活躍し、かれとも取引のあったイギリス商社ジャーディン・マジソン社(Jardine Matheson & Co.)から、「償却方ハ右石炭坑及石炭山ノ出高並ニ営業ノ利益ヲ以テシ且ツ信憑ヲ確実ナラシメンガ為メニジャルヂン、マテソン氏会社ヲ以テ該工業幷ニ石炭売捌方代理人トナスベシ」(『大隈文書』第五巻、二〇七頁)との条件をもって、所要資金を数回にわたり借入れた。鉱業権を抵当とすることを禁じられた状況のもとで、出炭引当、すなわち、商業資本への従属の形態をもって辛うじて経営を維持することとなった。マジソン社はそれ以来「該石炭坑及ビ石炭山ノ公明ナル支配人及代理人トシテ、特権ヲ以テ坑業ヲ指揮監督シ、同所ヨリ産出シタル石炭ヲ悉ク引取リ之ヲ売捌キ、且ツ要用ノ諸費ヲ仕払ヒ或ハ石炭ヲ抵当ニ前金ヲ出シ、又礦山ノ為メニ必用ナル諸器械ヲ備ヘ」(同上、二〇八―九頁)る等の事に当ったから、炭坑は事実上石炭商として機能するマジソン社の管理支配するところとなり、採炭機構の整備には見るべきものがなかった。外国商業資本の高島炭坑支配は、中国市場における高島炭の販売条件に影響し、そこから逆にこの事態は石炭政策上の重要問題であることが明らかにされた。上海総領事は大隈大蔵卿に次のように報告している。

「抑も工部ニ於テ炭坑御着手ノ御主意アリシハ、元来御国人動モスレバ資本ノ乏敷ニ依リ外商ヨリ高利之金銀ヲ借入シ、機械工銭等ノ充備ト為シ、決果弘益ヲ占断スルモノハ啻ニ外商ノ掌握ニ偏帰シ御国人ガ所得之如キハ厘少ニシテ、挙テ算スルニ足ザル而已トノ御着眼ニ出シ事ナレバ、之レ等ノ事ヲ特クニ御保護有之候事ト信用仕候。

然ルニ該島近挽之景況ヲ推知スルニ其御趣意之貫徹セザル事不尠、之ヲ謂ハヾ先般炭坑社政府ニ出願シテ該坑ヲ購入シ、金子ハ独リ英国商賈〔シャルジンマテソン〕ヨリ出セル処トナリ、剰ヘ之ニ壱割之高利ヲ与フルコト実ニ巨大ノモノト言フベシ。是レ一ナリ。亦タ該島ヨリ出炭スルモノハ悉皆〔シャルジン〕社ニ委托シ、該社一手ヲ以テ各方ヘ転漕シ外船ニ售売セシメ、其売払代価上ニ亦タ五分ノ袖分ヲ払フ事是レ其二ナリ。但シ該島ハ内地ナルニ其地ニ雇ヘル洋人ハ金銀収納ヲ我ガ掌握スルモノトシテ、該地ニ在ル御国人ハ恰モ彼ガ傭人ノ如シト。是レ主客ノ分ヲ違ヘルノ甚キト云フベシ。然ト雖トモ其外人ト換約条目ヲ見レバ彼レニ此ノ専権ヲ与タルニ似タリ。〔中略〕高島石炭ハ英国或ハ澳太利亜ノ石炭ニ亜ギテ品位ノ宜キニ居ルモ、上海ニ於テ転売スルハ雑炭ヲ以テス。則チ十ヲ以テ言ハヾ高島石炭六分内ニ外港最低ノ賤炭四分ヲ雑駁シ売払フトキハ、高島ニ出ス純粋ノ炭価洋銀拾元之モノモ漸ク八元ニ不過ノ値ヲ為セリ。故ニ其賤価ヲ以テ精算セバ雑駁之内益洋銀二元ノ差等ヲ生ズ。是レ皆〔シャルジンマテソン〕社ヘ洪益ヲ得セシムルノ三件ト云フベシ」(同上、一三六―七頁)。[21]

それゆえ、高島の生産と販売の実権を回復することが当面の課題であったが、政商ならぬ「商政」後藤象二郎をめぐる資金状況は、逆にいよいよマジソン社からの負債を増大させ、それだけ高島に対するマジソン社の支配を強大ならしめ、「城下の盟」を余儀なからしめた。[22]

「如斯代弁の事を渣甸(シャーディン)商社に牟去し得られしより、其勢力は恰も坂を下るの車輪に似たり。不幸なる予〔後藤〕は、其車輪の旋転に身を寄せたるが如し。予は其旋転に従つて軽歩することを拒まむとすれども、前に説く所の目的に於て齟齬したる事業上に、更に天の又其不幸を恤むに意無きが如く、坑中火災の変を生じ、従うて又坑夫病疫に伝感し、嗟乎吾命夫窮矣と云ふべきの場所にまで蹉跌せり」(『伯爵後藤象二郎』五〇九頁)。

進退窮した後藤は、打開の途は炭坑経営の自主性を回復し、金融の途を開くにあると考え、マジソン社が「勘定ヲ怠ル」ことを理由として、その鉱山代理権をとり消し、マジソン社との債務契約は、読み聞かされた時の文意と翻訳熟覧した時の文意に相違があり、英文約款は「日本坑法ニ違背スル者ナルヲ以テ無用無効」(『大隈文書』第五巻、二一二頁)と主張した。この時、マジソン社の計算によれば、後藤の負債は洋銀一一五万七六六ドルにのぼっていた。マジソン社はこれを不法として裁判に訴え、さらにイギリス公使を通じて外交上の問題としたが、日本坑法の規定から不利と判断し、従前高島から「過分の利益を得たり」との理由」で、負債を二〇万ドルに切下げ、落着をみた。

高島の出炭は八年以降も徐々に増大し、一一年には日産六〇〇―八〇〇トンに達し、出炭においては三池を圧しわが国第一を誇ったが、経営自体はかかる事態のもとで乱脈をきわめた。一一年七月末に「激烈ナル一揆」(同上、二一四頁)の発生をみたのも、そこに起因した。[23] 結局、後藤は資金不足のため高島の既存施設さえ活用しえず、「長崎之困難ハ一日三千秋ノ如」く、「金ノ繰廻シモ……進退惟谷之ヨシ」(福沢諭吉より岩崎弥之助宛書簡、『三菱合資会社々史』第八巻、八七頁)という状況で、一四年三月、国内における「買炭第一ノ客人」(同上、九三頁)たる三菱社に総額九七万一六〇〇円をもって譲渡されることとなった。[24]

三菱が譲りうけた当時の高島炭坑については、イギリス人技師ストダートは次のように記している。

「三菱会社ガ譲リ受ケシ時ノ当炭坑ノ有様ハ、全ク危険ナリシニハアラザレドモ殆ンド保安線ノ極端ニ近ヅキ居リシナリ。夫ヨリ以来坑内ノ工場(切羽)ヲ其正当ナル有様ニ挽回セント欲シ、時日物品及ビ人夫ノ姿ニテ巨額ノ金銭ヲ費ヤシ、今ヤ其正当ナリト云フ有様ヲ獲収シ得タリ、ト此申報ニ記載ヲナスノ栄ヲ得タリ。

去四月ノ末ニ土石ノ累積セルコト夥敷、歩行道及空気道ノ閉塞シ、且ツ其ノ易ク火気ヲ発スルノ性アルニ依リ、炭坑ヲ危フクセルモ、今ヤ節倹司事ニ適応シタル丈ハ除却シ了リ、又大キク天井ノ落チタル所或ハ危険ナル坑口ハ、凡テ木材ヲ架シ安全ニ為シタリ」(「明治十四年末ニ於ル高島炭坑ノ現況、将来ノ模様ニ付申報」高島鉱業所資料)。

高島は三菱資本のうちに編入されることにより、その後諸機械を増設し、採炭機構の改善整備をはかり、出炭も増加して一〇年代末まで日本最大の炭坑としての内実を保ったのである(表II-3参照)。

この高島炭坑について注目されるのは、その原始蓄積の体制であって、その一つは鉱区領有と土地所有の関係であり、第二は労働力の統轄機構である。土地所有との関連についてみれば、一五年五月、高島村人民総代は「日本坑法ニ基キ地元示談承諾之上相当ノ借区出願相成社至当ニ奉存候処無其儀、炭坑附属地外全島採掘相成、就テハ凡民戸二百人口凡九百名之者共困難終ニハ如何之変害有之哉モ難計、実ニ不容易義ニ付」(三菱『社史』第一五巻、一五一頁)、坑業を差止めるか、村民生活の方法を協議するかを、県知事あて請願したため、以後七年にわたり土地所有者との紛糾が生じた。高島村民にとっては坑業が盛大に赴くに従い「住居ノ土地ハ次第ニ崩壊シ家屋ハ傾斜シ生命財産ニ危険ヲ生セシノミナラス、水源涸渇シ飲水ヲ遠ク数里ノ外ニ求メサルヲ得ス、且漁業ノ如キモ海沖数里ヲ出ツルニアラサレハ之ヲ営ム能ハサルニ至」(同上、一四五頁)り、まさに死活の問題であったが、これに対して二一年七月、裁判所は次のように判決した。

「被告岩崎久弥ハ官庁ノ許可ヲ受ケテ坑業ヲ為スモノナルニ依リ、〔中略〕其坑区外ノ採掘ハ原告等ヨリ直接ニ被告ニ対シ之レカ差止ヲ求ムルヲ得ヘシト雖モ、原告ハ坑区外ノ所有地ヲ侵害サレタル事実ヲ証明セサルヲ以テ、採掘ノ区域ハ被告ノ陳供スル所ニ拠リ其許可ヲ受ケタル坑区内ニ在リト見做サヽルヲ得ス。〔中略〕原告ニ於テ其坑業ヲ差止メサルヲ得サル理由アラハ、之ヲ許可シタル主務ノ官庁ニ対シテ其坑業ノ差止ヲ請求スヘク、直接ニ被告ニ対シテ請求スヘキモノニアラス。又原告ハ損害ノ調査ヲ請求スト雖モ、若シ果シテ被告ノ坑業ニ依リ損害ヲ受

表II-3　高島・三池出炭

	高島	三池
	トン	トン
明治 7年	69,458	63,274
11年	80,891	78,207
15年	253,678	156,430
20年	319,384	317,717

備考　高島，7年は『工部省沿革報告』，11年は『長崎県統計表』，15年は長崎県庁文書，20年は高島炭坑事務所文書による

ケタル事実アリテ、其損害ノ補償ヲ求メント欲セハ、〔中略〕被告ヲシテ自ラ受ケタル損害ヲ調査セシメント請求スルハ不当ナリトス」(同上、一四六―七頁)。

後述するように、借区人は地主の許可をえ、その承諾料を支払うのが一般であったなかで、高島はその義務を免かれたのであり、鉱害負担さえ免除される結果となった。[25] 日本坑法のもとにおいても、巨大炭坑の鉱業権は土地所有に優越したのである。

第二の労働体制については、明治二一年ころの記録「高島炭坑坑夫雇入手続」に、つぎのように記されている。

「納屋頭ハ旧来ノ慣習ニシテ、抑モ明治初年旧佐賀藩坑業ヲ盛ンニセシ時、坑夫数百名ヲ募リ初テ納屋頭ヲ置テ坑夫ノ取締ヲナサシメ、之レヲ統轄スルニ受負人ヲ以テス。蓋シ受負人ハ当時ニアツテハ炭坑ノ指図ニ従ヒ採炭修繕等都テ坑内事業ヲ負担シ、納屋頭ヲシテ坑夫ヲ使役セシム。明治七年ノ冬炭坑ヲ鉱山寮ヨリ後藤氏ニ引渡セシ時モ、従来ノ慣習ニヨリ依然同様ノ取扱ヲナセリ。明治九年ニ至リ受負人等ニ於テ多少弊害ヲ生ジタメニ之レヲ廃シ、更ラニ納屋頭ヲ直接ノ受負人トナシ、爾来今日ニ至ルマデ其慣習ヲ存シ多少ノ改良ヲ加ヘ継続スルニ至レリ」。

ところで問題はこの納屋制度であった。「坑夫ノ取締ハ納屋頭ノ責任ニシテ炭坑ニ於テハ直接ノ関係ナシ」(同上)とあるように、坑夫は納屋頭の支配下にあり、納屋頭との間に雇用契約がとり結ばれていた。その際、「雇入ヲ為スドキハ概ネ壱人ニ金参円乃至七八円ヲ納屋頭ヨリ貸与」(同上)し、約定にはその返済条件を規定し、「返済不相整候節ハ更ニ相当ノ年限ヲ増シ稼業可致事」(高島炭坑「坑夫雇入ノ節契約証書ニ関スル件」明治二一年以前)とされ、わずかの前借金で事実上、納屋頭の債務奴隷的状態におかれたのである。[26]

後述するように、労働市場の流動性が極度に乏しく、農村の過剰労働力を吸収しうる範囲が限られていた当時、二千、三千という大量の坑夫を一炭坑に集めることは、きわめて困難であった。しかも、坑内の採炭運搬等に対する管理体制も整っていなかったので、坑夫の募集、生活管理、繰込み、作業監督等の一切が、納屋頭に委ねられていた。納屋頭は採炭を請負ったのであり、自ら入坑して作業監督に当った外、その輩下である「人操ハ必ス昼夜入坑セシメ、坑夫ノ取締」(高島炭坑「人夫受負約定書」)に当らせた。納屋頭の収入が「坑夫事業賃高ノ六分ヲ手数料トシテ領収シ其他賄料ニテ多少ノ利益ヲ得ル故ニ坑夫ノ多寡ト事業賃ノ多少」(高島炭坑「高島炭坑衛生ノ記事」明治二一年)に依存したかぎり、募集した坑夫を確保し、その就労を極力督励することに努力が集中されたのは当然である。

「駆役は牛馬より甚だしく、束縛は奴隷より甚し。止らん乎、負債の日に増して覊絆の緊密を加ふを如何せん。去らん乎、舟楫の以て便を取るべきなく、事露はるれば極毒の処罰に遇ふを如何せん」(吉本襄「天下の人士に訴ふ」『日本人』九号、明治二一年八月)。

それはとりも直さず、炭坑労働力の原始蓄積の一形態に外ならなかったのであり、債務という経済的条件と、孤島という自然的条件を基盤として、労働力を炭坑に緊縛したわけである。これによって労働者から直接収奪したのは納屋頭であるが、それを媒介としてはじめて三菱資本の蓄積は促進されたのである。二一年雑誌『日本人』が「高島炭坑問題」をとりあげ、大いに三菱を攻撃したのは、決して目標を誤ったわけではない。[27]

ところで、三菱の炭坑経営は高島に限られていたのではない。当時の採鉱および採炭技術では、高島の命脈も数年と見積られていたので[28]、三菱は高島周辺島嶼における坑区獲得に努力を惜しまなかった。すなわち、一七年三月、高島の隣島「中ノ島炭坑主峰直巽同坑ヲ抵当トシテ金ヲ大蔵省ニ借リ返納期限経過」(『高島炭坑事務長日誌抜要』高島炭坑資料)したため大蔵省に没収されると、三菱はその払下げをうけた。その前後の事情は次のごとくである。

「元来彼ノ中ノ島ハ我社所欲ノ炭坑ニシテ一旦大蔵省ヨリ御払下ゲノ約束モ相整ヒ既ニ授受之運ビニ迄立チ至リ

居候際、峰氏ト大蔵省トノ間ニ訴訟ノ争相起其終局ヲ相待居候処、鍋島家ヨリハ陽ニ大蔵省ヘ歎願シ陰ニハ種々ノ悪声ヲ放チ、諸所奔走シテ我社ト大蔵省トノ間ニ成立居候約束迄打破リ中ノ島ハ終ニ公売ノ事ト相成リ候処、彼レハ公売ニテ相争ヒ候テハ実際敗レヲ取リ候事ト覚悟シテコソ初メテ我社ニ歎願スルノ手段ニ出候」(三菱『社史』第一二巻、二五二頁)。

ここで鍋島家とあるのは鍋島藩家老として高島一帯を領有していた鍋島孫六郎であり、三菱はその事情を勘案し、三菱で払下げをうけたうえ、直ちに鍋島に譲渡したのであるが、払下げ代金五万円の金融をうることができず、再び三菱の手に帰し、その後二六年に至るまで採炭された。その前後、三菱はさらに鍋島孫六郎から伊王島および沖ノ島の試掘権を譲りうけ試掘を行なったが、(29)沖ノ島は一九年、伊王島は二〇年、それぞれ「到底起業之目途無之」ということで借区の返還を以て終った。

三菱はこの外、一八年三月「弊社ニ於テハ十数艘之汽船ヲ所有致シ居其消費スル所ノ石炭実ニ些少ニ無之候処、是迄ハ高島炭坑ヲ以相賄ヒ居候得共同坑モ追々廃坑之期相近キ候。就テハ可然代坑ノ穿索尤肝要ノ場合ニ有之候ニ付右松島全島試掘御許可被成下度」(三菱『社史』第一二巻、二七七頁)との主意で、松島の借区権をえ、(30)八カ所に試錐を施したうえ、一九年九月深さ四〇〇尺の竪坑開鑿に着手した。だが湧水問題を解決しえず、一九万円の支出も空しく、二二年ついに松島から手を引いたのである。

「竪坑ハ湧水非常ニ多量ナルガ為メニ巨額ノ資金ト夥多ノ労力トヲ費シテ幾多ノ困難ニ打勝チ殆ト二ケ年半ノ星霜ヲ経テ、本年二月迄ニ深サ二百四十尺余ニ達シタルトキ再ビ多量ノ潮水湧出ノ不幸ニ遭遇セリ。爰ニ至テ我社ハ向後ノ方針ニ付進取勇退孰レカ得策ナルヤヲ講ジタル後、巨額ノ損失ニ拘ラズ終ニ本年七月ヲ以テ竪坑ヲ廃鎖スルニ至レリ」(三菱『社史』第一六巻、三〇九頁)。

こうして高島周辺および松島で、当時の技術水準から予期の成果をあげえなかった三菱資本は、明治二二年以降、当時ようやく注目を浴びるに至った筑前炭田に目を向けるに至るのである。

この間の経緯において、三つの点が注目される。一つは大資本の借区権の土地所有に対する優位であり、それはとりも直さず、鉱山王有制の石炭産業における発現形態であり、次節でみる石炭マニュの場合と著しく異なる点である。第二に、この段階において三菱が日本最大の炭坑高島を経営し、松島等において組織的な試掘をなしえたのは、もっぱらその資本蓄積の規模によるのであり、逆に、その他の経営においては資金不足が最大の問題であることを示している。第三は、三菱の大資本をもってしても、当時の技術水準には大きな限界があり、排水問題で炭坑経営はしばしば蹉跌を見た点である。

(20) 明治五年、後藤は政治的圧力をもって、磐城の炭坑中炭質優良で将来最も有望と見られた不動沢坑を譲りうけ、仏人マンスを派遣し、火薬を用いて開坑、採炭に従事していた。したがって、炭坑経営については多少の経験をもっていた。『常磐炭礦誌』二六―七頁参照。

後藤が高島に着目したのは、高島の炭坑としての有望さもさることながら、破産に瀕したかれの事業蓬莱社の負債を、高島の経営によって解決しようとしたからである。「予が籠城したる不動産の一個は、即ち我政府の特別なるの恩恵に依て保有したる高島炭坑にして、予が権利を毛髪に繋ぎ留むべく、彼の蓬莱社の負債を清償すべき緊要なる場所と看做さゞるを得ず」(『伯爵後藤象二郎』五〇八頁)。

(21) 総領事の建言は、中国市場確保の視点に立って、負債返却の方法から、三菱会社に一手販売権を与えることを最良とする点にまで及んでいる。三池炭が上海市場に進出を開始するのもこの時点であり、輸出商品としての石炭の意義が、ようやくこのころ明治政権によって確認されようとしていたことを示している。

(22) マジソンは後藤に信用がおけなくなったので、九年六月、重ねて「抵当ヲ求メ」た。その結果、マジソン社が高島のため「輸入シ或ハ買入レタル器械ハ同会社ノ所有タル可ク、同会社ニ於テ相当ナリト見込ム時ハ適宜ノ方法ヲ以テ右器械ヲ石炭坑及ビ石炭山ヨリ取除ク事モ亦同会社ノ自由タル可ク、夫ガ為メニ同会社ハ石炭坑及ビ石炭山ノ各部出入勝手タル可キ旨ヲ約諾」(『大隈文書』第五巻、二〇九―一〇頁)した。

(23) マジソン社側はこれを「礦夫ノ給料淹滞ノ為メナリ」(同上、二一四頁)としているが、むしろ経営一般の乱脈にあるといわねばならない。この暴動については、隅谷『日本賃労働史論』二七四―五頁をみよ。

(24) この譲渡については、福沢諭吉が後藤と岩崎の間に立って大いに斡旋に努めた。岩崎が承諾したとき「明治十一年十月十二日ヨリ十三年七月五日マデ一年ト九ヶ月ニ而遂ニ事之成ルヲ見タリ、実ニ愉快ニ不堪候」(三菱『社史』九〇頁)と福沢は記している。

なお、ここでは高島一件の経緯を記すことが目的でないので立ち入らないが、マジソン社との関係については、『大隈文書』第五巻(昭和三七年)および大町桂月『伯爵後藤象二郎』(大正三年)を、三菱への譲渡前後の事情については、三菱合資会社『社史』第八巻をみよ。

(25) 「従来炭坑事業ノ為メ直接間接ニ其生計ヲ補益スル事尠ナカラズ、乃チ一村ノ消長ハ炭坑ノ存廃ニ相伴フノ関係有之如ク愚考仕候。然ルニ有限ノ炭量早晩廃坑ノ時期ニ遭遇スルハ数理ノ当然ニシテ、今ニシテ将来ヲ計慮スルハ緊要ノ事ト奉存候」(三菱『社史』第一六巻、二六一頁)という見地から、「従来営業上ノ交誼」により、恩恵的に、三菱は二二年五月、金一万円を高島村民に寄贈した。

(26) 雇用契約証書はすなわち借用証書であった(「坑夫雇入ノ節契約証書ニ関スル件」)。

証

本籍　　氏　名

一金

右ハ今般高島炭坑々内稼業ノ約定ヲ以テ前書ノ金員借用候処実正也就テハ次ノ箇条ニ基キ契約履行可致為後日証書仍テ如件

年　月　日

納屋頭何某殿

その箇条のうち当面重要なものを記せば、

一、坑内稼ノ年限ハ明治何年何月ヨリ向何年間ノ事

一、右期間中解約申出候節ハ負債金残高ニ一割ヲ加ヘ返済可致万一疾病其他ノ事故ニテ返済不相整候節ハ更ニ相当ノ年限ヲ増シ稼業可致事

一、今般借用致候負債ハ据置毎月末勘定ノ節賄料其他ノ費用ヲ差引過剰金之内三割ヲ該負債ニ払込ミ七割ハ所得タルヘキ事

一、年期中ハ許可ヲ得スシテ旅行致間敷事

一、納屋頭人操等ノ申付ニハ決シテ違背致間敷万一願立等有之節ハ何事ニ依ラス惣代ヲ立テ穏便ニ可申出事

一、事業ノ儀ハ納屋頭及人操ノ指揮ヲ受ケ勉強可致事

(27)　納屋制度については、高島のそれも含めて、後に改めてとりあげるが、いわゆる高島炭坑問題については、『明治文化全集』改版第六巻「社会篇」所収「高島炭坑問題」およびその解説をみよ。なお、本文中に引用した高島炭坑資料については、労働運動史料委員会『日本労働運動史料』第一巻「前期」(一九六二年)をみよ。

(28)　三菱譲り受け後、鉱山士ストダートはこう報告している。

「現今ト同ジク大気ニ事業ヲ為シ、且ツ人夫及ビ物品ノ供給ヲ寛大ニシ、以テ坑夫ガ採掘スルヲ固シトスルトテ、採掘シ得ヘキ石炭ヲ遺棄シ〔中略〕有用ノ石炭ヲ放棄スルコトナカラシムルニ於テハ、小生ハ明治十五年一月以降に該炭坑ヨリ弐百万屯ノ石炭ヲ採取シ得可シト保証スベシ、此数量ヲ基礎トシテ現今ノ通リニ出炭ヲ為ストスレバ即チ炭坑ノ寿命ハ八ヶ年ナリトス」(前掲「高島炭坑ノ現況、将来ノ模様ニ付申報」)。

(29)　これらの鉱区については地主との約定も引継いだが、それは次の箇条から成り、ここでは借区権者が圧倒的に有利な条件にあったことを示している。

第一条　長崎県西彼杵郡伊王島ニ於テ何レノ地タルヲ問ハズ貴殿ガ日本坑法ニ遵ヒ営マル丶所ノ坑業ニ対シテ苦情ヲ申立ザルベシ

第二条　此証言ハ敢テ貴殿ニ限ルノミナラズ該借区券ヲ譲受ケ坑業ヲ営ミ得ルノ権利アル総テノ人ニマデ継続スベシ

(三菱『社史』第一一巻、二七一頁)

(30)　試掘権を得るに際しての最大の困難は、地主の承諾をえることにあったが、この点は次のように記されている。

「〔村民〕曰ク旧来慣習ノ村中費(ツイエ)地補金(出炭百斤ニ付金二厘乃至三厘五毛ヲ稼人ヨリ取立村中共有予備金トナスノ旧慣ア

リ)ヲ先ヅ約定シ、然ル後チ地主ノ諾否ヲ決スベシト。余曰ク村中ノ所望一応理アルニ似タレドモ曾テ坑法上費地補金等ノ事ヲ見ズ、況ンヤ地下ノ鉱物ハ政府ノ専有ニシテ之ヲ採掘スルニ人民ノ私意ヲ以テ無謂故障ヲナスヲ得ズ。唯地主ノ承諾ヲ要ムルハ坑法上ノ手続ノミ、豈明ニ抗拒ノ理アランヤ、然レドモ此地ニ拠リテ事業ヲ起スモノナレバ主客相互ノ情義ニ於テ一村ノ衰頽ヲ不顧ト云フニアラズ、宜シク応分ノ義務ヲ尽スベシ」(三菱『社史』第一二巻、三〇〇—一頁)。

三菱資本の偉力を以て旧慣としての土地所有の権利を粉砕し去ったのである。

第二節　炭坑マニュの確立

1　松浦炭田の主導性

ところで、明治初年の石炭生産の基軸は、以上考察したような政府および政商によって上から形成された大経営にはなかった。[1] 明治一二年における石炭産業の府県別状況は、表II-4のごとくであるが、当時は高島はその経営にもっとも苦しんでいた時期であるから、前年の出炭八万トン＝二一〇〇万貫（表II-3）を大きく上廻ることはなかったと考えられる。ここから注目すべき二つの事実が指摘される。第一に、三池、高島の比重は合せて全出炭の三割弱程度であって、生産の中心を占めるものではなかったことであり、第二に、長崎県——当時は佐賀県を含んでいた——の比重が大きく、出炭では高島を除いて考えても、四〇％以上、坑数で六五％、坑区坪数で六〇％を占めており、筑豊の比重はなお低かったことである。幕末、石炭生産の中心が、筑豊から肥前、ことに唐津地方に移行したことは、前章において考察したが、明治一〇年代前半においても、石炭生産の中心は依然肥前に存した。この点は表II-5に明らかであり、肥前の出炭比率は明治一五年において全国民坑総出炭の六三％、一八年においても、五六％を占めている。もっともこの間に高島の出炭も急速に増大し、海軍予備炭田を含めた肥前全出炭の四〇％前後を占めていたので、これをのぞく肥前の比重は減少したが、それでも二〇年までは筑豊を凌駕していた。

筑豊地方はこの間に急速に生産を増大させたとはいえ、一五年ではなお、高島を除く肥前の八六％に止まっている。その間の事情を三池の鉱山技師ポッターは、つぎのように報じている。

表II-4　府県別坑区および出炭　(明治12年)

府県	坑数	坪数	借区人員	出炭(貫)	出炭比
長崎	1,982	3,014,103	815	125,646,006	54.6
(三池)		(9,296,057)	—	37,621,867	16.4
福岡	519	537,101	498	42,476,007	18.5
山口	287	468,797	222	17,727,159	7.7
熊本	67	91,162	65	3,759,392	1.6
福島	35	167,078	25	289,440	0.1
茨城	11	11,060	10	16,320	—
その他	140	525,235	138	2,685,011	1.2
計	3,041	4,814,536	1,773	230,221,202	100.0

備考　『統計年鑑』明治15年により作成．長崎には現在の佐賀県を含む．

表II-5　地区別出炭状況　(単位 1,000貫)

	民行鉱山							官行鉱山			
	肥前	うち高島	筑前	豊前	長門	その他	計	三池	唐津	幌内油戸	計
明15	127,727	67,647	50,732	2,097	12,687	8,279	201,522	45,284	—	373	
16	133,506	67,452	55,983	5,547	15,753	8,280	219,069	44,619	—	6,555	51,174
17	131,384	65,775	68,987	11,569	12,942	10,991	235,873	65,630	—	8,449	74,079
18	153,711	70,341	79,789	14,383	11,694	16,414	275,991	49,324	13,493	8,933	71,750
19	158,874	82,024	65,038	12,728	9,762	14,628	261,230	77,612	15,699	13,786	107,097
20	207,060	85,569	94,551	16,105	8,044	18,257	344,017	88,777	17,658	16,028	122,463
21	207,128	94,316	122,671	25,606	18,304	38,333	412,042	76,872	23,976	26,771	127,619

備考　『帝国統計年鑑』第4—9による．唐津の15—17年分は不明．明17年幌内は『北海道鉱山略記』(明23)，高島は「内外石炭ノ概況」(『日本鉱業会誌』47号)による．

「坑数現時四百坑ヲ下ラズ、採掘法ハ各坑スベテ変則掘ニシテ鉱脈ノ長短深浅、炭層ノ厚薄ハ予メ計ルコトナク、蒸汽機関ヲ用ヒズ、一度出水ニアヘバ忽然之ヲ廃シ、極メテ開掘シ易キ鉱泉露出ノ地ヲ選ビテ又之ヲ穿ツ、甲ヲ廃シ乙ヲ起シ、曾テ開坑原費ニ備フルノ資力ナシ」

「洋人ポッター報告書」(三池鉱山『炭山沿革書一綴』明治一一年)

筑豊炭田の本格的な発展は、水と輸送の問題が解決される明治二〇年代をまたねばならなかった。その兆しは明治二〇年の出炭にみることができる。

生産の衰退という点で注目されるのは、長門地方である。明治初年に八千万斤、約一三〇〇万貫、一六年には一五〇〇万貫余の年産があったのが、二〇年には八〇〇万貫に激減している。明治一〇年代においても、宇部地方では冬から春にかけての農閑期を利用し、収穫後竪坑を掘り、ナンバを設置し、坑底の水や石炭を捲きあげ、春になると採炭を中止し、竪坑を埋める、という伝統的な方法によっていた。一〇年代に宇部地方の石炭産業を掌握していた宇部炭坑会社の規則は、こう規定している。[2]

一、借区坑業ハ毎年八月ニ至リ其便宜ニ随ヒ大小合併凡二拾五万振（一振トハ百斤ヲ云）以上掘上輸出ノ目的ヲ以テ其地方ニ於テ坑業主任者予テ熟談ノ上振別金〔斤先金〕相定メ請状ヲ取付ケ開坑ノ取組スルモノトス

このような季節的採炭は、採掘条件の良好な炭層から採掘し、しかも年々同一の採掘方法をとっていたから、必然的に年々生産は低下していかざるをえなかった。それゆえ、明治二二年につぎのように記されることとなったのである。

「今日宇部地方之石炭事業ヲ視ルニ其業ノ拙ニシテ多分ノ労力ト非常ノ費用ヲ要スルノミナラス実際適実ナル方法アルモ之ヲ利用シ得サルニ付之レガ救済法ヲ計リ可成労費ヲ減シ最大ノ利益満足ヲ得ルノ方法ヲ講シ経済之本旨ニ従ヒ其事業ヲ拡張セサルヘカラス〔中略〕然ルニ我村内ノ坑業法タル一種特別ニシテ僅々数ケ月間ニ採掘シ終ルノ方法ナルノミナラス其坑業ケ所タルヤ年々其所ヲ移シ其実業者モ亦歳々其人ヲ異ニスルヲ以テ実業者各自之レガ器械ヲ買入レ以テ其便ヲ利用シ其労力ヲ補ハントスルモ到底其得失相償ハサルノ恐アルハ蔽フヘカラサルノ事実也」（『宇部共同義会史』昭和三一年、四〇頁）。

宇部の発展もこのような生産の諸関係が変革される二〇年代を俟たねばならなかった。

以上の考察から知られるように、一般に明治一〇年代の日本石炭産業の生産構造は、幕末・維新期のそれと根本的に異なるものではなかった。むしろ、肥前地方を中心とする出炭量の急速な増大が注目されるのである。

ところで肥前内部についてみれば、当時唐津を含めた松浦地方の比重が圧倒的に高かった。その松浦地方の地位を

表Ⅱ-6　長崎県郡別炭坑生産状況　(明治11年)

	郡	村数	坑数	借区坪数	1坑当坪数	延作業日数	延作業員数	出炭高	1坑当 作業員	1坑当 出炭
				坪	坪	日	人	トン	人	トン
Ⅰ(現佐賀県)	東松浦	22	187	688,540	3,682	35,332	553,425	68,832	15.7	368
	西松浦	17	67	138,610	2,069	16,423	81,802	8,440	4.9	126
	杵島	2	8	40,100	5,013	1,176	2,127	1,439	1.8	180
	小城	5	42	188,110	2,098	6,426	16,416	28,663	2.6	682
	小計	46	304	1,055,360	3,471	59,357	653,770	107,374	11.0	353
Ⅱ(現長崎県)	北松浦	15	177	611,426	3,454	26,906	549,004	94,120	20.4	532
	西彼杵	4	26	210,855	8,110	3,946	176,270	11,260	44.7	433
	東彼杵	3	43	111,730	2,598	5,339	74,329	9,058	13.9	211
	小計	22	246	934,011	3,797	36,191	799,603	114,438	22.1	465
合計		68	550	1,989,371	3,617	95,548	1,453,372	221,812	15.2	403

備考　『長崎県統計表──明治11年』(明治12年)より作成．この表には高島が含まれていないが，この年の高島の出炭は80,891トンであった．なお，杵島，小城(および西松浦)の延作業員数が少なく，そのため1坑当り作業員が低く出ているが，そのままにした．

明らかにするため、高島を除いた長崎県＝肥前の明治一一年郡別出炭状況を表Ⅱ-6にかかげる。これによれば、北松浦九万四千トン、東松浦六万九千トンで、いずれも三池、高島に匹敵していた。ところで幕末・維新期に優位を占めた東松浦＝唐津炭田がむしろ停滞的であるのは、この地方の炭田の大半が、海軍予備炭田に編入されたためといわねばならない。すなわち、「唐津炭山区ニ於テハ一二ケ村ヲ除クノ外尽ク海軍省予備炭田ト定マリ居ルガ為メ」、「正則ノ開採方ヲナサヽルガ故所謂狸堀ト唱フル堀方トナリ」(吉原政道「海軍省予備炭田」『日本鉱業会誌』明治二二年六月号)、坑業の停滞を招いたのである。[3] にもかかわらず、北松浦の発展に支えられながら、松浦炭田は明治一〇年代後半まで優位を保つことができた。この点は表Ⅱ-7に示される。それゆえ以下本節ではこの時期を代表するものとして、松浦炭田を考察の主要な対象としてとりあげる。

この松浦炭田の生産状況は、一坑当り坪数平均三五〇〇坪前後、一日当り稼働人員は東松浦で一五・七人[4]、北松浦で二〇・四人、一坑当り年出炭は東松浦で三六八トン、北松浦で五三二トンにすぎない。この平均が物語るかぎりにおいては、典型的な小規模炭坑であり、その規模は幕末・維新期と本質的に異なるものではなかった。「石炭山ノ多キ全国中本県〔長崎〕ノ右ニ出ルモノナシ。然レドモ其事業ノ鞏固ニシテ盛大ナルハ高島ヲ除クノ外僅ニ香焼、岸山等ノ二三ケ所ニ止レリ。其他皆姑息ノ事業ノミ」(「長崎県鉱山調」明治一六年県庁文書)とはいえ、これを当時の筑前諸炭坑と比較するとき、松浦炭田の優位はこの面においても明らかに実証されるところである。表II-8によれば、北松浦、東松浦はそれぞれ一郡で筑前一国の出炭に匹敵し、生産規模は、坑夫数においても出炭においても、筑前の二倍ないし三倍を示している。このような松浦炭田の優位がいかなる姿において実現されていたかを、以下立ちいって考察してみよう。

表II-7　肥前借区および出炭状況（明治15年）

		借区	坑区	借区坪数	出炭
				千坪	千貫
肥前	松浦郡	635	743	2,707	50,267
	小城郡	56	56	267	8,733
	杵島郡	17	17	228	1,037
	彼杵郡	97	106	640	4,951
	小計	805	922	3,843	64,987
筑前		548	533	1,090	49,175
豊前		125	127	284	6,855

備考　「明治六年拾六年間鉱山借区図」(明治18年)による．彼杵郡は高島を除く．

まず、その事業が盛大だといわれた岸山坑についてみれば、前章でふれたように、すでに安政年間に釣瓶あるいはスッポウによって排水を行ない、大規模な採炭に従事していたが、「明治六年頃ヨリ蒸気機械等ヲ据込水揚ケ之便得タルヨリ、〔中略〕当今之景況ハ一ケ月之出炭額ハ凡八拾万或ハ九拾万斤位ニ至リ、爾来ハ坑業盛ナル方ナリ」(佐賀県『鉱山沿革調』)と記されるように、いち早く蒸気機関を設置するに至っていた。(5)

しかしながら、松浦炭田においては、岸山は前掲報告にもあるように、むしろ例外であって、その一般的な特質は「炭層は地表に於て頗る高く、多くは山腹に在るを以て、炭層のフケに当る処に坑口を穿てば、坑内の水は勾配に依つて自然に流出し、炭坑経営の大費目たる排水費を要せず」(『肥前炭礦誌』大正三年、一五頁)といわれ、また「元来水量極めて少なく」(同上)とされる点にあった。『鉱山志料調』(明治一七年)は、当時の松浦炭田の採炭方法につい

表II-8　松浦炭田と筑豊炭田の比較

	調査年	坑数	借区坪数	出　炭	1坑当 坪数	作業員	出炭
東松浦	明治11年	187	688,540	トン 68,832	3,682	15.7	368
北松浦	〃	177	611,426	94,120	3,454	20.4	532
筑　前	明治10年	315	259,795	55,639	825	8.8	179

備考　筑前は『福岡県物産誌』(明治12年)による．明治10年は西南の役の影響で出炭が多少減少している．

て、つぎのように記している。

(1)岩屋村一四炭坑全て「横坑ニシテ鶴嘴ニテ掘リ坑口迄竹籠ヲ以テ挽出ス」

(2)波瀬村九坑全て「横坑ニテ鶴嘴ニテ掘リ竹籠ヲ以テ挽出ス」

(3)本山村五坑全て「横坑ニシテ鶴嘴ニテ掘リ竹籠ヲ以テ挽出ス」

(4)西松浦郡山谷村、大木村、曲川村、大里村、計五坑「横坑ニ掘テスラニテ坑内ヨリ坑外ニ運搬ス」

このような条件が採炭規模を多少とも拡大することを容易とした。もっとも採炭が進むにつれ、竪坑が必要となり、排水問題が発生せざるをえない。この点西松浦郡の諸炭坑について、『志料調』につぎのような記述がみられる。

(1)大久保村　借区坪数　五、六〇〇坪

「堀採ノ方法ハ坑内二段ヲ卸シ七間ヲ以壱段トス内弐間ヲ壁柱トス五間ヲ切羽トス切羽ハ左右ニ弐挺ヲ附ケル」

(2)大久保村　借区坪数　八、七〇〇坪

「堀採ノ方法ハ坑内水揚リ二段水下タ卸シ四段但概七間ヲ以テ壱段トス其壱段ニ弐間ヲ柱壁トシ三間ヲ以テ切羽トス切羽ハ左右ニ二挺ヲ附ケル」

(3)木須村　借区坪数　一〇、〇〇〇坪

「堀採ノ方法坑内卸壱段八間ニシテ六間ヲ切羽トシ弐間ヲ壁トス壱段ニ付左右ニ切羽弐挺ヲ付ケ壱挺ニ付坑夫弐名ヲ入レ堀採ス」

同様の記述がみられる坑が外に五坑存在するが、『沿革調』が東松浦の諸村について、「炭脈河底ヲ貫キ且嶮ニシテ深ク地中ニ入リ従テ坑内出水夥多」(町切村)、「其容易ニ堀採シ得ヘキ炭脈ノ良所ハ概ネ堀尽シ爾来今日迄営業スルノ地ハ多ク水抜岩鑿リ等ヲ要スル場所ニシテポンプ刎釣瓶及火薬割等種々ノ機械ヲ用ヒ採堀ス」(浪瀬村)等と記しているのは、同様の採炭方法を別の角度からとらえているにすぎない。その際注目されることは、人力ポンプ、スッポウ等の排水道具が広汎に普及するに至っていることである。『沿革調』によれば、

(1)「明治九年ヨリ旧風ヲ改メ器械ヲ改良シ稍水路ノ便ヲ得」(杵島郡大崎村)

(2)「明治七年頃ヨリ旧慣ヲ改メ水揚ケ器械等ノ便ヲ得」(杵島郡志久村)

(3)「明治十一年新ニ立坑ヲ設ケ(ナンバ)或ハ吹呼等ニテ坑水汲揚ケ少シク採掘ノ事業ヲ伸張スルヲ得」(小城郡多久原村字四下)

(4)「十四年一月頃ヨリ水車ヲ用ヒ十一年ニ比スレバ則今ノ景況ハ……盛也」(小城郡多久村字山仁田)

(5)「十三年六月頃ヨリ『ヒーゴ』ヲ用ヒ……以来坑業盛也」(小城郡多久村字永池)

しかしながら、当時の小炭坑にとっては、水との戦いは容易ならぬ負担であった。「坑内出水夥多ニシテ『ポンプ』其他種々ノ機械ヲ用ルト雖モ到底採炭ノ額ハ其費用ヲ償フニ足ラスシテ目下休業ニ至レリ」(東松浦郡町切村)という事態は少なからずみられるところであった。排水がいかに致命的な障害であったかは、『鉱山沿革調』のつぎの記述によっても明らかである。

(1)東松浦郡佐里村

「明治四五年ノ頃ニ至ルマテ其容易ニ採掘シ得ヘキ炭脈ノ良所ハ概ネ掘尽シ、爾来今日迄引続キ営業スルノ地ハ多ク水抜岩鑿リ等ヲ要スル場所ニシテ『ポンプ』刎釣瓶及ヒ火薬割等種々ノ機械ヲ用ヒ採掘スト雖年々其採掘額

ヲ減ジ元治慶応ノ頃ニ比スレハ僅ニ半額ニ充タス」

(2) 東松浦郡相知村

「採掘ノ容易ナル場所ハ漸々掘尽シ明治八九年ノ頃ヨリハ採炭ノ難易曩日ニ異リ水路疏通岩石穿鑿等従テ適宜之機械則人力ポンプ剣釣瓶火薬割等ヲ用テ採掘スト雖モ逐日却歩之景況」

(3) 東松浦郡本山村

「明治六七年ノ頃ヨリ衰微ノ兆ヲ露シ今日迄営業スルノ地ハ概ネ水抜岩鑿リ等ノ場所ニシテポンプ火薬割等ノ機械ヲ用ヒ採掘スト雖トモ年々其掘高ヲ減シ〔中略〕将来盛大ニ趣ク見込ナク逐日衰微ニナレリ」

波瀬村および岩屋村についても、同一の記述がみられる。なお、『志料調』に記載されている本山村の五坑はこのような事情からすべて休業中とされている。

ところで『沿革調』の記述は小城郡以外は村の炭坑業の概況であるので、これを個々の炭坑についてみると、その興亡はいっそう激しかった。西松浦郡久原村外戸長田尻武七は、『志料調』の副申に、つぎのように記している。

「曾テ各所ノ炭坑タルヤ開坑ノ后四五ヶ月ニシテ中止シ又五六ヶ月経テ再掘スル等ノ如キ姿ニテ満三ヶ年継続セシモノ無之右様ノ振合ニテ一山トシテ諸帳簿之保存ハ勿論坑主ノ口碑ニ就テ取調候ト雖モ前后措雑シテ始終結合不致如何トモ取調候様無御座候」

当時炭坑のほとんどが小あるいは零細坑であったことは、『志料調』において、明治一六年における坑夫人員の記載されているものを集計した、表II-9によっても明らかである。

ところで、排水問題に関連してさきに記した『沿革調』の記述は、三つの点で注目される。一つは、幕末期に唐津炭田の中心であった村々の多くが、この時期にはすでに「採掘ノ容易ナル所ハ掘尽シ」、衰退しつつあったことであ

表II-9　松浦炭田坑夫数別炭坑数　（明治16年）

		5人以下	6-10人	11-15人	16-20人	21-30人	31-50人	51-70人	計
東松浦郡	岩屋村		1		2		1	2	6
	平山上村	9	1						10
	平山下村	8	5	2	4				19
	藕田村		4	1	1	1			7
	牟田部村	5			1				6
	波瀬村	1	2	1	1				5
	その他	5	1	1	1				8
西松浦郡		5					1	1	7
計		33	14	5	10	1	2	3	68

備考　『鉱山志料調』

り、他の一つは、このような事態を克服するため、排水道具が広汎に普及しつつあったことであり、第三は、水抜坑道、その掘進のための火薬使用が、松浦地方ではすでにかなり普及していたことである。

「石炭ヲ採掘スルハ先ツ礦脈ニ従ヒ墜道ヲ穿ツ而シテ礦口三個アリ一ヲ本ロト称シ礦塊ヲ輸出スル処一ヲ風抜ト称シ空気ノ流通ヲ便ニス一ヲ水抜ト称シ坑中湧出スル水ヲ坑外ニ抽出ス」（『志料調』西松浦郡立川村）。

すなわち、炭層の多くが未だ水準以上にあった限り、多少の資力があれば水抜坑道を穿つことによって、排水問題を解決することができた。これに伴なって火薬の使用が広く見られたことは、前掲諸史料によって明らかである。しかしながら、水抜坑道を利用しえない場合には、水車、刎釣瓶あるいは人力ポンプ、スッポウ等の排水道具を利用する外なかったが、この場合には水との闘いが深刻とならざるをえなかったのであり、従前の経営を基盤として、蒸気ポンプとの取組みが見られるに至るのである。

「明治十五年五月ニ至リ水量益々増加シ坑内ニ据込シ水揚車三十八丁ニ昼夜三番ノ代リヲ以テスルモ水滞ヲ防キ兼同年九月ニ至テ計算スルニ僅カ四五ケ月ニシテ数千金ノ損失ヲ醸出セリ、茲ニ因テ坑業ノ旧慣ヲ沿革セント企業シ（スペシャ喞筒パイプ三インチ半モートル十二馬力）蒸汽器械ヲ据込揚ケ水スルニ器械損料等ヲ引去リ毎一日ニ金拾五円ヅツ全ク空費ヲ省キ現

表Ⅱ-10　東西松浦郡と小城郡炭坑規模

		5人以下	6-10人	11-15人	16-20人	21-30人	31-50人	51-70人	71-100人	101-150人	151人以上
東西松浦		33	14	5	10	1	2	3			
小城郡	多久原		1	1	1		2			1	
	小侍	10	6	4	2	3		2	2		1
	多久	1			1	2	2				
	計	11	7	5	4	5	4	2	2	1	1

備考　東西松浦郡は『志料調』(表Ⅱ-9)，小城郡は『沿革調』による．『沿革調』の小城郡の部分は炭坑別の資料が記載されている．なお，小城郡の5人以下の炭坑の大部分は仕繰中と記されている．

今迄続々出炭スルト雖モ坑道ハ日ヲ追テ延長シ炭価ハ益々底落旁ノ失敗打続キ目下ハ微々タル景況ナリ」(『志料調』西松浦郡久原村竹ノ下坑)。

唐津炭田の停滞ないし衰退と対照的に、炭坑は採炭条件の良好な南方の小城郡、杵島郡、および西方の西松浦郡、北松浦郡にのびていった。表Ⅱ-10は出典を異にするので厳密に比較することはできないが、東西松浦郡に比べて採炭歴が浅く、炭層条件の良好な小城郡の諸炭坑は、明らかにその規模が一まわり大きいといわねばならない。しかも小城郡の場合には排水問題と正面から取り組まなければならなかった。以下比較的規模の大きな諸炭坑の事情を『沿革調』によって考察してみよう。

(1) 小侍村字狩谷　借区　一九、〇〇〇坪、坑夫　六〇人

「本坑ハ小侍村坑山ノ北部ニ居リ坑内ノ水勢亦尠カラス然トモ開発ノ際ヨリ七ケ年間稍不同アリト雖モ平均月ニ出炭五拾万斤ニ下ラス漸ク坑内ノ遠キニ従テ水勢愈盛ナリ故ニ昨十三年同[6]舎相計リ其業ヲ盛ンニセント欲シ隣区柚木原裏狩谷山ノ三区ヲ合併シ其水路ヲ通洞シ坑水流通ノ便ヲ計リ以テ坑山ノ事業ヲ盛大ニシ其方法ヲ改革ス依テ出炭額亦多シ然トモ尚水勢ノ患免レザルヲ以テ柚木原ト同シク蒸気器械ヲ据込ミ其坑業ヲ今一層盛大ニシ倍出炭ヲ増加セシムル見込ナリ」

(2) 小侍村字蜂ノ巣　借区　一〇、〇〇〇坪、坑夫　二〇〇人

「六年ノ頃ヨリ炭価下落ト坑道ノ稍遠隔スルヲ以テ同九年ノ頃マテ衰微シ漸ク月ニ百万斤余出炭セシ処同十年三井物産会社ト約定販売ヲ以テ稍面目ヲ一変シ同十二年

ノ春迄月ニ百五十万斤余ノ出炭ニ昇レリ同夏頃ヨリ物価非常騰貴シ就テ損害甚シク加ルニ開業以来七年ノ頃マテハ百間余ノ処ヲ採堀シ其向キ百五十間余ノ場所ヲ御規則御発令ニ寄リ借区相願坑道間数ノ遠隔ハ無論夫レカ為メ坑水多量ニシテ殆ト衰微ヲ極メ月ニ出炭六十万斤ニ下リシニ同十三年夏頃ヨリ炭価騰貴シ諸物価ト相比スルヲ得且疏水ノ為水道ヲ堀割リ水車数拾挺ヲ減ジ逐日事業旺盛ニ趣キ当時一ケ月採収スル処ノ炭額百五拾万斤余ニ相成水害予防ノ志旨ニテポンプ器械当時製造中ニ付以来坑業一盛ナル事弁ヲ俟スト雖トモ〔中略〕盛衰年毎ニ変ス」

(3)小侍村字柚木原　借区　一一、七〇〇坪、坑夫　八〇人

「本坑ハ小侍村坑山中ノ北部ニ居リ水勢多シ先年開発ノ際ハ出炭額凡一ケ月三拾万斤ニ過キス明治九年ノ頃通路修繕シ漸ク採掘ノ業ヲ盛ニシ出炭月ニ七拾万斤余ニ至ル然モ水勢甚タ多ク霖雨ノ際ニ至リ揚水ノ困難不尠明治十三年同舎相計リ其業ヲ盛ンニセンヲ欲シ隣区狩谷山裏狩谷山ノ三区ヲ合併シ其水路ヲ通洞シ坑水流通ノ便ヲ計リ以テ坑山ノ事業ヲ盛大ニシ其方法ヲ改革ス依テ一ケ月百四十万斤余出炭ス」

(4)小侍村字裏狩谷　借区　二、七〇〇坪、坑夫　三〇人

「明治十一年坑内漸整理シ月ニ五拾万斤余ノ出炭額ニ至ル然モ水勢甚タ多ク揚水ノ困難不尠明治十三年同舎相計其業ヲ盛大ニセンヲ欲シ隣区狩谷山柚木原三区ヲ合併シ其水路ヲ通洞シ坑水流通ノ便ヲ計リ以テ坑山ノ事業ヲ盛大ニシ其方法ヲ改革ス依テ一ケ月出炭額亦多シ然モ尚水勢ノ患免レサルヲ以テ蒸気器械ヲ柚ノ木原ト同シク据込其坑業ヲ今一層勢大ニシ倍出炭ヲ増加セントス」

杵島郡の諸炭坑についても、同様の事態を見ることができる。

要するに、明治一〇年代末に至るまで石炭生産の中軸をなした松浦炭田は、多数の零細炭坑を基底としながら、そのうえに数十人ないし百人前後の坑夫を擁する「大」炭坑を出現させていた。これら「大」炭坑は、採炭、排水、坑

内運搬、仕繰等の分業がみられる点において、典型的な炭坑マニュファクチュアであり、しかも岸山、久原などにみられるような蒸気ポンプ採用への傾斜をもっていた。『沿革調』は西松浦郡峯村についても、「即今蒸気器械ヲ用ヒ水路ノ便ヲ得ル方法ヲ予定ス左レハ後来坑業ハ益盛大ニ至ラントス」と記しているが、松浦炭田の生産力をリードしていたのは、このようなマニュ炭坑であった。

(1) ということは、三池、高島の意義を軽視することを意味しない。

「嗚呼区々タル小坑以テ論ズルニ足ランヤ、見ヨ炭田ニ富メル筑ノ遠、鞍、嘉、穂、豊ノ田川五郡ニ亘リ百〇八箇村ニ散在セル坑数三百八拾六坑ノ産出ハ、一箇年五億七千九百十七万七千六百八十六斤ナリ、其数タル実ニ巨額ナリト雖トモ試ミニ三池高島ヲ見ヨ、三池ハ一坑区ニシテ四億七千五百七十八万九千八百五十八斤ヲ出シ、高島モ亦タ四億五千〇七十九万四千五百〇一斤ヲ産スルニアラズヤ、炭田巨大ナリト誇称スル豊筑五郡ニ於テスラ三池高島ニ於ケル一坑区ニ勝ル僅カニ一億斤ニ過ギズ」(細川雄二郎「九州鉄道ノ石炭ニ於ケル関係」『日本鉱業会誌』明治二一年九月号、六二九―三〇頁)

と記された事情は、明治一〇年前後にも妥当する。本節の意図は、従来研究史において軽視されてきた民坑マニュの意義を確定しようとするところにある。

(2) 宇部炭坑史の欽定版ともいうべき『宇部産業史』(昭和二八年、渡辺翁記念文化協会)は、日本坑法公布以後における宇部の石炭坑業について、つぎのように記している。

「須恵村の福井忠次郎は〔毛利家〕石炭局最後の主任であった地位と法律への通暁を利用し、品川弥二郎、井上馨、宍戸璣等と共に合資組織の石炭会社を創立して厚狭郡内の借区権の大半を手中に収め、宇部の鉱区もその例外でなく、その脅威一かたならぬものがあった。この会社は……その鉱区内に於ける採掘は斤先契約により行はしめた。……当時炭価は一振五銭乃至六銭であったが斤先銀は初めは一銭五厘、後には二銭六厘に迄引上げられ、斤先掘業者は収支償はず経営に苦しみ閉鎖坑が続出した。

明治七年英国留学より帰朝した旧領主福原芳山はかかる状態を深く遺憾とし、村民の協同一致と伊藤博文の斡旋を以て、福原家より一万円を提供し明治九年の終り迄には他村民の手中にあった借区権を全部回収し低廉な斤先料を以て村民に稼行せしめ、鋭意斯業の発展を計った」(六一、六三頁)。

この鉱区管理に当ったのが宇部炭坑会社であった。

（3）　細川雄二郎「九州鉄道ノ石炭ニ於ケル関係」（『日本鉱業会誌』明治二一年七月号、四九三―七頁）は、東松浦郡の借区、一カ年出炭高を政府の統計によってそれぞれ、一八カ村、七三坑、七九二五万一五二一斤とし、つぎのように記している。

「然ルニ明治二十年十一月二日ノ官報ニ拠レバ佐賀県東松浦郡ニ在ツテハ官坑百〇六坑民坑七十五坑ニシテ二十年一月乃至六月上半期分ノ産出高ハ左ノ如クナリト云ヘリ

官坑　百〇六坑　　六三、一四九、五一八斤

民坑　七十五坑　　三〇、七六一、七九三斤

右民坑ノ数ヲ以テ前表借区表東松浦郡ノ坑数ニ比スレバ僅カニ三坑ノ差アルノミ因テ之ヲ見レバ右官坑ト称スベキモノハ即チ海軍省ノ予備炭坑ニシテ統計年鑑及鉱山局ノ調査ニ関セズ全ク海軍独立ノ専坑ト謂ハザルベカラズ」。

この点はこの期の唐津炭田を考察する場合銘記されねばならない。なお、表II-5をみよ。

（4）　「唐津炭坑ハ長崎県下肥前国松浦郡ニ属シ周囲凡六七里中十八ケ村ニアリ、坑数弐百余ケ所アリテ多ク此地村民ノ開鑿スル〔所〕、借区坑業人百六七拾名常ニ三千余ノ坑夫ヲ使役セリ」（「唐津石炭売捌方法幷予算」長崎県庁文書）。

この記録によっても炭坑の規模はほぼ一致している。

（5）　「明治七年長崎市の豪商永見伝三郎、旧唐津藩士帆足徹之助協同経営にて、岸山字寺の谷に汽鑵を据付井坑掘鑿により採炭を始め、唐津炭田における機械利用の端を開きたり」（『北波多郷土誌』昭和一八年、一四〇頁）。

なお、松浦炭田における機械採炭の試みは、これより先明治三年、佐賀藩支藩小城藩の手で、英人技師を使い、西松浦郡の木須および久原で行なわれた。これは廃藩置県、日本坑法等の関係で多くの障害が生じ、結局坑道掘鑿の段階で終ったようであるが、「久原炭坑所有品」によれば、十二馬力蒸気釜　壱通、同蒸気　壱式、鉱上ニ据付之有候鉄車　二ツ、水揚箱　二箱、鉄古車大小　四ツ、四馬力蒸気、等々が記されている。これによってその規模を推定することができる（勧業課「旧三潴県引継木須久原炭坑書類」佐賀県庁文書）。

（6）　「明治十二年多久炭山主同志者ト協同シ一舎ヲ設ケ（是ヲ多久運炭舎ト称ス）長崎港ヱ廻漕シ内国汽船或ハ外国人ヱ販売シ且又鹿児島神戸横浜ヱ販売ス」（『鉱山沿革調』狩谷坑）。

表Ⅱ-11　明治10年以前の坑区規模(唐津)

郡	村　名	500坪以下	501—1,000坪	1,001—3,000坪	3,001—5,000坪	5,001—10,000坪	10,001—20,000坪	20,001坪以上	計
東松浦	波瀬村	1	3	6	1	2			13
	岩屋村			3	2	1		2	8
	平山下村	14	14	10	1	2			41
	平山上村	7	7	1					15
	梶山村	3	9	12	3	5	5		37
	岸山村	2	10	10	1	1		1	25
	稗田村	3	5	9	1				18
西松浦	立川村	9	13	8					30
	久原村	2	2	5	1	2			12
小城	小侍村		4	3	7	2	2		18
	計	41	67	67	17	15	7	3	217

備考　佐賀県勧業係「坑区券渡根居」(明治8年8月．ソノ後追加アリ)

2　借区権の質と量

日本坑法のもとにおいて、松浦地方を中心として広く零細炭坑が存在し、そのうえに炭坑マニュ経営が展開し、それが当時の日本石炭産業の生産力をになっていたとするならば、その鉱業権者、すなわち借区権者はいかなる経済的背景をもったものであろうか。

明治六年、日本坑法が公布されたことに伴なって、借区の申請が行なわれたが、唐津炭田およびその周辺で明治七年夏以降九年夏までの二年間に坑区券を交付された坑区の規模別分布は、表Ⅱ-11のとおりである。ここにも明らかなように、坑区の八〇%は三千坪以下の零細炭坑であるが、他方、一万坪以上の坑区が七、二万坪以上の坑区も三坑区見られる。一万坪以上坑区のうち梶山村の三坑区は、前藩主小笠原家、二万坪以上坑区のうち岩屋村の一坑区は、薩摩藩営炭坑の経営責任者であった池上次郎太が借区人であり、岸山村のそれは、長崎市の豪商永見伝三郎が旧唐津藩士帆足徹之助と協力経営した六万坪の大炭坑であった。なお、旧藩主小笠原家はこのほかにも広大な借区を保持していた。「坑区券渡根居」によれば、それは表Ⅱ-12のとおりである。これによれば東松浦郡の借区総坪数の四分の一強は小笠原家、四

表II-12　借区人別借区および坪数

		小笠原		旧諸藩関係		その他		計	
		借区	坪数	借区	坪数	借区	坪数	借区	坪数
東松浦	波瀬村					13	34,060	13	34,060
	岩屋村			1	25,000	7	49,700	8	74,700
	平山下村			2*	15,200	39	36,125	41	51,325
	平山上村					15	9,340	15	9,340
	梶山村	26	80,490			11	50,900	37	131,390
	岸山村	11	12,250	1	60,000	13	26,525	25	98,775
	稗田村	14	19,155			4	7,300	18	26,455
西松浦	立川村					30	22,825	30	22,825
	久原村					12	34,350	12	34,350
小城	小侍村					18	89,200	18	89,200
	計	51	111,895	4	100,200	162	360,325	217	572,420

備考　前掲「坑区券渡根居」　＊は久留米藩御手山経営に当った松村文平の借区

分の一弱は旧諸藩関係者で、両者を併せてほぼ総坪数の二分の一を占めている。ここに日本坑法下における借区権が、封建的領有関係を引きついでいたことを見ることができる。

この点は明治一〇年代についてみても、基本的には変りはない。『志料調』記載の事項によって、その族籍および居住地を整理してみると、表II-13のとおりである。これはさらに、つぎの三つのカテゴリーに分類することができる。

(1)農民。平民と記されているものは大部分農民である。当時唐津地方では士族は唐津に居住したから、同村不詳とあるのも農民と見て大過ない。また、その他の平民は注記したように隣村居住者であるから、炭脈にそって隣村に進出したと考えられる。したがって、これら農民は借区所在地の農民であり、それが数のうえでは当時の借区権者の中心をなしていた。

(2)領主。唐津領主小笠原長生が広大な借区を手に入れていたことは、さきにも指摘したとおりである。『志料調』に記載されているものは、つぎのとおりである。

相知村　四借区　一二、四五〇坪
佐里村　三〃　五、四〇〇坪

表Ⅱ-13　借区人族籍別居住地別

坑区＼居住地・族籍		同村 平民	同村 不詳	唐津 小笠原	唐津 士族	唐津 不詳	その他 平民	その他 士族	その他 不詳	計
西松浦郡		5	1					1	1*	8
東松浦郡	平山下村		15						1* 2	18
	平山上村		10							10
	薭田村			15						15
	佐里村			3						3
	相知村			4						4
	久保村			3						3
	牟田部村		2	6	1				2	11
	岸山村	3		1						4
	岩屋村	12						1** 1		14
	波瀬村	4					6***			10
	本山村	3					1	1		5
	長部田村							3**		3
	その他					3		1**		4
合計		27	28	32	1	3	7	8	6	112

備考　『鉱山志料調』より算出
　＊長崎居住　　＊＊薩摩士族池上次郎太　　＊＊＊すべて隣村

久保村　三借区　二、九〇〇坪
牟田部村　六〃　九、五〇〇坪
薭田村　一五〃　二七、二四七坪
岸山村　一〃　六〇〇坪
計　三二〃　五八、〇九七坪

坑区当り坪数は一七〇〇坪で、その規模はむしろ零細であった。

(3) 士族。領主が広大な借区権を獲得したことに対応して、唐津藩士が借区権をうることはむしろ例外的であった。東松浦の場合には旧幕時代薩摩藩が経営した鉱区を、その経営の掌に当っていた薩摩藩士池上次郎太が引き続き借区しているのが、中核をなしていたことは前述のとおりである。その借区は『志料調』では、

岩屋村　一借区　三七、〇〇〇坪
長部田村　三〃　三五、〇〇〇坪
町切村　一〃　五、〇〇〇坪

であり、一借区平均一万五千坪をこえ、借区の広大な点では依然傑出している。もっともこれらはいずれも休業中あるいは仕繰中で、経営の詳細は不明である。

もっとも『志料調』では小笠原家の比重が強調されすぎている。工部省鉱山課が明治一六年末現在で、全借区人を調査した『鉱山借区一覧表』によって[7]、表II-12と同様の表を東松浦について作成してみると（表II-14）、小笠原家の借区は総坪数ではそれほどの変化がないが、とくに「その他」の坪数が激増したことによって、その比重においてはかなりの後退をみている。しからば、『志料調』において小笠原家の比重が高く出ているのは何故であろうか。この点について、『鉱山借区一覧表』は、前掲『志料調』との関係において、興味ある事実を示している。『一覧表』によれば、小笠原家の借区はつぎのとおりである。

相知村　二借区　四坑区　一二、四五〇坪
佐里村　二〃　三〃　五、四〇〇坪
久保村　一〃　七〃　二、九〇〇坪
牟田部村　一〃　五〃　七、一〇〇坪
薭田村　五〃　二二〃　四三、七〇〇坪

表II-14　借区人グループ別借区坪数（東松浦）

	小笠原		旧藩関係者		その他	
	借区	坪数	借区	坪数	借区	坪数
薭田村	5	43,700			37	200,596
牟田部村	1	7,100	1	8,000	9	21,500
山彦・有竹	2	4,720			6	20,825
佐里村	2	5,400			11	37,400
平山下村			2	15,200	41	56,600
平山上村			2	3,550	11	6,320
久保村	1	2,900			7	7,800
波瀬村					20	109,260
岩屋村			2	37,000	8	28,800
相知村	2	12,450	2	6,500	22	142,510
岸山村	1	5,650	2	60,000	12	19,525
長部田村			7	70,000	2	7,000
その他			1	5,000	19	102,840
計	14	81,920	19	205,250	205	760,976

備考　『鉱山借区一覧表』による．但し廃業のものを除いた．

岸山村　一借区　五坑区　五、六五〇坪
山彦村　二〃　四〃　四、七二〇坪
計　一四〃　五〇〃　八一、九二〇坪

『志料調』は一七年五月現在であるから、調査時期はほぼ一致しているうえ、相知、佐里、久保村等では借区総坪数は同一であり、『志料調』の借区数は、『一覧表』の坑区数とほぼ一致している。すなわち、『鉱山志料調』における鉱山は借区ごとではなく、坑区ごとに一単位として数えられていたわけである。『一覧表』によれば、一般的には一借区一坑区が原則となっていて、小笠原家のように一借区が数坑区からなっているのは、むしろ例外である。(8)

ここで注目されるのは、小笠原長生借区の分について、『志料調』は、いずれも「某年小笠原長生借区出願ノ上許可ヲ得、何某下稼為致ス」と記されている点である。唐津藩では唐津に管理事務所をおいて、旧藩時代開坑採炭していた地域を借区し、それを居村の農民に下稼ぎ＝斤先掘させていたのである。その際、一借区に数人の下稼人が居り、各下稼人の坑口＝採炭区域がそれぞれ一坑区と数えられていたのである。(9)

同じ唐津地方に存在した海軍予備炭田においても、実際の採炭は前述したように、下稼人によって行なわれていたことが、旧領主小笠原家の借区支配関係においても、旧経営形態を同様の形態で再現せしめることを許したことは、当然といわねばならない。領主的鉱区所有を鉱山王有制の形態で再編した日本坑法のもとでは、領主的所有関係が旧領主ないし新しい特権的借区主と下稼人との間の関係として、再編再出したのである。そもそも「鉱山心得」は「請負ノ鉱山ヲ以テ私ニ借金ノ質物トスルハ決テアルベカラザル理ナリ」とし、これをうけた日本坑法は、「開坑スル者ハ先ツ坑区ヲ得ヘシ」(第九)、「開坑人ハ歳々……産出セシ坑物量其売出高並代価、及ビ行業日数工数ヲ具記シテ鉱山寮ニ報知ス可シ」(第十九)として、自営主義をとっていたのであるが、積極的に下稼ぎを禁止する規定がなかったから、旧領主あるいはこれに準ずるものが借区人となるケースが少なくなかった日本坑法施行後十数年間は、下稼ぎの関係がかなり広範に見られた。そのかぎり旧領主制は鉱区所有のなかに再編現出したのである。

借区開坑にともなうもう一つの問題は土地所有との関係である。日本坑法が土地所有権をいちおう借区権に優先させたことは前述のとおりであるが、慣行としても、借区人が開坑する場合には、土地所有者の同意をえなければならなかった。日本坑法はこの点については、「試掘ヲ作サント欲スル者ハ鉱山寮ニ願出許可ヲ得テ之ヲ行フベシ。試掘ヲ行フ為ニ必要ノ地面他人ニ属セバ其償金ヲ対談処分スベシ」等と規定するに止まるが、明治九年の工部省布達第十八号が「試掘并借区願書雛形」において、「右之場所ニ於テ何鉱含有致候見込ニ付（試掘／借区開坑）致シ度地元ヘ及示談候処差支無之候間御許可相成候様仕度図面相添此段奉願候也」としているのは、上記のような慣行を様式化したものにすぎなかった。そこから地主は承諾の報酬として相当の承諾金を受けることも、次節で考察するように、かなり一般的に見られた事実である。このような借区権の制約に批判的であった鉱山官僚和田維四郎は、つぎのように論じている。

「出願人ノミナラス地方官ニ於テモ地主ノ承諾ニ重キヲ置キタルモノハ鉱業人ト地主トノ間ヲ調和親睦セシメ互ニ其業ヲ妨害セサランコトヲ欲シ地方統治上ノ便宜ニ出タルモノナルヘシ故ニ鉱業人カ予メ地主ノ承諾ヲ得テ出願スルコトハ地方施政上敢テ之ヲ不可トセサルノミナラス甚タ之ヲ好ム所ナレトモ然レトモ必ス地主ノ承諾ヲ経サレハ出願スルコト能ハサルモノト誤認シ従テ地主ハ此承諾ヲ与フルノ報酬トシテ不当ノ金額ヲ貪ルノ弊ヲ生シ地主承諾ノ有無ニ依テ鉱業ノ許否ヲ判断セント欲スルカ如キニ至テハ坑法ノ趣旨ニ反スルヲ以テ断シテ之ヲ排斥セサルヲ得ス」（『坑法論』明治二三年、一〇五―六頁）。

だが、幕末以来領主の直山経営的色彩の強かった松浦地方では、むしろ農民的土地所有が借区権＝炭坑経営に従属し、農業経営に対する障害は、田障り等の形で解決されていたことは、先に分析したとおりである。この点は日本坑法下においても異なるところはなかった。『志料調』には、つぎのような記述がみられる。

(1)西松浦郡大久保村字林ノ上

明治15　出炭　二七六万斤　価格　六、〇七二円　村方補　一二円

〃　16　〃　二七六〃　〃　四、一四〇円　〃　一二円

(2)西松浦郡大久保村字中野

明治15　出炭　二五〇万斤　価格　四、三四五円　村方補　一六円

〃　16　〃　三三〇〃　〃　四、八一一円　〃　二〇円

(3)西松浦郡里村字七郎峯

明治16　出炭　一八四万斤　価格　二、七六五円　村方補　八円

(4)東松浦郡牟田部村字杉ノ平

明治17　出炭　一万斤ニ付　経費　一三、二八円　田障費　五銭

(5)東松浦郡久保村穴谷

明治17　出炭　一万斤ニ付　経費　一五、三三円　悪水掛等　一円

土地所有との対抗は、坑区が取引の対象となり、鉱山地代の存在が感得される一方、水田耕作との対立が現れるにつれて、具体的には、筑豊炭坑業の発展につれて、顕在化する。

（7）『一覧表』によって、長崎県の借区を坪数別に整理してみると一六〇―一頁の表がえられるが、ここから、①稼行炭坑八〇五坑中、三千坪以下の零細炭坑は五〇一坑(六二・二%)を占める一方、②一万坪以上の「大」炭坑も八一坑(一〇・一%)存在しており、③明治一〇年以前(表Ⅱ-11)と比較すると、多少とも借区規模は拡大してきており、④廃業になったものは零細規

模ほど多い、等の事実を読みとることができる。

(8) 『借区一覧表』によれば、借区規模の大きかった池上次郎太の借区はつぎのとおりである。

平山上村　二借区　三坑区　三、五五〇坪
岩屋村　二〃　二〃　三七、〇〇〇坪
相知村　二〃　二〃　六、五〇〇坪
長部田村　七〃　七〃　七〇、〇〇〇坪
町切村　一〃　一〃　五、〇〇〇坪

借区と坑区はほとんど一致し、一借区一経営であったことが知られる。

(9) 前述したように、宇部でも有力者が借区権を独占し、これを斤先契約で下稼人に採炭させた。前掲『借区一覧表』によれば、宇部地方の大借区権者はつぎのとおりである。

宇部村　福原俊丸　五借区　二六坑区　五八、八〇〇坪
有帆村　幸谷　某　六〃　三五〃　一七、八六五坪
有帆村 舟木村　福井策三　四〃　三三〃　九四、四四〇坪
須恵村　〃　一一〃　五一〃　一七八、八九七坪
西須恵村　〃　六〃　一三〃　四、四〇五坪

借区の集中、したがって斤先掘は宇部地区により集中的に現れている。宇部村の坑区も日本坑法施行時には、毛利藩石炭局の責任者であった福井策三の手に入っていたのを、前述したような事情で、宇部村の旧領主(毛利藩家老)福原俊丸が譲りうけたものである。いずれにせよ、封建的土地所有との連続は顕著である。これらの借区は、ほぼ坑区区分を基準として、振別＝斤先契約によって採炭された。福原家＝宇部村の場合には、振別金についてはつぎのように定められている

一、振別金ハ毎年売却ノ石炭代価一ヶ月平均値段ノ壱割五歩宛収入スルヲ定則トス
　但坑地ノ難易出津ノ遠近ニ随ヒ毎年八月ニ至リ実地詳細詮議ノ上或ハ定則ノ内減額スル事モアルヘシ

(「社則改正案」宇部図書館所蔵)

明治16年12月

			500坪以下	1,000坪以下	3,000坪以下	5,000坪以下	10,000坪以下	20,000坪以下	50,000坪以下	50,001坪以上	計
II 現長崎県	北松浦郡	小佐々	(3) 8	(11) 22	(15) 54	(3) 12	13	4	(1) 1		(33) 114
		佐々	(1) 5	(1) 3	(4) 10	1	2	2	1		(6) 24
		長坂	1	4	(2) 10	(2) 6	4	3			(4) 28
		鹿町	1	9	(3) 29	11	(1) 8	2			(4) 60
		山口	(1) 5	(8) 18	(6) 17	(2) 4	(1) 5	(1) 2	1		(19) 52
		志佐		(1) 4	8	(1) 3	4				(2) 19
		今福		(2) 6	(5) 16	(4) 12	(1) 3	3	2		(12) 42
		調川	1	(2) 4	(2) 3	1	4	4		1	(4) 18
		福島	(3) 3	(8) 11	(8) 14	(2) 3	(7) 7	(1) 5			(29) 43
		市瀬	1	1	5	4	(1) 4				(1) 15
		新田	(1) 2	(1) 3	(1) 6						(3) 11
		その他	(1) 2	(1) 1	2	3	(1) 2	3			(3) 13
		小計	(10) 29	(35) 86	(46) 174	(14) 60	(12) 56	(2) 28	(1) 5	1	(120) 439
	東彼杵郡	日宇	(6) 10	(9) 20	(10) 14		(1) 1				(26) 45
		佐世保	(5) 7	(2) 8	(5) 16	(1) 7	(2) 4	2	1		(15) 45
		江上		3	(1) 3	(1) 2		1			(2) 9
		小計	(11) 17	(11) 31	(16) 33	(2) 9	(3) 5	3	1		(43) 99
	西彼杵郡		(1) 2	(1) 5	5			1	(1) 3	3	(3) 19
	彼杵郡		(1) 3	3	6	4	(3) 4	1		2	(4) 23
	計		(23) 51	(47) 125	(62) 218	(16) 73	(18) 65	(2) 33	(2) 9	6	(170) 580
合計			(51) 118	(71) 220	(105) 390	(27) 150	(31) 131	(10) 66	(2) 20	7	(297) 1,102

で内数である．したがって稼行炭坑はこの数を差引かねばならない．

I 現佐賀県		500坪以下	1,000坪以下	3,000坪以下	5,000坪以下	10,000坪以下	20,000坪以下	50,000坪以下	50,001坪以上	計
東松浦郡	稗田	1	(1) 4	(1) 17	8	8	5	1		(2) 44
	牟田部	1	1	(2) 7	1	3				(2) 13
	佐里		2	(1) 7	4	(1) 2				(2) 15
	平山下	(10) 21	(6) 19	(5) 19	3	2				(21) 64
	平山上	(1) 5	8	(1) 2						(2) 15
	久保	(3) 6	1	(1) 5						(4) 12
	岩屋 波瀬	2	4	(1) 12	(1) 5	4	2	3		(2) 32
	相知	(1) 3	1	6	6	(1) 7	(2) 6	1		(4) 30
	岸山		(1) 6	(2) 8	1	(1) 2		2		(4) 19
	長部田			1	(2) 4	5	1			(2) 11
	その他	(1) 4	(4) 8	(5) 17	(2) 5	(3) 5	(3) 6	1		(18) 46
	小計	(16) 43	(12) 54	(19) 101	(5) 37	(6) 38	(5) 20	8		(63) 301
西松浦郡	大久保		(1) 1	(5) 10	(1) 3	(2) 4	1			(9) 19
	久原	2	4	(4) 7	(2) 4	(2) 4				(8) 21
	楠久	(1) 2	(1) 3	(1) 4	(1) 2					(4) 11
	立川	(6) 9	(3) 13	(2) 10	1		(1) 1			(12) 34
	その他	(3) 5	(5) 14	(10) 18	(1) 5	(1) 6	3			(20) 51
	小計	(10) 18	(10) 35	(22) 49	(5) 15	(5) 14	(1) 5			(53) 136
小城郡	多久			(1) 2	7	3				(1) 12
	小侍	(1) 4	3	(1) 12	(1) 12	(2) 6	2			(5) 39
	その他	(1) 1	1	5	2	2	2			(1) 13
	小計	(2) 5	4	(2) 19	(1) 21	(2) 11	4			(7) 64
杵島郡		1	(2) 2	3	4	3	(2) 4	3	1	(4) 21
計		(28) 67	(24) 95	(43) 172	(11) 77	(13) 66	(8) 33	11	1	(127) 522

備考　工部省鉱山課『鉱山借区一覧表』(明治16年12月31日調)．各欄の(　)内の数字は廃坑の数

3　賃労働の分化と統轄

明治一〇年代の松浦炭田における労働過程および労働力の編成は、『鉱山志料調』によればつぎのとおりである。

(1)西松浦郡大久保村字中野(借区坪数八、七〇〇坪)

一、堀採の方法ハ坑内水揚リ二段水下タ卸シ四段但概七間ヲ以テ壱段トス其壱段ニ弐間ヲ壁柱トシ三間ヲ以テ切羽トス切羽ハ左右ニ二挺ヲ附ケル

一、切羽壱挺ニ坑夫三名ニテ掘採スト雖モ通洞遠近長短ニテ坑夫人数モ加減アリ

一、坑夫之賃金水方ハ壱名一日ノ賃金弐拾五銭掘夫ハ石炭塊壱万斤之掘賃四円ナリ粉炭壱万斤ニ付掘賃弐円ナリ但五日毎ニ一日之休暇アリ依テ稼行セルハ一ケ月ニ二四日トス

一、坑夫切羽壱挺ニ三名トスルハ内壱名ハ掘夫ニテサキ山ト云フ鶴觜三挺ヲ使用シ一日ニ凡石炭弐千斤ヲ掘鑿ス亦二名ハ坑外ニ通洞ヲ曳出ス是ヲアト山ト云フ

一、坑口ヨリ海岸船場迄降シ之丁程千間ナリ車夫壱名一日ニ六度ニ往来シ此運送斤高二千四百斤ナリ百斤ニ付降シ賃金壱銭四厘トシテ一日車夫ノ賃金三拾三銭余トナル

一、海岸ヨリ本船ニ積入ル費石炭壱万斤ニ付金四拾五銭トス

一、勘定場ニ帳方一名下男四名是ノ月給金拾五円トス

一、柱木ハ切羽壱挺ニ松木口経三四寸長サ三尺五寸ノ木ヲ一日三本ヲ使用ス

一、坑内常仕繰トシテ坑夫四名ヲ雇イ入レ此ノ賃一ケ月一名ニ付金六円ナリ

なお同坑の「行業之損益」によれば、水方は明治一五年には九名、一六年には一三名であり、常仕繰は両年とも二

名となっており、そのほか「棟梁トシテ掘夫ヲ使役サセ者一名」が存在する。

(2)西松浦郡大久保村字林ノ上(借区坪数五、六〇〇坪)

一、切羽壱挺ニ付坑夫三名ニテ掘採ス

一、坑夫賃金水方壱名一日ニ付金三拾銭掘夫ハ石炭堅石壱万斤ニ付四円

但五日毎ニ一日ノ休暇アリ因テ稼行セルハ一ケ月廿四日トス

一、坑夫切羽一挺ニ付三名ニテ鶴嘴三挺金台弐挺ヲ使用シ一日ニ石炭千弐百斤ヲ掘鑿ス

一、坑口ヨリ海岸マテ降シ丁程九百間ナリ車夫壱名一日ニ付五度往来シ此運送斤高弐千弐百五拾斤ナリ百斤ニ付下シ賃金弐銭一日車夫賃金四拾五銭トナル

一、海岸ヨリ本船積入費金石炭壱万斤ニ付四拾五銭

一、勘定場ハ帳方壱名下男弐名此月給金拾円

一、柱木ハ切羽壱挺ニ付柱木代一ケ月ニ金拾七円弐拾銭

一、坑内常仕繰トシテ坑夫弐名雇入此賃金壱ケ月壱名ニ付給金六円

(1)(2)とほぼ同様の記述が見られるのは、ほかに大久保村に二坑、西松浦郡大里村に二坑、木須村に二坑、脇田村に一坑見られる。

(3)東松浦郡岸山村字長谷(借区坪数一、五〇〇坪)

一、坑夫賃金男壱人弐拾五銭女壱人拾八銭

一、壱ケ年使役高凡七百人内男三百五十人女三百五十人

一、坑夫工程一先〔一ト先トハ男女弐人ヲ云フナリ〕一日凡石炭八百斤ヲ掘採ス

岸山村の他の二坑についても同様の記述が見られる。

(4)小城郡多久村字山仁田山(借区坪数一〇、〇〇〇坪)

一、本坑道左右切派ト唱ヘ壁或ハ柱炭を残シ幾個トナク大凡横四五尺ヲ掘採ス石炭ハスラニ入レテ坑口ニ挽キ出ス尤掘採セシ跡ハ四尺毎ニ松木ヲ以テ支柱ヲ建テ破壊ノ患ナカラシム掘採ノ方法開坑以来沿革ナシ但シ炭脈薄キヲ以テ立行スル能ハズ這行シテ出入ス

一、器械ハ鶴嘴、玄能、矢、両頭、スラ、フイゴ(坑内ノ小量ノ水ヲ揚器)、ホゲ(石炭ヲ車ニ積込ム者ナリ)、熊手(石炭ヲ搔キ寄ル器)等ナリ

一、坑夫ハ一人一日竪八寸横壱丈壱尺ヲ掘採シ石炭五百斤ヲ出ス使役スル処ノ坑夫男六人女二人ニシテ石炭百斤ニ付掘出賃金四銭ト定ム

坑内仕繰等ニ使役スルニ男弐拾五銭女拾五銭

一、出炭量一日八人ニテ四千斤壱ケ月八万斤ヲ出ス

一、役員ナシ坑夫八人水夫二人工夫担夫ナシ総数拾人

一、水夫一人一日賃金弐拾銭

『志料調』に記載されている他の炭坑は具体的叙述が見られる限りでは、すべて以上のいずれかと大同小異である。上記四事例の相違も、一つには規模および排水関係に起因する差異もないではないが、むしろ記述上の差異の方が大きいと見るべきであろう。以上を要約すれば、この時期における肥前諸炭坑の労働者の構成は次頁のとおりである。

坑夫は坑内夫の総称であるとともに、坑内作業の分化にともない、狭義には採炭夫を意味した。後山は先山の助手であるが、坑内運搬距離の延長にともなって、運搬作業が中心となり、さらに坑内が深くなると先山一人に後山二人時には三人の構成が現れる。水方は松浦地方では自然排水を利用しえたこともあって比較的比率が低いが、採掘歴の

坑夫
　掘夫〔坑夫〕
　　先山〔男子〕
　　後山〔しばしば女子〕先山一人に対し一人ないし三人
　水方
　仕繰
車夫

長い坑や小城郡などでは、採炭夫に迫るほどになっていた。ともあれ、坑夫三、四人の零細坑をのぞけば、採炭、坑内運搬、排水、仕繰、および坑外運搬の五つの労働過程は、明瞭に分化していた。

このような労働過程の分化にともなって、その統轄組織として現れたのが棟梁＝頭領であった。この点は『鉱山沿革調』の「坑夫使用方法」に明確に示されている。類型的な事例を示せばつぎのとおりである。

(1)東松浦郡蓮田村

一、糧穀塩噌油薪等ニ至ルマテ坑業人方ヱ勘場ト唱勘定場ヲ設ケ日々支消品ヲ相渡置月三度ニ勘定日ヲ相設ケ其日ニ至リ坑夫ノ給料ヲ計算シ夫ヨリ雑費渡ト差引勘定ヲ相立

一、坑夫之進退者雇入之節坑業人ニテ〇引約定ヲナシ先以其家族同様トシ右勘定ト申スハ一家ノ総称ト見做ス

一、坑夫ハ礦物採掘ニ従事スルマテニ止リ其他坑業ノ事務ニハ一切関係ナキモノナリ尤坑夫之内ニテ坑内ノ事業ニ功者ナルモノヲ相選ミ棟梁ト相唱候者ヲ相立其者ハ掘採ノ事ニ従事シ兼テ外坑夫ノ取締等ヲナス依テ此者ニハ百斤ノ前ニテ金壱厘或ハ壱厘五毛内外ヲ坑夫給料ノ外ニ支給ス

岸山村の記述もほぼ同様である。

(2)東松浦郡浪瀬村

坑夫使用法ハ坑業人ヨリ居納屋其他食用一切ヲ渡遣リ毎月六度ノ勘定日ヲ置稼賃金ヲ計算シ費用渡シ高ニ指引過不足ノ勘定ヲ相立

　但居納屋貸賃並ニ諸機械新調修繕費用ハ坑業人ノ支弁タリ

本山村、岩屋村、佐里村、長部田村、久保村、相知村がこれに属する。

(3)西松浦郡峯村

壱坑ニ棟領壱人ヲ置坑内堀採ノ事ヲ指揮ス而シテ又五人或ハ拾人ツヽ組合ヲ立納屋頭ヲ置棟梁ト議シテ以テ坑夫ヲ使役ス

西松浦郡福川内村、立岩村の記述はこれと同じ。

(4)西松浦郡大久保村

坑夫拾人或ハ弐拾人宛ニ納屋頭ナル者ヲ置キ又壱坑ニ棟領壱人ヲ置キ此両人ニテ坑夫ヲ使役シテ掘採セシム

西松浦郡久原村がこれに属する。

(5)小城郡多久原村字茂平〔坑夫凡四拾人〕

坑口近傍ニ勘定場ヲ置キ坑山一切ノ事務ヲ整理シ而シテ毎月二回〔一日十六日〕坑夫賃金ノ勘定ヲナシ毎月六日ノ休暇ヲ与フ稼業ノ時間ハ午前六時ヨリ午後四時ニ至ル坑夫中ヨリ坑山ノ事業ニ錬達シタル者ヲ選抜シテ棟梁トナシ坑夫ノ勤怠ヲ監督セシム精勤ノ者エハ褒賞ヲ与エ怠惰ノ者エハ懲戒ヲ加フ坑内ノ稼業モ亦棟梁ヲシテ堀採或ハ修繕等ニ至ルマテ指揮セシム

小城郡多久原村の他の二坑、小侍村の二坑がこの類型に属する。

(6)小城郡小侍村字鈴葉山〔坑夫凡五人〕

坑口近傍ニ小家掛ヲ為シ坑夫ヲ雇入置該坑夫ェ坑内ノ事業掘採迄ノ処請負ニ為致給料ヲ定ム

以上の記述から明らかなことは、坑夫四、五名の零細坑では「坑業人監督シテ坑夫ヲ使役シテ掘採セシム」(西松浦郡脇田村その他)とあるように、取り立てて監督的な坑夫が分化析出されていないが、二〇名、三〇名となると、五―一〇名ごとに組を作り納屋頭がおかれてこれを監督し、そのうえに棟梁がいて全体を統轄していたことである。棟梁は一般に坑夫のなかからえらばれ、「坑夫ノ勤怠」を管理し、賞罰を与える外、「掘採或ハ修繕等ニ至ルマテ」坑内作業一切を指揮したのである。すなわち、棟梁は坑内作業および坑夫管理についていっさいの責任を負っていた。そこにはいまだ採炭請負の展開がみられないという点で、このような体制をわれわれは棟梁制の端緒形態と呼ぶことができよう。[10] この棟梁制における統轄組織はつぎのとおりであり、経営の基幹組織である勘場を坑業主がにぎっている点に特色が存する。

坑業主┬勘場
　　　└棟梁┬納屋頭―坑夫〔5―10人〕
　　　　　　├納屋頭―坑夫〔5―10人〕
　　　　　　└納屋頭―坑夫〔5―10人〕

つるはしとスラがほとんど唯一の労働手段であるこの段階では、三、四十人以上の労働者を一つの秩序のもとで労働せしめるには労働者を人的関係で直接に統轄する以外に方法が存在しない。ここに棟梁―納屋頭の統轄体制が形成されることとなる。

なお、ここで注目されるのは、「坑業人ヨリ居納屋其他食用一切ヲ渡シ」(東松浦郡佐里村、長部田村、久保村、相知村、本山村等)と記されているように、坑夫居住のための居納屋[11]がきわめて一般的な存在であったことである。したがって、納屋頭の名称も納屋の存在を前提するものといわねばならない。ということは、肥前諸炭坑における坑夫がこの時期には原則として専業坑夫であったことを示している。「坑夫使用方法」のなかに「毎日午前八時ヨリ午後四時マテ専業」(西松浦郡瀬戸村、木須村、脇野村)と記されているのも、その意味にとるべきであろう。それゆえに、前掲小侍村の炭坑で坑夫わずか五名の場合にも、「坑口近傍ニ小家掛ヲ為シ坑夫ヲ雇入置」と記されることとなったのであり、同様の事情はつぎの記録にも端的に示されている。

「坑業人ハ又坑夫ノ為ニ損失多シ　此坑夫ナル者ハ無籍無頼散徒ノ集合シタル如キ者ニテ前金ヲ借リ遁走スル者尠ナカラス　之ヲ訴ルモ無籍ノ者多ク黙止スルノ外ナシト」(「唐津石炭売捌方法幷予算」長崎県庁文書、明治一〇年)。

以上の叙述から明らかなことは、これら専業坑夫の多くが、近傍農民の分解のなかから析出されたものではなく、明治初年の狭隘な労働市場のなかで、雇用の機会を提供した肥前の炭坑地帯に集まった、「無籍」の散徒であったことである。(12) 坑夫の社会的地位が極度に低劣であった当時、肥前諸炭坑、坑内夫の中核をなしたものは、このような専業坑夫であった。

このような坑内夫に対し、車夫すなわち坑外運搬夫の多くは、近傍農民のなかから兼業労働の形態で供給された。『佐賀県農事調査』(明治二一年)は、東松浦郡の兼業農家についてつぎのように記している。

「本郡内東南部ハ石炭坑各所ニ点在シ西北部ハ一面漁猟ノ業アルヲ以テ兼業者頗ル多シ(中略)石炭坑近傍兼業者ノ如キハ其生計同一ノ論ニ非ラス然レトモ稍驕奢ノ風ニ流レ貯蓄勤勉ノ念ナク動モスレハ却ツテ貧苦ニ陥ラントスルノ傾向アリ」。

その農家の「余業ノ種類」として石炭運搬、日雇稼をあげ、「本郡下ハ田畑寡少ニシテ瘠土多シト雖トモ石炭及ヒ水産ノ天然物ニ富ムヲ以テ自然ニ勤勉ノ風ヲ失シ懶惰ノ風アリ」と記している。ここで石炭採掘と記さず石炭運搬と記している点に注目しなければならない。同じ『農事調査』は杵島郡についても、「山間村落ハ礦業ノ荷車運搬等ヲ兼ヌルモ多クハ貧困生活ニ苦シムヲ常トス」と記している。すなわち、坑外運搬夫は主として貧農の兼業であった。

ところで、これら労働者の賃金はいくばくであったろうか。『鉱山志料調』が西松浦郡久原村の二炭坑について記しているところによれば、表II-15のとおりである。

表II-15　坑夫賃金の推移

年次	男	女
	銭	銭
明治7年	25	15
8年	25	15
9年	30	20
10年	30	20
11年	30	18
12年	25	15
13年	35	20
14年	35	20
15年	30	20
16年	25	15

備考　『鉱山志料調』西松浦郡久原村，山ノ神坑および竹ノ下坑

『志料調』は他の諸坑についても、男二五銭、女二〇銭(東松浦郡牟田部村、波瀬村、岩屋村)、男二五銭、女一八銭(東松浦郡岸山村、平山上村、稗田村)、男二五銭、女一五銭(平山下村)等と記しており、明治一七年には松浦地方では、男子坑夫一日の賃金が二五銭であったことが知られる。他方、女子の賃金はまちまちであるが、大体男子の六割程度であった、と見てよいであろう。

職種別の賃金については資料が不十分であるが、水方の賃金は記録のあるかぎりでは、大体一日二五銭(西松浦郡大久保村、大里村、脇田村、木須村)で、前記男子賃金と同一である。掘夫の賃金は一般に出来高払いで、一万斤に付四円、一〇〇斤に付四銭等と記されているが、いくつかの事例をとって日賃金に換算するとつぎのとおりで、「坑夫賃金壱万斤ニ付金拾円坑夫壱人ニ付一日賃金廿五銭壱ケ月壱人賃金六円但月廿四日坑業ス」(東松浦郡長部田村上ノ谷坑)とあるように、一人当り二五銭前後となる。

	掘賃(一万斤ニ付キ)	人員(切羽一挺ニ付キ)	出炭(切羽一挺一日当リ)	賃金(一人一日当リ平均)
(1)	六円	三人	一、二〇〇斤	二四銭
(2)	四円	三人	二、〇〇〇斤	二七銭
(3)	四円	四人	二、五〇〇斤	二五銭

(4)	六円	二人	八〇〇斤	二四銭
(5)	八円		二五〇斤*	二〇銭
(6)	四円		五〇〇斤*	二〇銭

＊一人当リ出炭

なお、『志料調』にあっては、先山と後山の賃金の区別がなされず、一括して坑夫の賃金が記されているが、『鉱山沿革調』にあっても、両者の賃金の差はほとんど存在しない（表Ⅱ-16）。採炭がいまだ単純労働で、運搬も採炭と同質的な重労働であったこの段階では男女の差をのぞけば、先山と後山との間にほとんど賃金の格差が見られなかったのである。さらにまた、常仕繰の賃金も、「一ケ月一名ニ付六円」（『志料調』大久保村諸坑）と記され、一カ月の稼働は二四日であるから、一日当り二五銭となる。要するに男子労働者の賃金は一六、七年現在では、どの職務も二五銭前後であった。この賃金水準を、当時の諸職人および日雇賃金と比較すれば表Ⅱ-17のとおりであり、作業条件が劣悪であるだけに、賃金は農業日雇より高く、大工や石工のような職人の中程度であったことを知ることができる。男女の格差がほぼ六割であったことは、農業日雇の場合と照応している。

最後に、棟梁の給与についてみると、

炭坑	明治一六年出炭	棟梁	月収
西松浦郡大久保村林ノ上	二七六万斤	一人	一二円五〇銭
〃　〃　中野	三三〇万斤	一人	（一五年）一二円五〇銭 （一六年）一〇円
〃　〃　蜂ノ久保	五四〇万斤	一人	一五円

表Ⅱ-16　先山と後山の賃金

賃金		坑(村)数	炭坑所在地	
先山	後山		郡	村(部落)
銭 25	銭 25	3	西松浦郡	立川村，脇野村，里村
30	25	4	〃 杵島郡	曲川村，大木村 大崎村，志久村
30	30	4	西松浦郡	大黒川村，瀬戸村，木須村，大里村
40	35	4	〃	久原村，峯村，福川内村，立岩村
40	40	6	小城郡	多久原村(茂平，四下，茂平) 小侍村(鈴葉山，麻畠，二ツ山)
43	43	2	〃	小侍村(柚木原)，多久原村(下茂平)
45	35	5	〃	多久村(樫葉，山仁田，岩間山，永池，小池谷)
45	45	19	〃	多久原村(上四下平，下四下) 小侍村(麻畠，笹尾，コッフ頭，彦左衛門平，北久保，屋敷谷，仁田尾，鼠喰，高木川内，遠見山，中尾，狸谷，椎ノ木，京ノ峯，ヤフチカ谷，刈金谷，七九谷)

備考　『鉱山沿革調』．仕繰中のものは一部省略した．

表Ⅱ-17　佐賀県賃金
(明.16末)

	上	中	下
日雇(男)	銭 21.5	銭 18.9	銭 17.4
日雇(女)	12.4	9.9	7.6
大工	29.2	23.5	18.9
石工	30.8	26.4	21.9
左官	28.9	24.6	20.4

備考　『農商務統計表』(明.19)

西松浦郡里村七郎峯　一八四万斤　一人　八円

でまちまちであるが、ほぼ出炭量に(したがって統轄する坑夫の人員に)応じて上下があると見られる。その給与形態は、一般に、月給あるいは給料と記されているところから、月給制であったと考えられるが、東松浦郡蕨田村などの場合には、「百斤ノ前ニテ金壱厘或ハ壱厘五毛内外ヲ坑夫給料ノ外ニ支給ス」(『沿革調』)と記されているように、すでに一部には採炭請負の萌芽もみられていた。

(10) 棟梁制については、拙稿「納屋制度の成立と崩壊」(『思想』一九六〇年八月号)を参照されたい。
(11) ここで居納屋と呼ばれているのは、第三章で大納屋と区別されて現れる家族持の納屋を意味するものではなく、人間の住む小屋を意味している。
(12) 坑夫の間に伝えられた歌謡に唐津の炭坑夫の特殊社会的性格をうたったものが少なくないのは、この点に関連して興味をひく点である。

唐津下罪人のスラ引く姿　いかな絵かきも描きやらぬ

4　炭坑マニュの経営
——『鉱山志料調』の分析——

明治一〇年代の松浦炭田における炭坑経営の実態を考察するには、前掲長崎県勧業課『鉱山志料調』(明治一七年五月調査)を手掛りとすることができる。この史料は、県勧業課が戸長からの報告をとりまとめたものであることからくる制約を免かれてはいないが、調査項目は「往古以来維新ニ至ル迄」と「維新以来現今ニ至ル迄」とに分け、後者では、借区坪数、稼人名から「行業ノ損益」「工業費金」「年々ノ収入高及利益金」にまで亘り、各戸長役場を通じて調査したもので、村によって記述に精粗があるが、とくに維新以後の記述はかなり信憑性が高いと考えられる。

まず出炭の推移を、記述が比較的整備されていると見られる明治九年以降についてみると、表Ⅱ-18のとおりである。この表はいくつかの注目すべき事実を示している。第一に、七三坑中不詳の一八坑をのぞいた五五坑において、明治九年から一六年までの八年間継続採炭したものは、わずか六坑にすぎず、その他は、新たに開坑した一一坑は別として、すべてこの間に休業、採炭中止等をみている。すなわち、炭坑経営はきわめて不安定なのである。この点は年々の出炭量の変動においていっそう明白である。八年間継続出炭をみているものについてみても、変動の幅はきわめて大きい。第二に、この不安定の原因であるが、それは大きく三つに分けられる。

(1)平山下村、上村の多くの坑に見られる「開坑当時ハ事業容易ナリシ為盛大ナリシモ〔慶応三年〕頃ヨリ事業困難漸ク年々衰微」という記述が物語るように、開坑の古い坑では年を経るにつれて採炭の容易なところが掘りつくされ、運搬、排水等の困難が加わることによって、採算割れとなり、休業、廃坑の運命を辿るからである。

(2)浪瀬村諸坑などに見られる「水害ニ付休業」の記述が端的に示す原因である。自然排水を別とすれば、排水が主として人力によっていたこの段階では、水害はただちに休業を意味していた。

(3)炭価の低落が限界生産者を休業へと追いやった。薭田村や牟田部村には一六年に休業した坑がかなり見られるが、その多くは「炭価下落不引合ニ付休業」と記されている。

これらの要因が重なりあって、炭坑経営をいちじるしく不安定なものとしていた。第三に、経営の不安定性は規模の大小にかかわりなく一般的に見られるが、借区坪数一千坪を境にして、その上下では不安定性に大きな差異がみられる(表Ⅱ-19)。一千坪以下の場合に、原則的に坑夫数四、五人以下であって、狸掘りの域を脱していないものと考えて差支えない。この場合には、出炭も年二〇万斤以下である。

ところで、この時期の炭坑経営の不安定性を考察するには、表Ⅱ-18だけでは不十分である。というのは、各炭坑

表Ⅱ-18　炭坑別出炭明細(唐津)

村名	借区坪数	出炭高推移 9年	10年	11年	12年	13年	14年	15年	16年	坑夫使役工数(年) 男	女	坑夫	備考
平山下村	2,000	万 170	万 150	万 80	中止	中止	万 25	万 25	万 130	2,160	1,500	18	勘場 1
	4,700	9	60	130	270	300	240	180	120	1,440	1,080	16	棟梁 1
	500	150	80	50	25	休業	休業	休業	休業				
	600	80	150	30	20	5	ナシ	中止	中止				
	200	50	0.9	2	15	5	ナシ	ナシ	休業				
	2,500	130	110	90	ナシ	7	140	90	40	2,160	1,440	8	棟梁 1 勘場 1
	6,000	53	15	中止	中止	15	50	190	280	2,880	1,550	85	棟梁 1 勘場 4
	3,000	150	130	70	53	96	48	170	230	1,800	1,440	40	棟梁 1 勘場 2
	900	3.5	6	12	15	9	13	9	6	350	300	4	—
	4,200	250	140	190	220	180	150	90	80	2,180	1,490	20	棟梁 1 勘場 2
	750	—	—	—	—	—	35	78	15	720	350	8	—
	600	—	—	—	—	5	55	25	12	500	280	3	—
	4,000	—	—	35	150	180	120	90	80	2,880	1,440	20	棟梁 1 勘場 1
	300	—	—	—	—	—	3	9	11	360	200	5	—
	3,000	—	—	—	—	15	ナシ	5	35	1,440	1,000	10	—
	1,750	80	170	80	60	70	50	40	50	1,080	360	6	棟梁 1
平山上村	350	15	50	15	休業	4	ナシ	ナシ	ナシ				—
	100	不明	8	休業	ナシ	4	12	ナシ	ナシ				—
	600	不明	不明	28	30	16	50	ナシ	ナシ				—
	600	18	53	ナシ	休業	40	22	19	19	1,590	1,400	4	—
	1,000	60	32	33	ナシ	50	休業	8	17	2,059	1,300	7	—
	750	10	56	23	中止	ナシ	3.2	ナシ	ナシ				—
	420	30	25	25	休業	ナシ	2.5	ナシ	ナシ				—
	600	不明	不明	3	2.5	1	1.5	0.8	3	145	89	3	—
	600	23	18	30	24	8	休業	休業	休業				—
稗田村	1,000				休業	休業	175,850	休業	休業				
	1,537.5					2,500	106,560	797,240	休業				
	2,500					124,850	447,360	437,600	休業				
	1,200	201,150	409,900	172,350	160,500	341,950	342,680	272,740	88,250			男 3 女 5	
	750					117,000	147,500	675,320	30,000			男 3 女 3	
	3,000					35,920	121,500	31,500	休業				
	1,700	ナシ	37,000	92,000	68,000	55,500	ナシ	117,500	9,500			男 3 女 3	
	1,500	523,150	417,250	110,950	109,900	30,000	269,560	519,440	休業				
	2,000					364,540	795,540	2,280,800	2,966,660			男 8 女 10	
	2,800	828,150	257,350	789,500	593,850	649,710	740,570	395,270	休業				

村名	借区坪数	出炭高推移								坑夫使役工数(年)		坑夫	備考
		9年	10年	11年	12年	13年	14年	15年	16年	男	女		
牟田部村	1,200	ナシ	54,260	135,300	470,900	403,200	167,980	—	108,320				
	2,100	90,870	243,200	169,400	103,000	ナシ	113,000	174,250	965,050			男 12 女 8	
	1,400	856,080	525,320	183,150	—	158,150	75,000	127,450	—				
	600	休業	休業	16,000	105,320	109,500	247,240	431,290	休業				
	1,800	16,000		190,600	301,880	206,900	394,000	241,300	休業				
	2,400						113,000	292,900	965,550				
	600	60,000	休業	休業	休業	休業	ナシ	30,100	(仕繰中) ナシ	325	175	3	棟梁1
	500						—	170,000	30,000	750	250	4	棟梁1
	4,500						ナシ	休業	3,100	5,500	853	3	棟梁1 勘場1
	2,000	330,000	ナシ	休業	休業	休業	休業	9,000	(仕繰中) ナシ	551	515	3	棟梁1 勘場1
	8,000								(仕繰中) ナシ	男女} 12,300		16	棟梁1 勘場3
岩屋村	23,000								1,944,000	月 378	月 162	56	
	2,400								460,000	90	38	20	
	6,000								2,400,000	466	200	48	
	2,400								17年1—4月 120,000	70	30	8	
	9,900								168万	326	140	55	
	6,000								196万	381	163	48	
佐里村	900	123,700	32,000	42,500	163,340	休業	299,600	休業	休業				
	3,000						381,850	884,750	427,050			2	
	1,500	110,960	104,850	ナシ	ナシ	165,380	239,560	292,390	299,300			10	
波瀬村	1,600								180,000	月 35	月 15	8	
	2,000								1,512,000	294	126	15	
	7,000								1,300,000	253	108	20	
	15,000								180,000	35	15	10	
	3,000								976,450	206	110	10	
	3,600								564,300	88	47	15	
相知村	6,400	15万	休業	休業	休業	休業	35万	66万	40万			男 10 女 8	
	3,500	休業	休業	休業	休業	休業	休業	休業	122,430			男 7 女 5	
久保村	1,400	休業	休業	34,000	45,400	40,500	274,320	21,750	休業				
	600	休業	休業	休業	349,900	休業	休業	休業	休業				
	900	97,250	60,825	休業	休業	休業	休業	休業	休業				
岸山村	1,500	不詳	不詳	不詳	不詳	44,800	254,000	147,000	177,000	350	350	4	
	2,400	不詳	不詳	不詳	不詳	43,000	89,000	45,000	129,000	250	250	4	
	1,200		不詳	不詳	不詳	33,000	230,000	200,000	ナシ	400	400	4	
	600	57,000	92,450	213,200	146,060	131,950	61,450	休業	休業				
田野村	6,700							不詳	1,215,000	月 228	月 60		
畑島村	2,250	休業	休業	休業	ナシ	4万	50万	15万	196,400	150	350	4	棟梁1 勘場2
脇田村	?				196,000	432,000	504,000	504,000	廃業				

備考 『鉱山志料調』による．原資料に忠実を期したので単位(斤)等が不統一となっている．

表Ⅱ-19　借区規模別経営年数　(明治9—16年)

	1年	2年	3年	4年	5年	6年	7年	8年	計
1,000坪以下	1	1	1	4	6	2	—	1	16
1,001坪以上	1	1	—	2	1	4	4	5	18
計	2	2	1	6	7	6	4	6	34

備考　表Ⅱ-18より

の年間出炭をみると、季節的に変動が大きいからである。明治一〇年の「唐津石炭売捌方法并予算」(長崎県庁文書)は、海軍用炭を別として月別の出炭見込高をつぎのように記している。

月割	出炭高(万斤)
1月	1,500
2月	650
3月	1,600
4月	650
5月	650
6月	650
7月	800
8月	800
9月	1,500
10月	1,500
11月	1,500
12月	1,500
計	13,300

旧正月と農繁期は出炭が減少し、九月以降の半分以下となっている。それは各坑の出炭が減少するだけでなく、農繁期には休業する坑が少なくなかったからである。とくに零細な炭坑＝狸掘りの場合には、再開が簡単であるから、季節的採炭が一般的であった。唐津についでは適当な資料が見当らないので、ここには筑前嘉麻郡勢田村の稼行状況をかかげる(表Ⅱ-20)。これによれば、一三年には一五坑中、半年間通じて採炭しているのは二坑にすぎず、一坑は完全に休坑、一一坑は農繁期に入ると休業している。のみならず、継続採炭している許斐六平の場合にも、工数、堀高とも四—六月期には前期に比して半減しており、稼行日数も少なくなっている。一四年には、一—六月を通じて休業するものが四坑見られ、これに代って前年同期完全に休業したものが一坑再開し、一三年末開坑したものが三坑加わって、一—三月期では前年同様一三坑が稼行し、四—六月期には四坑だけが稼行している。このような季節採炭は当時筑豊のみならず、松浦地方においても一般的であったことは、前述したように、『鉱山志料調』において久原村外戸長田尻武七が副申で、「各所ノ炭坑タルヤ開坑ノ后

四五ヶ月ニシテ中止シ又五六ヶ月経テ再掘スル等ノ如キ姿ニテ満三ヶ年継続セシモノ無之」と記していることからも、知ることができる。

なお、表II-21において注目すべきことは、坑数としては農繁期に休業するものが圧倒的であるが、出炭から見ると年間稼行するものが優位を占めていることである。これらは一日平均使役人員も三〇人をこえ、炭坑マニュとしてもいちおうの形態をととのえていたのである。

つぎに『鉱山志料調』によって、各炭坑の経営事情を示す資料を整理すると、表II-22の1・2・3の三表がえられる。[13] これは報告を提出した戸長別あるいは経営者別に、報告の記載内容が異なるため、同一類型のものに分類したためである。経費については1がもっとも詳細で、項目としてはいちおう要点を網羅していると見てよいであろう。すなわち、採炭費は坑夫の堀賃と労働手段の償却費としての鶴嘴・金台・スラ代からなり、仕繰費は常用の仕繰夫賃金と坑木代、排水費は水方坑夫の賃金とフイゴ等の排水道具費からなり、以上で坑口における直接経費が構成されるわけである。坑外に運び出された石炭は運搬夫によって土場あるいは海岸まで運搬されるが、その経費は運搬夫の降し賃の外、コロ・ナル木代、道路修理費、および村の土地使用料ないし排水にともなう公害補償——表II-22-3では田障と記されている——としての村方補からなる。土場まで搬出された石炭は、さらに上荷船で満島に運ばれ、海岸に搬出された石炭はそこからさらに本船に積みこまれる。これが第二の運搬過程で、運賃あるいは積込費として示される。これらに対して、管理費ともいうべきものが、棟梁手当および帳方下男・勘場日給であり、以上に税金を加えたものが総経費である。

ここにかかげた三表において、経費の構成はきわめて多様であるが、主としてつぎの三つの要因によって変動していることが明らかである。

勢田村借区稼行状況

明治14年1—3月					14年4—6月				
堀高	売高	代価	稼行	工数	堀高	売高	代価	稼行	工数
万斤	万斤	円	日	人	万斤	万斤	円	日	人
	休		業		30	25	213	40	500
130	228	2,166	70	2,166	120	100	950	68	2,030
	休		業			休		業	
50	65	618	60	860		休		業	
36	74	703	50	600		休		業	
	休		業			休		業	
259	340	3,230	75	4,323	251	371	3,525	72	4,193
35	42	399	60	586		休		業	
	休		業			休		業	
30	39	351	50	500		休		業	
33	43	412	70	526		休		業	
	休		業			休		業	
64	57	537	70	1,050		休		業	
106	80	760	80	1,766	110	86	817	85	1,860
44	60	540	70	725		休		業	
18	33	297	40	300		休		業	
65	60	540	60	1,080		休		業	
8	13	117	40	137		休		業	

(1)　掘賃＝切賃。経費総額の四〇—六五％程度を占め、最大の構成要因であるから、その変動は大きく経費総額に影響する。掘賃に影響する一つは坑内運搬距離であるが、運搬距離がそれほどのびていないこの段階では、問題はむしろ炭丈にあった。松浦炭田、とりわけ唐津の諸炭坑は炭層がきわめて薄かった。唐津で八寸前後、西松浦で一尺から二尺であったから、二寸、三寸の炭丈の差が採炭費に直接大きくひびいた。表Ⅱ-22-1とⅡ-22-3との掘賃の差は、主としてここに起因していた。

(2)　水揚費。表Ⅱ-22-1においては、どの坑にもフイゴ代が見られるように、排水が重要な問題になり、したがって、排水費が炭坑によっては総経費の二〇％近くを占めるのに対し、表Ⅱ-22-3ではおしなべて水揚費の比重はきわめて低い。自然排水だけに依存できる場合には、これがゼロとなるケースさえ見られる。なお、この点に関して一つ注目すべき事実は、水揚費の少ない表Ⅱ-22-3はすべて零細炭坑であり、その比率の高い大久保村のケースは、当時の典型的炭坑マニュファクチュアであったことである。それは採炭規模が大きくなれば、排水費も正比例して増大することを示している。同じことは

表Ⅱ-20

借区人	坪数	開坑	明治13年1—3月					13年4—6月				
			堀高	売高	代価	稼行	工数	堀高	売高	代価	稼行	工数
		年　月	万斤	万斤	円	日	人	万斤	万斤	円	日	人
許斐平三	1,050	7. 4	15	15	120	35	225		休		業	
〃	2,425	〃 〃	130	110	810	81	1,815	120	170	1,360	85	1,751
〃	1,440	12. 9	123	112	896	75	2,030		休		業	
許斐利三郎	1,000	8. 11	60	60	480	80	950		休		業	
山田忠次郎	2,000	9. 9		休		業		17	17	136	30	265
許斐九郎七	510	11. 9	8	8	65	40	130		休		業	
許斐六平	2,750	7. 4	255	132	1,053	80	4,053	122	174	1,392	75	2,105
〃	3,075	〃 〃	27	27	216	65	585		休		業	
大塚源三	1,200	8. 12	30	30	240	70	501		休		業	
久野一栄	1,000	9. 3	17	22	186	76	318		休		業	
高瀬小三郎	1,678	7. 4	80	86	688	80	1,451		休		業	
花芳定鑑	1,000	8. 10	23	23	184	73	385		休		業	
高瀬小三郎	1,213	7. 4	69	56	444	81	1,305		休		業	
〃	825	〃 〃	105	69	555	80	1,430		休		業	
岩瀬順治	1,000	12. 11		休		業			休		業	
山田忠次郎	740	13. 12			——					——		
〃	1,500	〃 〃			——					——		
〃	260	〃 〃			——					——		

出典　許斐家文書

表Ⅱ-21　通年・季節稼行の比較

	明治13年			14年		
	坑数	堀高	平均工数	坑数	堀高	平均工数
		万斤			万斤	
通年稼行	2	627	30.3	3	976	36.3
季節稼行	12	574	12.7	11	413	11.2

備考　表Ⅱ-20より算出

仕繰費についてもいうことができる。

(3) 土場・海岸までの降し賃。運搬費は運搬距離に正比例する。その距離は当然に炭坑ごとに異なり、表Ⅱ-22-1で二〇〇間から一五〇〇間、経費で一万斤当り一円から四円の間に分布し、表Ⅱ-22-3では七〇〇間から二二〇〇間、一円二〇銭から三円五〇銭の差が見られる。

要するに、炭丈、坑の深さ、土場・海岸までの距離の三つが、経費を規定していた。このうち第二の坑の深さは採炭規模、すなわち、経営規模に規定されていたが、他の二

炭坑経営状況（１）

細			目			出炭代金	差引損益	備考
村方補	棟梁手当	帳方下男勘場日給	本船積入	上税	計			
12	150	120	124.20	5.60	3,741.20	6,072	2,330.80	15年１万斤22円　16年15円　17年10円
12	150	120	124.20	5.60	3,741.20	4,140	398.80	海岸マデ900間
—	50	27	40	5.60	851.40	600	−251.40	
16	150	150	189	8.70	3,771.70	4,345	573.30	15年塊１万斤15円　粉１万斤3円50
20	120	240	200	8.70	4,637.90	4,811	173.10	海岸マデ1,000間
12	180	180	254.70	10.20	6,203.30	8,100	1,896.70	16年１万斤15円　17年10円
—	60	60	97.20	10.20	2,133.20	2,160	26.80	海岸マデ1,500間
8	100	120	82.94	1.00	2,462.18	2,764.50	302.32	16年１万斤15円　17年10円
—	32	40	27.45	1.00	841.74	614.40	−227.34	海岸マデ200間
—	—	120	46	1.825	1,652.825	1,725	72.175	海岸マデ220間
—	—	30	10.36	1.825	340.785	357.12	16.335	１樽16年７円50　17年６円20

に付６円と注記されているので，それによって訂正した．

炭坑経営状況（２）

経				費		売上代価	差引
坑夫賃金	運送費	工業費	水揚費	坑木代	計		
1,522.80	874.80	486	388.80	155.52	3,427.92	3,596.40	168.48
361.20	207	115	92	36.80	812	851	39
1,878	1,080	600	480	192	4,230	4,440	210
94	54	30	24	9.60	211.60	222	10.40
1,314	756	420	336	134.40	2,960.40	3,108	147.60
1,534.20	882	490	392	156.80	3,455	3,626	171
141	97.20	36	—	9	283.20	288	4.80
1,184.40	846.72	332.64	241.92	90.72	2,696.40	2,797.20	100.80
1,018.20	702	325	208	78	2,331.20	2,405	73.80
585.87	327.28	189.30	292.94	117.27	1,512.66	1,611.14	98.48
338.58	237	81.20	169.29	57.72	883.79	928.27	44.48
596.16	70.47	45	—	10	721.63	668.25	−53.38

表Ⅱ-22-1

	借区坪数	炭丈	年次	出炭	経費 掘賃	鶴ハシスラ代	柱木代	常仕繰費	フイゴ代	水揚費	道路修理費	土場迄降シ賃	コロナル木代
大久保村	5,600	尺 1	15	万斤 276	1,656	60	206.40	144	24	648	24	552	15
			16	276	1,656	60	206.40	144	24	648	24	552	15
			17	60	300	12	68.80	48	8	160	7	120	5
大久保村	8,700	尺 2	15	塊250 粉170	1,000 340	145	200	240	30	675	20	588	20
			16	塊330 粉270	1,320 405	120	240	125.20	15	780	24	780	240
大久保村	10,200	尺 2	16	540	2,160	120	302.40	288	36	450	30	2,160	20
			17	216	860	40	100.80	96	12	120	15	654	8
里　村	1,000	尺 1.2	16	184.3	1,105.92	50	300	188	24	278	—	184.32	20
			17	61.44	368.64*	10	100	96	6	92.20	—	61.45	7
木須村	1,825	—	16	万樽 2.3	690	30	168	144	12	150	—	276	15
			17	.576	144	8	10.50	36	3	36	—	57.60	3.50

備考　『鉱山志料調』より作成
17年は1－4月分　但し木須村は1－3月　＊原資料では107円20銭となっているが掘賃1万斤

表Ⅱ-22-2

	借区坪数	年次	出炭	炭価(1万斤)	運送費(1万斤) 川岸まで	川下し	坑夫使役(月) 男	女
岩屋村	23,000	16	万斤 194.4	円 18.50	円 2.50	円 2	378	162
〃	2,400	16	46	18.50	2.50	2	90	38
〃	6,000	16	240	18.50	2.50	2	466	200
〃	2,400	17*	12	18.50	2.50	2	70	30
〃	9,900	16	168	18.50	2.50	2	326	140
〃	6,000	16	196	18.50	2.50	2	381	163
波瀬村	1,600	16	18	16.00	3.40	2	35	15
〃	2,000	16	151.2	18.50	3.40	2	294	126
〃	7,000	16	130	18.50	2.50	2	253	108
〃	3,000	16	97.645	16.50	3.20	2.20	206	110
〃	3,600	16	56.43	16.45	3.20	2.20	88	47
田野村	6,700	16	121.5	5.50	.33		228	60

備考　『鉱山志料調』より作成
＊1－4月

1万斤当り採炭経費(東松浦郡)

経費			坑夫		賃金		運搬距離	
田障車道費	満島迄運賃	計	男	女	男	女	炭山-土場	土場-満島
					銭	銭	間	里
	1.36	14.36	3	5	20	18	1,700	4
	1.36	15.21	3	3	20	18	800	4
.10	1.36	16.16	6	6	20	18	1,600	4
	1.36	13.60	3	3	25	18	1,200	4
	1.36	16.86	5	3	25	18	800	4
.10	1.36	16.16	8	10	20	18	1,700	4
.10	1.36	16.16						
1.00	1.05	18.55					2,200	2
.05	1.33	13.28	12	8	25	20	1,800	2
.05	1.33	13.28	10				1,800	2
.05	1.33	13.28					1,800	2
	1.36	11.76	2		17.5		670	4
	1.36	11.76	2		17.5			
	1.36	10.75	10				700	4
	1.62	15.37	10	8			1,300	4
	1.64	14.34	7	5				
1.00	1.33	15.33						

つは炭坑の自然的条件であったから、条件の有利な坑区を発見・獲得することが、採炭経営の第一次的要因だったのである。

つぎにこうして採炭された石炭の価格も、第一次的には炭質自体によって規定されていた。表II-21-3によれば、東松浦諸炭坑の場合には、一万斤価格上一五―一六円、中一三―一五円、下一二円となっており、表II-22-2によれば、唐津炭の代表と目された岩屋、波瀬の諸炭坑の場合には、一八円五〇銭から一六円と記されている。だが、第二に、この価格はきわめて変動的であって、表II-22-1によれば、一万斤の価格が一六年には一五円、一七年には一〇円となっている。あとで考察するように、石炭の市場価格はきわめて変動的であったので、ここで表示されている価格も大勢を示すに止まっている。

表II-22-3

	炭質	炭丈	炭価	1万斤採炭：切賃	柱木代	仕繰費	水方費	土場迄車下シ賃	勘場費
		寸	円						
稗田村	中	8	14	9.00	1.00（柱木代・仕繰費）		.50	2.50	
〃	上	7	16	10.00	.25		1.20	1.60	.80
〃	上	9	16	10.00	.80	.50	.50	2.50	.40
〃	中	7	13	9.00	.60		.54	1.60	.50
〃	上	8	15	12.00	.50	.50	.50	2.00	
〃	上	9	16	10.00	.80	.50	.50	2.50	.40
〃	上	9	16	10.00	.80	.50	.50	2.50	.40
牟田部村	上	8	—	8.00	.50	1.50	1.50	3.50	1.50
〃	中	8	13	8.00	.20		1.00	2.70	
〃	中	8	—	8.00	.20		1.00	2.70	
〃	中	—		8.00	.20		1.00	2.70	
佐里村	下	7		7.00	.25	.20	.75 1.00*	1.20	
〃	下		12	7.00	.25	.20	.75 1.00*	1.20	
〃	中		12	7.00	.24	.20	.75	1.20	
相知村	上	8	16	9.00	1.00	1.00	1.00	1.25	.50
〃	中	7	15	8.00	1.00	1.00	1.00	1.20	.50
久保村	中			8.00	1.00	1.00		3.00	

備考 『鉱山志料調』より
＊器械〔水揚げ器械〕損料

この販売価格と総経費との差額が損益となるわけであるが、表II-22-1および2においては、大半の炭坑がある程度の利益をあげている。この利益の増減を規定しているのは、経費の側には変動の要因が少ないので、主として販売価格である。表II-22-1では、一万斤一〇円にさがった一七年には、二つの坑で赤字になっている。炭坑経営がきわめて不安定であった究極的な原因は、実はこの市場価格の変動にあったのである。

(13) 表II-22-3はすべて小笠原家の借区で、その下稼ぎの炭坑であり、したがって零細炭坑の経営の一つの姿を示している。

5 石炭市場の構造

以上のような石炭生産の展開に対して、市場はどのような対応を示したであろうか。

石炭輸出の推移

13	14	15	16	17	18	19
トン 122,604	トン 116,481	トン 135,660	トン 123,764	トン 178,171	トン 189,783	トン 204,012
9,358	796	37	905	5,885	2,018	11,369
131,962	117,277	135,697	124,669	184,056	191,801	215,381
154,290	177,526	188,974	264,874	335,234	389,889	455,483
286,252	294,803	324,671	389,543	519,290	581,690	670,863
882,055	925,198	929,213	1,003,421	1,139,937	1,293,678	1,374,296
32.5	31.8	35.0	38.8	46.3	44.9	48.8

明治一五年前後の事情を一論者はつぎのように論じている。

「石炭ハ我鉱産中銅ト相比肩シテ最重要ノモノタリ　其坑業モ漸ク進歩シテ産額モ愈々増加スト雖モ如何セン我邦ノ工作製造上ニハ人力ヲ以テスルヲ本則ト為シ、滊機ヲ用ルノ之ヲ変則トモ云フヘキ有様ナルカ故ニ、滊船用ヲ重ナルモノトシ滊車ニ用ルノ道モ未タ広カラス、其他工作製造ノ業ニハ其用モ亦僅々タルモノニシテ、或ハ多ク輸出ヲ目的トスルカ如シト雖トモ之以テ上海ヲ重モトシ延テ香港ニ止リ、限リアルノ需用ナレハ供給ハ常ニ溢レテ未タ其需用ノ途ヲ見出サス。玆ニ至テハ坑業ノ進歩モ産額ノ増加モ迷惑至極ノ次第ニシテ、終ニ外国売ニ内国売ニ安売ノ競争トナレリ」(杉村次郎「日本鉱山ノ統計及重要鉱種論」『日本鉱業会誌』明治一九年二月一七日号)。

まず「多ク輸出ヲ目的トスルカ如シ」と記された外国市場についてみれば、表II-23のとおりである。この表はつぎの二点に留意して見なければならない。第一は船舶用炭であるが、開国以後、輸出炭に対しては一〇〇斤につき一分銀四匣が課税されていたのを、明治二年一〇月、米英仏独各公使宛通達を以て、船用として蒸汽船に積込む石炭に限り無税と定められたため、以後急速に増加し、そのなかには本船の燃料以外のものも相当量含まれている。したがって、輸出と船舶用とを厳密に区別することは不適当である。第二は輸出炭の用途であるが、「石炭の需用は〔中国にある〕瓦

表II-23

		明8	9	10	11	12
輸出	中国・香港	トン	トン	トン	トン	トン
	その他					
	計	51,305	48,959	74,906	104,434	125,236
外国船舶用		150,928	115,296	86,442	99,817	70,566
合計(A)		202,233	164,255	161,348	204,251	195,802
出炭(B)		567,221	544,959	499,106	679,707	857,549
A/B(%)		35.6	30.2	32.4	30.1	23.3

備考 『大日本外国貿易月報』による

斯会社を始め其他の諸製造所に要する者固より少からずと雖其最重なる者は船舶の需用に供す」(農商務省『農商工公報』一八号、明治一九年八月一五日)と記されているように、大部分が極東諸港において船舶焚料として需要されたものである。したがって、国内以外で消費された石炭は、狭義の輸出と船舶用とを問わず大部分が船舶焚料であった。

この輸出＝船舶用炭は、明治一〇年前後においては、全国出炭の約三分の一を占めていたが、一〇年代なかば以降急速に増加し、一九年には出炭の二分の一に近付き、絶対量では一三年に対しても二・三倍に達した。明治一〇年代の石炭産業は極東市場を中心に発展したわけである。それは極東の船舶用石炭市場における日本炭の進出を物語っているが、この点を中国市場の基軸をなし、輸送距離の点から当時日本と関係のもっとも深かった上海市場についてみれば(表II-24)、日本産炭は明治一〇年代に上海石炭市場の八〇—八五%を占め、しかも、明治一三年から一九年にかけてのその輸入増八万トンは、すべて日本炭によってまかなわれたのであって、「上海ノ石炭貿易ハ日本ノ専売ナリト云フモ可ナリ」(『農商工公報』三六号)と記される事態となっていた。

しかし、輸出についていっそう注目すべき点は、三池、高島の役割である。表II-24に明らかなように、明治一〇年以前においては、輸出における三池の意義は小さく、高島の比重もそれほど高くはなかった。当時中国市場への輸

表II-24　上海石炭輸入先別　(単位 トン)

輸入先＼年次		明9	13	14	15	16	17	18	19	20
オーストラリア		34,098	16,651	36,393	30,121	20,428	15,476	23,056	21,177	22,807
欧米		14,551	7,406	12,374	7,758	3,392	11,870	7,448	3,253	744
中国(開平)								1,014	3,500	8,128
台湾		15,490	10,944	11,153	14,640	11,514	14,733	1,091	6,816	5,443
日本	高島	26,390	45,511	54,292	28,966	40,968	42,458	44,581	63,784	83,287
	三池	3,000	58,965	56,265	88,510	53,860	70,740	79,514	48,951	54,688
	幌内								4,940	10,010
	その他	54,300	43,537	41,637	53,590	48,115	72,142	90,775	92,381	83,427
	(A) 小計	83,690	148,013	152,194	171,074	142,943	185,340	214,870	210,056	231,412
計(B)		147,824	183,314	212,114	223,594	178,337	233,427	249,506	244,802	268,534
A/B(%)		56.6	80.7	71.8	76.5	80.2	79.4	86.2	85.8	86.2

備考　『農商工公報』36号(明21.2.15)
但し9年の分は「唐津石炭売捌方法并予算」(長崎県庁文書)に，15年の日本の分は『工部省沿革報告』明治18年の項によった．計は合わないものもあるがそのままにした．

出は主として長崎を経由していたから、輸出石炭の大半は高島を含む肥前炭であった。ところが、一〇年以後、三池、高島は海外市場への進出をテコとして、急速に生産規模を拡大した。表II-24では、一〇年代後半に一見海外市場におけるその比重が低下するようにみえるが、それは表II-25からも明らかなように、その頃から三池炭にとっては、上海に代って香港市場の比重が増大したことによるのであり、全輸出に占める三池、高島の比重は不動であった。そもそも、高島炭坑は長崎港外にあるところから、長崎出入の船舶用および輸出用炭として開発、発展してきたのであり、後藤象二郎経営時代には、マジソン商会がその販売権をにぎり、中国市場に輸出していたことは、先に考察したとおりである(14)。三池についても事情は大差がなかった。明治一〇年前後に着手された三池の本格的開発は、当然に市場問題を発生させたが、それは明治九年以降における三井物産による中国市場の開拓によって解決された(15)。

「三池炭を支那地方へ輸出したことは三井物産の手にかかってからが始めてで、十一年五月までは上海瓦斯局或は鍛冶等の供用に少量を販売するのみであったが、七、八月頃になって上海招商局及太古洋行等から多量の註文があり、一躍上海市場に於ける三池炭の声価を高からしめ、逐日註文増加し、遂に月々数千噸の輸出を見るよう

表Ⅱ-25　三池炭地区別売炭一覧表

		明治15年		16年		17年		18年		19年	
		数量	炭価	数量	炭価	数量	炭価	数量	炭価	数量	炭価
海外		トン	ドル	トン	ドル	トン	ドル	トン	ドル	トン	ドル
	上海	54,587	5.72	68,107	4.93	86,265	5.32	45,593	5.23	61,265	5.12
	香港	3,851	4.45	23,081	4.43	51,679	4.51	65,357	4.39	110,583	4.37
	その他			8,651	7.09	10,763	5.45	17,451	5.34	11,844	5.50
	計	58,438	—	99,839	—	148,707	—	128,401	—	183,692	—
国内			円		円		円		円		円
	三池	38,478	1.54	30,535	1.33	39,518	0.97	20,178	0.88	41,730	0.90
	九州	15,563	2.89	32,192	2.27	53,254	1.90	23,242	2.04	44,535	1.83
	阪神			864	2.15	2,484	3.49	5,097	2.39	10,104	2.28
	その他	645	5.04	1,538	2.58	196	2.00	1,520	1.64	3,147	1.62
	計	54,686	—	65,130	—	95,452	—	50,038	—	99,516	—
合計		113,124	—	164,970	—	244,159	—	178,439	—	283,208	—

備考　『三池鉱業所沿革史』第1巻 pp. 400—1. 15—17年は7月—6月, 18年は7月—3月(9カ月分), 19年は4月—3月.

になった」[16]（『三池鉱業所沿革史』第一巻、三七四頁）。

三池炭の市場は表Ⅱ-25のとおりで、三池の地元消費をのぞけば国内市場の比重は低く、海外＝中国市場に急速にのびている。それは、一つには官営炭坑の国内市場への進出が、民坑経営を圧迫することを避けようとしたからであるが、さらに重要な理由は、つぎに見るように、当時最大の国内市場は製塩業であったが、それは零細需要の集合であって、官営大炭坑の市場としては適合的でなく、輸出市場が質量的にもっとも大きな意義をもっていたからである。この点は高島においても同様であった。しかもこれら大炭坑は、その炭質において、海外市場での競争に十分堪えうるものであった。

しかし、三池の中国市場への進出は民坑とくに高島との対抗関係を深刻にした。すでに明治一三年に、「高島石炭の如きも近来三池の競争抑圧を受け大に其価値を墜し損失を受くること尠からず」（『東海経済新報』明治一三年八月三一日号「長崎通信」）と報じられている。その後、明治一八年には、「官業ヲ増殖スレハ民業自カラ減耗スルヲ以テ、省議シテ官採量ヲ減シテ拾五万噸ト為スヘキヲ該局〔三池鉱山局〕ニ電令」（『工部省沿革報告』前掲書、一一六頁)するという事態を生ぜしめた。[17] これに対する三池鉱山局長の同年七月付の弁駁書は、中国市場での競争をつぎのように考察している。

「我三池炭ノ販路漸次清国市場ニ拡張シ声価日ニ著シキニ反シテ高島炭ノ販路月ニ年ニ退縮スルト云フノ一点ニノミ注目セハ或ハ三池炭ヲ以テ高島炭ヲ圧倒スル感覚ヲ惹起スヤモ計リ難シト雖モ広ク一般ノ商況ニ向ツテ観察ヲ下セハ決シテ正鵠ヲ得タルモノニアラサルナリ抑モ清国上海ノ如キハ去ル明治十二年ニ当リ各種石炭ノ輸入高ハ僅々拾五万余噸ニ過キサリシモ其翌十三年ニ於テ十八万噸ノ多キニ及ヘリ而シテ此増加セル輸入炭ハ我国多久、唐津、今福、三池等ノ産出ニシテ就中其多額ヲ占ムルハ我三池産炭ナリ而シテ彼地市場ニ輸入減少ヲ来タセルモノハ決シテ高島炭ニ非スシテ全ク英米豪各国ノ産炭ナレハナリ又香港其他ノ諸港ニ於テモ上海ト同シク一般ノ需要増加シタルト同時ニ三池産炭輸出ノ為メ外国炭ノ輸入ヲ減退セシメタルトニ因リテ漸次三池炭ノ販路ハ特ニ三池炭増輸ノ為メニ新開セシモノナレハ何ソ高島炭ノ販路即チ得意先ヲ横奪セシモノニアルカ又売価ノ如キモ世間一様ノ商況ニ依リテ取極メシモノナレハ敢テ不当ノ低価ニアラサルナキヲ断言ス
(中略)故ニ三池炭ノ減採スルアラハ高島炭ニ利益ナクシテ今ヤ漸ク退攘セル英米濠国諸洲ノ産炭ヲシテ再ビ上海香港各市場ニ於テ之レカ猛勢ヲ張ラシムニ至ルヘクシテ他アラサルナリ」

(『三池鉱業所沿革史』第一巻、四〇六頁)

ともあれ、三池炭を先頭として明治一〇年代末までに、日本石炭産業は中国の石炭市場を支配するに至ったのである。

もっとも、この場合留意しなければならないことは、この中国市場への進出が、主として外国商業資本の手で行なわれたことである。すでにみたように高島炭の輸出はマジソン商会の手によって行なわれたし、高島が三菱の手に移

ってからでも、輸送は三菱が担当したが、石炭の買付、販売は外商の管掌するところであった。この点で三池炭坑と三井物産との結合は画期的な意味をもったのである。その三井物産は明治一三年末、こう論じている。

「支那の貿易ハ漸次繁盛の勢あるも商売の現状を視察するに我商人ハ依然として古態を墨守し其大半ハ外国人の手を待て販売することにて〔中略〕運賃保険其他ハ悉く其中間の外国人に占得せらるゝハ甚た歎息に堪へざる所ならずや、〔中略――三菱の中国航路開始後も〕其取扱ふ所の商人ハ何人なりやと問へば多くハ外国人及支那人の為す所なり、我日本人の如きは既に上海に百余人の寄寓者ありと云へバ中々盛なるが如くなれど其強半ハ婦人の売淫的にして店舗を開らき確然と商売を営む者に至てハ広業会社及本社支店等五指を屈するに足らず、之に反して支那人の如きハ其慧眼なる疾くに注目する所ありて大いに我神戸横浜其他に出張して日支間の貿易に従事し将さに此商売を専占して外国商人を駆逐せんとするの勢あり」(「支那貿易盛にす可し」『中外物価新報』明治一三年一二月四日号)。

中国貿易の拠点は長崎であり、石炭がその中心をなしていたが、「是等の貿易も概ね在港清商の手に成るを以て我商人ハ独り利を専らにするを得ず」(『東海経済新報』前掲号)といわれる状況にあったのである。[18] 生産体制において中国に一歩先んじ、商品取引において一歩をゆずっていたわけである。

これに対して、国内市場は前述した石炭マニュ資本の市場であった。「唐津筑前産は重に内国の需要に応じ其採掘も頗る巨額」(「石炭の需要」『東京経済雑誌』明治一九年一二月一八日号)と記されているとおりである。石炭の用途別消費高統計は明治一九年以降についてだけ見ることができるが、当時の資料から計算した一七年も加えて三年分についてみると(表II-26)、製塩用が五〇%前後を占め、ついで船舶用が三〇%前後で、工場用は著増しているが二〇%に達しない。しかも、後にみるように船舶用および工場用はその後急速に増加しているので、一七年以前には、製塩用の比

表Ⅱ-26　内地石炭用途別消費高

	船舶用	鉄道用	工場用	製塩用	計
明 17	トン 177,635	13,577	88,200	375,823	655,235
	% 27.1	2.1	13.5	57.3	100.0
明 19	237,130	18,305	146,569	455,794	857,799
	27.6	2.1	17.1	53.1	100.0
明 20	251,982	19,707	163,804	394,938	830,492
	30.3	2.4	19.7	47.6	100.0

備考　『帝国統計年鑑』但し17年は「内外石炭ノ概況」(『日本鉱業会誌』47号)より作成．船舶用には海軍省を含み，製塩用は愛媛，徳島，山口，広島，岡山，兵庫の分を合計し，工場用は計から以上の分を差引いて算出した．

重はいっそう高かったものと考えられる。

幕末以来船舶用炭として急速に発展した肥前炭の販路についても、『沿革調』は、つぎのように記している。

(1)東松浦郡田野村　出炭月六七万斤
天保年間発見ノ際ヨリ塩焚用ノ為メ山口県三田尻村同平尾村エ販売致候
(2)西松浦郡大里村　出炭月五千斤
明治十三年出炭以来製塩用ノ為メ同郡長浜村江販売ス

製塩用として肥前炭の意義が質量的に大きかったことは、尾道塩務局のつぎの記録からも明らかである。

「当地ニ於テ使用セラル、石炭ハ……凡テ劣等品タルヲ免カレス、今便宜上大別シテ二トナス、一冴炭、二粘リ炭之レナリ　冴炭トシテハ大部分ハ元山炭ナル総称ノ下ニ山口県厚狭郡宇野村同高千穂村内ニ散在セル七十余ノ鉱山ヨリ採掘セル者ヲ使用ス　時ニ筑前、肥前、唐津等ニ産出スル下等炭或ハ二等炭ヲ使用スル事ナキニ非ルモ其額ハ極メテ僅少ナリ　而シテ此種石炭ノ冴炭ト称セラル、ハ其質ノ不粘着性ヨリ来リタル名称ニシテ、燃焼ノ際火力旺盛ナルモ該炭ハ毫モ粘着セサルカ故ニ夫ハ一時的ノ現象ニ止マリ忽チ熱ヲ失ヒ余燼トナルノ欠点アリ、従テ此炭ノミ使スルトキハ比較的多量ノ石炭ヲ要シ熱度余リニ高キニ失シ製塩ノ品質ヲ害スルノ患アリ　此欠点ヲ補フ為メニ粘性ノ石炭ヲ適当ニ混合シ使用スル所以ナリ、此目的ニ使用セラル、モノヲ俗ニねばりト称ス……粘リ炭ト称スルハ肥前平戸地方ニ産出スル本洞、蟹喰、瓢箪、桐山等ノ産ヲ多ク使用ス　時ニ筑前一ノ谷等ノ産炭ヲ使用スルコトアルモ僅少ナリ　近時三池産銷粉炭ト称シ三井物産会社ヨリ売捌クモノハ、其質佳良ナルノミナラス価格モ又平戸産ニ比シ低廉ナレバ大ニ歓迎セラレ需要頓ニ増加セリ

粘性ヲ有スル石炭ハ燃焼スルニ従ヒ熔融状ヲ呈シ、自ラ冴炭ヲ包皮シテ塊炭トナシ、一時ニ燃焼セシムルコトナク徐ロニ一定ノ燃焼ヲ持続スルカ故ニ煎熬上手数ヲ省クノミナラス、燃焼少ク熱度ニ高低ヲ生スル憂ナク希望ノ温度ヲ持続スルヲ得ルカ故ニ最モ良好ノ結果ヲ生ス」(『大日本塩業全書』巻一八、二頁)。

ところで、塩業は自然的条件に左右される点が少なくない。明治一〇年代の全国製塩高は表II-27のように変動しているが、それは必然的に燃料としての石炭需要に直接影響した。明治初年、筑前で炭坑を経営した安川敬一郎は、こう記している。

「当時筑前産出の石炭は概して塩田用なりしが、明治七年は秋期に至る迄降雨頗る多く、製塩業の不況甚しかりし為め、余等は一敗起つこと難きを感ずるに至り、少額なるも加野惣平翁に負債するに至れり。〔中略、翌八年は〕幸にして前年に反し製塩業の好況に連れ、加ふるに炭坑経営の呼吸をも得る所ありし為め、前年の損失を償うて尚余りあるを得たり」(「日記抄」『撫松余韻』昭和一〇年、五五一―二頁)。

表II-27
全国製塩高

年次	食塩産額
	石
明 10	6,484,295
11	3,996,733
12	4,848,199
13	6,171,283
14	4,945,774
15	4,423,134
16	不　詳
17	4,027,100
18	4,564,515
19	5,285,913

備考　『帝国統計年鑑』による

これに加えて、製塩用炭は需要者が分散し、個々の需要規模が小さかったのと、総需要量がいずれかといえば停滞的であったのとにより、明治一〇年代以降には国内市場としては、むしろ、東京、大阪等における集中的な都市需要の増大が注目をひくに至った。したがって、『沿革調』における販路についてみても、つぎのような記

述がみられる。

(1)西松浦郡久原村　月産五〇万斤

明治三年開業ノ際ハ汽船用ノ為メ長崎江販売其後明治八年頃ヨリ東京横浜大阪神戸等江モ過半仕向ケ

(2)東松浦郡畑島村　月産五万斤

明治九年発見ノ際ヨリ船用幷瓦焼使用ノ為メ当郡満島石炭売捌問屋ニ仕向ケ其後東京大阪長崎等ニ運遞ス

(3)東松浦郡蕨田村　出炭高不詳

明治度許可之際者最初外国上海等ニ仕向及本邦軍艦用トナリ長崎表ニ販売シタリシ　然ルニ当今ニテハ東京大阪神戸横浜等ニ回漕スルニ至ル

(4)東松浦郡岸山村　月産八、九〇万斤

文政年度発見之際ハ本邦塩浜其他湯屋用等当郡満島港江仕向ケ其後追々必要品トナリ本邦軍艦用或ハ外国船用等ニテ長崎表江重ニ仕向ケ販売ナリタルニ、当今ハ長崎兵庫神戸大阪横浜東京等ニ廻漕スルニ至ル

たとえば、明治一九年中の東京石炭消費高は(19)

官庁諸会社製造場	九六、五三一千斤
小蒸汽船	一七、三三八〃
カーヘル焚	二、九四九〃
その他	七、三九四〃
合　計	一二四、二一二〃

(『中外物価新報』明治二〇年三月三〇日号)

その産地の内訳は表II-28のとおりである。九州炭が九五%を占め、なかでも唐津炭を中心とする肥前炭が五〇%以上を占めていた。

ところで、日本の石炭産業は、その発展の初発から生産地と消費地が地理的に分離していた。輸送手段が帆船ないし和船という未発達なこの段階では、海上輸送距離の長いことは、輸送コストの比重を、したがって石炭の市場価格を高からしめただけでなく、市場への供給を不安定にし、需給の弾力性を小さくし、それだけ石炭価格の変動を大きくした。明治一二年の東京市場については、つぎのように報じられている(『東洋経済新報』二一一八号)。

一月　唐津石炭ハ前月来不絶入津ありて品立廻る様子ゆへに稍廉価、磐城ハ思ふやうに出廻らず然るに下直ゆへか望取り多き故至て品がすりなれバ自然高気を含みて価格も不安、月末に至りてハ何れも船間となり稍気配よろしきかた(二号)。

二月　東京にては船間にて殊の外品払底に相成り頗る人気強く大に騰貴せり(三号)。

三月　東京に於て当今追々入津有之且入用も減少する時節なれば捌方悪しく存外下直に成りたり(四号)。

五月　東京に於ては各種とも本月中僅に一円内外の昂低を致せしのみにして先づ持合の気味なれども一体に気配宜しからず(六号)。

六月　東京にては時節柄ゆえか下向きの模様にて追々下直に相成り月末には各種とも一万斤に付凡そ一円五十銭方の低落を告げたり(七号)。

七月　東京に於ては入品薄にて追々景気立ち月半ば頃一時多少騰貴したり、されども其後唐津石炭二三艘入津ありし故亦総体安気になれり

表II-28
東京石炭市場

産炭地	消費高
	千斤
唐津炭	43,660
多久炭	1,070
久原炭	170
筑前炭	35,500
三池炭	2,270
幌内炭	2,000
白水炭	2,300
合　計	86,970

出典『日本鉱業会誌』42号 p. 535

（八号）。

八月　東京表石炭は何れも入品薄く殊に筑前は更に入津なき故都て気配強くぢりぢり高直に進めり（一〇号）。

九月　東京に於てハ其後各種とも更に入船なき故追々気配引立ち相場も大に騰貴したり（一二号）。

十月　東京表に於て石炭は過日来至て入津薄く甚品払底に際し漸次気配引立頗る強気の勢となれり、唐津一艘入津ありしか之ハ約定物にて殊に至て些少なり（一四号）。

十一月下半　東京表に於て石炭ハ此程唐津九十万斤程入津ありたれども是迄品がすりの処ゆゑ下落いたさず追々景気立ち模様なれども目先五、六艘ほど入津あるべく見込かた〳〵一寸人気緩の工合にて唐津ハ少々下直なるが其他ハ何れも入品薄にて次第に上直へ運ひ気配益々強し（一六号）。

十二月上半　東京表石炭ハ兎角入品薄く頗る上景気にて追々高価に赴けり、且筑前ハとんと入津なし[20]（一七号）。

十二月下半　下旬入津少く上直へ進みたりしが押詰より一月にさし入唐津五六艘入津ありしゆへ俄かに人気緩み案外相場下向となれり其後又唐津八艘程入津致し之が為目切相場引下げたり、他品ハ不入津なれども右影響を受け総体多少低落したり（一八号）。

三、四艘の石炭帆船の入港によって、市場は大きく変動し[21]、天候の順不順がこの帆船輸送に直接影響したのである。事情は一〇年代末期にも基本的に異なるところはなかった。一九年の市況を『中外物価新報』はつぎのように報じている。

八月　前報後入津せし斤数を調査するに、汽船越中丸（元積）にて筑前二十万斤、神路丸（元積）にて唐津百万斤、和船三艘にて唐津九十万斤なり、然るに過日来沖合風都合の悪しき故にや暫らく入船途絶へにて頗る品払底の折柄なれば望人至て多く買進みの有様にて殊に唐津塊の如きは既に悉皆売買の約定も整ひたる様子ゆえ相場意外に騰貴せり(八月一七日号)。

十二月　入荷少なかりし先頃和船一艘入津ありしときは気配殊の外宜しく唐津一万斤に付三十円以上の価格なりしが猶買人多きため益々上進せしかば買人一寸手控への有様なりしに、客月二十二日頃より引続き神戸積風帆船大国丸にて筑前二十八万斤同西尾丸にて四十万斤同東丸にて三十万斤同九居丸にて四十万斤同快走丸にて三十万斤同宝満丸にて三十万斤同静海丸にて四十万斤同松島丸にて六十万斤同日光丸にて四十万斤、此の外元積にて唐津三百五十万斤の如き意外の入荷ありしが為め一時に気崩れの模様にて忽ち三十円以下に取組たる様子あり、尤も品潤沢なるがゆえに各々持倦みたると見へ買人あれば直に売放す程の有様なれば随て相場も更に不引立の姿なり(一二月三日号)。

石炭帆船数艘の入港が石炭市場を大きく左右する状況のもとでは、阪神、京浜、長崎等各市場がきわめて狭少なものであったのみでなく、各市場は個々に孤立して石炭の全国市場はまだ成立を見ていなかった。北九州が主要な供給地であったこの段階では、表Ⅱ-29にみるとおり、距離に正比例して輸送費は大幅に増大したから、各市場ごとに価格に大きな開きがあったのは当然であるが、その価格は港々における折々の需給関係によって大きく変動した。東京および大阪市場における唐津、筑前両炭の明治一八―九年中の価格の動きを示せば、図Ⅱ-1のとおりである。一八年夏季には唐津炭と筑前炭で値動きに大きな違いがあり、同年秋から年末にかけてまた一九年夏以降には、東京と大阪では変動が逆になっている。しかもそれが半月、一月の短期の現象ではなく、二月、三月にわたっているところに、この時期の市場の地域性がいかんなく示されている。

表Ⅱ-29　石炭輸送費

		明11	14
唐津炭価（1万斤）		円 20.50	円 28.50
唐津からの運賃	神戸	8.00	11.00
	長崎	5.00	—
	大阪	—	12.00
	品川	19.00	21.00～25.00

備考　長崎県庁文書による

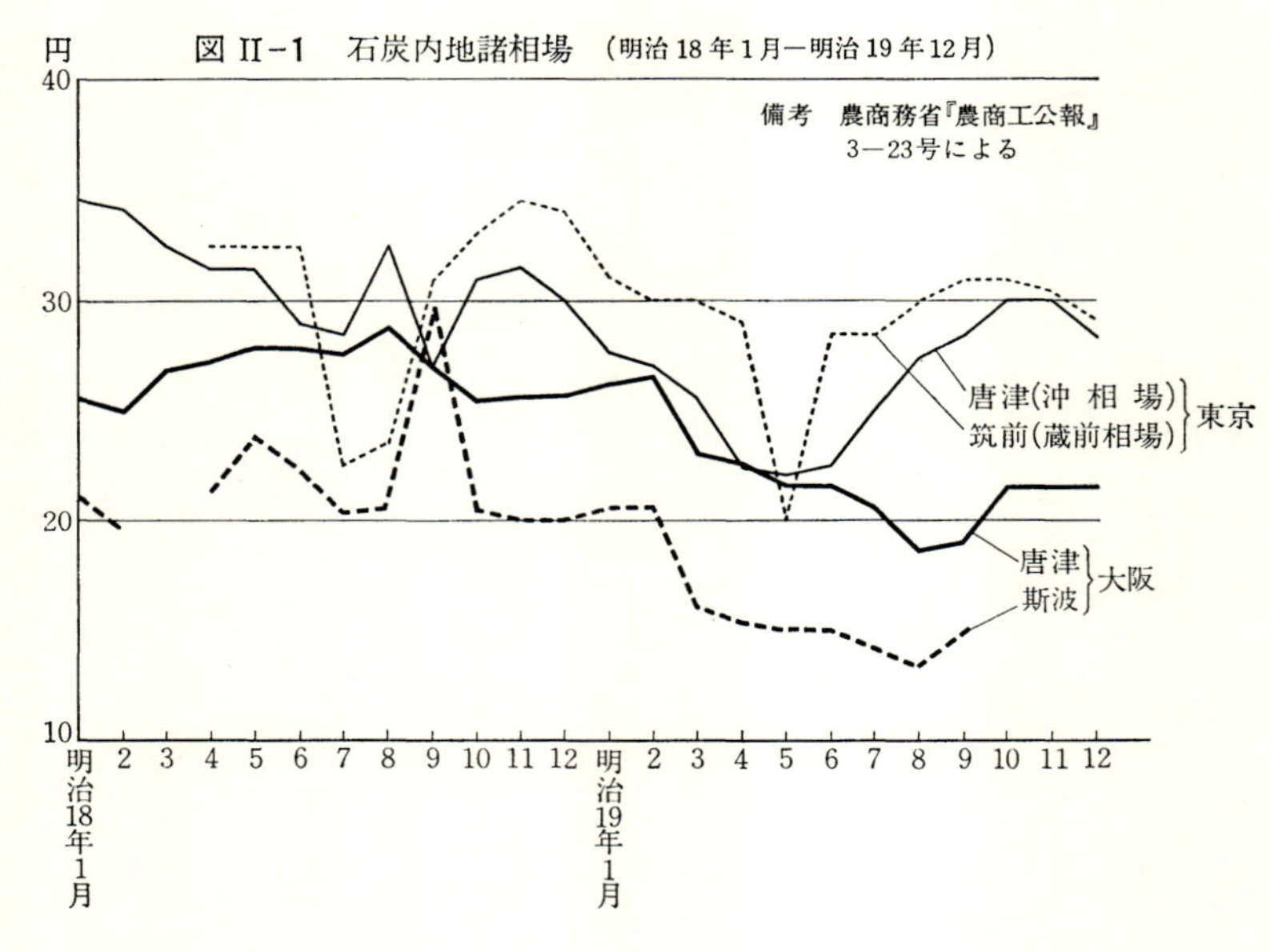

図 II-1　石炭内地諸相場（明治18年1月—明治19年12月）

このように変動常ない商品の取引に従事した石炭問屋の大半はそれほど大きな資本力をもっていなかった。

「他の日用商品に在ては皆悉く仕似せの習慣あり且不完全なからも取締の方法ありて之を支配せしに、特り炭商の如き始めより不規則に成立ち商家の第一義たる信用に拘はらす譎詐百端只利之れ貪る。而して之か商業に従事するもの破家流民の徒にあらされは冒険者たるを免かれす、蓋し此弊たる従来の商家は各自祖先伝来の商業あり仮令時勢不適当の商品となるも容易に一変して他の商業に移ることを好ます、徒に旧套を墨守し此一大必需の商品に着目するものなく却て石炭を以て破産の商業となし度外に置て之を顧みす」(「石炭の商業忽にすべからず」『東京経済雑誌』明治二〇年七月二日号)。

価格変動のはげしい石炭は、このような前期的な問屋の投機の対象となることによって、いっそう騰落の動きをはげしくした。「石炭の価格は高低定りなく昨日の相場は今日の相場にあらず既に先年壱万斤の価壱百円以上に上りしことあり」(同上)と記される事態にあったのである。

そのうえに、問屋および輸送業者の前期性に伴なうさまざまの悪慣習が存在した。とくに石炭の銘柄および販売量についてはは少なからぬ問題が存した。唐津炭の販売についていえば、つぎのように記されている。

「質ハ高島炭ニ次キ、是ヲ区分スレハ略四五等アリ、上等最夥多ニシテ或ハ高島炭ニ劣ラサルモノアルナリ、然レトモ積出方、売捌方等其方法ノ良シキヲ得サルニヨリ頗ル弊害アリテ、大ニ信用ヲ失シ声価ヲ墜スニ至レリ、其弊害タルヤ概ネ左ノ件々タルヘシ

川下シ上荷舟ニテ運炭ヲ盗取スル事

各村各坑ヨリ採出ノ炭ヲ運下スルハ松浦川ノ一口ニシテ坑口ヨリ荷車荷馬等ニテ土場(川岸ニ設ル石炭ノ置場)ニ出シ、上荷舟ニヨリ積下シ川口ニアル満島ト云ニ至ル　此所迄遠キハ凡三里半、近キハ一里余ナリ、然ルニ船積中船主川中ノ浅瀬ヲ撰ミ塊炭ヲ投シ置キ追テ取纏メ売却スル公然タルカ如シ、炭主モ又之ヲ黙容シタルモノ、如シ

廻漕船上置炭ノ事

満島ニ下シ来ル石炭ヲ上中下三等ニ分チ、同所ニ於ル石炭売捌問屋ニテ之ヲ売却セルニ、買積船ト唱ヘ船主来リテ買入ルアリ、低価ノ下炭ヲ十分ノ八九買積、一二ノ上炭ヲ買入是ヲ表面ニ置キ悉皆上炭ト偽リ、諸港ヘ廻漕シテ売却セル者ヲ上置炭ト云

積換炭ノ事

船主自己買積或ハ荷主ヨリ委託ヲ受運搬航海中、下炭ヲ積入レタル船ニ出会スル事アレハ夫ヲ低価ニ買入レ、上炭ノ幾分ヲ売却シテ混交スル等ノ事アリ、之ヲ積換炭ト云

濡炭ノ事

船主自己買入又ハ荷主ノ委託ヲ受運搬航海中積入ノ幾分ヲ売却シ、其減量ヲ償ン為メ潮ヲ打掛置アリ　之ヲ濡炭ト云

偽名売却ノ事

長崎港其他ニ於テ売却セルモノ、内唐津上炭ノ見本ヲ出シ或ハ上炭ト唱内外人に売買ヲ約シ、現品渡シ方ノ際調査ノ行届カサルヲ知リ下炭ヲ混交シ、甚シキニ至リテハ平戸多久等ノ下炭ヲ取交、終ニ下炭ノミヲ渡スニ迄至リタリ

右数件ノ悪弊ヨリ内外人ノ信ヲ失シ上炭ハ唯名ノミト想フニ至リタリ、右ノ弊害ヲ除クノ方法決テ堅キニアラスト雖モ能ク一二商買ノ行フ事ヲ得ス　偶真確ノ上炭ヲ売ラントシテモ其代価ヲ得サルヨリ遂ニ下炭ヲ混交シテ売却セル習慣ノ如クナリシナリ、依テ唐津炭ノ代価ハ上等品ノ代価ニアラス、下等ノ代価ニシテ、真ノ上品ト唱ルモノアルモ決テ実ノ上等ニハアラサルナリ、各地ニ於テ現今売買スル価額ニ上中下ノ等差ナキヲ以テ知ルニ足ルヘシ」(「唐津石炭売捌方法并予算」長崎県庁文書、明治一〇年三月)。

流通過程を担当する中間業者が、いかなる奸計をもって利潤を造出したか手に取るように明らかであるが、石炭取引が恒常化するにつれて、これが石炭産業関係者にとってかえって桎梏と感じられるようになったことは、前文に続けて「今般唐津各村ノ坑業人及満島石炭問屋トモ右各件ノ弊害悪習ヲ大ニ悔悟慨嘆シテ一同協議結社ノ上取締方法ヲ設ケ」たと記されているところからも明らかである。もっとも悪習の具体的記述では、不正の責任はもっぱら輸送業者にあるかのようであるが、「弊害悪習ヲ大ニ悔悟」すると記していることにも伺われるように、むしろ問題は石炭問屋にあったのである。[22] この点はその後も石炭取引の一問題であった。

(14)　中国市場での地歩の確立も、外国商業資本支配のもとでは容易なものではなかった事情を明治九年、上海総領事はつぎの

ように報じている。

「高島石炭ハ英国或ハ濠太利亜ノ石炭ニ亜ギテ品位ノ宜キニ居ルモ上海ニ於テ転売スルハ雑炭ヲ以テス則チ十ヲ以テ言ハヾ高島石炭六分内ニ外港最低ノ賤炭四分ヲ雑駁シ売払フトキハ高島ニ出ス純粋ノ炭価洋銀拾元之モノモ漸ク八元ニ不過ノ値ヲ為セリ」(『大隈文書』第五巻、一三七頁)。

(15)　益田孝は物産が販売を引きうけた当時の三池の状況をつぎのように語っている。

「其採掘炭は小舟で有明湾を島原迄出し、其処から大きな船に積替へて市場に出したが、販路は主に塩浜であるため塊炭は全く売れず、従つて採炭も思はしくなかつた次第である。

政府の方針としては、内地需要だけを頼りにしてゐては到底三池の発展を期することは出来ぬので、安く海外市場へ売捌くより外は無いといふことになつたが、併し政府が石炭を直接売る訳にも行かぬ、其処で物産会社の方へ売炭を引受けて呉れぬかといふ相談が持込まれた、而もそれは海外市場へ安く売るといふ政府の方針を実行するといふことが条件とされ、三井物産に対する仕切値段は当時一噸一円五十銭であつた」(「三池炭礦と海外売炭回顧」『石炭時報』昭和一〇年八月号)。

(16)　三井物産は一一年一一月、益田孝名義で大蔵卿および工部卿宛つぎのような願書を提出した。

三池石炭ヲ清国ヘ販売ノ儀ニ付願書

御国産中自今清国ヘ輸出販売相成候品類ハ各種有之候得共就中石炭ノ要需最多ニシテ漸次盛昌ニ趨クノ勢ニハ相見ヘ候得共頃日聞知スル処ニテハ彼国ニ於テモ煤炭開採ノ業ハ大ニ注意スル処アリ〔中略〕我国ヨリ輸送販売ノ業ハ却テ依然旧途ヲ踏ムニ於テハ遂ニ此石炭ノ商事ヲ退却シテ我利宝ヲ失フニ至ランモ亦不可測儀ニテ最以緊切ノ時機ト奉存候就テ思惟仕候ニ現今官行ノ三池石炭ノ如キハ其産出モ巨額ニシテ開採ノ費用モ低廉タル事ト奉存候間此度右石炭ヲ清国ヘ輸送販売ノ事ヲ当社ヘ御委任被下度候然ル上ハ向後殊ニ精念勉力〆一層低価競売ヲ為シテ彼国創業ノ途ヲ阻止シ益々我石炭ノ需要ヲ増加セシムル様可仕存候尤モ此石炭販売ニ付テハ別ニ運送船ノ供給無之テハ充分ノ輸出仕兼候ニ付右船舶購取ノ費モ併セテ拝借仕リ此石炭輸送ノ運賃ヲ以テ其元利ヲ年賦支消候様仕度奉存候

(『三池鉱業所沿革史』第一巻、三六五頁)

この願は翌年一月末つぎの条目で「聞届」けられた。

第一条

一、明治九年元鉱山寮ト結約シタル分ヲ廃止シ今更ニ三池石炭ヲ今ヨリ向十ヶ年間別紙甲号概算書ノ旨趣ニ基キ海外輸送及ヒ

販売ノ事ヲ一切三井物産会社へ委任セリ物産会社ニ於テハ内地外邦ヲ論セス心力ヲ竭シ工部省ノ為メ勉励致スヘキ事

第九条

一、物産会社ハ石炭売捌方ヲ幾重ニモ苦心尽力致スニ就テハ取扱タル売捌キ代金総高百分ノ弐半ヲ手数料トシテ工部省ヨリ物産会社へ附与致スヘキ事

但海外ニ於テ売捌タル分ニ限リ本文手数料ノ外丙号計算書ノ通リ剰余ノ純益金ノ半高ヲモ賦与スヘキ事

(同上、三四七、三五〇頁)

(17) この出炭制限は一カ月余で解除されたが、翌一九年六月には、ふたたび三池の出炭を三〇万トンに制限する通牒が発せられた。これも海外市場拡張の見込みありという判断にもとづき、一年余で撤回されたが、三菱資本との対抗関係がいかに深刻であったかを物語っている。

(18) 筑豊炭については事情はやや異なっていた。

「筑豊炭の海外輸出は門司が特別輸出港になる前は、特に免許を受けてやつて居た。明治十八年頃は石炭の輸出は神戸迄帆船で送りそこから多くは外国商人の手を経て上海方面へ輸出するといふやうなことをやつてゐた。〔中略〕門司港の石炭輸出も初期には西洋人や支那人の手を経てやつてゐた。西洋人は門司に大概店舗を有してゐたが、支那人の方は上海香港辺からやつて来て船一杯分の商売をするといふ者が多かつた。〔中略〕三井物産は下関で米穀の取扱をやつてゐた関係から石炭の方も随分古くからやつてゐる」(松本健次郎「回顧断片」『石炭時報』昭和七年六月号、四〇頁)。

こうして筑豊の発展につれて石炭取引港としての神戸の意義が重要となっていった。

(19) 前掲「九州鉄道ノ石炭ニ於ケル関係」の筆者は、明治一一年中東京石炭消費の額について、つぎのように記している。

「当時ニ在ツテハ石炭ヲ費消スベキ製造場ハ僅カニ赤羽製造所(石炭ノ費消高一日五千斤)芝米搗場(千斤)三田製紙場(壱万斤)品川硝子製造場(壱万五千斤)鉄道局(弐万斤)王子製紙場(弐万斤)浅草米搗場(弐千五百斤)小石川砲兵工廠(弐万斤)蠣殻町製紙場(壱万斤)品川米搗三ケ所(三千斤)紙幣局(六千斤)四ッ谷勧業寮(三千斤)ヲ費消セシニヨリ即チ一日ノ費消高拾壱万五千五百斤ナリ今仮リニ営業日数ヲ一箇年三百日トセバ其費消セシ処ノモノ三千四百六十五万斤」(『日本鉱業会誌』四二号)。

(20) この供給杜絶は「明治十二年、冬、西北の風吹き続きたる為め、石炭運搬帆船の通航渋滞」(安川敬一郎『撫松余韻』五五二頁)によるものであった。

(21)　事情は輸出港としての長崎の場合もまったく同様であった。『東海経済新報』は明治一三年の状況をこう報じている。「石炭ハ品払にて現今当港にあるもの唐津炭七八十頓のみ、故に代価も非常に騰貴し目下の相庭多久唐津一等炭一万斤に付三十円位なり、是も唯相庭のみにて現品なし、先日多久炭三百屯余樺島沖迄積み来りたれとも逆風の為めに支へられ入港する能ハす、右石炭入港する時に至らバ他の石炭も着すべし、代価も亦随て下落する見込なり」(二号「八月二十日付長崎通信」)。「石炭ハ現今当港に碇泊する船舶多久唐津の両炭合して凡一千五六百頓なり、代価は一万斤に付二十六円五十銭より二十九円までにて百頓以上買入るゝ時ハ二十七円位、前回ハ余程下落せりといへとも一時多額を需むる時ハ自然高価にて廿八九円に騰る、是ハ必竟入津尠き故也」(五号「九月二十五日付長崎通信」)。「石炭ハ過日来在港の分は英魯の滊船二三艘其他風帆船数艘一時に入港し品種の上下、価値の高低を問はす暴ら買して上海及び香港向け出帆せしより其影響を及ほせしや非常の騰昂をなし即今の所にては唐津古賀の上等物一万斤に付卅円及卅一二円にて取引する程の事となり尚又た今福、萩山、香焼其他の下等品も随ふて上進し滊船焚料等の小潰口迄も買込みに甚だ困難を覚るに至る、高島炭ハ平常に替る事なけれとも全体の景況斯く荒々敷品物払庭一際の景気を現はしたり」(九号「十一月五日付長崎通信」)。

(22)　松本健次郎は明治二〇年前後の神戸の石炭問屋について、つぎのように記している。「当時の問屋なるものは中々狡猾な連中が多くいて、吾々荷主に対しては出来得る限り苛酷な検量をして受取ろうとし、一方売渡先に対しては実に言語道断な悪辣手段を弄し、殆んど白昼強盗と評してもよいような方法を用いていた」(『松本健次郎懐旧談』昭和二七年、四四―五頁)。

6　石炭市場の変動

ところで、明治一〇年代に、石炭価格はどのような推移をたどったのであろうか。この点を明らかにする史料はきわめて断片的であって、全貌をつかむことは困難である。というのは、石炭が全国市場で未だ重要商品と見なされていなかったこの時期には、『東京経済雑誌』のような経済専門誌ばかりでなく、『中外物価新報』のような市場専門誌

図 II－2　石炭価格の変動（唐津炭品川沖相場）　（明治12－15年）

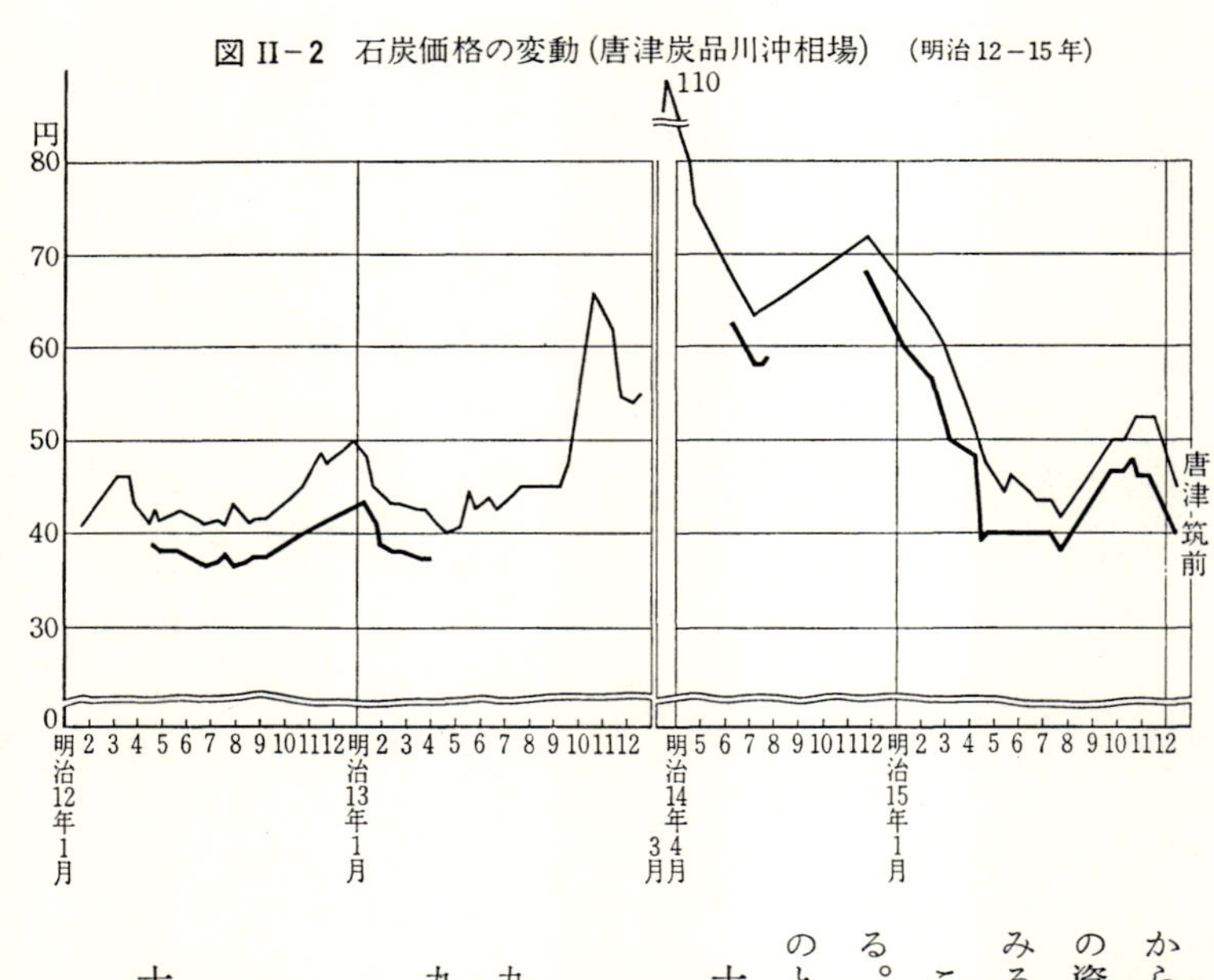

においてさえ、石炭は未だ注目に値いするものではなかったから、記事はいきおい断続的である。いま参看しえたかぎりの資料によって、明治一二年から一五年までの東京の市況をみると、図II-2のとおりである。

この図でまず注目をひくのは一四年初頭の炭価の急騰である。この間の事情を『中外物価新報』によってみると、つぎのとおりである。

十三年九月一日　石炭ハ其後不入津品かすりにてますます強気、眼前二三艘船先なれども入着ありたらバ却て騰貴の気込。

九月四日　石炭ハ未だ入船なし、ますます気配強し。

九月十五日　唐津石炭ハ去る九日より十一日迄に和船二艘風帆船四艘にて百六十万斤程入津せしが至て買人気強にて為に案外昇進し、白水も望人ありて目切騰貴、随て磯原も上向也。

十月二日　石炭ハ何れも不入津にて即今品切と成れり、併唐津ハ百三十万斤程積込伊豆下田辺迄入津せし様子なれど海上日和工合にて未だ入船致さず、各待兼居れど頃日の天気模様にて目先き当着あるまじき見込。
十月二十三日　唐津石炭三十五、六万斤程横須賀へ入津ありしが頗る気強く七十円位ならでハ売放ざる様申居るゆへ未だ手合相成らざる由、之ハ必竟白水磯原とも更に入津なく品切なる故此景況に至りしならん。
十一月六日　石炭ハ去月二十七日より本月一日迄瀛船及び風帆船にて唐津百二十二万斤、筑前若松より(是ハ東京へ初て参着の由)三十二万斤程入津せし故、従て気配引戻し目切相場下落せり、尚跡々下向き模様。
十一月十七日　石炭ハ実際の相場にあらざれど昨今五十二円に投売するものあるよし。
すなわち、九月以降騰貴を続けた炭価は、一一月に入って大量入荷のため値崩れしたが、それでも五三、四円に上っていた。翌一四年一月下旬においても、「石炭ハ更に入品なけれど買人不進にて気配よろしからず」(一月二六日号)と報ぜられている。ところが、二月に入ると事態は急速に変っていった。
十四年二月九日　唐津石炭ハ更に入津なく品払底にて頗る景況立意外上直に進たり、然れども望人多く気配益強し。其他ハ品切なり、此頃入船途切着荷あらざるハ頃日来海上日和悪き為め積船ハ皆伊豆下田辺に碇泊中の故ならん。
二月二十六日　唐津石炭ハ更に入津なくいよいよ品切となれり、高島塊炭ハ之れに代用するものなるが是又品切なり、故に至て望人多く気配頗る強し、目下在品ハ高島粉炭のみ、其価ハ一噸十二円にて売口尤よろし、且去二十二日磯原百俵回着あり、一万斤に付川岸着六十二円にて取引出来せしが、直に七十円に買望ありしと云ふ。
三月三十日　石炭ハ一昨二十八日九万五百四十斤入津せしが未だ手合にならず、相場は矢張百十円位には居れど買控へ工合にて気配よろしからず。
四月九日　唐津石炭ハ此頃入津杜絶えし処昨日筑前三艘の入津あり、未だ相場ハ立たざれど人気ハ百円以内なる由、又一昨日利通丸にて高島石炭二十万斤到着せしが之は兵庫より積取り送荷の由。
四月二十日　石炭ハ去る十六日売船四艘にて唐津百五十万斤但内二艘積荷七十万斤横浜へ廻る。風帆船西尾丸兵庫積唐津筑前積合五十万斤、同宝満丸唐津四十万斤入津、目今相場八十円位にて先行至て宜しからざるも跡船途切の見込かたがた底意小堅し。
四月二十三日　石炭ハ去る十九日和船一艘にて唐津三十五万斤入着せり、相場ハ矢張り八十円位にて小〆りの模様なれど各々買人ハ往々下落見込故買控へ先行思しからず。
こうして六月初旬には「人気安模様となり随て大に下落したり」(六月四日号)と報ぜられるに至っている。

以上の報道から明らかなことは、この急騰が「石炭ハ入津なく品払底」、「入津なくいよいよ品切」等と記されているように、供給の不円滑によるものであり、その最大の原因は「海上日和悪き為」であった。[23] 一三年秋の騰貴も、「海上日和工合にて未だ入船致さず」という事情に基因していた。したがって、このような炭価騰貴は、つぎにみるような需要の増加もさることながら、何よりも輸送手段の未発達による局地的偶発的な需給バランスの崩壊に原因するものであった。

図II-2においてつぎに説明を要する点は、一四年六月にいたって「大に下落したり」と報ぜられているにもかかわらず、炭価は依然六四、五円で、一年前に比べて五割方騰貴している点である。この下落と騰貴の同時存在の根拠は、実は石炭市場そのものではなく、西南戦争後のインフレにあるといわねばならない。表II-30は炭価についての年間平均をとっているので、大体の傾向を考察しうるに止まるが、その炭価を銀価に換算すると、それほど大幅の高騰は見られなくなるのみでなく、明治六―一〇年平均に及ばないのである。にもかかわらず、一二、三年に比べればかなりの騰貴が見られるのは、出炭増の大半は輸出に向けられ、国内市場への供給はいずれかといえばコンスタント

表II-30　明治10年代市場の推移　(単位 トン)

	12年	13年	14年	15年	16年	17年	18年	19年
産出高	857,549	882,055	925,198	929,213	1,003,421	1,139,937	1,293,678	1,374,296
輸出	195,802	286,252	294,803	324,671	389,543	519,290	581,690	670,863
輸入	25,915	22,383	33,490	22,251	17,379	4,279	10,870	7,589
推定国内消費高	687,622	618,186	663,885	626,793	631,257	624,926	722,858	711,022
炭価(唐津1万斤)	円 41.50	42.50	65.00	51.50	43.00	33.70	30.00	31.00
同上銀価換算	34.24	28.78	38.33	32.78	34.02	30.94	28.44	31.00
同上指数(明6―10年平均=100)	87	73	98	84	87	79	72	79

備考　産出高および輸出は表II-23. 輸入は『大日本外国貿易月報』. 推定国内消費高は以上の数字から算出. 炭価についてはすべて『貨幣制度調査会報告』による.

であるため、インフレ過程で製糸その他の産業が発展し、石炭需要が多少とも増大したことによることは、無視しえないであろう。

同じ事情が一五年以降の炭価の下落を説明する。紙幣整理の過程において、銀・紙の格差が漸次縮小し、したがって、炭価を銀価換算すると、一六、七年まではそれほどの低落を見ていないことになる。それは一つには、出炭の増加が抑えられ、国内市場への石炭供給がほぼコンスタントであったという事情による。とはいえ、一割をこえる銀価換算価格の低落をみたのは、紙幣整理過程での経済活動の縮小・沈滞に影響されたためである。

「今ヤ一昨十四年ニ比スレハ炭価凡ソ四割ヲ減シ大ニ損失ヲ来シ為ニ休業ヲナス者尠ナカラス　高島ノ如キニ至テモ十分ノ事業ヲナストキハ一昼夜千屯ノ炭ヲ出スヘシト雖モ客年ヨリハ故ラニ其事業ヲ縮メ現時ハ凡ソ六百屯ヲ出スト云、以テ一般ノ景況ヲトスルニ足レリ」(「長崎県鉱山調」長崎県庁文書)。

ところが、国内市場への石炭供給は、出炭の増加と相まって、一八年以降にわかに増大し、市場を圧迫するに至った。

「東京は近年蒸気の用ゐも愈増加し石炭の需要は最も多額なる所なれども尚一ケ月間に平均し一千百万斤内外の需要に過ぎずといふ、故に今日に在りては殆んど無尽蔵とも言ふべき炭坑の採掘は常に需要の高に超過

図 II－3　唐津炭(品川沖)・筑前炭(蔵前)相場　(明治 17—19 年)

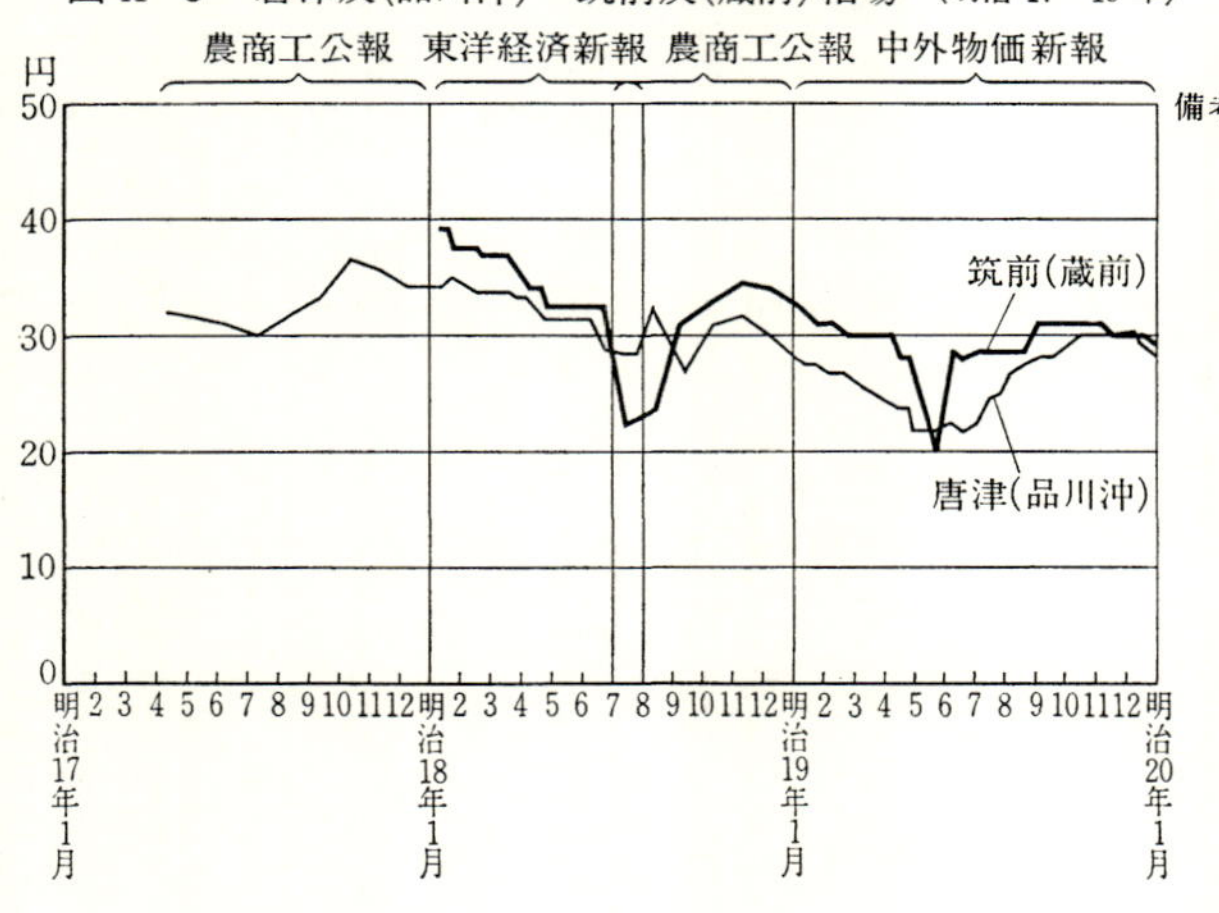

して動もすれは直段の非常なる下落を来すことも多く、已に三四月前などは唐津産にて東京品川沖の相場は一万斤十九円迄に下落したる程なるに〔以下略〕」(「石炭の需要」『東京経済雑誌』一九年一二月一八日号)。

一四年の事態とは逆に今や炭価の暴落が大きな問題となったのである。この間の推移を示せば、図II-3のとおりであり、『中外物価新報』はつぎのように報じている。

十九年四月二十八日　此程中意外の不捌けにて気配も殆んど沈静の折柄連日南風吹続きたるため入船殊の外多く僅か数日間中に船数十七艘にて各種取交ぜ六百六、七十万斤の廻着あり、今其船名及び石炭の種類を区別すれば風帆船頼信丸(神戸積)にて豊前六十万斤義家丸(同)にて豊前三十万斤九店丸(同)にて筑前五十万斤超越丸(同)にて唐津筑前取交ぜ七十万斤愛国丸(同)にて三池二十万斤大陽丸(同)にて筑前二十万斤東丸(同)にて筑前五十万斤琴緒丸(同)にて豊前七十万斤和船二艘(元積)にて筑前六十七万斤なり、又和船七艘にて筑前唐津取交ぜ二百二十七万斤横浜へ輸入あり、右の内過半ハ荷主より送り付の品なれば当地の石炭商ハ何れも荷受け方に当惑し随て船手も頗る困難の様子にて互に糶売を始め恰も昨今ハ火事場同様の有様ゆえ蔵場物杯ハ更に手合出来せず沖取引の分も日増に低落の商勢なれば、船手ハ矢鱈に気を揉みて何とか此辺の相場にて喰止めんものと頻りに奔走を為し居る由なれど尚跡々続て入船の聞へもあれば今後如何なる一大変動を現ハすやも測り難しと云ふ。

五月十二日　前報後入津せし斤数を取調ぶるに風帆船大陽丸(元積)にて唐津八十万斤十八丸(元積)にて唐津八十万斤超越丸(神戸積)にて筑前四十万斤朝日丸(同)にて筑前七十万斤大国丸(元積)にて唐津八十万斤和船七艘(元積)にて多く唐津取交ぜ二百七十万斤なり、右の如く多数の入船ありたる為め問屋ハ何れも安気を構へ筑前塊にて十七、八円唐津塊にて十九円より二十円の相場を唱へ居れど何様船手ハ余りの下落故にや兎角手放し兼る工合にて頓ど手合出来ず強弱白眼合の現況なるが此様子にて押行かば近々面白き変動もあるならんと想ハる。

六月四日　過般来一時に数多の入船ありたる為め頗る荷嵩みの傾ありて意外の安気配となりたりしが、産地へも右の聞へありたるものにや其後ハ僅に快国丸(元積)にて唐津二十七万斤の入津ありたる外更に廻船あらざるのみならず坂地流行病の為め神戸積の送り荷等も一寸途絶へ居る折柄、是迄航海毎に神戸にて自用の石炭を買入れ居りし大小の汽船も昨今ハ当地及び横浜にて買込みを為す由なれば、夫是の影響にて相場目つ切り引締り気配も益す強気込なれば此調子にて押行かば著しき商況を顕すやも測り難し。

こうして六月中旬には「唐津炭ハ頗る払底の有様ゆえ相場少しく強味となれり」(六月一三日号)と報ぜられ、その後炭価は徐々に回復に向った。

この炭価暴落は、直接には『中外物価新報』が報ずるように、配船や天候等の条件が重なって一時的に供給過剰を生じたためであるが、このような供給過剰自体が実は単に一時的な現象に解消しえないものであった。表II-30に見られる一七年以降の出炭増と国内消費の増大、および銀価換算炭価の低落が、この間の事情を物語っている。この供給過剰の集中的表現が一九年五月の暴落であり、そのため、肥前および筑前の諸炭坑は深刻な打撃をうけ[24]、これらの地方では一九年に出炭の減少をみるに至った[25]（表Ⅱ-31）。

このような供給過剰の一大要因は、筑豊炭の進出である。先に引用した『中外物価新報』の、明治一四年の記事と一九年の記事とを比較してみると明らかなように、一四年には唐津炭が中心で常州炭が多少入荷していた状態であったのが、一九年には筑豊炭の進出が著しく、前掲記事のみについて集計しても、唐津二六七万斤に対し、筑前二九七万斤、豊前一六〇万斤、肥筑混合五六七万斤となっている。それが一九年の炭価崩壊で、筑豊がとくに大きな打撃をうけたゆえんでもある。

われわれはつぎにこのように進出をみた筑豊五郡における石炭生産について考察してみなければならない。

表Ⅱ-31　明治10年代後半期の九州石炭坑業

	肥前		筑前		豊前	
	坑数	産出高	坑数	産出高	坑数	産出高
明治15年	405	127,727	340	50,732	46	2,097
16年	—	133,506	—	55,983	—	5,547
17年	—	131,384	—	68,987	—	11,569
18年	544	153,711	468	79,789	128	14,383
19年	412	158,874	382	65,038	103	12,728
20年	363	207,060	287	94,551	74	16,105

備考　『帝国統計年鑑』第4—8．産出高の単位は1,000貫．

(23)　この炭価暴騰は後年まで関係者の語り草となったが、高野江基太郎『日本炭礦誌』（明治四一年）はこう記している。

「石炭需要の大市場たる大阪神戸に対しては、小形の帆船を以て運搬し、西北の風一たび起れば、蘆屋若松の港頭、幾百艘の運炭船、空しく港内に潜伏して、一塊だも送出する能はず、明治十三年の冬の如きは四十七日間の強風に依り、大阪神戸の石炭地を払ひ、一万斤一百廿円の高直を唱へしも、尚供給する能はず、航路一たび開けて相場忽ち下落し、十二円の最低直段を聞くに至りしことありと云へり」（一三頁）。

(24)　「此冬〔明治一九年初め〕より翌廿年に懸けて炭価大に下落し、若松港に於る相場大之浦三尺炭一万斤に付六円の低価に落ちたる位にて、一般鉱業界に大恐慌を来し、為に附近の各炭坑概ね廃業するの已むを得ざるに至れり、是れ実に筑豊鉱業歴史に有名なる所謂十九年の恐慌にして、君が折角の独立起業も殆んど其渦中に捲き去られんとしたり」(高橋光威編『炭鉱王』明治三六年、七四頁)。

(25)　前項でふれた明治一八、九年における三池炭坑出炭制限の指令は、このような市場的背景をもふまえて理解されなければならない。

第三節　石炭資本の発展

1　筑豊石炭坑業の停滞

前述したように、明治一〇年前後の筑豊諸炭坑の規模はなおきわめて零細であって、幕末期の状況と大差なかった。明治一〇年の産業事情を記した『福岡県物産誌』(明治一二年刊、昭和三一年覆刻)の「石炭」の項を整理して表示すると、表Ⅱ-32のとおりである。豊前の方が輸送距離が長く、したがって、輸送費が割高であるため、出炭能率は筑前に比べて格段に高くなければならなかったが、いずれの場合にも、(1)一日の稼働坑夫が平均一〇人以下の零細経営で、(2)稼働年間五五日前後という数字から知られるように、大部分が季節採炭であった。もっとも明治一〇年という年は、西南戦争で筑豊の諸炭坑が大きな影響を受けた年であり、稼働日数および稼働人員が低目に出ていることは、考慮されなければならない。しかし、当時「出炭高は毎年平均一億六七千万斤内外」(前掲「洋人ポッター報告書」)といわれ、一〇年は一億二五〇〇万斤で、その約八割に当るから、前記の数字によって筑豊の概況を推定して大過ないであろう。

ポッターは福岡県の招きで明治一一年に筑豊炭田を調査したが、『三池鉱山局年報』にのせられたその報告書は代表的な炭坑についてつぎのように記している(「明治十一年の筑豊炭坑」『筑豊石炭鉱業組合月報』明治三九年六月号)。

鯰田石炭坑

此坑は河を離るゝ凡二マイルの所にして河を登る凡四十尺乃至七十尺の高さに位し、現時営業の坑三口各相密接して産炭尤少く、馬に駄して運輸するを見る。而して各層の間に四インチ乃至六インチの隔物を挾んで厚さ総計

表Ⅱ-32　筑豊炭坑の経営規模　(明治10年)

	坑数	出炭	1坑当り			
			借区坪数	年出炭	稼働日数	1日当り稼働坑夫
		千斤	坪	斤	日	人
筑前	315	92,731	825	294,395	54.5	8.8
豊前	26	32,840	1,627	1,263,078	56.0	9.4

備考　『福岡県物産誌』(明治12年)

十二ヒート十インチとす。此地の炭層現に良好の部は広く掘採し卒れり。且坑業の便少なく、鉄路を河辺迄開かんとすとも村中丘陵多く甚だ容易ならず、加之川より蘆屋若松両港への里程も近からず、敢て望む所なきが如し。

糸田石炭坑

此坑は平坦なる稲田中に於て許多の数坑を開けり、坑口に細弱の「テーポップ」と航海蒸瀛の小瀛罐を備へたるもの、又甚小なる複「テーポップ」筒状の小瀛罐、復続置喞筒及万器械等を備へたるもの各一坑を見たり、然れども現今は大概廃業に属す。

川原弓削田石炭坑

此坑も亦前と同じく谷の中央稲田中に坑口を開きたるもの数ケ所あり、東方に字小松谷の砂石丘ありて其間に昔時三尺四尺乃至八尺の石炭三層を掘採せる所あり、丘の東腹に於て現今営業の一坑に入り八尺の石炭層を実見せり。

香月石炭坑

此坑や地表に松林茂り谷底より高さ四十尺乃至百尺、河と離るゝこと凡七丁、若松に五里、蘆屋に三里有半の処に坑口あり、一昨年中大根元層と号くるものを掘取れりといふ、然れどもこれ新開にあらずして旧坑を再興せるならん。此坑より小丘を距て一の廃坑あり、此小丘の嶺に一坑あり、営業するを見たるは独り此坑のみ、其業極めて微々出炭至て僅に、大根元層は現に昔日の業に尽したるにや今得て見るべき所なし。

炭坑経営がきわめて停滞的であり、零細であったことを知ることができる。この点は

『鉱山借区一覧表』(明治一六年)を整理した表Ⅱ-33によっても明らかで、肥前地方と比べても、借区はひとまわり小規模で、千坪以下が六二%を占め、五千坪以上は五%に満たなかった。このように規模零細な当時の筑豊炭坑の開坑方式は、ほぼつぎのようなものであった。

「所謂狐堀にして一も機械的の応用なく単に人力のみを以て採掘し所謂狐穴に類するものにして排水の如きも三五間乃至七八間の竪坑を穿ち坑内外に人夫を配置し刎ね釣瓶を以て揚水す。故に其坑口は常に炭層の焼先に鑿ち不完全なる坑道を通して左右に幾多の切葉をつけ進堀漸く遠くして排水漸く困難となれば忽ち之を中止して更に他の焼先に転ずるなり」(高野江基太郎『筑豊炭礦誌』明治三一年、五一頁)。[1]

なお、「明治十年迄は即ち狐堀りの時代にして斜坑は十年前後より行はれ狐堀と相半し」(同上、五二頁)たと記されているが、この斜坑は「炭層を逐へる斜坑」であって、一〇年代前半には、狐堀りと本質的に異なるものではなかった。「一度出水ニアヘバ忽然之ヲ廃シ極メテ開掘シ易キ鉱泉露出ノ地ヲ選ビテ又之ヲ穿ツ、甲ヲ廃シ乙ヲ起シ曽テ開坑原費ニ備フルノ資力ナシ」とポッターに評された明治一〇年代初頭の零細経営は、このようなものであった。

このような採炭方法の結果、「炭層良好の部は広く掘採し卒れり」等と記されているように、採掘条件の良好な露頭周辺は掘りつくされて、年とともに条件は劣悪化し、それが筑豊石炭産業の発展を阻害していた。それゆえポッターは、前記報告書の結論において、「此鉱業を永遠に維持せんと欲せば宜しく現に露出する所より稍深遠に進まざる可からず、而して掘採深遠に至るに随ひ潦水を疏するの策、且坑中の空気を新陳代謝せしむるの計、及石炭運出の機械を新置する等の挙を企て」なければならないと記したのである。かれも指摘するように、筑豊炭坑業の発展を阻害した第一の要因は水であった。「本煤田区域ノ地勢ハ高峻ナラズ、採掘ニ堪ユル主要炭層ノ多クハ、地盤稍卑キ所ニ露ル、ヲ以テ、之ヲ開採スルモノハ水準以下ニ降ラザルベカラズ、其採炭上ニ困難多キヤ察スベキナリ」(農商務省地質調査所

表II-33　筑豊地方炭坑借区規模別分布

		500坪以下	1,000坪以下	3,000坪以下	5,000坪以下	10,000坪以下	20,000坪以下	20,001坪以上	計
鞍手郡	勝野	(2) 7	4	(2) 16					(4) 27
鞍手郡	御徳	4	10	5	1				20
鞍手郡	四郎丸	(3) 4	(5) 6	(2) 6	(1) 2				(11) 18
鞍手郡	新多	6	2	3	3				14
鞍手郡	その他	(5) 18	(7) 29	(4) 40	6	1	(1) 2	3	(17) 99
鞍手郡	小計	(10) 39	(12) 51	(8) 70	(1) 12	1	(1) 2	3	(32) 178
遠賀郡	中間	(3) 7	(1) 14	5		1			(4) 27
遠賀郡	戸切	(1) 3	5	(1) 5					(2) 13
遠賀郡	香月	2	(1) 5		1	1	1	1	(1) 11
遠賀郡	その他	(1) 7	(8) 25	(3) 15	(1) 4	2	2	1	(13) 56
遠賀郡	小計	(5) 19	(10) 49	(4) 25	(1) 5	4	3	2	(20) 107
嘉麻郡	鯰田	(1) 1	(4) 11	(2) 6	1		1		(7) 20
嘉麻郡	勢田		(1) 7	(2) 8	2	2			(3) 19
嘉麻郡	綱分	10	6						16
嘉麻郡	山野	(2) 8	(1) 4	3					(3) 15
嘉麻郡	上三緒	4	2	6					12
嘉麻郡	下山田	(1) 5	7						(1) 12
嘉麻郡	その他	(7) 38	(6) 20	(1) 20		2			(14) 80
嘉麻郡	小計	(11) 66	(12) 57	(5) 43	3	4	1		(28) 174
穂波郡	相田	5	9	9					23
穂波郡	その他	(9) 35	(8) 33	(6) 22	1		1	2	(23) 94
穂波郡	小計	(9) 40	(8) 42	(6) 31	1		1	2	(23) 117
田川郡	赤池	(4) 7	(1) 2	(1) 5	6	3	1		(6) 24
田川郡	宮尾	2	(1) 9	(1) 8					(2) 19
田川郡	新所	(1) 2	(1) 10	5			1		(2) 18
田川郡	弓削田	4	(1) 2	(1) 5	(1) 4				(3) 15
田川郡	その他	(9) 30	(6) 24	(6) 16	(1) 6	3	1	1	(22) 81
田川郡	小計	(14) 45	(10) 47	(9) 39	(2) 16	6	3	1	(35) 157
合計		(49) 209	(52) 246	(32) 208	(4) 37	15	(1) 10	8	(138) 733
合計		28.7	33.2	28.5	5.1	2.1	1.4	1.1	100.0
肥前		118	220	390	150	131	66	27	1,102
肥前		10.7	19.9	35.4	13.6	11.9	6.0	2.5	100.0

備考　『鉱山借区一覧表』(明治16年末)　(　)内は休廃業坑で内数

『福岡県豊前及筑前煤田地質説明書』明治二七年、三―四頁）とされた筑豊では、露頭採炭が一段落すると、たちまち湧水問題に直面し、「坑業者の利害は第一坑口の鑿ち所水量の多小に関し水少なければ費用僅かにして容易に採掘し水多ければ之に反して採炭に苦しみ費用倍々嵩む故に半途にして業を止むる者も亦少からず」（「福岡県に於ける炭坑事業の近況」『東京経済雑誌』明治二二年三月二日号）と記されているように、採炭の本格的発展のためにはその克服が緊急事だったのである。それゆえ、明治一〇年前後の筑豊炭坑史は、何よりも水との闘いの歴史であった。(2)

「片山逸太なる人あり、百方苦辛して坑業の発達を計らんとし、明治八年斯業最も幼稚なりし頃奮然として蒸滊機関の使用を企て排水器械及石炭捲揚器械を購入し自己の所有なる糸田炭坑に据へ付けたり。然れども諸事尚ほ幼稚にして百般の整備全からず、片山氏の苦辛経営も単に同業者の惰眠を攪破するに留り終に予想の良果を見ず。(3)

貝島太助氏亦久しく礦業振作の志あり、偶片山氏の新機械購入を聞き直に糸田炭坑に赴むき其の使用方法を研究し、翌年自から長崎に赴むき滊船用の滊鑵と捲機械とを購入し携へ帰りて直方炭坑に据へ付けしも、其結果良好なる能はず事業却つて大頓挫を招くに至りたり。(4) 是れ実に筑豊四郡中第二回に据へ付けたるものなりとす。

此の頃帆足義方なる人あり、身曾て軍籍に列し十年の乱後小倉営所にあり、筑豊石炭事業の振はざるを見て窃に憤慨する所あり、軍職の傍屢筑豊の間を跋渉し親しく各炭坑の実況を見、且つ蘆屋若松に往復して其売捌の方法を察し心中独り計画する所あり、終に其職を辞して礦業に従事し、明治十一年始て馬場山炭坑を開き次に香月炭坑を起し、十三年中蒸滊機関を据へ付けしも尚好果を見る能はず。

明治十三年杉山徳三郎氏亦百方研究して蒸滊機関を目の尾（シャカ）炭坑に据へ付け始めて幾分の効果を得、明治十四年排水採掘二つながら実行し同年暮頃初めて新器械採掘の石炭を見るに至りたり」(5)

（高野江基太郎『筑豊炭礦誌』明治三一年、九一―一〇頁）

こうして筑豊では明治一四年にはじめて、蒸気ポンプによる排水の実現をみた。前述したように、高島、三池の大炭坑をはじめ、松浦地方の若干の炭坑でも、これより先に蒸気ポンプの採用をみていたのであるから、筑豊においてその実現がおくれたのは、何よりも経営資本の零細性とそこから生ずる技術の低位性に基因していた。たとえば、「君等が購入したる蒸滊器械は滊船用の古釜幷に其附属品にして之を炭鉱器械に適用するは固より其当を失するものにして、実地の場合に臨み運転完からず効用充分ならず、随て採炭意の如くならずして終に失敗に帰せるは自から其処なり」（前掲『炭鉱王』六五頁）と記された貝島太助の揚水機械の購入においてさえ、貝島の独力では所要資金二九〇〇円の調達は不可能で、六名の合資によらなければならなかった。したがって、「僅カニ二三百円内外ノ高利金ヲ他借シ以テ一挙ニ巨利ヲ得ントシ、金主坑主共ニ倒ルルニ至ル」（前掲「洋人ポッター報告書」）事情にあった筑豊では[6]、蒸気ポンプの導入がおくれたばかりでなく、その普及も必ずしも急激なものではなかった。

というのは、一つには、前述したように、一三年秋から一四年にかけて高騰した炭価が、一五年以降低落したままで、石炭産業は有利な投資対象となりえなかったからであり、二つには、これと関連して、筑豊炭の主要市場であった国内市場が、一五年以降の景気沈静のなかで、急速な発展を可能にしえなかったからである。このような事情から、明治二一年においても、表Ⅱ-34に明らかなように、筑豊五郡の炭坑経営はなおきわめて零細なものであった。一日使役人員は平均二三人にすぎず、とくに輸送の不便な嘉麻、田川両郡では、わずかに一五人前後で、一坑当り出炭も半年で平均一五〇万斤、嘉麻では六〇万斤にすぎなかった。しかも一坑当り行業日数から明らかなように、稼働日数は半年一五〇日に対し六割弱で、かなりの炭坑がなお季節的な採炭を行なっていたことを示している。要するに、二一年前半期においても、筑豊では比較的輸送の便にめぐまれた遠賀、鞍手地方の炭坑が、ようやくその採炭規模を拡大

表Ⅱ-34　筑豊五郡石炭借区明細統計表　(明治21年前半期)

	遠賀郡	鞍手郡	嘉麻郡	穂波郡	田川郡	合計
坑数	15	68	100	35	69	*287
借区坪数	坪 156,683	361,241	395,502	538,518	257,312	1,709,256
堀出高	千斤 43,656	160,378	59,914	68,665	106,145	438,757
売高代価	円 26,957	141,430	50,213	54,860	95,134	368,595
行業日数	日 1,476	6,732	7,338	3,273	5,495	24,314
1坑当り行業日数	日 98	99	73	94	80	85
工数	人 61,827	225,755	105,899	86,055	89,984	569,520
1坑1日当り工数	人 42	34	14	26	16	23

備考　『日本鉱業会誌』49号
　＊「仕操ノ坑19　休業ノ坑12」を含む

しようとする段階にあったにすぎないのである。

以上の考察から明らかなように、筑豊石炭坑業の本格的な発展のためには、資本＝経営規模の拡大とあわせて、輸送問題の解決と市場の拡大とが必要であった。この間の事情を『官報』(明治二一年七月五日号)はつぎのように伝えている。

福岡県石炭坑業景況

福岡県石炭産出地ノ重ナルモノハ鞍手、嘉麻、穂波、田川、遠賀、糟屋ノ六郡ニシテ糟屋ヲ除キ他ノ五郡ハ其採掘高最モ盛ニシテ其起原ハ遠ク数十年前ニアリ、然レトモ廃藩置県前後ハ一年ノ採取高僅ニ一億万斤内外ニ過ギズ、其後十数年ヲ経テ稍ヤ増加セシモ尚ホ二億万斤ニ昇ラザリシ、而シテ明治十二三年頃ニ至リ汽車汽船ノ漸次増加スルニ従ヒ石炭ノ需要多キヲ加フルニ至リ石炭坑業ヲ企ツル者甚ダ多ク、就中帆足義方ハ遠賀郡香月村ニ於テ杉山徳三郎ハ穂波郡目尾村ニ於テ各々縦坑ヲ開鑿シ蒸気器械ヲ使用スルノ計画ヲ為セリ、同十四年ニ至リ許斐鷹助ハ鞍手郡下境村ニ於テ帆足義方ハ同郡直方村ニ於テ孰レモ縦坑ヲ穿チ坑業ノ体面稍ヤ進歩ノ兆ヲ現シ、石炭産出高凡ソ二億万斤余ニ増加セシト雖トモ、当時供給ハ需要ノ増進ト相随伴セズシテ千六百八十斤(一トン――

筆者〕ノ価格五円乃至六円ノ高位ニ達セシコトアリ、是ヲ以テ意ヲ石炭坑業ニ傾クルモノ陸続競起シ明治十六、七年ノ頃ニハ凡ソ三億万斤余ヲ採掘スルニ至リ、需給ノ度全ク往年ト相顚倒シ石炭ノ供給ハ日ニ多キヲ加フルモ其需要ハ之ニ随伴セズシテ、石炭ハ各地ニ堆積シテ其価額殆ンド五分ノ一ニ低落セリ、依テ敗ヲ石炭坑業に取ルモノ夥シク遂ニ言フベカラザルノ惨状ヲ顕出セリ(7)、去ル十八年ニ至リ外ハ支那輸出ノ計画ヲ為シ内ハ五郡ノ坑主ヲシテ石炭坑業組合ヲ設テ事業鞏固ノ協議ヲ為サシメ且ツ同上取締事務所ヲ遠賀郡若松港ニ置キ、又石炭一括売捌所ヲ設ケテ共敗ノ弊ヲ防ガントセシモ、勢ヒ如何トモスベカラザル事情アリテ其目的ヲ達スルコト能ハズ(8)、本期ハ坑業者ガ困難ノ極点ニ陥レル時ニシテ或ハ失敗シテ貴重ノ炭田ヲ埋没セシムル者多カリシ、依テ該組合ニ於テハ屢バ坑主ヲ会シテ競争ヲ予防シ其一致ヲ謀リ一ニ坑業経済ニ心ヲ用ヒ専ラ改良持久ノ策ヲ取ラシメタリ。

石炭坑業組合による規制も、後述する石炭輸送問題をのぞけば、値崩れ防止の販売規制以上に出ることは困難であったから、結局筑豊石炭業の展開は市場の展開に期待するほかなかった。その意味で「十九年下半期ヨリ石炭ノ需要頓ニ増加シ多量ノ産出アリト雖ドモ需用ハ能ク之ト平衡シ価格モ亦稍ヤ相償フニ至」(同上)ったことこそ、筑豊石炭業発展の契機となるものであった。とくに、石炭需要の増加が炭層条件の劣悪な松浦炭田の限界をようやく明らかにしてきたため、これに代って筑豊炭田は急速に日本資本主義展開の表街道に姿を現わすに至った。

（1）　明治一〇年前後の「採掘法は水抜坑道を穿ち自然排水をして其不能部は段汲法を用ゐた。段汲とは四尺乃至四尺五寸位の段を設けそこを貯水場として、下段から順次に上段に一斗入位の桶で水を汲み上げたものである。此汲揚げ人夫は溜水の少ない時は一人で二段を受持つてゐた。又或は五六尋位の竪坑を鑿ち刎木(即ち釣瓶式のもの)で四斗樽位の桶を用ゐ、此刎木の尻に数本の縄をつけて尻換人夫が四名乃至八名で其縄尻を曳いては水を汲み揚げてゐた」(『麻生太吉翁伝』昭和一〇年、九八頁)。

なお、明治一八年に開坑した麻生の忠隈炭坑については、『ナンバ』と称する廻転器を多くの人夫がぐる〳〵廻しては坑内から排水し、又坑内の水は段汲みと称して十六段を以て水を汲上げ」(同上、八一頁)たと記されている。

（２）「先見有志の士或は国益を思ひ或は奇利を想ふて往々炭坑事業に着目するに至りたれども殆んど皆揚水の術に窮して敢て巨資を投ずるものなく斯業の発達為に遅々として振は」ず（高橋光威編『炭鉱王』明治三六年、六一―二頁）。

（３）前掲「洋人ポッター報告書」中の糸田坑の記述はこれと符合する。

（４）貝島の蒸気ポンプ渇望の経緯は貝島嘉蔵によってつぎのように述べられている。

「長兄（太助）は慶応三年廿四歳の時、筑前直方町山部の小鉱区を買収して独立炭坑の経営に従事したが、揚水法が幼稚なために失敗した。〔中略〕後明治八年第二次の独立経営の失敗も亦揚水法の不完全なためであり、されば後に記すやうに蒸気機関の購入は如何に長兄をして満足せしめたか推察するに余あるを覚える」（「懐舊談」『石炭鉱業聯合会拾五年誌』昭和一一年）。

（５）この間の経緯については、杉山徳三郎「開坑当時の苦難」『石炭時報』昭和二年一月号をみよ。

（６）以上のような石炭坑業の状況に対し、絶対主義政府あるいは県当局が無関心であったわけではない。明治一五年五月の「未済事務引渡演説書」は、鉱山についてつぎのように記している。

「鉱山ノ景況タル、其数無慮七百余、興廃常ナラズ。而シテ各坑其趣ヲ異ニシ、数紙ノ能ク尽スベキニアラザルモ、就中其重要ナルモノヲ解説セン。抑筑後国三池郡、筑前国遠賀郡、鞍手郡、穂波郡ノ四郡、豊前国田川郡等ノ各地方ニ於テハ、試堀借区ヲ願フモノ年一年ヨリ多ク盛衰モ亦随テ甚ダシト雖モ、全体ヨリ之ヲ見ル時ハ、漸次盛隆ニ向フノ景況ナリト云ハザル可カラズ。而テ従来採堀ノ業ヲ企ツルモノ、其利害得失ヲ詳カニセズシテ、容易ニ其業ヲ起スヲ以テ、興廃常ナク、資産ヲ倒尽スルモノ比々之アリ。故ニ本県ニ於テハ、夙ニ鉱物ノ実検及資力ノ足否ヲ予知スルノ急ナルヲ察シ、借区ヲ出願スルニ当リ、果シテ其借区中ノ鉱物ヲ採取シ得可キ資力アリヤ否ヤ、証明セン為メ、該事業ノ資ニ供ス可キ金額ヲ記載セシメ、戸長之ヲ保証スルノ規則ヲ設ケタルヨリ、当初ハ少シク其功ヲ見ルモノ、如シト雖モ、今日ニ於テハ有名無実ノ徒為ニシテ、自然ニ任ズルニ如カザルヲ察シ、本年ニ於テ之ヲ廃セリ。先是十一年中鉱物ノ所在及品位ノ如何ヲ詳カニセンガ為メニ、三池鉱山分局雇英人ポッター氏ヲ聘シ、普ク管下ニ於テ鉱物所在ノ地ヲ検セシニ、管内諸国ニ於テ、石炭其他ノ鉱物ヲ含有セザルノ地ハ殆ド稀ナリ。就中前陳ノ各郡ヲ以テ、石炭ニ富ムノ地方トセリ。而テ鞍手郡上下新入村ノ炭ハ、品質最モ上等ニシテ含量モ亦多カル可キノ報ヲ得タリ。於此乎十一年二月ヲ以テ、測量ノ為ノ立錐ノ業ニ着手シ同年九月ヲ以テ中止ス。〔中略〕之ヲ開鑿センニハ、先ヅ該村ヨリ豊前門司浦ニ達スル鉄道線ヲ設ケ、以テ運搬ノ便ヲ開カザルベカラズ。其他開鑿ノ構成ナリ、器械ノ購求ナリ、実ニ莫大ノ資本ヲ要ス可キ事業ナルヲ以テ、之ヲ民業ニ放任スル時ハ、基礎ヲ確立スル事能ハズ。仮令採掘ヲ企ツルモ、資力続カズ、甲興リ乙倒レ、独リ事業者ノ損害ヲ招クノミナラズ、此ノ如キ貴重ノ鉱物ヲシテ、長ク地中ニ埋没セシメン事ヲ歎キ、官ニ於テ開鑿ノ挙アラン事ヲ主省へ禀請セリ。主省モ亦之ヲ嘉納シ、該坑ヲ官用トナシ、実測ノ業ヲ継続再興セリ。然ルニ十三年十月財政改革ノ廟議アルニ際シ、該炭坑ヲ解放シ、実測ノ業ヲ廃セラレタリ」(『福岡県史資料』第一輯、昭和七年)。

実際には当時立地、炭層条件のもっとも良好な炭坑の一つであった直方坑は、そのまま民業に任せられることなく、一四年から立錐、実測が再開された。鉱区が民業に開放されたのは一五年一二月で、工部省は「資力アルモノヲ撰ヒ坑法ニ拠テ借区開坑ヲ許シ天然ノ富源ヲ放棄セサランコトヲ太政官ニ開申」(『工部省沿革報告』前掲書、六六頁)し、軍籍にあった帆足義方に借区が許可された。

(7)「〔日本坑法発布後の〕十数年の間は所謂『自由堀』の名の下に炭田区域の地方農民は勿論、当時の無職業者の多数は争うて各其の一小地区を占有して採炭に従事したので、採掘は唯眼前採取の最も容易な場所方法にのみ集中され、時の必要に乗じて新に起つた極めて幼稚な石炭問屋と相並んで競争の結果は、自然濫掘、濫売の悪弊を誘致した……現に明治十二、三年に於て筑豊炭山の総数は既に六百坑とさへ呼ばれてゐた盛況であつたが、一度その鉱区面積を吟味すると一万坪以上のものは殆ど指を屈する程の少数に過ぎなかつた……小規模又は基礎極めて薄弱な鉱業が各地に続出、斯業の盛衰は勿論興廃存続すら旦夕を計るべからざるものがあり、所謂山師横行の弊に堪へざるに至つた」(『筑豊石炭鉱業会五十年史』一六―八頁)という事情は基本的にはここから生じた。

(8)　この計画はついに失敗に終ったようである。「此年〔一八年〕吉田千足なる者、帆足義方経営の直方炭坑・香月炭坑・新入炭坑・潤野炭坑と契約して一会社を組織し、門司港を特別輸出港として石炭輸出を企て、政府の許可する所となる。蓋し当時筑豊の出炭量は微々たりしに拘らず、供給過剰にして炭業甚だ振はざるに際し、最も適応せる良策なりしなり。而も不幸にして輸出業振はざりしと、帆足氏の炭坑経営拙なりしと相俟ちて共に不成功に了りしは気の毒なりし」(安川撫松「日記抄」『撫松余韻』五五三頁)。

2　筑豊石炭産業の発展

明治二〇年以降、筑豊五郡の石炭生産は急速に増大し、全国総生産中に占める比重も、二〇年の二三・五%から二

地域別石炭生産の推移　(単位 1,000 貫)

常　磐	そ の 他	北 海 道	民　営 計	官　営 計	合　計 (B)	A/B
2,569	15,778	(16,029) —	344,107	125,387	469,494	23.5
3,891	32,905	(25,399) 1,502	412,042	127,620	539,662	27.5
9,017	36,232	(22,054) 6,873	600,823	49,876	650,699	27.7
9,750	39,851	50,055	696,590	1,783	698,373	30.9
12,181	42,049	71,946	847,821	3,973	851,794	29.1
8,290	32,254	87,593	848,092	5,842	853,934	32.8
9,181	21,420	89,770	886,281	5,357	891,638	37.2
13,471	30,940	104,277	1,139,424	5,991	1,145,415	40.2

炭礦誌」の数字　(　)内は官業の数字　三池は21年末　唐津と幌内(北海道)は22年末に払下げ
分が計より多くなっているがそのままにした.

七年の四〇・二%へと上昇し、筑豊は石炭生産における主導的地歩を確立した。この間の事情は表Ⅱ-35に明らかである。もっとも、ここでなお注目されることは、肥前＝長崎・佐賀の比重の高いことである。筑豊がこれを凌駕するのは、ようやく明治二四年以降のことである。しかし、この肥前の出炭については、とくに二〇年代初頭には三菱経営の高島(および隣接する中ノ嶋・端島)の比重がきわめて高く、二〇年には肥前二億七〇〇〇万貫中高島が一億一四〇〇万貫(五五%)、二四年には肥前二億四千万貫中高島四六〇〇万貫、中ノ嶋三七〇〇万貫、端島八〇〇〇万貫、計九一〇〇万貫(三八%)を占めている。したがって、これら三菱経営の島炭坑を除けば、二〇年から筑豊はすでに肥前を凌駕していたのである。筑豊がその後急速に肥前の出炭を引き離した一つの原因は、当時の技術段階に規定された島炭坑の海底採炭の限界にあったことは、高島の出炭が二〇年をピークとして減少に向い、中ノ嶋も出水のため二六年に放棄の止むなきに至ったことによって知ることができる。(9) このため長崎県は二三年をピークに衰退に転じたのである。

だが、肥前炭田の衰退はこれのみによるものではない。一〇年

表Ⅱ-35

	福岡			長崎	佐賀	山口
	筑豊(A)	三池	計			
明治20年	110,312	(88,777) —	110,656	207,060	(19,658)	8,044
21年	148,388	(76,872) —	148,277	207,128	(23,976)	18,339
22年	180,218	124,466	323,173	165,221	(26,215) 41,254	19,053
23年	211,861	131,175	339,343	174,323	46,816	36,452
24年	247,590	154,494	445,045	160,905	78,675	37,020
25年	279,700	126,115	451,412	161,646	68,660	38,237
26年	331,966	158,653	543,613	120,584	65,309	36,404
27年	460,228	179,088	733,349	119,602	87,282	50,503

備考 『統計年鑑』第10—16. 但し筑豊は筑豊坑業組合の，三池は高野江『筑豊炭礦誌』付録「三池
られた. 福岡の計には筑豊三池以外の分も含む. 出典が異なるので21年と23年は筑豊・三池の

代に石炭生産を主導した松浦炭田の不振がもう一つの要因であった。

「東松浦郡中唐津炭田ハ三尺及五尺ノ二層採掘ニ堪ユルモ炭層分裂シ数小区ヲナシ完全ノ工事ヲナスモノ少ナク良鉱区ヲ為スモノハ岸山及牟田部ノ二炭田ノミ。〔中略〕其他東松浦、西松浦、北松浦、杵島、小城、東彼杵、西彼杵等ニ於テ炭田ノ数甚ダ多シト雖トモ将来属望スベキ炭田少ナク其出炭ハ現今長崎港ヨリ雑炭ト称シテ支那商ノ手ヲ経テ支那内地ノ需用ニ応ズルモノ二三万噸アルノ外多クハ内地ノ塩田及工場用ヲ眼目トスルモノナリ」(和田維四郎「日本石炭ノ将来」『日本鉱業会誌』明治二六年九月号、四〇七頁)。

明治二二年初めに伊藤弥次郎(鉱山局長)によって早くも「肥前唐津及多久ノ煤田ハ今日ノ景況殆ト零落トモ云フヘキナリ、抑モ維新前ニ在テハ炭源モ頗ル十全ナリシカ爾来勝手暴堀ノ為メ全層幾ト蜂窩ノ形状ヲ為セリ」(前掲「内外石炭ノ概況」一四頁)と指摘されているところである。

このような肥前地方の出炭停滞と対照的に、排水問題を解決した筑豊の石炭生産はその後発展に向い、一部大炭坑には早くも捲

揚機の採用をさえ見るに至った。坑内の大規模化が坑内運搬の機械化を要請したのである。

(1) 鯰田炭坑

「麻生氏の本坑を起せしは実に明治十三年十一月にして、当時専ら旧慣によりて採掘し方法不完全を免れず、超えて十七年二月に至り始めて蒸汽機罐を据え付け、尋て十九年中捲上機械の装置をなし旧来姑息採掘の面目を一新せり」(『筑豊炭礦誌』四三七頁)。

(2) 潤野炭坑

「本坑区の域内は最も久しき歴史を有し、十九年中現借区主〔広岡信五郎〕の手に帰せり。然れども此の間一般炭坑事業の不景気に伴ひ事業の規模甚だ大ならず、十九年より二十一年の頃までは一二の汽罐を据へ付けて字平原に開坑し、十吋の捲機械を用ひしも二十二年中更に字向卯田に転坑し八尺炭を採掘せり」(同上、四八四頁)。

(3) 勝野炭坑

「明治二十二年五月日本郵船会社に購入せんとし、同年七月十一万円を以て売買の約成り同年十二月借区一切の引継を了はり、従来の姑息掘を一変して其規模一切を改善し、二十三年五六月中小形の竪罐一台を据へ付け同年七月今の斜坑開鑿に着手し二十四年四月愈営業を開始せり」(同上、三三三頁)。

「捲機械、二十三年七月中十六吋両シリンダー一台を据付け」(同上、三三七頁)。

以上のほか、豊国(二〇年)、忠隈(二一年)、赤池(二二年)等に捲揚機が導入された。だが、捲揚機の設置は当時の炭坑資本にとって過大の資金を必要としたから、その導入はいまだ例外的であり、その本格的な採用は日清戦争前後の石炭好況期を俟たなければならなかった。

ところで、炭層条件の比較的良好な筑豊の石炭産業が解決を迫られた問題は坑内運搬よりも輸送問題であった。前掲「日本石炭ノ将来」は筑豊炭田についてつぎのように記している。

「福岡県下筑前、豊前二州ノ炭田ハ其区域広ク且ツ其大部分ハ明治二十二年迄海軍予備炭田トシ封鎖シアリシヲ以テ将来大ニ属望スベキモノナリ〔中略〕筑豊炭脈ノ主ナルモノヲ挙レバ嘉麻郡臼井山田地方ヨリ西方ニ忠隈、潤野、高雄ノ諸炭山ヲ擁シテ北ニ向ヒ鯰田、目尾、勝野、鶴田等ノ鉱区ヲ経テ西川地方ノ炭山ヲ過ギ遠賀郡野間ニ亘ルモノ其一ナリ此炭脈中其炭層ハ地方ニ依テ同一ナラズ嘉麻郡山田、臼井地方ニ於テハ炭層ノ厚サ八尺ニシテ其質佳ナリ、然レトモ〔中略〕此地方ノ炭田ハ運搬不便ナルヲ以テ未ダ開採ニ着手セズ。〔中略〕嘉麻郡ノ東北端ヨリ田川郡ニ接シテ第二ノ炭脈起リ勢田、御徳、下境、直方、新入、植木、中山等ニ亘リ第一ノ炭脈ト相並ンデ北行ス、此炭脈中ノ五尺ト三尺トノ二層ハ採掘ニ堪ユルモ品質ハ中等ニ位シ北スルニ従テ漸次下悪トナルモノ、如シ、〔中略〕此第二ノ炭脈ト並行シテ遠賀川ノ東ニ所謂遠賀炭脈アリ、金剛、楠橋垣生等ニ亘ルノ五尺炭ト之ニ近接シテ其東ニ香月、中間、岩瀬、吉田、高須、山鹿等ニ連亘スル三尺及二尺五寸ノ二層トヨリ成ル、此炭脈ノ石炭ハ概シテ佳良ナラズ大辻炭坑ヲ除クノ外ハ塩田用ヲ主トスルモノ、如シ、大辻炭ハ三尺炭ニシテ品質良好ト云フベカラザルモ大塊ニシテ使用ニ便ナルヲ以テ海外へ輸出スルコト多シ、田川郡添田村ヨリ北ニ向テ伊原、真木、川崎、池尻、後藤寺、伊加利、伊田、宮尾、河原、弓削田、糒、金田等ニ連亘シテ所謂田川炭脈アリ八尺ト四尺トノ両層ヲ包蔵ス、此炭田ハ筑豊中其炭質ノ佳良ナルト炭層ノ厚大ナルトニ於テハ第一等トス、然レトモ〔中略〕運搬不便ノ為メ未ダ採掘ニ着手セザルモノ多ク其既ニ着手シタルモノト雖トモ其工事未ダ完備セザルナリ、〔中略〕伊田鉱区ハ広潤ナル区域ヲ占メ八尺四尺ノ両層ヲ採掘スルノ目的ヲ以テ起業セシモノナリト雖トモ〔中略〕該坑ハ河運ノ便宜シカラザルヲ以テ運搬ノ途ヲ開クニ非ザレバ多量ノ石炭ヲ運搬スルコト能ハズ」。

明治二〇年代前半における筑豊主要炭坑の炭層条件を示せば、表II-36のとおりである。松浦諸炭坑の炭層が一一

表Ⅱ-36　筑豊主要炭坑

坑区	坑名	採掘炭層	熱量	24年度出炭	21年10月若松まで運賃（1万斤当り）
中間第一坑区	大辻坑	大根土炭(3尺) 本石炭(2尺)	6,380—7,480	トン 74,930	円 2.20
〃 第二 〃	第二新手坑	三ヘタ及四ヘタ五尺炭(4尺)	6,600—7,150	18,406	
楠橋第一 〃	行正坑	四ヘタ五尺炭(3尺)	6,930	12,024	
新入・中山・植木	新入坑	五尺及底三尺炭(6.5尺)	6,820—7,480	48,643	3.39
下境坑区	本洞新手坑	三尺炭及五尺炭(7尺)	7,370—7,700	57,292	2.85
勢田 〃	大城坑	三尺炭及五尺炭(6.5尺)	7,260	56,092	
赤池 〃	赤池坑	三尺炭及五尺炭(6尺)	7,590	58,810	
糒坑区ノ一部	宮床坑	八尺炭及四尺炭(8.5尺)	7,150—7,920	12,827	
伊田坑区	田川採炭会社	四尺炭(4尺)	7,370	23,837	
川宮 〃	峯地坑	八尺炭及四尺炭(8.5尺)	—	46,800	4.00
池尻 〃	池尻坑	八尺炭(5尺)	7,150	12,643	
	京野坑	三尺炭及五尺炭(6尺)	7,480—7,810	12,037	
大隈坑区	大ノ浦坑	三尺炭及五尺炭(7尺)	7,920—8,030	36,096	2.45
鶴田 〃	菅牟田坑	同上	〃	29,341	〃
勝野 〃	勝野坑	三尺炭及五尺炭(6.5尺)	7,700	35,408	
目尾 〃	目尾坑	四尺炭及五尺炭(6.5尺)	7,480	45,148	3.70
鯰田 〃	鯰田坑	ドーラン五尺及縮緬五尺炭(7.5尺)	7,590	87,169	3.98
忠隈坑区	忠隈坑	五尺炭(4.5尺)	—	22,038	
相田 〃	高雄坑	帯石四尺炭及五尺炭(7尺)	7,700	30,393	3.80
	庄司坑	二尺炭及四尺炭(5尺)	—	12,804	

備考　『福岡県豊前及筑前煤田地質説明書』(明27)．但し出炭は「日本石炭ノ将来」(『日本鉱業会誌』103号)，運賃は『日本鉱業会誌』49号．

二尺であったのと比較すれば、筑豊の優位は歴然たるものがある。だが、若松における一万斤当り平均炭価が塊炭一五円、粉炭九円七七銭の時(二一年一〇月)、各坑川勘場から若松までの艜運賃一万斤当り二円二〇銭(大辻)から四円(峯地)にのぼったから、輸送問題はようやく発展の途についた筑豊炭田にとって、重大な問題であった。運搬賃は距離に比例するから、同じ時点で、遠賀郡平均二円六銭、鞍手郡平均二円九〇銭、穂波郡平均三円九八銭、田川郡平均四円、嘉麻郡平均四円一四銭で(「明治二十一年自七月至十二月筑豊五郡石炭運賃比較表」『日本鉱業会誌』四九号)、嘉穂、田川の諸炭坑にとっては、とくに運賃の負担は大きかった。そのうえに、採炭量の増加は運搬量の増加を結果し、遠賀川の水運もようやく限界に達しようとしていた。

「豊筑五郡煤田ノ如キハ遠賀河ノ幹支川其中央ヲ流レ、其沿岸ナル数多ノ炭坑所産ノ石炭ハ勿論、穀類雑貨ノ之ニ由テ若松若クハ蘆屋ノ両港ニ運漕セラルヽ事夥シク、水運ノ利極メテ多シ、然レトモ採炭業ハ駸々乎トシテ進ミ其産出ヲ増加スルニ至リテハ、遠賀川ノ水力ノミニ依頼シテ之ヲ運搬スル事難ク、況ンヤ一朝減水スレバ支川ハ勿論幹川ト雖トモ舟行頗ル困難ニシテ、費用嵩ミ、送炭ノ時期ヲ誤リ、商売上ノ不便大ナルニ於テヲヤ」(前掲『福岡県豊前及筑前煤田地質説明書』六—七頁)。

運搬量の増大と河川の混雑は川艜船頭の力を強大にし、運賃をいよいよ昂騰させた。

「明治二十三年頃ハ、豊筑五郡所産石炭無慮十三億万斤ノ若松若クハ蘆屋港ニ着スルモノハ、全然水運ノミニ由リ、遠賀河上小舟ノ往来織ルガ如ク、之ニ使用セル船艜万ヲ以テ数ヘ、当時石炭ノ高価ナルト共ニ其運賃亦貴ク、舟夫ノ利ヲ食リシハ実ニ此時ナリキ」(同上、一二頁)。

そもそも筑豊の坑業家が明治一八年「筑豊石炭坑業組合」を結成した目的の一つは、「石炭運搬ノ便法ヲ計リ其取締方法ヲ議定実施スルコト」(組合規約第三条の三)にあったが、石炭運搬の問題点とされたものは、つぎのような諸点

図II-4　筑豊鉄道図

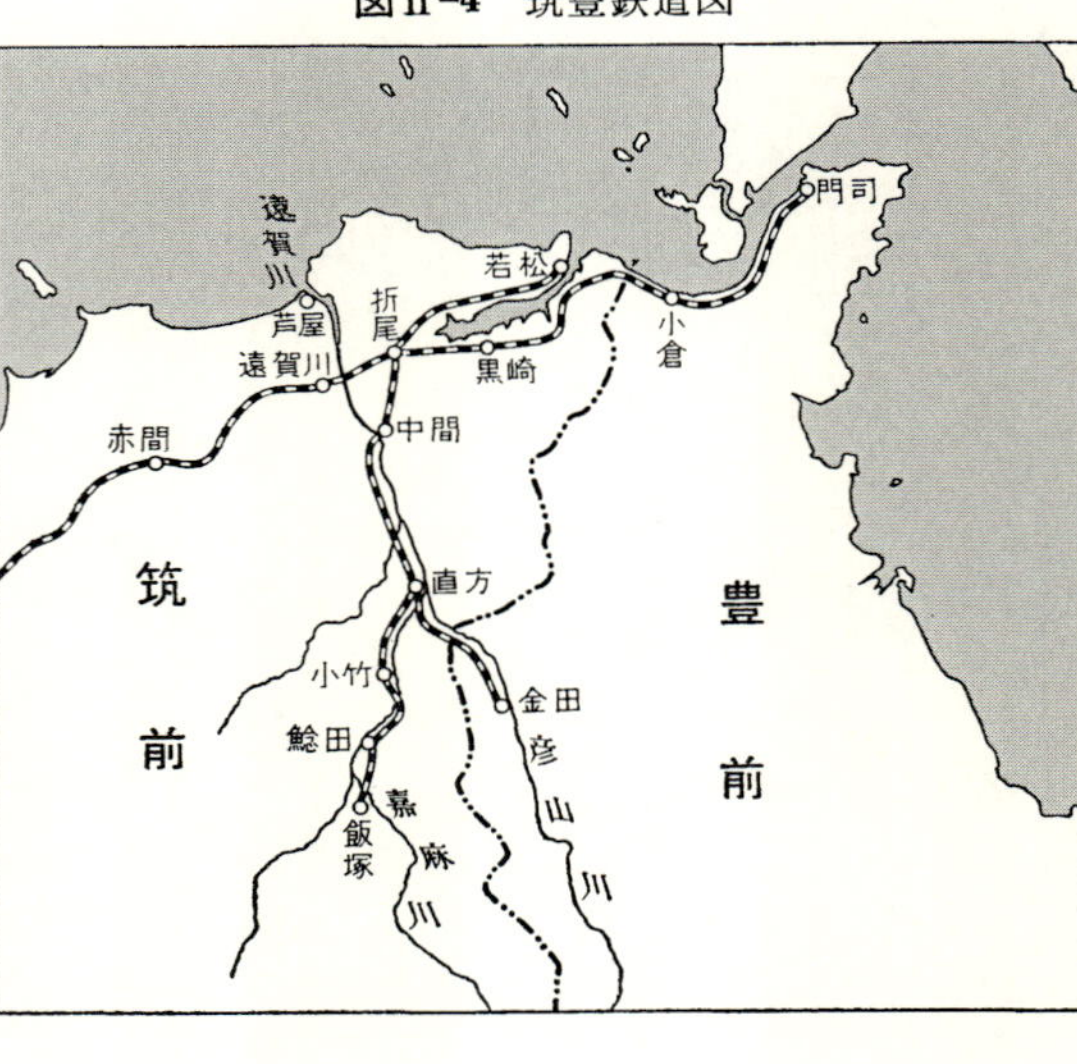

であった。

「或は荷主を脅迫して多量の積込をなさしめ、運送の途中に於てその剰るべき分量を各船より他の一船に分載し、之れを売却してその代金を分配することあり、甚だしきに至りては、その名称を詐り、一つの組合にして二、三炭鉱と定約し、定約金を騙取するものあり、或はその積載するところの石炭を売るその代金を奪ふものあり、其他種々狡猾を為すに至りては一々之れを枚挙するに遑あらざるなり。是を以て各炭坑主は是等の悪弊を防遏矯正せんがため、筑豊鉱業組合なるものを組織し各坑常約船の取締を為し、遠賀川の下流なる直方、蘆屋、払川、堀川等の各要地に派出所を設置し、通行の艜と各坑よりの送状とを点検し、若し定約船にして他坑積を為すものあるときはその積載するところの石炭は直ちに陸揚を命じ積下ることを得ざるの規約にして、厳重の取締りを為すと雖も、誑騙譎詐百方手段を運らし、坑主又は問屋をして不時の損失を招くに至らしむるの悪弊は今尚その跡を絶たずといふ」(M・A生「筑豊石炭の運送と若松港」『門司新報』明治二八年四月九日)。

このような筑豊石炭生産と輸送との間の矛盾は、鉄道建設を必然ならしめた。九州における鉄道事業は、筑豊炭の門司への輸送と三池炭の三角への輸送を一つの重要な要因とする九州鉄道の建設をもって始まる。すなわち、博多久

表II-37　筑豊炭輸送方法別推移　　(単位 1,000 斤)

		明治 24 年		25 年		26 年		27 年	
水運	若松	1,170,126		1,137,063		1,297,860		1,369,881	
	芦屋	322,568		325,499		89,160		94,413	
	計	1,492,694	96.6	1,462,562	83.8	1,387,020	66.9	1,464,294	51.0
陸運	若松	30,792		211,602		651,808		1,214,861	
	門司	22,804		72,663		34,422		195,135	
	計	53,596	3.4	284,265	16.2	686,230	33.1	1,409,996	49.0
合計		1,546,290	100.0	1,746,827	100.0	2,073,251	100.0	2,874,291	100.0

備考　高野江基太郎『門司港誌』p. 78 より算出

留米間二二年一二月、博多赤間間二三年九月、赤間遠賀川間同年一一月、遠賀川黒崎間二四年二月と相ついで開通し、二四年四月には黒崎門司間の開通をみた。だが、筑豊炭田にとって直接必要なことは、諸炭坑と若松・門司とを結ぶ鉄道の建設であった。これを推進したのはいうまでもなく安川その他の炭坑資本家であった。

「是ニ於テ筑豊興業鉄道会社ナルモノ興リ、明治二十四年八月下旬、若松直方間ノ鉄道落成ヲ告ケ、先ツ遠賀鞍手ノ諸炭坑ニ便利ヲ与ヘ、其後着々歩ヲ進メ、一ハ金田ニ其支線ヲ設ケテ田川諸炭坑ノ石炭ヲ輸シ、他ハ其本線ヲ飯塚ニ延シ専ラ嘉麻穂波二郡産出ノ石炭ヲ積ミ、筑豊五郡ノ石炭ハ迅速ニ若松若クハ門司九州鉄道ト折尾ニ於テ連絡スルニ運搬スルヲ得ルニ至リ、一見運搬上ノ面目ヲ革メリ」(前掲『煤田地質説明書』七頁)。

その開通状況はつぎのとおりである。

若松・直方間　一五哩　四鎖　二四年　八月
直方・小竹間　三哩六九鎖　二五年一〇月
直方・金田間　六哩二〇鎖　二六年　二月
小竹・飯塚間　四哩八五鎖　二六年　七月

また二六年六月には折尾で九州鉄道と連絡し、筑豊炭の門司への直送が可能となった。若松は巨船碇泊の便に欠けていたので、それまで筑豊炭の海外輸出に当っては、一旦これを門司港に移さなければならなかった。そのための経費はつぎのとおりであった。

穂波郡目尾ヨリ門司港迄石炭壱万斤運送入費調書(二一年二月調)

一　金三円　　目尾ヨリ若松迄川下シ賃
一　金三十銭　　若松港積移費
一　金壱円四十銭　　若松港ヨリ門司迄運賃
一　金五十銭　　門司ニテ本船積移費
計　金五円弐十銭

(細川雄二郎「九州鉄道ノ石炭ニ於ケル関係」『日本鉱業会誌』四五号)

こうして石炭輸送の問題は鉄道開通に伴なって解決し、二四年以降の筑豊炭の増産が、鉄道輸送によって吸収されていった事情は、表II-37によって明らかである。こうして、二七年には早くも水陸運が相匹敵し、以後水運は停滞し、陸運が鉄道の延長に比例して急速に輸送の主導権をにぎることとなった。(10)輸送問題を解決した筑豊の石炭産業は急速に生産を増大し、二七年には二三年出炭額の倍をこえ、全国出炭の四割を占め、石炭生産の筑豊集中は動かすべからざるものとなるに至ったのである。

(9)　廃坑の処置をした当事者はこう記している。

「折角仕事を始めた中の島も坑内の出水多量で、どうにも仕事を継続してゆくことが出来ぬ、何んでも十八吋喞筒十二台位を使用して排水に努力したが、完全に排水することが出来ず、遂に廃坑と断念してしまつた。尤も現在のやうに坑内に電力利用が出来、優秀な喞筒があつたなら、あの位の坑内水を揚げることは出来たかも知れぬが、当時の喞筒は現今なら古物展覧会にでも行かなければ見られぬやうな、スペシアル喞筒が主で、これは非常に蒸気を食つて不利益な上に、深い坑内に迄管で蒸気を通し作業したのであるから、今日のやうに効率をあげることも不可能であつた」(杉本恵「高島、相知、崎戸」『石炭時報』昭和二年一〇月号)。

(10) 鉄道の開通にもかかわらず、地理的条件のため炭坑によっては依然水運によらざるをえないものが少なくなかった。明治三〇年の調査においても、一日出炭一万斤以上のつぎの諸炭坑は水運によっていた(『筑豊炭礦誌』一〇一―三頁)。

遠賀郡　大辻、第二新手、大隈、多賀野、吉田

鞍手郡　本洞、金剛、白鶴、宮田、赤地、御徳

嘉麻郡　潤野

3　大資本の進出

前述したように、絶対主義政府は採鉱を請負稼と規定し、鉱山王有制の確立を図る一方、弱小な零細経営の濫掘によるこの王有資源の荒廃に対して、危懼の念を禁じえなかった。このために具体化した一つは、鉱区の最小規模を規定することであった[11]。すなわち、政府は明治一五年八月、太政官布告第三十八号をもって、日本坑法のなかに「石炭坑ノ借区ハ壱万坪以上ニ限ル」べき旨の但書を追加したが、工部省はその理由をつぎのように記している。

「鉱山借区ノ義ハ従前坪数ノ制限無之候ニ付善良ナル鉱山アルモ数人各自ニ菲薄ノ資本ヲ以テ僅少ノ借区ヲナシ甲者倒ルレハ乙者起リ一大鉱業ヲナス能ハス随テ礦口ヲ穿ツコト恰モ蜂巣ノ如クナルニ因リ動モスレハ坑穴崩壊墮落ノ災ヲ生シ為メニ礦利ヲ遺失シ天賦ノ富源ヲシテ徒ニ湮滅ニ帰セシムルノミナラス其土地ニ障害ヲ与フルコトモ亦尠ナカラサルニ付自今各鉱物借区坪数ノ制限ヲ取設ケ度依テ委細ノ義ハ追テ取調上申可及候ヘトモ先以石炭坑ノ借区坪数ヲ一万坪以上ト被相定別紙ノ通坑

表II-38　借区許可坪数　(明治20年1―9月)

	10,000坪以上	20,000坪以上	30,000坪以上	計
筑前	8	1	1	10
豊前	2	1	1	4
肥前	5	—	2	7
平均	12,177	23,378	50,246	20,496

備考　『日本鉱業会誌』33号付録より算出

法ニ追加相成候様致シ度」(『公文類聚』第六篇七〇巻)。

これによって、以後許可された借区は表II-38にも見られるように、すべて一万坪以上となった。この絶対主義政府の政策と石炭生産の発展とが重なりあって、鉱区規模も生産規模も、一五年以降拡大に向ったが、なお二一年に至るまでその経営の零細性は被うべくもなかった(表II-39)。

表II-39　鉱区規模の推移

	坑　数	坪　数	1坑当坪数
明治12年	3,041	4,814,536	1,538
15年	2,027	6,730,569	3,320
18年	1,413	5,708,537	4,040
19年	1,093	7,705,939	7,050
20年	916	7,786,918	8,501
21年	1,054	8,821,044	8,370

備考　『統計年鑑』第1—9．休業坑を含む．

ところで、筑豊炭田への傾斜が進行するのに比例して、そこでの零細経営とそれによる石炭資源の荒廃への危惧も増大した。とくに排水機械化＝揚水ポンプの採用がようやく緒につき、そのために多額の資本を必要とする筑豊では、それはいっそう緊急事であった。絶対主義政府のこれに対する対策の一つは、先に考察した明治一八年以降の筑豊での海軍予備炭田の封鎖であったが、もう一つは、二二年に実施された経営基盤拡大のための選定鉱区の策定であった。これに先がけて、福岡県は明治一九年六月、坑業組合に対してつぎの論達を達したが、それはこのような政府の石炭政策の文脈において理解されなければならない。

「田川遠賀鞍手嘉麻穂波糟屋諸郡ノ如キハ頗ル炭田ニ富ミ且穿掘極メテ易ク故ニ該業ヲ企図スルモノ逐年増加スト雖概ネ小坑ニシテ採掘ノ方法完全ナラズ、得失相償ハズ、為ニ家産ヲ破リ中止又ハ廃業ノモノ不少タマタマ器械ヲ据ヘ採掘ヲナスモ其運転及採掘ノ方法不熟練ヨリ或ハ汽罐ニ破裂ヲ生ジ、近クハ直方炭坑ノ如ク(12)数年ノ計画モ一朝水泡ニ帰スルノミナラズ多額ノ資産モ地中ニ埋没シ不可言損害ヲ蒙リシハ、コレ畢竟其ノ技術ニ暗キノ致ス処ニ有之仍テ組合中協議ヲ遂ゲ技手ヲ聘シ隣接ノ小坑ノ支障ナキ場合ハ一坑トシテ大坑トナシ、坑業諸般ノ改良ヲ図リ確実ノ業ヲ相営ミ候様致スベシ。此旨諭達候事」(『筑豊石炭鉱業会五十年史』二〇頁)。

しかしながら、小鉱区が錯雑している筑豊炭田において、鉱区の自発的な統合に期待しうるところはきわめて小さかった。しかも、筑豊炭の比重の増大、さらには日本の石炭需要の増大傾向のなかで、当時の探鉱および採炭技術をもってしては、採炭可能埋蔵量はきわめて限定されたものであった。

「現稼行炭坑ノ出炭力ハ将来十年間ヲ推想スルニ一箇年三百万噸ト予定スルコト適当ナラン又悉ク未開ノ炭田ヲ開掘スルモ一箇年四百万噸ヲ以テ程度トスベシ此炭量ト雖トモ将来永遠ニ供給スルコト能ハザルベシ憶フニ現稼行炭山ニ於テ濫掘ヲ戒メ最モ慎重ニ其採掘ヲ為スモ年ヲ逐フテ採炭費ハ増加シ採炭量ハ減少スルヲ以テ十余年ノ後ニ至ラバ三百万噸ヲ出スモ尚困難ナラン若シ誤テ適量ノ採炭ヲ守ラズシテ一時ノ状勢ニ乗ジテ強テ多量ノ石炭ヲ濫掘セバ其命脈ハ実ニ数年ニ迫ルモノアラン」(和田維四郎「日本石炭ノ将来」『日本鉱業会誌』明治二六年九月号、四一三頁)。

ここから、和田鉱山局長は「炭層ノ連続スルモノハ悉ク合同シテ一区トナシ採掘ノ規摸ヲ大且完全ニシ鉱利ヲ失ハザルコト」(同上)を「急務」とした。

明治二〇年以降筑豊に見られた鉱区選定の動きは、このような絶対主義政府の石炭政策に外ならなかった。

「我邦煤田ノ最大ナルモノハ九州ナリ其ノ中ニモ最モ広大ナルハ豊筑ノ煤田ナリ然ルニ従来其坑区細小群ヲナシテ其採炭法ニ於テモ暴掘乱採敢テ一定ノ規束ナシ今ニシテ之ヲ救治セサレハ終ニ敗頽ニ至ラシムルノ外ナキヨリ福岡県ヱ該県煤田坑区撰定ノ義ヲ達セラレ来春早々鉱山局ヨリ技術官数名ヲ派出シ実測ノ上適当ノ坑区ヲ撰定セシメラル丶由」(『日本鉱業会誌』明治二〇年一二月三一日号)。

翌二一年三月、鉱山局長伊藤弥次郎は筑豊炭田を視察し、炭層を調査して、同年末三四鉱区を選定した。図Ⅱ-5に明らかなように、これらの鉱区は露頭に沿って区画されているところに、当時の採炭技術の段階をうかがうことが

図II-5　選定鉱区図

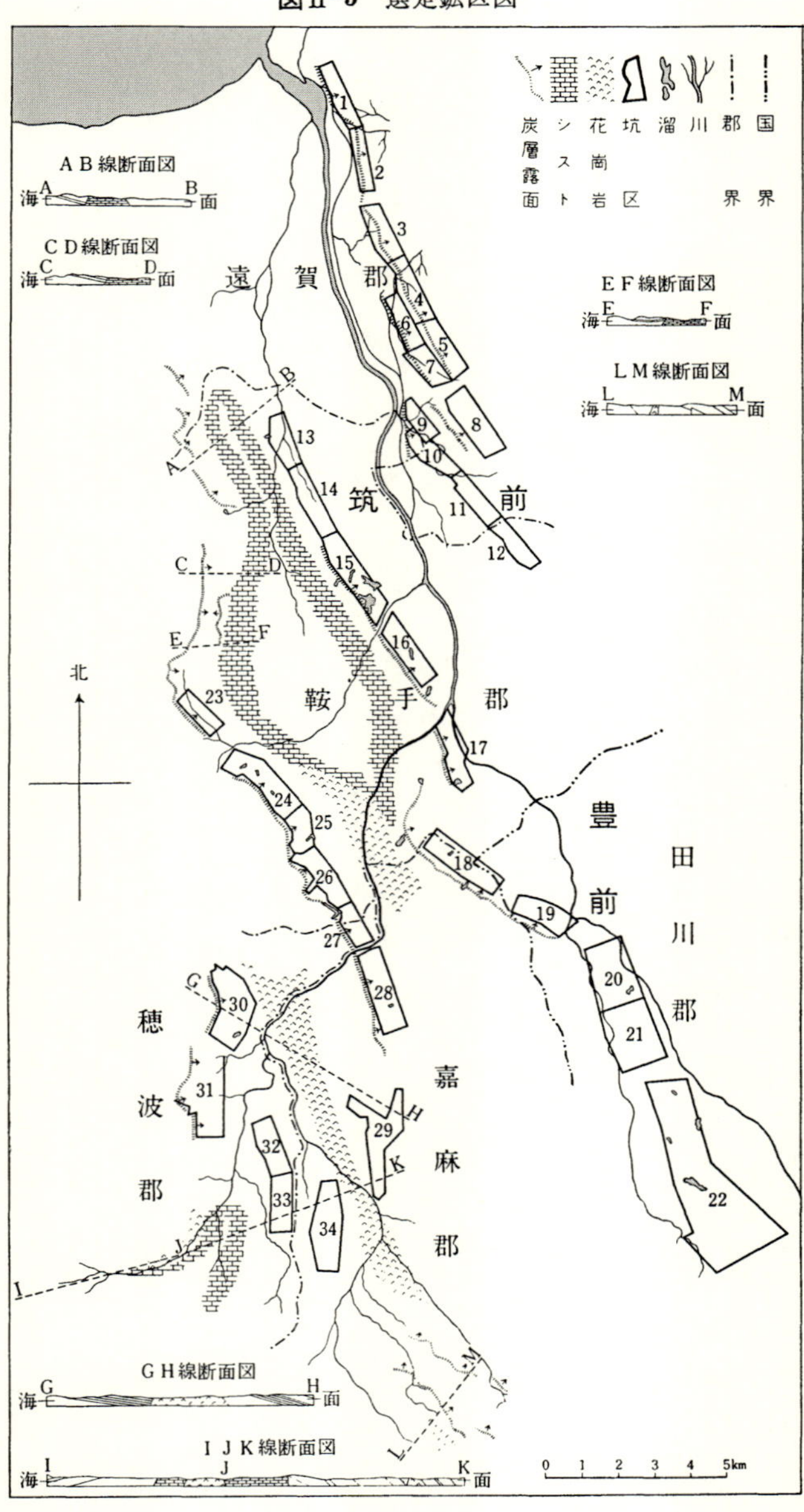
炭層露面
シスト
花崗岩
坑区
溜
川
郡界
国界
AB線断面図
CD線断面図
EF線断面図
LM線断面図
GH線断面図
IJK線断面図
遠賀郡
筑前
鞍手郡
豊前
田川郡
穂波郡
嘉麻郡
北
0 1 2 3 4 5km

できるが、その規模においては画期的なものであった。

ところで、当時需要の増大からようやく注目を浴びるに至った筑豊では、これを契機に選定鉱区入手をめぐって、はげしい競争が展開されるに至った。

「此最近週間頃より東京大阪の頭株連に漸く借受の競争を惹起し殆と当年の暮の一問題となり各其筋の人々を叩きて密々請ふ所ある趣も相聞へたれは此際同地方の資本家の運動如何を聞かましく思ひたるに此程其筋より撰定されたる坑区坪数及借区人は左の如しとなり、

坑区	坪数	借区人名
穂波郡（潤野村外八個村に係る）	八三七、三三七、二四坪	大阪府広岡信五郎
嘉麻郡（鯰田村外二個村に係る）	四八四、九一二、五〇	嘉麻郡麻生　太吉
鞍手郡（大隈村外二個村に係る）	四四八、八三七、五〇	鞍手郡貝島　太助
同　郡（鶴田村外一個村に係る）	二二八、二六七、五〇	同　郡香月新太郎
同　郡（長井鶴村外八個村に係る）	二一三、五九七、五〇	同　郡萩本　嘉三 外二名」

（「福岡県下の炭礦借区」『東京経済雑誌』明治二一年一二月二九日号）

同誌はこれに続けて「当県下の炭坑は独り是等の二三郡に止まらずして豊前筑前の国境なる遠賀田川の両郡の山奥には数多の前者に勝れる豊坑あり唯前者は交通運輸の便利あるより第一着便の地となりしも石炭の需要益多く価値益騰貴しつつある折柄なれは後者に於ける競争も亦遠きに非さるへし」と記したが、鉱区選定はその後も引続き進行した。『筑豊炭礦誌』によって二、三の事例を示せば、つぎのとおりである。

鞍手郡本洞炭坑　　坑主　許斐鷹助

十六年中藤棚坑の開鑿に着手し翌年着炭して事業其緒に就くを待ち十八年中更に猿田の旧坑を開きて蒸滊滊鑵の据付けをなし是れより着々武歩を進め二十二年中三十三万二千六百五十五坪の選定礦区となり〔以下略〕。

嘉穂郡大城炭坑　　坑主　安川敬一郎

本坑は元白土某氏の借区にして明治二十年には僅々三万坪に過ぎざりしを同年松本潜安川敬一郎二氏にて引き受け十月竪坑の開鑿に着手し翌年三月上層三尺に着炭し五月下層五尺に着炭せり是より先き本坑附近に散在する小鉱区合計の必要を感じ其合同策を講ずるや之に反対を唱ふるものあり交渉殆んど纏まらず一時中止の已むを得ざるに至らんとする時偶撰定礦区の令下り従来分離せし小鉱区も爰に始めて一団となり今の勢田区を指定され其の字大城に属する半部は安川敬一郎氏採掘し他の木浦岐に属する半部は岩井伴七氏之を採掘することとし鉱業区域始めて玆に確定せり是実に明治二十一年末のこととす。[13]

田川郡赤池炭坑　　坑主　安川敬一郎　平岡浩太郎

〔廃藩置県後〕地方の村民争ふて之を濫掘し一定の統御者なくして個々分掘せしもの十数年明治二十年始めて撰定鉱区の事あり筑豊五郡を三十四区に分轄し本鉱区亦其の一に列せられ二十二年三月八日現借区主の名儀にて三十三万八千六百七十三坪の借区を得直に開坑の設計に着手し〔中略〕七月中機械の装置をなし二十三年五月中五尺層に着炭せり。

大鉱区の選定が中小鉱区の犠牲において推し進められ、その間に安川、麻生、許斐(鷹)のような比較的大規模な経営が形成された経緯を、ここにみることができる。こうして二二年末までに三四鉱区の選定を終ったが、その坪数および借区人名は表Ⅱ-40のとおりである。許斐鷹介三鉱区、香月新三郎、近藤廉平、安川・松本が各二鉱区(もっとも近藤名義の新入は後述するように、実際には岩崎のものであるから、岩崎弥之助が二鉱区である)で、地方資本がいち

表Ⅱ-40　石炭撰定坑区表

図上番号	名称	国名	郡名	村名	坪数	人名
1	高須坑区	筑前	遠賀	高須外二村	三一一、五八二、〇	遠武秀行外一名
2	古賀坑区	同	同	古賀外二村	二四〇、八一六、〇	許斐鷹介
3	頃末坑区	同	同	頃末外四村	三三三、二〇二、〇	岩佐正寛外一名
4	吉田坑区	同	同	吉田外二村	三五一、九三〇、〇	柴田多十外一名
5	中間第三坑区	同	同	中間外二村	三六七、七八五、〇	渡辺耕鋤外二名
6	岩瀬坑区	同	同	岩瀬外一村	二四八、四七九、〇	中尾夘兵衛外二名
7	中間第四坑区	同	同	中間外一村	二三八、四三〇、〇	三野村利助
8	中間第一坑区	同	同	同外一村	四五二、四八四、〇	宮田政一
9	中間第二坑区	同	同	同外二村	一九三、〇三三、〇	許斐鷹介外一名
10	楠橋第二坑区	同	遠賀鞍手	楠橋外三村	二五〇、六九二、〇	有村磯五郎外二名
11	楠橋第一坑区	同	遠賀	楠橋外二村	二六四、五三五、〇	則末周祐外一名
12	金剛坑区	同	鞍手	金剛外四村	二四九、二〇〇、〇	松尾利貞外三名
13	木月坑区	同	同	古月外一村	二三二、六一三、〇	中野寿作
14	中山坑区	同	同	剣山外一村	三四二、一一七、〇	川村純義
15	植木坑区	同	同	植木	五一四、九二五、〇	藤倉五郎兵衛外二名
16	新入坑区	同	同	新入外三村	三七七、九七九、〇	近藤廉平
17	下境坑区	同	同	下境外二村	三三四、二六二、五	許斐鷹介
18	勢田坑区	筑前豊前	鞍手田川	穎田外二村	四三六、九七七、五	安川敬一郎外三名
19	赤池坑区	豊前	田川	赤池外二村	三三六、六三三、五	平岡浩太郎外二名
20	金田坑区	同	同	神田外二村	六五六、五〇〇、〇	牟田口元学外三名
21	糒坑区	同	同	糒外三村	七三〇、四八九、五	山本喜三郎外二名
22	伊田坑区	同	同	伊田外三村	二、五一四、六五四、五	福島良助
23	長井相坑区	筑前	鞍手	宮田外二村	二一三、五九七、五	萩本嘉三外二名
24	大隈坑区	同	同	大隈外二村	四四八、八三七、五	貝島太助
25	雀田坑区	同	同	雀田外一村	三一八、二六七、五	香月新三郎
26	新多坑区	同	同	勝野外二村	三四五、九六三、〇	近藤廉平
27	目尾坑区	同	鞍手穂波	目尾外一村	二〇二、九六〇、〇	杉山徳三郎
28	鯰田坑区	同	嘉麻	佐与外二村	四八四、九一二、五	岩崎弥之助
29	綱分坑区	同	同	綱分外五村	五八八、四〇三、二	有松伴六外二名
30	相田坑区	同	穂波	相田外六村	六二一、九二五、〇	松本潜
31	潤野坑区	同	同	潤野外九村	八三七、三三七、二	広岡信五郎
32	忠隈坑区	同	同	飯塚外一村	三〇四、五四七、五	麻生太吉
33	平恒坑区	同	同	穂波	三一〇、三八四、〇	香月新三郎
34	山野坑区	同	嘉麻	稲築	五二六、五九七、五	矢野喜平次外三名

備考　『日本鉱業会誌』6巻59号

表II-41　全国および筑豊石炭借区坪数

	全国			筑豊		
	坑区数	坪数	1坑区当り	坑区数	坪数	1坑区当り
明治19年	1,093	7,705,939	7,050	485	2,299,217	4,741
20	916	7,786,918	8,501	361	2,310,288	6,427
21	1,054	8,821,044	8,370	287*	1,709,256*	5,955
22	986	34,827,105	35,322			
23	1,373	77,697,265	56,590			
24	1,448	108,137,087	74,680			
25	1,456	108,868,657	74,772	休 200 現 229		
26	休 640 現 777	50,891,197 69,379,568	89,292	休 249 現 208		
27	休 465 現 880	47,866,012 84,381,895	95,889	休 191 現 279	25,682,630 52,717,152	188,950

備考　全国は『統計年鑑』 筑豊19年は細川「九州鉄道ノ石炭ニ於ケル関係」, 20年は『農商務統計表』, 21年は「石炭借区明細表」(『日本鉱業会誌』49号), 27年は『第三鉱山統計便覧』による.
＊筑豊五郡の数字. 22年の借区坪数の増加中には民営となった三池の846万坪が含まれている.

おう優位を占めているが、三野村利助(三井系)、福島良助(中央合同資本の代表者)、近藤廉平(日本郵船)など、中央資本の進出もまた無視しがたいものがある。

この選定鉱区の実現は、日本の石炭産業の発達史上画期的な意義をもっている。というのは、明治二〇年前後の全国借区面積はようやく八〇〇万坪程度であったのに対し、三四選定鉱区の合計は一五〇〇万坪に及んでいる。しかも二一年の筑豊五郡の借区は一七〇万坪にすぎなかったから、これによって筑豊の鉱区は一挙に一〇倍となったわけである。これを契機として、従来借区規模の小さかった筑豊の炭坑は、いっきょに全国平均を引きはなして大規模化した(表II-41)。それは石炭産業における原始的蓄積の重要な一要因であった。

ところで、選定鉱区は「福岡県下一帯ニ人民ノ増借区出願ヲ差止」めた海軍予備炭田の設定と、その基本方針において結びついていたことはいうまでもない。選定鉱区の獲得をめぐる競争は、勢いのおもむくところ、海軍予備炭田解放運動を促進することとなった。

「一県の地中悉く石炭なりと称して不可なき福岡県の富豪

表Ⅱ-42　筑豊石炭借区許可規模別

	10,000坪以上	20,000坪以上	30,000坪以上	50,000坪以上	100,000坪以上	300,000坪以上	計
24年9/15-25年1/15	4	7	7	7	6	2	33
25年1/15-4/11	3	1	3	5	5	—	17
〃 4/22-5/31	—	2	1	3	1	—	7
計	7	10	11	15	12	2	57

備考　『日本鉱業会誌』80—88号

家は兎角旧慣に泥み採炭の事業を忌み少しく之れに関係ある者は互ひに山師と称へて擯斥する程なりしか近来炭礦の事業大いに世人の注目する所ろとなりしより同地方の有志者及ひ富豪は頓に目を醒して孰れも一手に其の利得を占有せんものと競争し初めたるに生憎富饒なる炭礦は是れ等の人々か未た無頓着に在りし間に何時しか海軍省に占有されしより右等の熱心家は大に失望し今度は海軍省に向つて譲渡の議を請願せんと種々尽力中なりといへり」(「福岡県下の炭礦業」『東京経済雑誌』二一年一一月一七日号)。[14]

筑豊石炭坑業組合は封鎖の翌一九年に「特ニ委員ヲ上京セシメテ之ガ解放ヲ時ノ海軍大臣ニ建議」(『筑豊石炭鉱業会五十年史』七〇頁)する等の運動を行なったが、二一年春には「借区の許可相叶はずも責めては海軍省の御用採掘なりとも命ぜらるゝならば何万噸なりとも原価にて上納すべしと出願」(「福岡県下煤田事件の投書」『東京日日新聞』二二年一月八日)さえした。[15] それは唐津海軍予備炭田の下稼の移植にすぎず、零細炭坑経営の簇生を必然ならしめるから、鉱区選定＝炭坑の大規模化と正面から矛盾する。ところで、選定鉱区を中核とする大経営の形成、その大経営に主導される石炭生産の発展は、絶対主義政府の炭田封鎖を桎梏と感じるに至った。こうして明治二一年末以後、地元炭坑資本や京阪の豪商等の「殖産社会に殆と一大戦争を惹起した」(「筑前の煤田」『東京経済雑誌』二二年一月一九日号)といわれる鉱区解放請願の競争に媒介されながら、海軍予備炭田の封鎖解除が進行した。福岡県は二二年二月末日つぎの告示を出した。

「県下炭田調査の都合有之試掘借区候儀明治二十年県令第四十六号を以て差留置候処、

嘉麻、穂波、鞍手、遠賀、田川五郡及海軍予備炭田を除く外は自今出願差許す」

こうして選定鉱区制と一体化して、大借区が筑豊炭田に出現することとなり、大借区の主導下に借区規模は全体的に拡大していった（表II-42）。

大借区は経営の大規模化の帰結でもあり、前提でもあったが、採炭の発展が要請する経営の大規模化、それにともなう炭坑投資の有機的構成の高度化は、弱小な地方炭坑資本の負担能力をこえる資金の調達を必要とするに至った。この危機をのりこえたものだけが、その後、炭坑資本として成長しえたわけであるが、その二、三の事例を示せばつぎのとおりである。

(1) 安川敬一郎

「此年（明治二〇年）冬余は大城炭坑の開坑を企てたるも、是に要する資金を有せず。因つて相田炭取引の関係ある神戸の炭商岡田又兵衛、大島兵吉に謀り弐万円を出資せしめ合資式の契約を結び、初めて機械装置の竪坑開鑿に着手」（『撫松余韻』五五五頁）。

「此年（二二年）四月赤池竪坑開鑿に着手（中略）。此際資金の欠乏甚しかりしも、相田坑及明治坑の売炭を利用し、東奔西走辛うじて融通を策し、起業を継続するを得たり」（同上、五五六―七頁）。

「此年（二三年）平岡（共同経営者）は三菱より参万円を借用し、余も亦同社出張員長谷川芳之助を説き赤池坑開鑿費の不足を補充する為め参万円を借り受け、以て秋期に於て弐百五拾尺の竪坑を完成し採炭事業の開始を達成するを得たり」（同上、五五八頁）。

(2) 麻生太吉

「鯰田炭坑は、開坑から機械据付に、将又礦区の買収に非常の金が嵩んで、最早二進も三進も行けなくなつた」

(『麻生太吉翁伝』八五頁)。

「〔二〇年には〕辛うじて親戚等より借入金をなしては一時を凌ぎ、全く手も足も出ぬ苦難悲境時に遭遇した。然し二十二年四月に至つて同坑を三菱会社に譲渡し、漸くにして愁眉を開き、勇気更に百倍」(同上、一〇六頁)。

(3)　貝島太助

「〔明治二三年〕君が坑所の経済は日に其急を訴ひ荏苒日子を空過せば〔中略〕困難の極或は休止の不幸に立至らんとする勢あり。〔井上馨伯は〕急ぎ毛利家の金田炭坑技師山県宗一氏に嘱托して実地の調査を為し〔中略〕茲に愈々七万七千円の内先づ四万円を毛利家より君に貸付するに決せり。之れ実に井上伯特別の愛顧尽力に依るものにして君が幸運の発端成功の端緒として永く記憶すべき所なり」(前掲『炭鉱王』九七頁)。

その具体的な経緯はそれぞれに異なっているが、筑豊炭坑資本の循環の枠をこえて、中央の資本と結びついた点では共通している。

このような事情のもとで、大鉱区＝大経営の進展に一つの画期をなしたのは、中央大資本の筑豊への進出であった。なかでも筑豊への進出にもっとも熱意をもったのは三菱であった。[16]三菱は明治二二年四月、近藤廉平名義で、日本石炭会社三野村利助の借区する新入炭坑三七万八千坪の選定鉱区を、二三万五千円をもって譲りうけ、[17]その経営に当ることとなった。

「当時の坑口は新入村大字上新入字来ル見に在る旧来の竪坑を用ひ、其の出炭は一ケ月間約二千四百噸にして、事業甚だ微々たりしも、爾後漸次拡張の方針を執り、明治二十三年四月中、新入村大字上新入字八竜に新横坑を開鑿し、其翌二十四年十月直方町大字山部に第二坑を開鑿し、二十五年八月中其の鉱区を合併して百二十三万八千七百五十六坪とし、超えて二十六年七月中新入村大字下新入字長田に第三坑を開鑿」(高野江基太郎『日本炭礦誌』

表Ⅱ-43　筑豊の大炭坑　(25年7—12月出炭)

坑名	出炭	坑主	備考
鞍手郡新入坑	万斤 11,153	岩崎久弥	三菱
嘉麻郡鯰田坑	9,955	同上	同上
鞍手郡勝野坑	5,240	近藤廉平	日本郵船
遠賀郡大辻坑	4,940	肥田昭昨	
田川郡赤池坑	4,325	安川敬一郎 平岡浩太郎	
田川郡	4,269	田川採炭会社	三菱系
嘉麻郡大城坑	3,547	安川敬一郎	
穂波郡目尾坑	3,283	杉山松太郎 吉村年次郎	
鞍手郡新手本洞坑	2,953	許斐鷹介	
穂波郡伊岐須坑	2,934	伊藤伝六	
穂波郡高雄坑	2,728	松本潜	
鞍手郡大ノ浦第一坑	2,445	木村正幹	三井物産⑲
田川郡豊国坑	2,113	平岡浩太郎 山本貴三郎	
鞍手郡大ノ浦第二坑	1,846	木村正幹	三井物産⑲
田川郡金田坑	1,792	柏木勘八郎	
計	63,523		筑豊総出炭の78.6%
筑豊出炭計	80,783		

備考　農商務省地質調査所『福岡県豊前及筑前煤田地質説明書』(明治27年)

明治四一年、二八二—三頁)。

三菱は新入炭坑を譲り受けると同時に、前述したように麻生太吉稼行の嘉麻郡鯰田炭坑四五万六千坪の譲渡をもうけた。

「当時小形捲揚機械壱台と、『コルニッシュ』瀛罐三個とを装置しありしのみにて、一日の出炭額、亦僅に二十余噸に過ぎざりき。

三菱社一たび本坑を譲受けてより、其改良と拡張とに力め就中採炭法に長壁法を採用せしが如き、実に我国に於ける同法式の嚆矢とす。本坑採掘の炭層、僅に三尺余の薄層なるに拘はらず、数年間多量の石炭採出を持続し得るは、偏に此採炭法を適用せしに由る。其他二十三年中、第一坑と嘉麻川間に石炭運搬用の『エンドレス、ロープ』式を用ゐしが如き、〔中略〕二十六年夏、第一坑口の傍に正式の撰炭機械を装置し、採出せる石炭を、塊、中塊、粉の三種に選別し、中塊炭を市場に出だしたるが如き、二十六年より坑内に安全燈を用ゐしが如き、同年中坑内通気の為め、煽風機を装置したるが如き〔中略〕、皆筑豊諸炭坑に率先して、斯業改善の摸範を示したるものなり」（前掲『日本炭礦誌』二七五—六頁）。

筑豊炭田における中央大資本の主導性は、前述した地方炭坑資本の困窮と対比して、疑うべくもない。(18) こうして明治二〇年代なかばには、表II-43に見られるように、三菱二坑で筑豊全出炭の二六・一%、中央資本系および日本郵船を加えれば、三七・九%に達し、筑豊石炭産業の主導権は急速に中央資本の手に移行していった。

(11)　この配慮は日本坑法の草案のうちにすでに現れている（田中隆三「鉱業行政ニ就テ」『日本鉱業会誌』明治三七年三月号）。草案第六条　広サ百間方面ヲ以テ一坑区トス此坑区中事宜ニ因テ四分シテ五十間方面ノ分区トスルコト有ルヘシ

すなわち、いちおう一万坪をもって最小規模とした。

(12)　直方坑は帆足義方が経営し、一日出炭二五万斤以上に達したが、一九年、「坑内天井陥落して遂に廃坑の悲境に陥」（『筑豊炭礦誌』六九三頁）った。『炭礦誌』にはこれが二九年と記されているが、前後の文脈から一九年の誤植と見るべきである。

(13)　この間の事情について安川はこう記している。

「此〔二〇年〕春、余は勢田村にある許斐六平、許斐宗三郎所有の二坑区を併合するの要あるを認めたるも、交渉容易に纏らず。是れ豊前八屋の岩井伴七が買収競争に出でたる為めにして、終に余は已むなく岩井と協同して出願し、折半掘の約を結ぶに至れり」（『撫松余韻』五五四—五頁）。

(14)　「この区域〔予備炭田として封鎖された伊田採炭組の借区〕は筑豊でも有数の良炭層を蔵するところで、俄然起つた封鎖解放運動でも県内は固より東京方面では渋沢栄一、大倉喜八郎氏等の一団、福島良助、種田誠一氏等の一団〔三菱系〕、大阪では藤田伝三郎氏等各方面競願の中心地となつたので、知事らの斡旋によつて競願者の大同団結となり、明治二十二年二月田川採炭株式会社が発起され、同年四月十六日井上馨侯の尽力によつて封鎖炭田の大部分が解封されるや、同社は弓削田、伊田、川崎、大任各村に跨る二、六四四、八六一坪の大鉱区を纏め、翌二十三年四月許可になつた。〔中略〕田川採炭会社は資本金六十五万円、払込三十五万円、社長は福島良助、取締役に渋沢栄一、桑原政〔以下略〕」（『三井鉱山五十年史稿』第二巻）。この鉱区は三二年安川敬一郎らの手に移り、三七年さらに三井鉱山に譲渡された。注16参照。

(15)『筑豊石炭鉱業会五十年史』も「御用炭納入の準備工作を進め」(七一頁)たと記している。

(16) 三菱は二一年秋海軍予備炭田の請負採炭の出願をした旨が当時の新聞雑誌に報ぜられ、筑豊の鉱業界に一大波乱を生ぜしめた。

「海軍省は既に採炭の御用を三菱商会の岩崎弥之助氏及福島良介氏種田誠一氏等へ命ぜらるゝ事に内決し遠からずして其命令を下さるべしと云ふ。而して其採炭の御用を命ぜらるゝ場所は即ち豊筑炭田中に於て最も良質と称せらるゝ豊前田川郡なりとの事にて此の報道の一度び同地方へ達するや実業者は大に驚き斯くては将来吾々が営業上の運命にも関するのみならず若し三菱商会へ斯る御用達を命ぜらるゝなれば吾々にも同様命ぜられたしと偖ては五名の委員をも撰みて上京せしむる運びに至りしなりと言ふ」(「福岡県下煤田事件の投書」『東京日日新聞』二二年一月八日)。

なお、「筑前の煤田」(『東京経済雑誌』二二年一月一九日号)参照。

(17) 三菱『社史』第一六巻につぎの記録がある。

新入炭坑資本借
炭田仮払貸

一金弐拾参万五千円也
新入炭坑譲受代金
右之通振替決算ヲ遂ケ候也
廿二年九月
萩　友五郎

萩は三菱の社員であり、近藤名義の譲受資金が三菱から出ていたことが知られる。『社史』も新入石炭鉱区を「三野村利助ニ承ク」と記している。二三年には名義も三菱に書きかえられた。

(18) 三井も三菱と時を同じくして筑豊に着目し、鉱区の獲得につとめた。明治二二年三井物産は藤波忠言氏ら京都の堂上華族から、田川郡糸田、川崎の鉱区を入手し、田川炭山事務所をおいて試掘に従事した。その頃、「三池の十五年の年賦と言ふものが済まないと、何時政府から取られるか分らぬといふやうな考が残つて居る」、「年賦金二十五万円払つて幾らか残つたやつが起業費といふこと」であったから、三池以外に手をのばすことは困難であった。しかし他面、「如何に三池で手一杯であるとはいへ、ひとり三井のみが筑豊に無関心たり能は」なかった。三井鉱山は、明治二六、七年の頃、団琢磨を筑豊に派遣して鉱区の調査をさせた(以上、『三井鉱山五十年史稿』第二巻)。とはいえ、三井の筑豊進出は次章でみるように、二九年以後のことである。

(19) 大ノ浦坑は貝島の経営するところであったが、二四年末再度の経営行詰りで、毛利家からさらに七万余円の借入を余儀なくされ、その抵当として「其所有鉱区を三井物産の木村正幹氏名義に書換へ」(『炭鉱王』一〇四頁)たのである。

4 石炭市場の展開過程

筑豊の石炭生産の発展を阻害してきた一つの要因は、市場問題であった。前節で考察したように、明治一〇年代を通じて、筑豊炭の主要市場は国内にあったが、この点は二〇年代初めにも基本的に異なるところはなかった。筑豊石炭坑業組合の報告によれば、二二年中の筑豊炭販売先は表Ⅱ-44のとおりである。このうち長崎向けは輸出用であるが、わずか一・三%を占めるにすぎない。もっとも比重の高い神戸は内外国船用焚料と輸出のほか、東京方面に転送されるものが少なくなかった[20]。四日市も貿易港として内外国船焚料の需要と見てよい。これらを除くと、中国・四国が三分の一を占めて重要な需要先となっているが、これはいうまでもなく塩田用である。要するに、輸出向は取るに足らず、外国船焚料を別にすれば、国内市場が圧倒的であった。

表Ⅱ-44 筑豊炭販売先(明治22年)

販売先	数量	%
東京	斤 15,000,000	1.7
長崎	12,000,000	1.3
大阪	12,000,000	1.3
尾州及四日市	100,000,000	11.1
神戸	390,000,000	43.4
中国・四国	300,008,500	33.4
当地需要	70,000,000	7.8
計	899,008,500	100.0

備考 『日本鉱業会誌』61号

この国内市場は、明治二〇年以降、表Ⅱ-45に明らかなように、工場用需要に主導されて急速に拡大に向っていた。「明治十九年後ニ勃興セシ会社熱ノ結果トシテ全国到ル処蒸瀛力ヲ用ユル諸製造会社起リ、為メニ石炭ノ需用

表II-45　内地石炭用途別消費高　(単位 トン)

	船舶用	鉄道用	工場用	製塩用	合計	船舶用	鉄道用	工場用	製塩用	合計
明治20年	251,982	19,767	163,804	394,938	830,492	30.3	2.4	19.7	47.6	100.0
21	388,988	26,917	286,002	383,778	1,085,685	35.8	2.5	26.3	35.4	100.0
22	392,943	44,023	367,450	358,871	1,163,289	33.8	3.8	31.6	30.8	100.0
23	460,641	68,825	424,090	476,695	1,430,253	32.2	4.8	29.7	33.3	100.0
24	443,934	98,594	521,248	454,853	1,518,629	29.4	6.5	33.9	30.1	100.0
25	431,587	118,286	722,650	439,317	1,711,840	25.1	6.9	42.4	25.6	100.0
26	438,017	126,063	728,956	457,864	1,750,900	25.1	7.2	41.4	26.2	100.0
27	523,603	167,886	1,101,397	537,418	2,330,304	22.4	7.2	47.2	23.1	100.0

備考　『農商務統計表』各年による．
船舶用は本邦艦船のみ．鉄道用は鉄道省経理局購買二課調．したがって，私鉄を含まず鉄道付属工場用を含む．

表II-46　石炭輸出の推移　(単位 トン)

	石炭	屑石炭	船用	合計(A)	全国出炭高(B)	A/B
						%
明治20年	145,567	—	559,368	704,935	1,746,396	40.4
21	299,461	87,789	588,039	975,290	2,022,968	48.1
22	558,449	165,011	330,361	1,053,822	2,388,614	44.2
23	644,048	209,362	361,162	1,214,572	2,628,284	46.2
24	673,744	221,576	344,501	1,239,821	3,175,844	39.1
25	648,422	251,976	398,954	1,299,352	3,175,670	41.0
26	829,667	265,087	410,659	1,505,413	3,319,601	45.4
27	1,031,153	234,351	435,626	1,701,130	4,268,135	39.8

備考　『大日本外国貿易年表』．全国出炭高は『統計年鑑』．22年以降船用が減じ輸出が増加したのは21年9月以降輸出石炭に対する海関税が免除されたため．

益多クシテ殆ンド内国産ヲ以テ供給シ難キニ至」(吉原政道「九州炭一手販売会社ノ設置ヲ望ム」『日本鉱業会誌』九三号、五〇七頁)った、と記されたほどである。この国内需要において、筑豊炭は重要な地歩を占めていた。たとえば、東京における消費についてつぎのように記されている。

「今其費消者の重なる者を挙くれは筑前炭の需用は日本郵船会社、印刷局、製紙会社等にして、鉄道局、鉄道会社は唐津七分に筑前三分を混用せり、其他製絨に煉瓦にセメントに鉄工に兵器に造船にガラスに紡績に製米にコークスにガスに費消するもの、凡て筑前炭七分唐津幌内高島三池炭三分の割合なり」(前掲「石炭の商業忽にすべからず」)。

ここに明らかなように、需要の拡大を主導した工場用炭は主として筑前炭の市場であ

表II-47　港別石炭輸出状況　　(単位 トン)

		明治21年	22年	23年	24年	25年	26年	27年
門司	石炭			90,922	136,479	209,086	318,802	282,413
	船用			15,923	37,091	54,380	74,234	49,601
	屑石炭			—		4,200	38,225	56,003
下ノ関	石炭	279	2,851	7,347	2,721	14,961	16,060	272,733
	船用		—	8,657	43,171	49,745	49,977	52,118
	屑石炭		2	13	—	174	—	7,685
唐津	石炭		52	27,556	36,412	38,193	38,820	68,904
	船用			3,384	4,717	2,246	3,472	4,182
	屑石炭			—	—	25	—	40
口ノ津	石炭		83,897	192,516	194,665	173,239	282,421	244,555
	船用		8,728	24,733	19,564	21,790	33,639	28,308
	屑石炭		27,727	92,293	113,783	134,317	136,464	111,968
長崎	石炭	245,836	352,269	258,408	256,187	191,841	146,898	107,938
	船用	437,085	151,599	150,330	121,823	128,073	148,724	175,541
	屑石炭	87,789	137,282	107,456	97,433	98,362	86,009	41,969
合計	石炭	299,461	558,449	644,048	673,744	648,422	829,667	1,031,153
	船用	588,039	330,361	361,162	344,501	398,954	410,659	435,626
	屑石炭	87,789	165,011	209,362	221,576	251,976	265,087	234,351

備考　『大日本外国貿易年表』明治21―27年．合計にはその他を含む．屑石炭は粉炭．

った。したがって、「会社熱」が勃興したとき、東京、大阪の資本が着目したのは、唐津炭田ではなく、前述したように筑豊炭田であった。

だが、筑豊炭の重要市場である塩田の石炭需要が停滞的であるとき、輸出の意義は無視すべからざるものがあった。とくに明治二一年九月から「海外ニ輸出スル石炭ハ海関税ヲ免除」(勅令五十六号)されたことは、石炭資本の絶対主義政府に対する発言力の増大を示すとともに、石炭輸出に大きな刺激を与えた。二一年には石炭輸出は出炭高の四八%に達したのである(表II-46)。

このような状況は筑豊の石炭経営にも影響を与えないではおかなかった。筑豊炭が若松―長崎経由で中国・東南アジア市場に輸出されるほかないことは、その輸出の大きな阻害要因であった。しかも若松は「港内浅くして蒸汽帆走の大船は入ること能はず」(「福岡県に於ける炭坑事業の近況」『東京経済雑誌』二二年三月二日号)といわれる事情から、関門の良港門司が注目され、九州鉄道の計画とならんで、二〇年以降測量、築港が進められていた。[21] こうして明治二二年一一月、特別輸出港規則により、門司港もまた輸出港の一つに指定され、石炭を中心に穀類、硫黄の輸出を許可された。

二三年以後の筑豊炭の輸出は、表Ⅱ-47によってみることができる。山口県の諸炭坑の出炭は、当時もっぱら瀬戸内海沿岸の塩田用として使用されたので、下関からの輸出もまた筑豊炭に加えなければならない。門司、下関(以上筑豊炭)、唐津(唐津炭)、口ノ津(三池炭)の特別輸出港指定によって、それまで石炭輸出を独占していた長崎の地位が、絶対的にも相対的にも低下してきた事情は、この表によって明らかである。さらに、三池、唐津炭の輸出の伸びがいずれかといえば停滞的ななかで、これらと対照的に筑豊炭の輸出は急速に増大し、二三年には一二万トンにすぎなかったのが、二六年には五〇万トンに達し、全石炭輸出の三分の一を占めるに至ったのである。

もっとも、海外に市場を持たなかった筑豊炭にとって、その開拓は決して容易なものではなかった。この間の事情を安川が平岡浩太郎と共同経営した赤池炭坑の『取調書控』(明治三二年四月)は、つぎのように記している。

「廿四年ニ至リ出炭増量スルニヨリ熟惟ミルニ我坑ノ如キ前途遼遠有望ノ坑区ハ到底内地小販売ヲ以テ満足スベキニアラザルニヨリ香港上海ニ向テ輸送ヲ試ミタリ、是ヨリ前内地販売ニ付テハ神戸大阪ニ支店ヲ置キ従来需要者ノ信用ヲ得タルヲ以テ廿四年炭価低落ノ不幸ニ遭遇セシモ尚多少販売上円滑ヲ得タリ、然レドモ支那沿海ハ未ダ炭品ノ信用ナク大イニ失敗ヲ取リタリ。

廿五年ハ本邦総テノ商況沈底ノ極ニ達シ炭価亦之ガ渦中ニ投ゼザルヲ得ズ、然レドモ内地販売ハ尚坑費ヲ補フヲ得タリト雖トモ海外販売ニ至テハ彼ノ三井三菱ノ如キ多年好花主ヲ有セルニ拘ラズ炭品不販ヲ感ズルニ至レル況ンヤ前年僅ニ試送ニ止リ未ダ炭名ダニ知ラレザル赤池炭ガ市価ヲ保ツ能ハザリシハ当然ノ事ト云フト雖トモ失敗ノ極坑山維持ニ苦慮シタル殆ンド名状スベカラズ、今ニシテ当時ヲ追想スレバ悚然トシテ肌膚粟ヲ生ズ。

表II-48　輸出における石炭の比重　(単位 1,000円)

	明治20	21	22	23	24	25	26	27
生糸・絹糸	25,288	28,345	28,877	16,431	31,882	39,532	30,967	42,564
絹布・絹製品	1,467	1,680	2,909	3,853	4,782	8,251	8,429	12,984
茶	7,603	6,125	6,157	6,327	7,033	7,525	7,702	7,930
銅	2,050	3,521	2,880	5,357	4,881	4,879	4,575	4,901
石炭	2,338	3,186	4,347	4,796	4,749	4,572	4,818	7,930
(石炭比率)	% 4.5	4.9	6.3	8.6	6.0	5.1	5.4	5.9
輸出総額	51,547	64,892	69,307	55,792	78,738	90,405	88,950	112,171

備考　『大日本外国貿易年表』内国産輸出品

廿六年春炭価益不振於是乎大ニ坑費節減ノ方針ヲ取リ従テ採炭減額ヲ目的トシタリ、然レトモ海外輸出ノ何如ハ鉱業休感ノ関スル所至大ナルヲ以テ香港輸出ヲ継続シタリ。廿七年香港市場ニ我赤池炭ノ信用ヲ博スルト同時ニ始テ年間定価約定談判ノ整フニ至リ上海ニモ亦同約定ヲ締結シタリ」。

大経営の成立は、まとまった大市場としての海外市場の確保を要請したのであり、筑豊石炭鉱業の確立は、海外市場への進出と不可分に結びついていた[22]。明治二〇年代、石炭輸出は全輸出額の五、六%を占め絹、茶につぐ重要輸出品であった(表II-48)。

このような筑豊における大経営の成立と市場の拡大は、石炭輸送のための鉄道建設と結びついた。一九年以降の企業熱をリードしたのは鉄道業であったから、それが石炭輸送とこの時点で結びついたのは、きわめて当然のことであった。若松・直方間が開通した明治二四年には、未だ新入炭の輸送を担当するにすぎなかったが、二六年六月に筑豊興業鉄道と九州鉄道とが折尾で接続するようになってからは、筑豊炭は門司と直結して輸出のいっそうの発展をみるに至った(表II-37参照)。このような輸出の増大にともなって、筑豊炭の市場としての海外市場の意義もまた、急速に増大し、二三年には一五%にすぎなかったのが、二五年には三二%、二六年には四〇%に及んだのである(表II-49)。なお筑豊炭のまえに急速に開けた輸出市場としては、外国船焚料を別とすれば、圧倒的に香港の比重が高かった(表II-50)。

表II-49　筑豊炭輸出比率　（単位 トン）

	筑豊出炭量(A)	門司・下関輸出量(B)	B/A
			%
明治23年	787,591	122,862	15.5
24	920,411	219,462	23.9
25	1,039,777	332,546	32.0
26	1,234,078	497,298	40.3
27	1,710,887	720,553	42.2

出典　表II-35, II-47より算出

表II-50　門司・下ノ関石炭輸出先比率

	明治23年	24年	25年	26年
香港	38.0	42.1	51.7	64.9
シンガポール	18.0	10.4	—	6.6
マニラ	18.0	3.0	1.8	0.9
上海	—	20.0	22.2	2.1
その他	11.0	3.1	4.6	5.4
船用	15.0*	21.4	19.7	20.1
計	100.0	100.0	100.0	100.0

備考　『門司港誌』pp. 106−8.
　＊51.0と記されているが表II-47によって改めた．

こうして生産・輸送の体制をととのえ、市場の拡大を実現した石炭資本も、なお、流通過程を自己の統轄下におくことはできなかった。この間の事情を三池炭坑技師吉原政道はこう記している。

「我国石炭市場ノ悪弊ハ往昔ヨリ今ニ其ノ血統ヲ絶タズ、正業者ヲ殆ンド五里霧中ニ覆ヘリ、爰ニ石炭仲買人ト唱フル者ノアリテ彼等ハ無資産ナル上一種ノ奇術ヲ以テ他人ノ目ヲ昏マシ今日ノ糊口ヲ凌ギ己レモ之ヲ以テ栄トシ居ルガ如シ、（中略）抑モ我国各市場ノ石炭売込ハ先ヅ交際費ト唱ヘテ多額ノ資本ヲ要シ該交際費々消ノ多少ニ因リ石炭品質ノ善悪ニ拘ラズ売レ高ニ多少アルガ如シ、最初会社売込ナレバ会社ノ重役ヲ会席其他ニ案内シテ親密ヲ買ヒ且ツ石炭買入掛リニ賄賂ヲ送リ火夫ニ黄金ヲ握ラセル如キハ常ニシテ、就中火夫ノ功力最モ多ク地獄ノサタモ金次第ト言フ都合ヲ以テ火夫ニ金ヲ握ラセ方ノ如何ニ因リ其ノ試験ノ結果ヲ左右シ品質ノ如何ハ第二トスルノ弊アリ、弥ゝ上納約束整ヒタル節ハ其斤量ヲ胡麻化シ又ハ表面ニ上炭ヲ覆ヒ中ニ麁炭ヲ混入スル等其手際実ニ目醒シク筆紙ノ尽ス限リニ非ズ、（中略）官へ

ノ上納ニ於テハ今日会計法ニ因リ諸品買入ハ丸デ入札ト相成居レトモ少シモ其ノ功ナク却テ弊害ハ自由売買ヨリ多キニ居ルモノヽ如シ」(「九州炭一手販売会社ノ設置ヲ望ム」『日本鉱業会誌』九三号、五〇三—四頁)。

それゆえ、「小資本及ビ正直ナル坑主ハ喩ヘ美質ノ石炭ヲ有スルト雖トモ此魔術ノ為メニ販路ヲ妨ゲラレ実ニ不利ヲ蒙ルコト多シ」(同上)といわれる状況にあった。このような石炭取引の在り方は、海外貿易の場合にも本質的に異ならなかった。同じ論者は「我国輸出品中ノ要部ヲ占メタル石炭ハ今ヤ殆ンド海外ノ信用ヲ失スルニ至レリ」として、この間の事情をつぎのように記している。

「熟ゝ炭業者ノ情態ヲ察スルニ薄弱ナル坑主ハ営業資本ノ不足ヨリ自己ノ経済ヲ支ユルコト能ズシテ投売ヲナシ自カラ品位ヲ卑フシ、仮面商人ハ(資力ナク品格ナク名誉ヲ惜ムナク一時世ノ中ヲ胡麻化シ渡ル者ヲ言フ)他人少シク利ヲ得レバ走ツテ是ニ赴キ分別思慮ナク麁炭ヲ混入シテ巨額ノ輸出ヲナシ後害ヲ意トセズ、〔中略〕此弊害ヲ断ツヲ得ザル以上ハ幾数年ヲ経ルモ海外ニ向ツテ日本炭ノ信用ヲ得ルコト難シ」(同上、五〇五頁)。

このような流通機構の前期性は、石炭市場の円滑な発展を阻害するところ少なくなかったが、市場の拡大に支えられて、筑豊炭の相場は一九年後半から上向きとなった。

「〔石炭相場は〕十九年八九月頃始めて頭を擡げ来り二十年より二十一年に至りては亦意外の高値を呼び小松浦二十二円五十銭を唱へ二十二三年は借区競争の為めに全力を費やせしも相場に格別の変動を見ず」(前掲『門司港誌』六三頁)。

「意外の高値を呼」んだといわれる二一年春の、東京市場の状況はつぎのように報じられている。

「鉄道局、日本鉄道会社、兵器製造所等ヲ始トシテ府下ノ諸製造所ガ重ニ需用スル所ノ石炭ハ唐津、筑前、幌内等ノ石炭ナルガ頃日来大ニ払底ヲ告ゲ京浜間ノ該商ガ其貯蔵品ヲ売尽シタルコトハ中スニ及バズ殆ンド石炭蔵ノ

表II-51 明治廿壱年中若松港石炭価格表

郡別	坑名	種別	一月	二月	三月	四月	五月	六月	七月	八月	九月	十月	十一月	十二月	平均
遠賀郡	中間村 大辻坑	塊炭	一〇、〇〇〇円	一〇、〇〇〇円	一〇、〇〇〇円	一〇、〇〇〇円	一〇、〇〇〇円	一〇、〇〇〇円	一三、〇〇〇円	一三、〇〇〇円	一三、〇〇〇円	一三、〇〇〇円	一八、〇〇〇円	二三、〇〇〇円	一三、七五〇円
		中荒	八、〇〇〇	八、九〇〇	八、〇〇〇	八、九五〇	九、三〇〇	九、八〇〇	一〇、〇〇〇	一〇、二〇〇	一〇、五〇〇	一一、〇〇〇	一五、〇〇〇	一九、五〇〇	一〇、七六三
		粉炭	五、七〇〇	五、九〇〇	六、三〇〇	六、四〇〇	六、四〇〇	六、七〇〇	七、五〇〇	八、四〇〇	八、五〇〇	八、〇〇〇	八、〇〇〇	一〇、五〇〇	七、三五八
	各坑平均	塊炭	八、七六〇	八、八〇〇	八、八六〇	九、一三〇	九、七〇〇	一〇、四六〇	一一、五〇〇	一二、四〇〇	一二、二〇〇	一二、六六〇	一五、〇〇〇	一八、四〇〇	一一、四五九
		粉炭	五、九三三	六、〇〇〇	六、一六六	六、一六六	六、二〇〇	六、三三三	七、一六六	七、九六六	八、〇〇〇	七、九三三	八、〇〇〇	九、七三三	七、一一三
鞍手郡	下境村 新手本洞坑	塊炭	一〇、四五〇	一〇、八〇〇	一〇、九〇〇	一一、一〇〇	一一、九〇〇	一三、七〇〇	一四、七〇〇	一四、九〇〇	一五、六〇〇	一五、九〇〇	一七、七〇〇	二二、〇〇〇	一四、〇五四
		粉炭	六、〇〇〇	六、〇〇〇	六、〇〇〇	六、〇〇〇	六、五〇〇	七、〇〇〇	八、〇〇〇	八、五〇〇	八、七〇〇	八、六〇〇	一五、五〇〇	一五、五〇〇	八、五二五
	新入村 来ル見坑	塊炭	一〇、一〇〇	一〇、五〇〇	一〇、八〇〇	一〇、八〇〇	一一、五〇〇	一三、〇〇〇	一四、八〇〇	一四、八〇〇	一五、三〇〇	一五、八〇〇	一七、三〇〇	二二、〇〇〇	一三、八〇八
		粉炭	六、五〇〇	六、三〇〇	六、五〇〇	六、五〇〇	六、六〇〇	七、〇〇〇	八、四〇〇	八、四〇〇	八、四〇〇	八、四〇〇	八、四〇〇	一〇、〇〇〇	七、六一六
	大隈村 大ノ浦坑	三尺塊	九、七五〇	九、七五〇	一〇、三三〇	一〇、三三〇	一一、〇〇〇	一三、七五〇	一三、七五〇	一三、七五〇	一五、〇〇〇	一六、八〇〇	一七、九〇〇	一八、〇〇〇	一三、三四〇
		五尺塊	八、七五〇	八、七五〇	九、三三〇	九、三三〇	一〇、〇〇〇	一二、七五〇	一二、七五〇	一二、七五〇	一四、〇〇〇	一五、八〇〇	一六、九〇〇	一七、〇〇〇	一二、三四〇
		三尺粉	六、〇〇〇	六、〇〇〇	七、三〇〇	七、五〇〇	八、〇〇〇	八、〇〇〇	八、三〇〇	八、三〇〇	八、八〇〇	九、〇〇〇	一〇、〇〇〇	一〇、〇〇〇	八、一〇〇
		五尺粉	七、〇〇〇	七、〇〇〇	八、〇〇〇	八、五〇〇	八、五〇〇	九、五〇〇	一〇、五〇〇	一〇、五〇〇	一二、〇〇〇	一二、〇〇〇	一四、〇〇〇	一四、〇〇〇	一〇、二〇八
	各坑平均	塊炭	九、二七五	九、四六〇	九、八九〇	九、八二三	一〇、四六六	一二、四五〇	一三、一〇〇	一三、五八三	一四、三一六	一五、〇〇〇	一六、二五〇	一八、一六六	一三、六四八
		粉炭	六、三五〇	六、三一六	六、八六六	六、九八三	七、三八八	七、八三三	八、八一六	九、二三三	九、四八〇	九、六六六	一一、四五〇	一一、五八三	八、四九七
嘉麻郡	鯰田村	塊炭	一〇、五〇〇	一一、〇〇〇	一一、〇〇〇	一一、一〇〇	一一、〇〇〇	一五、六〇〇	一五、一〇〇	一五、一〇〇	一五、六〇〇	一六、一〇〇	一八、〇〇〇	二二、三〇〇	一四、二八三
		粉塊	七、二〇〇	七、二〇〇	七、八〇〇	八、〇〇〇	八、五〇〇	九、六〇〇	一〇、六〇〇	一〇、〇〇〇	一〇、〇〇〇	一〇、〇〇〇	一〇、〇〇〇	一三、五〇〇	九、三六六
	瀬田村 大城坑	塊炭	一〇、四五〇	一〇、八〇〇	一一、三〇〇	一三、〇〇〇	一三、七〇〇	一四、〇〇〇	一四、五〇〇	一五、〇〇〇	一五、七〇〇	一六、五〇〇	一八、〇〇〇	二一、八〇〇	一四、四七九

郡 各坑平均 塊炭	郡 各坑平均 粉炭	穂波郡 目尾村 塊炭	穂波郡 目尾村 粉炭	穂波郡 潤野村平原坑 塊炭	穂波郡 潤野村平原坑 粉炭	穂波郡 相田村 塊炭	穂波郡 相田村 粉炭	穂波郡 各坑平均 塊炭	穂波郡 各坑平均 粉炭	田川郡 河宮村小松ヶ浦坑 塊炭	田川郡 同村峯地坑 塊炭	田川郡 各坑平均 塊炭	各郡平均 塊炭	各郡平均 粉炭
一〇、四七五	七、二〇〇	一〇、二五〇	九、〇〇〇	九、一〇〇	七、三〇〇	九、〇〇〇	六、三〇〇	九、四五〇	七、五三三	一一、五〇〇	一一、〇〇〇	一〇、九〇〇	九、七七二	六、七五四
一〇、九〇〇	七、二〇〇	一〇、六〇〇	九、五〇〇	九、一〇〇	七、五〇〇	九、五〇〇	六、三〇〇	九、七三三	七、七六六	一一、五〇〇	一一、〇〇〇	一〇、九〇〇	九、九五八	六、八二〇
一一、一五〇	七、八〇〇	一〇、七〇〇	九、五〇〇	一〇、〇〇〇	七、八〇〇	九、五〇〇	六、五〇〇	一〇、〇六六	七、九三三	一二、〇〇〇	一一、五〇〇	一一、四〇〇	一〇、三三九	七、一九二
一一、五五〇	八、〇〇〇	一〇、九〇〇	九、七五〇	一〇、〇〇〇	八、〇〇〇	一〇、〇〇〇	六、五〇〇	一〇、三〇〇	八、〇八三	一二、五〇〇	一二、〇〇〇	一一、九〇〇	一〇、五四〇	七、三〇八
一二、三五〇	八、五〇〇	一一、七〇〇	一〇、七〇〇	一〇、七〇〇	八、八五〇	一〇、五〇〇	六、八〇〇	一〇、九六六	八、七八三	一二、五〇〇	一二、〇〇〇	一一、九〇〇	一一、〇七六	七、七一七
一四、八〇〇	九、六〇〇	一三、五〇〇	一三、三〇〇	一二、三〇〇	一〇、五〇〇	一一、〇〇〇	六、八〇〇	一二、二六六	一〇、二〇〇	一二、五〇〇	一二、〇〇〇	一一、九〇〇	一二、三七五	八、四九一
一四、八〇〇	一〇、六〇〇	一四、五〇〇	一三、八〇〇	一四、〇〇〇	一一、五〇〇	一一、〇〇〇	六、五〇〇	一三、一六六	一〇、六〇〇	一四、〇〇〇	一三、〇〇〇	一三、一二五	一三、一三八	九、二九五
一五、〇五〇	一〇、〇〇〇	一四、七〇〇	一四、二〇〇	一四、五〇〇	一一、五〇〇	一二、〇〇〇	七、〇〇〇	一三、七三三	一〇、九〇〇	一六、五〇〇	一六、〇〇〇	一五、七五〇	一四、〇三二	九、五二四
一五、六五〇	一〇、〇〇〇	一五、四〇〇	一四、八〇〇	一四、五〇〇	一一、五〇〇	一二、〇〇〇	七、五〇〇	一四、一三三	一一、二六六	一七、〇〇〇	一六、五〇〇	一六、二〇〇	一四、四九九	九、六七四
一六、三〇〇	一〇、〇〇〇	一五、七〇〇	一五、〇〇〇	一五、〇〇〇	一一、五〇〇	一三、〇〇〇	八、〇〇〇	一四、五六六	一一、五〇〇	一七、〇〇〇	一六、七〇〇	一六、五五〇	一五、〇一九	九、七七四
一八、〇〇〇	一〇、〇〇〇	一七、四〇〇	一六、七〇〇	一五、五〇〇	一二、〇〇〇	一四、五〇〇	八、五〇〇	一五、八〇〇	一二、四〇〇	一七、〇〇〇	一八、七〇〇	一七、四〇〇	一六、四九〇	一〇、三八七
二一、五五〇	一三、五〇〇	一七、九〇〇	一七、二〇〇	一五、五〇〇	一二、五〇〇	一六、〇〇〇	九、五〇〇	一七、八〇〇	一三、〇六六	一八、五〇〇	二二、五〇〇	二〇、六二五	一九、二三六	一一、九七〇
一四、三八一	九、三六六	一三、六〇四	一二、七八七	一二、五一七	一〇、〇三七	一一、五〇〇	七、一八三	一二、六六五	一〇、〇〇二	一四、三七五	一四、四〇八	一四、〇四五	一三、〇三一	八、七四二

備考 『日本鉱業会誌』四九号

土ヲ穿チ辛フジテ得意ノ需用ヲ給ス位ノ有様ナリシガ昨今ニ至リテハソレスラ六ケ敷石炭トイフテハ薬ニシタクモナキ場合ニ立至リタリト、今其原因ノ概略ヲ聞クニ近来諸製造所ノ起ルコトハ挽キモ切ラズソレニ連レテ石炭ノ需用が増シタルコトハナカナカ夥敷一寸概算シタル処ニテモ昨年秋頃ヨリ俄ニ五百万斤ノ多キヲ加ヘ尚続々増加ノ勢アル折カラ折モ折トテ先頃海軍省ヨリ諸造船所又ハ諸鎮守府其他等へ配賦セラレタル其高ハ千八百万斤ノ多額〔以下略〕」(「石炭ノ払底」『中外物価新報』二一年四月)。

二一年中の筑豊炭の代表的銘柄の値動きは、表II-51のとおりであり、当時、各炭坑の採掘する炭層は、表II-36からも知られるように、一層、まれに二層にすぎなかったから、銘柄は炭坑名(と採炭層名)および塊粉炭別で区別され、各銘柄ごとに市場に差異があるため、値動きにも異同のあることを知ることができる。二二年上期には、塊炭上二一円、中一七円二二銭、下期には塊炭上二一円六七銭、中一七円三三銭で、「価格に特別の変動を見ず」と記されているとおりである。こうして筑豊炭田の「黄金時代」が現出した[23]。

「又其当時濠州ニ坑夫ノ同盟罷工アリテ香港、新嘉坡地方ノ市場ニ石炭ノ欠乏ヲ来タシタルガ故、石炭価格意外ニ騰貴シ一時ハ黄金時代至リヌト思ハシムルニ相成タルガ故乱堀乱売ノ弊益ヽ発生シ、坑主ハ態ト二割乃至三割ノ麁悪品ヲ加ヱテ仲買人ニ渡シ仲買人ハ争ツテ前金ヲ坑主ニ渡シ豪商ハ競フテ炭山ニ資金ヲ投シ、炭山ハ宛モ中央集金ノ場トナリタルガ故、眠レル狸堀山モ起リ紳商組合ノ新炭山モ起リ〔以下略〕」(前掲「九州炭一手販売会社ノ設置ヲ望ム」五〇七頁)。

前述した中央資本の筑豊への進出も、直接にはこのような石炭市場の拡大と市況の好況に刺激されたものであった。ところが、二三年始めから石炭相場は下降に転じた。二一、二二年ころの「炭坑熱」による石炭増産が、市場の拡大を越えて、ようやく過剰生産の傾向が見え始めたからである。「経費ニ節減ヲ加エ営業ヲ維持セント幾多ノ鉱主ガ思ヒ思ヒニ起業シテ採炭額非常ニ増加シ終ニ需供ノ度合ヲ失シ価格次第ニ低落」(前掲「九州炭一手販売会社ノ設置ヲ望ム」五〇二頁)の事態となったのである。しかも金融逼迫の折柄、債主の督促がきびしく、経営はひどく窮迫した。

もっとも、石炭産業は国内市場においては製塩業の需要がのび、海外市場も拡大をみたので、明治二三年の恐慌は閉山・倒産という事態に至らず通りすぎることができた。ところで、二四年夏九州各炭坑は「其全きを得たるもの僅かに七坑に過ぎず」(『門司港誌』六三頁)といわれる大水害にあい、大損失を蒙った。その打撃は深刻であったとはいえ、漸次悪化しつつあった筑豊炭市況には一面有利に作用し、価格は多少の回復をみた。二四年下半期の若松港価格は、表II-52のとおりであって、銘柄によって異なるが、二一年末炭価より一割前後の低落をみているにすぎない。ところが、諸炭坑が水害の被害から立ちなおると事情はふたたび悪化し、二四年末に至ると炭価は大幅に下落し、筑豊石炭産業の「二五年恐慌」となった。(24)

「我国ノ炭山ハ明治二十二年来炭鉱業流行ノ結果トシテ最近四年間ニ於テ各地ニ炭坑起リ苟モ運搬ノ便アルモノ悉ク採掘ニ着手シタルガ為メ明治二十一年ヨリ二十四年マデ四年間ニ於テ一百万噸余ノ増加ヲ来タシ其需用額ニ超過シ其結果ハ石炭ノ価格ヲシテ非常に下落セシメ小炭坑ハ之ガ為メ休業スルニ至リシモ規摸ノ稍ヾ大ナル炭坑ハ炭価ノ低廉ニ伴フテ其採炭原価ヲ逓減セント欲シ力ヲ尽シテ多量ノ石炭ヲ採出セシヲ以テ益ヾ炭価ヲ下落セシメ遂ニ現稼行炭山ノ多数ハ現今既ニ其出炭力ノ最高点ニ達シ尚一層多額ノ出炭ヲ為サントセバ将来ノ利益ヲ慮ラズシテ濫掘スルノ外ナキモノ居多ナルニ至レルナリ」(前掲「日本石炭ノ将来」四一二―三頁)。

この間の借区の推移をみると(表II-53)、稼行炭坑が二二年以降年々減少し、二六年には二二年の六三%まで減少し、逆に休業坑が三五坑から二二七坑と六・五倍に激増している。『赤池鉱山一班』(明治三〇年二月)はこの不況による石炭産業の窮迫をつぎのように記している。

「二十五年ニ至リテハ筑豊五郡鉱業界裡一大恐慌ニ遭遇シ到ル処

表II-52　若松港炭価
(24年下期)

銘柄	炭価
	円
大ノ浦三尺塊	17.75
同　五尺塊	16.01
同　粉炭	13.17
大辻　大塊	19.38
同　中荒炭	14.43
大城　塊炭	16.47
同　粉炭	11.48
目尾　塊炭	16.81
峯地　塊炭	19.38
小松　塊炭	19.61

備考　『日本鉱業会誌』85号

惨話充満シ破産倒産ノ悪声ヲ聞カザルナシ、サナキダニ採炭スレバ其出炭ニ対スル損失金額ダニ補塡尚且欠乏ヲ告グルニ至ル、其困難ハ局ニ当タレルモノ、外断ジテ想像ノ及バザル処是故ニ幾万ノ坑夫ハ職業ヲ失ヒ路頭ニ彷徨シ其為ス所ヲ知ラズ、殆ンド飢餓ニ逼ラントセリ」。

この赤池の経営に当っていた安川は経営の困窮をこう記している。

「明治二十五年　時に炭況不振にして各炭坑共に経営難に陥り、余の如き相田大城赤池各炭坑の維持に汲々たりしが、其惨状を回顧すれば悚然戦慄せざるを得ず。唯一縷の望は鉄道開通運炭費の軽減にあり」。

表II-53　筑豊五郡石炭借区状況

	現行	休業	試掘
明治 22 年	214	35	9
23	209	65	24
24	191	132	36
25	181	179	32
26	134	227	19
27	260	97	178

備考『福岡県統計書』各年

「明治二十六年　炭況の不振益々惨憺、鉄道は僅かに小竹駅迄開通するのみ。此恐慌期に当り余及平岡の三菱に対する債務履行の督促急なるものあり、是等防戦の術に就ては苦心の存するもの多々ありき」(前掲『撫松余韻』五五九頁)。

市況の発展に支えられて二三年の恐慌を重大な影響もうけずにやりすごし、矛盾を内攻させた石炭産業の市況は、ここに至って「門司湾頭貯炭堆積」(同上)し、ついに恐慌となって爆発したのである。明治二二年以降、ようやく経営を大規模化し、資本家的生産を軌道にのせようとした石炭産業は、早くも資本制恐慌に見舞われることとなった。

これを東京蔵前石炭相場の動きからみると、図II-6のとおりであり、『東京経済雑誌』は二五年の石炭市況についてつぎのように報じている。

二月六日　石炭は多少小締りの人気ながら何分捌け方捗々しからざる折柄故相場を乗出し買進む手合も見へざれば唯人気丈にて相場は先つ持合の姿なり。

図 II-6　明治20年代 石炭相場 （東京蔵前）

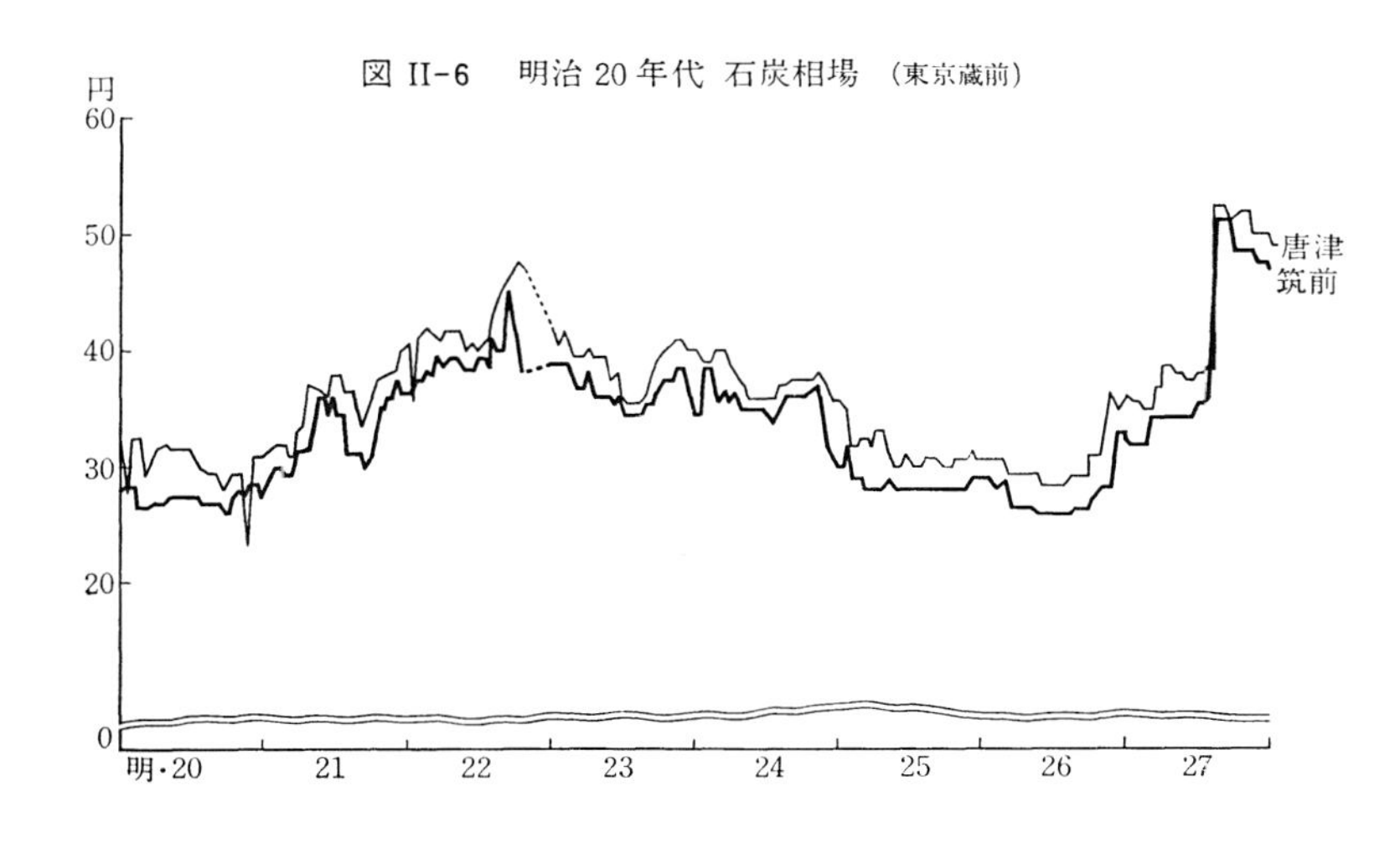

四月二十三日　石炭は続いて不捌の折柄ゆへ弗々投出物現はるゝ為め相場少しく下向き不活潑の商勢を現はしたり。

五月十四日　石炭は頗る沈静の景況。

二六年末から炭価は少しずつ回復に向い、二七年になると工場需要の激増に刺激されて、ふたたび好況がおとずれた。

(20)　「東京送りは特に大型の帆船でやつたが時としては兵庫で酒船の一部に積合せて送つた」(松本健次郎「回顧断片」『石炭時報』昭和七年六月号)。

明治二〇年、一論者は「目下東京横浜に於て一日の消費殆と八拾万斤以上壱年三億万斤に下らず」とし、ここに輸出される石炭の産出地および輸入斤量に言及し、「筑前炭　壱億七千万斤」で「消費高総額の過半を占め」ている、と記している(前掲「石炭の商業忽にすべからず」)。

なお松本は前記「回顧断片」で、輸出についてこう記している。「筑豊炭の海外輸出は門司が特別輸出港になる前は特に免許を受けてやつて居た。明治十八年頃は石炭の輸出は神戸迄帆船で送りそこから多くは外国商人の手を経て上海方面へ輸出するといふやうなことをやつてゐた」。

(21)　この間の事情については、高野江基太郎『門司港誌』(明治三〇年)をみよ。

(22)　この段階でも石炭の海外販売機構は未だ確立していなかった。

「門司港の石炭輸出も初期には西洋人や支那人の手を経てやつてゐた。西洋人は門司に大概店舗を有してゐたが、支那人の方は上海香港辺からやつて来て船一杯分の商売をするといふ者が多かつた。門司港の輸出にしてもバンカーにしても日清戦争後から本格的になつた」(松本健次郎「回顧断片」『石炭時報』昭和七年六月号)。

(23) 貝島太助が数万円の大金を投じて直方に一大邸宅を新築したのは、この好況期のことであった。二四年以降の不況過程でかれはこれを手離さなければならなくなった。『炭鉱王』七八頁以下をみよ。

(24) 「当時我国ノ商業者中炭業者ハ第壱等ノ貧乏位地ヲ占メ居ルガ如シ、是ハ炭業者ガ二十二年比ニ驕奢ノ極度ヲ占メタル報酬ナルガ故致方ナケレトモ今壱ケ年モ該不景気ノ継続スルト見レバ炭業者ハ殆ンド生気ナキニ至ル可シ、現ニ今日唐津地方ノ小坑主ハ大概休山シテ魚類売リ又ハ陶器売リト化シタルモアリ、又ハ晨ニ石炭ヲ市場ニ送リ其金ヲ得テ些少ノ米ヲ買ヒタベニ坑夫ニ渡スモアリ。坑夫ニ支払フ米ヲ欠キ坑夫就役シ得ハザル不都合アリ。或ハ又坑主ノ自宅ニ帰ルコト能ハズシテ他ニ潜伏シ金策スルモアリ、〔中略〕故ニ坑内乱掘ハ少モ意トセズ隙キサエアレバ金主ヲ胡麻化シイザト言エバ身代限ヲ覚悟シ居ルモノノ如シ、斯ノ如キ有様ヲ以テ礦業ノ発達ヲ望ムモ得テ得可カラズ」(前掲「九州炭一手販売会社ノ設置ヲ望ム」五〇八頁)。

第四節　鉱山王有制の終焉

1　官営炭坑の払下げ

前節で考察したところから明らかなように、明治二一、二年を画期として、石炭産業は質的な変化をとげた。それは石炭産業における本格的な資本制経営の成立を示すものであった。時を同じくして、官営三池炭坑が払い下げられ、続いて幌内炭坑も払い下げられ、維新後ながく海軍予備炭坑であった唐津地方の炭坑も解放された。それにはもちろん政府の財政的事情や政治的な考慮が働いたことも、あながち否定することはできないが、この時期の符合は決して単なる偶然ではない。明治一〇年代末からの企業熱の勃興を先頭とし、多数の泡沫企業の浮沈をともないながら、ようやく地歩をかためてきた資本制経済にとって、巨大炭坑の官営はもはや望ましいものではなかったし、政府にとっても必ずしも必要なものではなくなっていた。以下、三池および幌内の払下げと、その後の両炭坑の経営についてこの点の概観を試みよう。

(a)　三池炭坑

『三池鉱山局第十六次(二十年度)年報』は、この年の事業成績をつぎのように報じている。

「三池鉱山ニ於ケル二十年度ノ概況ハ業運追々進歩ノ状ヲ加ヘ産炭総額ハ三十二万七千三百七十七噸ニシテ収入ノ金額ハ五十七万九千十九円四十七銭ナリ、而シテ営業費ノ総額三十四万三千九百十五円八十一銭ヲ控除スレハ

表II-54　三池炭坑営業状況

		明6—13	14	15	16	17	18	19	20	計
産礦高		トン 763,154	163,039	145,602	164,970	244,159	178,439	283,208	327,377	2,272,293
経費		円 1,132,894	342,200	412,694	318,431	334,377	228,786	311,013	343,916	3,424,310
収入	売礦代価	267,711	435,725	442,441	324,958	473,568	335,037	503,259	575,242	4,490,835
	その他収入						1,813	3,204	3,777	
	計	1,400,605	441,741	448,941	342,854	476,916	336,850	506,463	579,019	4,533,389
収益		267,711	99,541	36,247	24,423	142,539	108,064	195,450	235,104	1,109,079
興業費		528,255	64,448	39,251	75,620	16,517	31,732	39,997	70,350	866,170
差引実収益		−260,544	35,093	−3,004	−51,197	126,022	76,332	155,453	164,754	242,909

備考　『三池鉱山局第十六次年報』および『工部省沿革報告』. 14—17年度までは7月から翌年6月まで, 18年度は7月—19年3月, 19年度以降は4月から翌年3月まで.

表II-55　三池鉱山坑口一覧　(明21初)

名称	形	深サ	坑口径	使用目的	工事着手年月日	工事落成年月日	20年度出炭	記事
七浦第一竪坑	円形	231尺	14尺	採炭	明12. 7. 9	明15. 6.18	塊 130,427 粉 113,887	横須浜積場ヨリ26丁
同第二竪坑	円形	210	14尺	空気	明15. 6.25	明16. 6.18	—	第一坑ヨリ北.距離211尺
同横坑	方形	坑道 112間	高 6尺 巾12尺	坑夫出入	明17. 6. 4	明17.12.22	—	旧三池藩ノ工業ニカカル
早鐘竪坑	方形	276尺	長13尺 巾 9尺	疏水	明19. 2. 1	明20. 8.26	—	七浦坑ヨリ南ヨリ東距離347間
三ツ山竪坑	方形	165	長13尺 巾10尺	空気	明 9. 1.	明10.12.	—	七浦第一坑ヨリ距離15丁50間
勝立竪坑	方形	408	長18尺 巾12尺	採炭	明18.11.13	—	—	七浦坑ヨリ距離16丁30間
宮ノ浦竪坑	方形	161	長18尺 巾12尺	空気・採炭	明20. 2. 6	—	塊 2,097 粉 3,193	同上 8丁28間
大浦横坑	方形	坑道 127間	高 6尺 巾10尺	採炭	明 —	明 6. 7. ヨリ官業	塊 42,990 粉 29,952	同上11丁12間

備考　吉原政道「三池鉱山一覧表」(『日本鉱業会誌』39号), 20年度出炭は『三池鉱山局第十六次年報』

二十三万五千百三円六十六銭ノ潤益ナリ、又海外輸出ハ石炭二十一万九千四百六十三噸、焦煤四百十一噸ニシテ之ヲ前年度ニ比較スレバ本年度ノ超過スルコト石炭三万五千七百七十一噸、焦煤四百十一噸アリ、又創業ヨリ本年度迄ノ興業費ヲ全還スルモ尚其純益ノ総額ハ四十七万千六百六十一円二十一銭ナリ」

すなわち、二〇年にはもはや興業費を償却し終って、営業収支としては年々二〇万円前後の収益があり、興業費を控除しても一五万円以上の黒字を示していた(表II-54)。

しかもその規模は煤田面積八四六万四〇〇〇坪からも知られるように、当時の日本石炭産業のなかで群を抜

表Ⅱ-56-1　七浦捲器械　(明21)

名目	摘要	捲胴寸法	公称馬力	捲揚距離	捲揚時間	1分時速力
坑外捲揚器械	単一汽筒	径8呎　幅3呎	39	38.5間	40秒	284呎
坑内曳揚器械	複合汽筒	径5.5呎 幅2.9呎	$17\frac{3}{4}$	300.0	2分35秒	346

表Ⅱ-56-2　七浦汽罐

名目	寸法		公称馬力	数	通常汽力
赤羽根製汽罐	長26.5呎	径6.5呎	30	3	40听
長崎製汽罐	26.5呎	6.5呎	30	2	40
鋼鉄製汽罐	26.0呎	6.5呎	30	3	40
小汽罐	14.0呎	4.9呎	11	2	40
エクセントリック汽罐	26.5呎	6.5呎	30	1	35

備考　「三池鉱山一覧表」

表Ⅱ-57　七浦使役職工の構成　(平均1日実働人員)

職名	鍛冶	運転手	火夫	小頭	大工	日雇	石工	採炭夫	運搬夫				水車夫	風呂焚	合計
									棹取	運炭夫	馬丁	小計			
人員	人 21	35	20	17	21	293	21	241	148	491	102	741	81	2	1,493
使役時間	時間 10	12	12	12	10	12	12	12	12	12	12	12	12	12	—
1日1人賃金	銭 17.5	20.4	14.0	17.5	21.0	10.0	18.0	9.0	13.2	4.5	13.0	—	10.8	7.0	—

備考　「三池鉱山一覧表」明治21年1ヵ年の平均

表Ⅱ-58　七浦坑出炭統計

年月	総出炭高	執業日数	1日出炭	1トン価	使役総人員	平均昼夜人員	平均昼夜切羽数	坑道延長	採掘面積
	トン	日	トン	銭	人	人	ヵ所		坪
明治19年1月—12月	228,063	332.5	686	52.3	433,065	1,302	128	4里14丁1間	76,780
明治20年1月—12月	234,888	335.5	699	63.5	490,020	1,461	115	4里14丁46間	80,418

備考　「三池鉱山一覧表」

いて巨大であり、明治二〇年には、その出炭は筑豊全出炭の八割に当り、全国出炭の一八・九％を占めていた(表Ⅱ-35)。三池は採炭規模が巨大であっただけでなく、その生産体系=生産力においても、群を抜いていた。二〇年度末の生産体系は概略つぎのとおりである。すなわち、採炭、通気、排水、坑夫出入の坑道はそれぞれ分化して表Ⅱ-55のとおりであり、採炭の中心は七浦におかれていたが、一六年の囚人暴動による大浦坑密閉の経

三池炭坑の経費構成

業			費			雑費	合計
費		錐鑿費		製炭費			
その他	小計	雇給	雑費	雇給	その他		
124,409	301,737			869	1,168	—	342,200
119,545	301,165			1,491	1,457	423	412,694
104,223	223,985			—	—	519	318,431
109,385	249,885			—	—	300	334,377
40,677	146,422	1,069	399	196	216	482	228,786
55,978	217,115	916	345	—	—	462	311,013
19,732	212,556	999	307	1,494	176	519	343,916
10,790	15,300	—		—		—	39,997
9,411	14,662	—		—		—	70,350

験にかんがみて、「七浦坑ノ外更ニ一坑ヲ開鑿シテ以テ不慮ノ予備坑トナ」(前掲『炭山沿革史』)すとともに、規模拡大にそなえるべく、勝立の開鑿につとめる一方、勝立の風抜坑として開鑿の進められた宮ノ浦坑を、勝立完成までの間出炭坑として利用することとし、二一年三月捲揚機械および櫓、汽罐などの据付けを完成した。採炭の中心をなす七浦についてみれば、坑内に片盤捲立三基、自転車捲一基、捲器械二基あって、当時としては運搬はいちじるしく機械化していた。捲器械および汽罐の形状・能力は表II-56のとおりである。採炭方式は残柱式で、切羽幅一五尺、炭柱の太さ六尺角、先山二人で鶴嘴を用い一二時間に掘進二尺、採炭量一万三千斤であった。ここから明らかなように、採炭に比して運搬過程がいちじるしく機械化されているが、にもかかわらず、運搬労働に従事するものは、採炭夫に比して圧倒的な比重を占めていたことは(表II-57)、当時の大炭坑の労働力構成の特色を示すものとして、注目に値する。七浦においては、この労働力の大半は囚人であった。明治二一年末で全三池の労働者は三一〇三名、このうち囚人は集治監の一四六三名をはじめとして計二一四四人で七割弱を占め、七浦坑内は囚人だけが就労していた(『三池鉱業所沿革史』第一巻、四三八頁)。それが採炭費トン当り六〇銭前後という低コストの基盤をなしていた。以上を総括すれば七

表Ⅱ-59

		管理費			固定資本費		作	
							採炭	
		人件費	物件費	売炭費	器械費	建築費	雇給	運搬費
営業費	14年	13,497	6,227	4,397	—	14,303	104,977	72,351
	15年	17,492	11,143	2,954	44,213	32,355	129,878	51,742
	16年	20,396	9,412	4,390	23,580	36,148	57,756	62,006
	17年	21,702	9,172	3,814	28,496	21,008	66,269	74,230
	18年	18,069	8,468	1,881	19,004	32,579	47,824	57,920
	19年	18,473	8,546	3,311	26,570	35,275	86,961	74,176
	20年	35,046	17,330	3,871	44,831	26,786	94,020	98,803
興業費	19年	2,701		—	17,496	4,500	4,510	—
	20年	4,860		—	48,628	2,200	5,251	—

備考 『三池鉱山局年報』第10—16次

浦の採炭状況は表Ⅱ-58のとおりである。

このような「百般ノ設置悉ク完備」(前掲「日本石炭ノ将来」)しているといわれる生産体系が、囚人労働を基底とし、六尺および八尺の優良炭層のうえに形成されたのであるから、この体系の整備にともなって、三池炭坑が巨額の収益をあげたことは、当然といわねばならない。その経費の推移は表Ⅱ-59のとおりであり、出炭高の増加に反比例して採炭費が逓減している点が特徴的である。したがって、一七年以降収益も激増し、前述したように、一九、二〇年には、興業費を加えても年一五万円以上の純益が生じたのである。固定費はすべて償却ずみであるから、利潤率は約五〇%となる。

このように莫大な利益は、基本的には囚人労働を基盤とするその労働力の低コスト体制にあるといわねばならないが、また三池炭坑経営の合理化への努力にも無視しえないものがあった。というのは、諸他の官営工場や金属鉱山の場合と異なって、石炭の場合には、前述したように、市場において民営炭坑と競合せざるをえなかった。そのため、民営資本の抵抗と圧力が強く、放漫な経営を許されなかったからである。一八年高島炭坑との競合が問題となり、出炭制限の命をうけたときの事情につき、『炭山沿革史』はこう記している。

「高島炭坑ニ於テ損失ヲ来タセル起因ヲ尋ヌルニ抑モ高島炭坑ハ其規模実ニ広大ニシテ数名ノ外国人ヲ雇使シ之レニ巨額ノ俸給ヲ与フルノミナラズ内国人ト雖トモ頗ル高給ヲ与ヘテ雇募セルヲ以テ諸職工賃其他諸般ノ経費ニ於テモ自ラ相嵩ミ加之同坑ハ常ニ坑内修繕費ノ多キヲ要シテ素ヨリ三池炭坑ノ比ニアラサレハ其得失相償ハサルモ亦止ムヲ得サルニ出ルナリ」(1)。

ところで、前述したように、三池炭が高島炭と競合したのは海外市場であり、そこに三池炭の主要市場があった。国内需要の半分は地元消費であり、残りも大半は三池周辺市場で、東京、大阪、兵庫は合計八千トンにすぎない(表II-60)。この海外市場への販売を担当したのは三井物産であったが、その販売経費を、上海、香港に例をとると表II-61のとおりである。内地諸費とは口ノ津港での船積み・輸出関係費であり、それに物産への利益金の半額分が含まれている。揚地における経費は港によって異なるが、経費の七割以上を占めるのは運賃である。この輸送は二〇年代前半においても、三菱をのぞけば、外国船によるほかなかったのである。この表からも知られるように、物産はまた販売高の二・五%を口銭として得ていた。したがって、三池の出炭が増大すればするほど、また三池が経営を合理化して利益をあげればあげるほど、物産もまた収益を増大したのであって、一四年以降の状況は表II-62の

表II-60　三池炭販売状況　(明治20)

	販売先	販売高	売上代価	1トン当り
海外	上海	トン 67,438	ドル 323,474	ドル 4.80
	香港	123,589	532,097	4.31
	シンガポール	18,456	118,195	6.40
	汕頭	8,101	40,056	4.94
	その他	1,879	9,358	—
	計	412 219,463	3,507 1,023,179	—
国内	三池	53,661	41,697	0.78
	長崎	15,278	47,058	3.08
	口ノ津	19,496	37,910	1.94
	島原	13,220	13,741	1.04
	東京	1,750	3,045	1.74
	大阪	865	1,726	2.00
	兵庫	5,398	13,323	2.47
	熊本	42	75	1.77
	計	138 109,710	831 158,574	—
合計		329,722	1,186,092	—

備考　『三池鉱山局第十六次年報』計の上欄はコークスで外数

表Ⅱ-61　三池炭海外販売費　(明治20)

	上海		香港		内地諸費	
	費額	1トン当リ	費額	1トン当リ	費額	1トン当リ
(出)	円	銭	円	銭	円	銭
輸入税海関税	6,420	9.5	—	—	35,687	16.2
人夫雇賃	5,645	8.4	26,875	21.7	14,972	6.8
艀雇賃	1,769	2.6	120	0.1	2,427	1.1
蔵敷料	15,205	22.5	11,962	9.7	—	—
保険料	980	1.5	3,114	2.5	—	—
碼頭料	466	0.7	—	—	—	—
郵便電信及小雑費	2,506	3.7	3,904	3.2	2,283	1.0
仲買口銭	3,111	4.6	2,125	1.7	—	—
三井物産会社口銭	8,106	12.0	13,314	10.7	* 20,096	9.1
口ノ津ヨリ運賃	120,120	177.9	205,791	166.1	—	—
臨時費	510	0.8	2,840	2.2	—	—
為換料	—	—	2,334	1.9	288	0.1
計	164,838	244.1	272,378	219.8	75,753	34.4

備考　『三池鉱山局第十六次年報』
　＊益金半額三井物産下渡金

とおりである。三井物産は三池炭坑と離れがたく結びついていた。

周知のように、明治一〇年代のなかば以降、財政整理の過程において、官営企業の多くは民間資本に払い下げられた。鉱山についても、一七年七月、つぎのような見地から佐渡、生野、阿仁と三池の官営四鉱山を残して、他は民業に移す方針が決定された。

「元来営業射利ノコトタル民業ト官業ト其得失ヲ比較セハ官ニ損多ク民ニ益アルハ経験ト理論トニ徴スルニ敢テ其鵠ヲ誤ラス。故ニ各鉱山ノ如キ官有ヲ移シテ民業トセハ利アルモノハ益増殖シ往キニ損失相踵セシモノモ反対ノ果ヲ結ヒ損ヲ転シテ益トナスノ商機ニ遭フヘシ。故ニ之ヲ民業ニ移スヲ以テ十全ノ方案トス」(『工部省沿革報告』前掲書、六七頁)。

佐渡、生野、阿仁の三金属鉱山については、貨幣材料確保の視点からこれを官業に残したことは理解されうるが、三池については、その経営がいちおう軌道にのり、民営炭坑に伍して安定的な収益をあげていく見通しがあったからだ、と見なければならない。[2]

したがって、明治二一年四月、伊藤内閣が三池炭坑払下げの方針を打出したとき、[3]それは二つの点で一〇年代の工場払下げとその性格を異にしていた。一つは入札制をとったことである。一〇年代末の企業熱を経て、ようやく形成されてきた民間資本の競争を視野に入れれば、工場払下げのケースのように、特定資本家に直接に払下げることはもはやできなかったのである。第二点は払下げ価格が「四百万円以上ノ評価ナルヲ以テ入札金額ノ之ニ及ハサルモノハ払下ヲ許サス」(「三池鉱山払下規則」第五条)とされていることである。同年三月末の資産状況は『年報』によると、資本金二一万円、財産価額六二万九六〇七円、既償興業費八七万七八四六円となっているから、四〇〇万円以上という払下げ価格は、収益の

表II-62　三井物産の三池炭販売収益

年度	口銭	半渡金下益額	計
明治14年	15,312	27,350	42,661
15	10,615	36,600	47,215
16	15,306	22,254	37,560
17	23,551	37,497	61,047
18	15,333	26,820	42,153
19	21,480	30,239	51,719
20	25,306	20,096	45,402

備考　『三池鉱山局年報』第10―16次
18年は9カ月分

資本換算を加味したものとみなければならない。このような差異があるにもかかわらず、これが基本的には資本の原始蓄積の一環であることは否定しがたい。それは労働力において権力的な囚人労働を基盤とし、下半身が資本制的関係に脱皮しえなかったのみでなく、その鉱区と鉱産が三井財閥確立の有力な支柱となったからである。[4]

開札の結果はつぎのとおりであった(『官報』明治二一年八月二一日)。

壱番　金四百五拾五万五千円　　東京府京橋区　佐々木八郎

弐番　金四百五拾五万弐千七百円　　京都府下京区　島田善右衛門総代理　川崎儀三郎

表Ⅱ-63　三池炭輸出高表　(単位 トン)

	香港	上海	シンガポール	その他	計	内地売	合計
明治22年	99,185	103,823	18,073	21,753	242,834	142,257	385,091
23年	133,499	92,368	31,783	29,515	287,165	171,594	458,759
24年	174,905	89,289	28,441	22,337	314,972	169,853	484,825
25年	162,457	83,299	41,668	24,482	311,906	197,343	509,249
26年	225,415	100,298	69,540	34,611	429,864	213,256	643,120

備考　『三井物産株式会社沿革史』第4編第5章 p. 164

参番　金四百弐拾七万五千円　千葉県本行徳駅　加藤総右衛門

四番　金四百拾万円　東京府麴町区　三井武之助
東京都日本橋区　三井養之助

「佐々木八郎最高価ニシテ同人ニ於テ万一違約等有之節ハ該年賦金ノ完納及採炭事業ニ供足スヘキ資金ハ勿論其他坑業上ニ関シ当省命令ノ条件ハ総テ三井組ニ於テ保証致候ニ付テハ年賦金及坑業上共将来不都合可相生懸念無之ト存候」(同上『官報』)ということで、払下げが決定したが、ここからも明らかなように、それは実質的には三井への払下げであり、事実、二三年には三井に名義が書換えられた。(5)

こうして鉱山王有制の有力な一画が崩れ、三池炭坑は中央大資本の経営に移ることとなった。三井は三池炭礦社を設立してその経営に当ったが、従前同様海外市場への発展に努めた(表Ⅱ-63)。

(b)　幌内炭坑

三池の場合と異なって、幌内炭坑は特権的な経営者に払い下げられるというもう一つの形態をとった。

開拓使時代以来、北海道開拓の有力な拠点として力を注がれた幌内炭坑は、一七年以降

表II-64　幌内炭移輸出状況

		数　量	価　格
国内	横　浜	トン 16,598	円 43,984.70
	神　戸	1,950	5,070.00
	塩　釜	1,300	3,354.00
	直江津	2,200	5,676.00
	函　館	5,854	15,513.00
	計	27,902	73,597.70
国外	上　海	5,050	13,130.00
	香　港	5,680	14,768.00
	計	10,730	27,898.00

備考　水野「幌内炭坑の官営とその払下げ」p. 112. 明治20年5—12月の8カ月間.

出炭が増加し、二〇年には六万二六九三トンに達し、高島、三池につぐ有数の大炭坑となった。当時一番層と三番層を採炭していたが、前者は山丈、炭丈とも三尺八寸五分、後者は山丈、炭丈とも四尺二寸五分で、高島炭に匹敵する最良の蒸気用炭であった。しかも採掘炭層はすべて水準以上で、自然排水によることができただけでなく、「輪車路ハ四輪車ノ自転シ得ヘキ丈ノ勾配ヲ以テ布設セシ者故炭車ノ坑内ヨリ出ルヤ二人ノ囚徒車上ニ乗レバ自己ノ重力ニ因リ輪車路上ヲ回転シ自カラ炭庫ニ至ルノ装置ナリ」(前掲『北海道鉱山略記』一一丁)と記されているように、捲揚機等の設備をも必要としなかった。切羽運搬に於ても、「上部ノ煤炭ヲ採出シ車道ニ落シ」(同上)炭車に直接積込んでいた。採炭は火薬を用いて発破採炭を行なった。

「之ヲ施スニハ第一着ニ透シ掘ト称ヘ鶴嘴ヲ以テ炭層ノ下部ヲ掘採（巾五寸深サ三尺五寸許）シ炭層ト下磐トノ間ニ空隙ヲ生ゼシメ其後炭層中良処ヲ撰ミ之ニ発破孔ヲ掘リ（発破ロハ径八分深サ約三尺ニシテ火薬二十目篭メ火ヲ点ス）発破ヲ行フテ炭塊ヲ得ルナリ」(同上、一〇〇丁)。

水準上の開坑方式としてはきわめて合理的な体系を展開したのみでなく、その輸送については、早くも明治一五年末には幌内・小樽間の鉄道が開通を見た。筑豊興業鉄道の一部開通がようやく明治二四年であったことと対比すれば、官営幌内炭山の先進性は疑うべくもない。明治二〇年までは、前述したように、冬季は採炭中止になり、この作業の季節性が経営上の一難点であったが、それも二一年からは通年採炭が行なわれることによって解決した。

ところで、生産体系においては好条件にめぐまれた幌内炭坑にとって、重大な障害の一つは市場問題にあった。

「官営時代に於ては採掘炭の販路頓に渋滞し、為に鉄道運輸の実績上らず」(北海道炭礦汽船株式会社『五拾年史』一二頁)

と記されているとおりである。そのため炭礦鉄道事務所長であった村田堤は、海外市場への進出も試みたが(表II-24参照)、当時の主要販路は北海道を中心とする国内市場にあった(表II-64)。しかも国内市場では筑豊、唐津炭と競合せざるをえなかったのである。村田が二〇年四月、「須く之を民間に移し自由の天地にあつて経営を行ふに若かずとし、挺身此事に当らんが為官を辞し、先づ幌内石炭一手販売の儀を請願し之が許可を受けた」(同上、一三頁)のは、このような事情によるのである。「爾来其海外輸出先ハ清国上海、英領香港ノ二港トス、又国内輸出ハ重ニ横浜及函館ノ二港ニシテ共ニ碇泊汽船ノ消費ニ係ルモ横浜輸送ノ一半ハ東京ニ輸送シテ鉄道機関車ノ焚料又ハ王子製紙所等ニテ消費セリ」(「幌内石炭販売概況」『日本鉱業会誌』三八号)と報道されている。村田はさらに炭鉱鉄道の運輸請負をも請願し、二一年三月その許可をえた。

ところで、幌内炭坑にはもう一つ炭坑自体の経営の問題があった。幌内は三池と異なって連年赤字だったのである(表II-65)。二〇年以降赤字が激減したのは、販売が民間に移されたことによるといわねばならない[(6)]。

それゆえ、三池炭坑の払下げ、海軍予備炭田の解放のあとを追って、二二年一二月、幌内炭坑が鉄道とともに北海道炭礦鉄道会社に払下げられるに至ったのは、きわめて当然のことといわねばならない。この払下げの中心人物は、薩藩出身で北海道庁理事官であった堀基であった。堀は二一年官を辞し、開拓使時代から同藩のゆえに関係の深かった当時の首相黒田清

表II-65　幌内炭坑営業状況

	産出高	経費	売上代価	損益
	トン	円	円	円
明治15年	3,677	14,520.98	6,574.92	−7,946.06
16	17,301	99,772.78	75,997.74	−23,775.04
17	31,648	148,514.12	157,572.39	+9,058.28
18	36,106	179,065.00	161,661.87	−17,403.14
19	51,084	249,044.88	211,767.32	−37,277.56
20	62,693	103,045.99	96,899.37	−6,146.63
21	塊 60,204 粉 29,390	88,907.19	73,252.90 9,405.71	−6,248.58
22	塊 51,252 粉 36,437	75,466.71	81,927.77 13,016.63	+19,477.69

備考　『北海道鉱床調査報文』

隆の協力をえ、大口需要者であった日本郵船の副社長吉川泰二郎、日本鉄道の社長奈良原繁らを発起人とし、二二年一二月資本金六五〇万円の北海道炭礦鉄道会社を設立し、幌内炭坑および幌内、幾春別鉄道の払下げをうけ、あわせて村田らの北有社の権利、資産の譲渡をえたのである。払下げ価格は炭坑関係一〇万四三六八円、鉄道関係二四万七九五〇円、計三五万二三一八円で、うち六万四五一九円は三ヵ月以内に納付、残りは一〇ヵ年年賦と定められた。[(7)]

幌内の払下げは、三池の場合と対比して三つの点で明確に異なっていた。一つは、払下げがきわめて廉価で行なわれた。幌内開坑に投ぜられた資金は明らかでないが、明治一一年開拓使は「幌内煤田開採及鉄道敷設資金として政府より百五十万円支出の許可を得」一三三万円を幌内炭山及鉄道等に投じている。もう一つは払下げが藩閥の縁故を通じて行なわれたことである。日本郵船や日本鉄道等の資本は、むしろこの特権的払下げに便乗して、払下げ会社の発起人となり、大株主となっている。最後に、払下げの中心人物が政商でなく植民地官僚であったことに規定され、払下げ企業は資本をかき集める必要があり、内地資本が導入されるとともに、株式の過半が公募されることとなり、経営がその払下げの性格とは逆に、いずれかといえばオープンなものとなったことである。ともあれ、幌内の場合は、払下げが端的に資本の原始的蓄積の日本的な形態を示していた。

こうして二二年末までに官営炭坑はすべて払下げられ、民間資本の経営に移されたのである。

(1) 三池炭坑はまた官営企業の常として管理者層の増大するのを、極力防ごうとした。「十九年三月小林所長本所ノ改革ヲナシ従来本官ニアリシ技手属官ニ旨ヲ諭シテ本官ヲ辞セシメ僅々属官二名ヲ留ムルノ外悉ク兼テ経伺アル所ノ傭員ニ雇入レ一方ニテハ此際従前ノ吏員中数名ノモノヲ沙汰シ諸費ノ減少ヲ計ルノミナラス一般勤務ノ方法ヲ改良シテ大ニ諸般ノ規則ヲ改正セリ」(『炭山沿革史』)。

(2) 明治一八年末工部省が廃止され、鉱山行政が農商務省の所管となったとき、三池鉱山局は民営炭坑の圧力を避けるため、大蔵省の所管に移ることを有利と考え、運動してその実現をみた。したがって、三池は政府の財産であり、収入源とくに外貨獲得の源泉である、という形をとることとなった。この間の経緯については、『炭山沿革史』をみよ。

(3)「三池鉱山払下規則」(大蔵省告示第五十一号、二一年四月二一日)はつぎのように規定している。

第二条　三池鉱山払下ケノ入札ヲナサント欲スルモノハ本年七月三十日限リ払下金額及住所姓名……ヲ記シ当省会計局ヘ差出スヘシ

第九条　払下代金ハ十五箇年年賦ニシテ払下ヲ許可セラレタル日ヨリ十日以内ニ証拠金トシテ金弐拾万円ヲ納付シ第一回年賦金八十万円ハ本年十二月十五日納付シ残金ハ之ヲ二十八分シ明治二十二年ヨリ毎年六月十五日十二月十五日ニ其壱分ツヽヲ上納スヘキモノトス

(4) 三井への払下げの実質的な推進者であった益田孝は、三池についてこう記している。

「私にはよく事情がわかつて居る。三池の石炭は油が強くて粘つて固まるが、ドラフトをよくすれば、あれ位火力の強い炭はないと言ふことを知つて居つたし、礦量もわかつて居つた。海の底を掘つて行けば幾らでもあることを知つて居つた」(『自叙益田孝翁伝』二八九頁)。

(5) 益田は「佐々木も加藤も三井の札である。私が名を借りて入れたのである」と記し、また「川崎と言ふのは三菱の廻し者であつた」と述べている(『翁伝』二九〇頁)。即金一〇〇万円という大金を支払う能力をもったものは、三井と三菱以外にはいなかった、ということを物語っている。また益田は払下げについて「長州の金櫃は三井だ、三井の金櫃は三池だ、三池を三井から離してしまへと言ふのであつた。三井は買うまいと思ふて居つた。三菱へ只で取つてしまはうと言ふのであつた」(同上、二九一頁)と記している。三菱が近代的大炭坑経営に経験のあるのは自己以外にない、という自信をもっていたことは、否定すべくもない。

(6) 二〇年以降売上代価および経費が激減しているのは、従来の手宮石炭庫渡しが山元オン・レールに代り、輸送、販売経費がぬけたからである(二〇年の山元価格はトン当り塊炭一円三五銭、粉炭三二銭であった)。経費の減少を採炭体系の完成に帰し、売上代価の減少を炭価の低落に基因すると説明する水野「幌内炭坑の官営とその払下げ」(前掲)の見解は正しくない。

(7) 払下げの詳細については、前掲、水野「幌内炭坑の官営とその払下げ」をみよ。

2　高島炭坑事件

明治二二年、鉱山局長伊藤弥次郎は「内外石炭ノ概況」(前掲)を報じたなかで、三菱経営の高島炭坑についてつぎのように記している。

「諸炭山ノ中殊ニ顕著ナル者ハ高島炭坑トナス其炭質ノ善良ナル本邦未タ之ニ比スヘキモノアルヲ見ス且ツ運輸ノ便ナル実ニ之ニ及フモノナシ是ニ於テカ世望特ニ之ニ帰シ産額絶タ(はなは)皐大ナルヲ致シ現場ノ報告ニ拠レハ一箇年参拾万噸以上ヲ産出ス」(一一頁)。

その出炭額は、一四年一六万六千トン、一六年二五万三千トン、一八年二六万四千トン、二〇年三二万六千トンと増加し、二〇年代初頭には出炭高では日本一の大炭坑となった。

その間、高島では明治初年に確立された生産力体系を基盤としながら、経営の合理化がおし進められた。その若干の事例を『高島炭坑事務長日誌抜要』(労働運動史料委員会『日本労働運動史料』第一巻、一九六二年)によって示せばつぎのとおりである。

明治十六年三月廿五日　一坑内西又卸ヘ使用ノ馬使役ノ厳ナルト空気ノ流通宜シカラサルトニヨリ度々斃死スルヲ以テ今般車道ヲ改良シ馬ニ換ルニ人ヲ以テシ馬八頭ヲ減シ日給卅銭ノ箱押十人ヲ用フ

四月三日　嚮日一坑内西又卸使用ノ馬ヲ廃シ人ヲ以テ之ニ換ヘシニ其功能顕ハレタルヲ以テ東鼠ノケ所モ馬四頭ヲ廃シ馬丁四人ヲ解傭ス

運搬動力としての馬が廃止されて、人力への逆行が合理化として進展している。

九月一日　炭切賃ノ内最近場所ヲ設ケ塊一万斤弐円五十銭粉一円六十銭トナシ最大大枠一個ニ付各五銭ヲ減シ木

積ノ賃銭二割ヲ減ス
坑外鼠車巻方器械係ノ関轄ヲ脱シ取締係ニ属シ巻方二人ノ日給各八銭ヲ減シ卅銭トス
同月廿日　両坑〔一、二坑〕内棹取鐘引瓦斯掻火番大工小取ノ直轄ヲ廃シ各々日給五銭ヲ減シ請負ト為ス
后六時一坑ノ坑夫交代ノ際坑内ニ群集シ暴行ヲ企テントス各納屋頭ヲ入坑セシメ各自ニ引連レ納屋ニ帰ラシメ十一時ニ至リ全ク鎮定ス為ニ一坑二番方ハ採炭セス此集合ノ原因ハ先般実施セシ最近切賃ニ不平ヲ鳴ラシ居ルニ際シ本日ヨリ棹取等減給セシニヨリ幾分カ坑夫ヲ煽動セシモノヽ如シ
同月廿四日　后六時一坑ヽ夫再ヒ坑内ニ集合シ今回ハ納屋頭ノ手ニ余リ続ヽ出坑シ百間崎ニ走リ数百名ヲ結合シ社ヲ襲ハントスルノ勢アリ厳重防禦ノ手当ヲナス八時頃百余名小浜ニ押寄来リ諸色店ニ入リ酒ヲ飲ミ物ヲ掠メ愈暴行ノ勢アルヲ以テ五六名ヲ捕縛ス坑夫等恐レテ中山ニ至リ再ヒ同所ノ納屋ヲ煽動シ遂ニ幾太郎納屋ヲ破毀ス因テ之ヲ追テ廿余名ヲ縛ス終ニ翌前一時鎮定ス

すなわち、賃金の切下げが強行され、これに対する不満から坑夫の暴動へと発展したのである。

十一月十五日　一坑東部風廻変更後熱気甚シク坑夫ノ働キ十分ナラス度ヽ切場ヲ離レ納涼スルニヨリ納屋頭ヲ召集シ今一層坑夫ヲ督責シ各納屋ヨリ納屋頭歟又ハ確タル代人昼夜入坑スヘキヲ命ス
十七年一月廿日　従来両坑納屋頭廿九名ノ所精選ノ上十九名ヲ残シ余ハ付属納屋トナス
二月一日　坑内事業賃総テ二割ヲ減ス

以上において明らかなように、賃金の引下げとその他労働諸条件の劣悪化が進行した。しかも当時最大の炭坑高島の合理化過程の特色は、『事務長日誌抜要』の示すところによれば、採炭、運搬設備の合理化が全くといっても過言でないほど見られず、設備について記されているところは、すべて故障の修繕であって、改革はもっぱら労働過程に

おける労働者使役の方法、労務費の節約に集中している点にある。

このような労働条件の劣悪化がもたらした結果の一つは、一七年夏以降の脚気の蔓延であった。

十七年七月三日　本年坑夫脚気症ニ罹ル者多ク已ニ六百人ニ上ル故ニ去月末ヨリ仮病室建築ニ着手シ本日成リ百余名ヲ入ル

同月六日　仮病室狭隘ニ付増築シテ百余名ヲ入ル

同月廿二日　坑夫患者八百名ノ多キニ至リ医師不足ニ付二名ヲ雇入ル

仮病室二棟ヲ増築ス

脚気の流行は栄養不良の反映であるが、居住状況、飲料水の劣悪さがこれに加わって、一八年夏にはコレラが、一九年一、二月には痘瘡が大流行した。

十八年八月廿五日　虎列剌病初メテ発ス

同月廿八日　避病院ヲ金堀ニ建築シ医師三名ヲ傭入ル避病院追ヽ増築シテ十棟ノ多キニ至ル

同月廿九日　火葬場ヲ設置ス

九月廿五日　虎列剌病漸ク消熄シ本日ニ至リ新患者一名モ出ズ今年ノ病勢実ニ猖獗ニシテ甚キ日ニ至テハ発病百三十二名死亡八十余名ノ多キニ達セシコトアリ

十九年一月廿二日　客年末ヨリ痘瘡流行追ヽ蔓延ノ勢アリ取敢ヘズ脚気病院ヲ以テ避病院ニ充テシモ狭隘ナルニヨリ新ニ四十坪余ノ病院ヲ新築シ本日落成シ医員一人取締付属一人ヲ詰切リトス

四月卅日　痘瘡患者全ク退院ス昨年十二月廿七日発病ヨリ患者二百九十九人内死亡九十九人(内坑夫八十八人中死亡六十一人)

表II-66　高島炭坑坑夫死亡表

病系	神経	呼吸器	血行器	消化器	泌尿並生殖器	全身病	運動器	伝染病	自死	誤死	外傷	合計
18年	33	26	11	98	7	68	3	コレラ561	11	2	24	844
19年	26	31	6	51	21	58	5	コレラ 4 痘瘡 60	4	3	11	280
20年	18	15	9	13	3	50	3	0	4	0	12	127
21年	2	10	2	4	2	6	0	0	0	2	5	33

備考　「高島炭坑衛生ノ記事」
　　　21年は1―6月の分

伝染病を頂点として、高島炭坑坑夫の死亡率はいちじるしく高かった(表II-66)。一七年九月には「坑夫人員ヲ調査ス二千ヲ得タリ」とあるから、一八年には死亡率は約四割に達したことになる。

このような高島の採炭機構の要となったのは、上掲引用からも知られるように納屋制度であった。高島においては、納屋制度は採炭機構の確立とともに古いものであった。

「納屋頭ハ旧来ノ慣習ニシテ抑ヽ明治初年旧佐賀藩坑業ヲ盛ンニセシ時坑夫数百人ヲ募リ初テ納屋頭ヲ置テ坑夫ノ取締ヲナサシメ之レヲ統轄スルニ受負人ヲ以テス蓋シ受負人ハ当時ニアツテハ炭坑ノ指図ニ従ヒ採炭修繕等都テ坑内事業ヲ負担シ納屋頭ヲシテ坑夫ヲ使役セシム明治七年ノ冬炭坑ヲ鉱山寮ヨリ後藤氏ニ引渡セシ時モ従来ノ慣習ニヨリ依然同様ノ取扱ヲナセリ明治九年ニ至リ受負人等ニ於テ多少弊害ヲ生シタメニ之レヲ廃シ更ラニ納屋頭ヲ直接ノ受負人トナシ爾来今日ニ至ルマテ其慣習ヲ存シ多少改良ヲ加ヘ継続スルニ至レリ」(「高島炭坑坑夫雇入手続」明治二一年、『日本労働運動史料』第一巻、七〇頁)。

ここで受負人と呼ばれているのは、松浦地方等で頭領と呼ばれていたものと同一範疇であり、その形態はさきに頭領制と呼んだものと同一である。その頭領制が崩れて納屋頭が頂点に立つことになったわけであるが、「雇入手続」および「人夫受負約定書」(『日本労働運動史料』第一巻、七二―三頁)によれば、当時の納屋制度の機能はつぎのとおりである。納屋頭は「人夫受負営業」であって「坑夫ハ納屋頭ニテ雇入レ」、したがって坑内外にわたって「坑夫ノ取締ハ納屋頭ノ責任ニシテ炭坑ニ於テハ直接ノ関係ナ」く、炭坑側は「坑夫等ニ於テ不都合ノ所業アルトキハ納屋頭ニ通知シ其取締ヲナサシ」めた。(8) 納屋頭は「請負事業監督之為メ日ヽ入坑」することになっており、納屋頭が入坑できない場合もその代理として「人操ハ必ス昼夜入坑セシメ坑夫ノ取締」をさせることになっていた。採炭賃については「場所ノ難易坑夫ノ働キニヨッテ不同アリ凡ソ壱人ニテ壱函半(壱噸ハ弐函半ニ当ル)乃至六函ヲ採堀スルアリ其賃銭ニ於テモ最遠・遠・中・近・最近ノ区別アリ」、しかも「量目ノ欠減ヲ補フタメ」という名目で、有無をいわせず「出炭ノ壱割ヲ差引」くことになっていた。「坑内修繕枠入等ニ使役スルモノ」は日役と呼ばれ、「其賃銭ハ一日廿七銭(先山)廿五銭(后山)」で、坑夫一日の賃金もこれを「標準」としていた。しかしこれが坑夫の賃金となるわけではなく、「右賃銭ノ一割ヲ差引キ内六分ハ納屋頭ノ手数料トナリ四分ハ納屋新築修繕及ヒ衛生費ノ補助ニ充」てられた。この賃金は採炭高および出役人員によって一括「炭坑ヨリ納屋頭ニ払」われたのであって、坑夫個々人に対する賃金計算は納屋頭の所管するところであった。坑夫の生活についてみれば、「坑夫ノ賄料及ヒ需用品ハ都テ納屋頭ヨリ支給シ飯料一日八銭五厘菜代(野菜汁漬物等ヲ云フ)壱銭魚肉代弐銭スープ弐厘五毛」「需用品ハ草鞋八厘ニシテ平均壱人壱足或ハ壱足半ヲ要」した。この外「手拭壱筋四銭五厘下帯地晒木綿拾銭湯銭凡ソ弐厘」ですべて「納屋頭ヨリ支給」され、また「酒ヲ求ムルモノハ壱合弐銭ノ割ニテ納屋頭ヨリ給」した。納屋頭はこれら賄料その他需用品の代価を差引いて坑夫に支払うわけであるが、このほか雇入れの際納屋頭は「概ネ壱人ニ金参円乃至七八円ヲ貸与」していたからこの前借金をも差引くことになっていた。

以上の考察から明らかなように、高島の納屋制度にあっては、坑内作業監督、賃金管理、および雇入れから生活一切の管理をその機能としていた。そこに賃金計算をはじめとして多くの問題を発生させることとなった。賃金に関する問題としては、第一に、賃金支払が年二回しか行なわれなかったことである。したがって坑夫の生活はいっさい納屋頭に依存せざるをえなかったが、賃金計算や賄料をはじめとする売掛金の計算等が不分明で、結果的には坑夫の多くは納屋頭に多額の借金を負うこととなっていた。(9) そのうえ、坑内の作業条件はもちろん、納屋の居住条件も劣悪であったから、ひそかに逃亡するものも少なくなかった。

「本村海岸取締トシテ各納屋ヨリ高庄東平ニ委托シアリシ処不行届ニテ坑夫度ヽ逃走スルニヨリ納屋頭願ニ依リ新ニ見張所ヲ設ケ取締付属昼夜三名ヲ以テ之ニ充テ其入費トシテ各納屋ヨリ毎月弐十五円ヲ上納セシム右ニ付通船ヽ頭モ昼夜詰切リトス」(『事務長日誌抜要』一九年二月一六日)。

このような状況から、高島炭坑の労働関係は悪く、坑夫の惨状についてもとかくの風評があったが、明治二一年六月、国権主義の結社政教社の機関誌『日本人』にのった、松岡好一「高島炭礦の惨状」は、俄然高島炭坑問題を一大社会問題たらしめるに至った。松岡は「明治十八年十一月」「高島炭礦の実況を探査せんと欲し」「増田某の納屋に寓し、坑夫に伍して坑内に下り、親しく其実況を目撃探査するを得たり」として、つぎのように三菱資本を糾弾した。

「三菱会社の後藤氏に代はりて炭礦事業を執るや、千古未曾有の圧制法を設け、人類たる三千の坑夫を使役駆逐する最苛最酷にして牛馬も啻ならず、惨憺たる状況は仏氏の所謂修羅の巷にして、坑夫は宛然餓鬼の如く、事務員、海岸取締員、小頭、納屋頭、人繰は青鬼赤鬼の如く、炭礦舎長は閻魔大王の如し。〔中略〕

其坑夫が十二時間執る処の労業苦役は、先づ第一に坑内一里二里の所に至り、背丈も伸びぬ炭層間を屈歩曲立し、鶴嘴地雷火棒等を以て一塊二塊と採炭し、之を竹畚(へご)に盛り、重量十五六貫乃至二十貫なるを這へるが如く忍ぶが如くに一町二町と担ひつゝ蒸気軌道に運ぶなり。〔中略〕気候は地底に下るに従ひて漸々炎熱になり、最も極端に到れば寒暖計百二三十度となる。坑夫は其炎熱瘴烟の間に労力して間断なく、汗は流れて惣身洗ふが如く、空気は少量にして呼吸太だ苦しく、炭臭鼻を穿ちて殆んど堪ゆ可らず。斯る驚ろくべき境界に斯る労働を為すにも拘はらず、炭礦舎の規則として分秒の休憩をも与へず、小頭人繰をして採炭の個所を巡廻看督せしめ、少時を怠る者あれば携帯の棍棒を以て殴打苛責せり。是余が小頭人繰等を目して青鬼赤鬼と云ふも豈に理なからんや。又坑夫中過度の労力に堪へずして休憩を請ひ、或は納屋頭人繰の意に逆ふ者ある時は、見懲(みせしめ)と称し其坑夫を後手に縛し梁上に釣り揚げ足と地と咫尺するに於て打撃を加へ、他の衆坑夫をして之を観視せしむ。又坑夫あり坑業に堪へずして脱島を図り、事成らずして海岸取締員若くば人繰の手に捕へらるゝや、海岸取締員人繰は其脱島未遂の坑夫を懲戒するに、或は蹴り或は打ち或は倒し或は釣り、其苛責の残酷なる苟も人情を具備する者の為し能はざる処なり。〔中略〕余が該島へ渡りたる十八年の十二月より翌十九年の春に掛け坑夫間に天然痘大に流行し、日に死する者五人乃至十人なりしに、其死骸をば古びたる酒樽に入れ之を焼場に送り焚焼の後、其葬ること犬猫を棄つるが如きものありき。高島炭礦の惨状や夫れ如斯。故に近年高島炭礦の坑夫募集と聞けば如何なる窮民と雖も之に応ずる者一人もあらざるなり。是を以て当時炭礦舎より坑夫傭ひ入れと称し、或は五島に新炭礦を発見して人夫を要すと唱へ、或は何事業何工業と唱道して巧みに無智の貧民を誘導し、僅々三円五円の金を以て一男子を雇ひ入れ、明新丸の瀛笛一声烟を残して孤島に連れ来り、遂に生涯其郷里を見ること能はざらしむ。(10)〔中略〕先山は日給凡廿五銭より卅銭にして、後山は十五銭より二十銭なり。然れども唯其日給の名あるのみにして其実なく、坑夫が負債は日一日年一年に増加し遂に弁償の路なし。何となれば人間無上の苦役に服するを以て疾病なきを得ざればなり。最危険の労業を為すを以て負傷なきを得ざればなり。飯汁菜蔬の代価を引去らるればなり。人若し一度地獄島に堕落せば再び極楽国へ浮み出づること容易ならず。〔中略〕炭礦舎の最も圧制なるは坑夫が其郷里へ郵便書翰を出すを許さゞると、坑内へ下るの外他行を禁ずることなり。〔中略〕故郷へ通信の道なく、船舶を得るの便なきを以て、空しく苦死に至る者あり」。

松岡の高島論難は社会に大きな反響をまきおこした。これに力をえた『日本人』は、同年八月発行の第九号をあげて高島炭坑問題を論じ、都下の新聞雑誌でも賛否の論が闘わされるに至った。[11] 事態を憂慮した政府は、警保局長清浦奎吾を高島に派遣して実情を調査させたが、清浦は「内外表裏ヨリ精密ノ調査ヲ遂ケシニ新聞紙上喋々スル事件ト全ク相違ノケ条モアリ亦新聞紙上ニ掲載セサル習慣ノ弊害アリ」(『事務長日誌抜要』二一年八月二四日)として、炭礦舎につぎのような警告を与えた。[12]

第一　納屋頭坑夫ヲ募集スルニ方リ賃銭ヲ詐唱シ其他種々ノ甘言ヲ以テ誘拐セサル事

第二　坑夫ノ内数年間稼キシモノト雖負債ヲ償却スル能ハス是等ハ一ノ方法ヲ設ケ積金補助ノ道ヲ立ル事

第三　納屋頭ヨリ坑夫ヘ支給スル諸物品売上ケノ件ニ付坑夫ヨリ苦情ヲ招クコト又ハ不当ノ代価ヲ貪リ其他不正ノ所業無之様炭坑社ニ於テ監督スル事

第四　納屋帳方坑夫ト納屋頭ノ計算上ニ係ル帳簿ヲ正確ニシ一目亮然タラシメ常ニ坑夫稼賃等ニ係ル手扣帳ヲ与ヘ月末毎ニ納屋元帳ト引合セ坑夫ニ疑念ヲ懐セサル様懇切ニ了解セシムル事

第五　炭坑社ヨリ納屋頭ニ対シ決算ハ一ケ年三回ナリシヲ改メ一ケ月毎ニ計算シ払金スル事

第六　坑夫等ノ内無筆ノモノアリ或ハ金銭ノ持合セナクシテ止ヲ得ス故郷ト音信ヲ通スル能ハサル者ヘハ納屋頭ヨリ勘場ニ命シ親切ニ通信スル事ヲ得セシメ且ツ時トシテ親族知音ノモノ来訪スルトキハ来訪者ヲ懇篤ニ取扱ヒ面会ヲ容易ニセシムル事

〔第七、第八、第九省略〕

以上の叙述から明らかなことは、『日本人』の論難は、表現上の誇張修飾を別とすれば、事実をかなり正確に伝えるものであったことである。ただかれらの「実況探査」が一八、九年のことであり、「炭坑問題」が論じられた二一年時点には、事態がある程度改善されていたことは、『事務長日誌抜要』の記事によって明らかである。[13] 疾病・死亡の増大は出勤率を低下させ、坑夫のモラールに甚大な影響を与え、結局労務費を増大させるから、衛生上の改善はかなり進められ、「納屋ハ……従来狭少不潔ナリシモ明治十八年ノ冬ヨリ十九年ノ冬ニ至リ悉皆新築」し、「溝渠モ……平常殊ニ炎暑ノ候ハ臭気ヲ発シ為メニ衛生ニ害アルヲ以テ明治十九年ノ春ニ至リ海岸ニ拾五吋ノ喞筒ヲ装置シ山頂ニ海水ヲ突揚ケ戸樋ヲ架シ諸溝渠ニ疎通」させ、飲料水の不足と劣悪さが悪疫流行の一因をなしたので、「十九年ノ春ニ至リ蒸溜器械ヲ設置シ蒸溜水一日平均凡ソ六十乃至八十カルロンノ水量ヲ得坑夫其他ノ飲用ニ供シ」た(「高島炭坑衛生ノ記事」『日本労働運動史料』第一巻、六八—九頁)。

ところで、「高島炭坑問題」の影響するところは、高島炭坑に限られなかった。高島炭坑を弁護する者が「日本国中到る所の礦山は悉く是れ高島の如くならざるはなし、然るに独り高島のみの惨状を曝露するは甚だ怪疑する処なり」(「輿論は何にが故に高島炭礦の惨状を冷眼視するや」『日本人』九号)と論じたことは、逆に同様の問題が全国の鉱山に存在していたことを物語って余りある。ともあれ、ここにおいて、日本資本主義の発展史上はじめて、労働問題が社会問題として登場し、「其弊の尤も改めざる可らざるものは納屋頭、カンバ、人繰の三点とす」(「警保局長の談話」『東京日日新聞』二一年九月一五日)とされる納屋制度に基本的な問題が存することが認識されるに至ったのである。[14]

(8) 炭坑側は坑夫の姓名はもちろん、人員さえもつかんでいなかった。「旧暦七月十五日ニ付採炭休業諸器械修理ス此休業中坑夫人員ヲ調査ス二千ヲ得タリ」(『事務長日誌抜要』一七年九月三日)と記されている点からも知ることができる。

(9) 後述する高島炭坑事件の処理過程で、この借金の処置も一つの問題となり、つぎのようにその額を引下げて返済させることとした。

五十円以上貸込　　二十円に改正す
四十円以上　同　　十五円に改正す

三十円以上同　　十二円に改正す
（以下略）

(10)　「神戸ニテ募集ノ坑夫百十六名昨日来着苦情ヲ唱ヘテ入坑セズ本日百間峠ニ集合セシニ付取締付属ヲ遣ハシ之ヲ鎮定セシム」(『事務長日誌抜要』二〇年七月五日)。この事実に関し吉本襄「高島炭坑々夫虐遇ノ実況」(『日本人』九号)はつぎのように記している。「納屋頭ハ各地方ノ博徒其ノ他ノ者ニ依頼シ、殆ンド誘拐同様ノ手段ニテ雇入レタレバ、目下本坑ニ従事スル坑夫ハ皆其ノ姦計ニ陥リタルコトヲ悔ヒ、悲憤激昂セザルモノナシ。例セバ昨年七月中誘拐セル二百余名ノ坑夫ノ如キ、同上ノ手段ニテ京阪地方ノ悪漢ニ依頼シ、九州鉄道又ハ佐世保等ニ要スル人夫ト称シ、欺瞞シテ高島ニ携ヘ来リシガ如キ是也。サレバ之等ノ者ハ皆欺瞞セラレタルヲ知ルニ及ビ、請負人等ニ向ヒ種々談判ヲ為スト雖モ更ニ受付ザレバ、衆咸ナ悲憤号哭シ、或ハ海中ニ身ヲ投ジ、或ハ山上ニ飢死シ、又ハ坑中ニ於テ屠腹縊死スル等、其惨酷亡状実ニ満身粟立スルヲ覚ユルナリ」。

(11)　『日本人』掲載の諸論文は、『明治文化全集』改版、第六巻「社会篇」(昭和三〇年)に覆刻されている。高島炭坑事件については、同書の「『高島炭坑問題』解題」(隅谷)および隅谷『日本賃労働史論』(昭和三〇年、東大出版会)第二章第五節4「高島炭坑問題」参照。

(12)　清浦警保局長の談話として報ぜられているところは、新聞その他により必ずしも同一でない。『郵便報知』の「高島炭坑に関する警保局長の談話」(二一年九月一五日)については『日本賃労働史論』二六四頁参照。

(13)　『日本人』によって「高島炭坑問題」が社会問題となって以後、新聞記者などで高島を視察するものが相ついだ。その報道記事の代表的なものは、犬養毅「高島炭坑の実況」(『朝野新聞』二一年八月二九日—九月一三日)、加藤政之助「高島炭坑視察録」(『郵便報知』二一年一〇月一〇日—一三日)であるが、坑夫の惨状を認めながら、『日本人』の論旨には批判的である。その原因は立場の相違もあるが、基本的には調査時点の差異にあるというべきであろう。

(14)　同じく納屋制度と呼ばれても、中国、阪神等の遠隔地から主として単身者を募集してきた高島のケースと、北九州の農村を背景とし、家族持坑夫を多数擁した筑豊の納屋制度とでは、その機能をやや異にしている。この点については次章をみよ。

3　鉱業条例

坑区の大規模化、海軍予備炭田の解放、それらに伴なう採炭機構の近代化、大資本の進出と炭鉱投資の増大、官営大炭鉱の払下げ、それらの反面をなす労働力群の蓄積と炭坑労働の惨状、これらの展開につれて、鉱山王有制を基底とする日本坑法と炭坑の現実との矛盾は、しだいに拡大しつつあった。鉱山局長和田維四郎は日本坑法の欠点の最も主なるものとして、つぎの諸点を指摘した。

一　政府カ鉱物ノ専有権ヲ握リ唯十五ケ年ヲ期シテ借区ヲ許可スルカ為メ鉱業ニ永遠ノ計画ヲ為スコト能ハス大ニ鉱業ノ発達ヲ妨ケ鉱利ヲ損スルコト

一　鉱業上必要ノ土地ニ対スル鉱業人ト地主トノ権利義務ノ規定十分ナラサルカ為メ其処理上紛雑ヲ生スルコト

一　鉱山ノ警察法ヲ規定セサルカ為メ鉱業ニ従事スル者ノ生命及衛生上ノ保護鉱業ニ対スル公益ノ保護及地表ノ安全ヲ保護スル等ノ道ナキコト

一　鉱業人ト鉱夫トノ間ニ傭役契約ニ関スル規定ナキカ為メ其保護ノ道ナキコト[15]

（『坑法論』明治二三年、九八―九頁）

しばらく鉱業労働の問題を別とすれば、問題は鉱業人の鉱区に関する権利およびそれと土地所有との関係にあった。とくに後者は借区出願の都度問題となったので、その解決は緊急事であった。というのは、試掘および借区出願のためには、地主の承諾が必要とされたからである。日本坑法は「試掘ヲ行フ為ニ必要ノ地面他人ニ属セハ其償金ヲ対談処分スヘシ」（第五）、「凡借区人ハ区上ニ於テ蔵庫、詰所、作事場、洗礦所、鎔鉱所、通路等其他坑業ニ必要ナル地面ハ地主タル者ニ予メ償金ヲ弁スヘシ若シ異論決セスンハ鉱山寮或ハ地方官ニテ正価ヲ裁決シ其地ヲ買取ル可シ」（第二十二）と規定したが、出願に地主の承諾を必要とするか否かは明らかでなかった。ところが明治九年工部省布達第十八号の「試掘幷借区願書雛形」には「地元へ及示談候処差支無之候間御許可相成候様」と記され、図面には「地主連印」と記載されていたから、地主の承諾が必要な条件とされたのである。

定約証

豊前国田川郡金田村上組関係ノ内字平原野添地用小塚町上勢持町笠木七田堤ノ内塚町上下町九反坪ノ地所石炭含有見込ヲ以テ明治廿年五月牟田口元学殿ト村方惣代人ト借区開坑ノ為仮約定致置候処其後廿一年三月同人ヨリ再談ニ相成右地所ノ内四万坪借区出願可致ニ付承諾致呉候様更ニ願談有之則仮約定ヲ解相改四万坪ノ承諾証相渡候処既ニ同氏ヨリ出願相成居候右ニ付残ノ地所ハ今般貴殿エ左ノ通リ金額相約シ地所悉皆借区開坑承諾致候処確実也然ル上ハ牟田口氏ニ先年相渡置候仮約定証同人四万坪出願ノ節解消可致処其際村方世話人不行届ニ付不日解消之上其許殿出願相成度其節ハ無相違村方調印相渡可申候

一、金千五百円　金田村上組関係前段ノ字坪付承諾金定

此訳引

一、金五百円　承諾約定証取検ノ節受引金

一、同五百円　借区出願ノ節調印ノ上受引定

一、同五百円　借区許可出炭ノ上受引定

外ニ

一、石炭採出営業中一ヶ年ニ付金弐百円宛村方ェ相渡被下度定ノ事

但道式ハ前断石炭営業ノ場合ニ於テ各地主へ示談取計ノ事

一、坑業ニ付坑口始家屋建築地其外道路瓦斯〔硬石――筆者〕捨場等入用地ハ差支無之様村方ニ於テ取斗地価処
　分ノ御談示可仕候事

右之通村方人民中及地主共協議ノ上今般其許エ承諾約定致候処確実也然ル上ハ爾後如何躰ノ義有之共他人エ約定
致間敷候仍テ為後証村民幷ニ地主惣代ヲ以テ約定証差入置候処如件

田川郡金田村上組人民及惣代

明治廿二年一月

村用掛　森野久治郎

惣　代　植高四三郎

〔外五名〕

中原嘉左右殿

中原嘉　平殿

（「企救郡及田川郡に於ける石炭に関する書類」小倉図書館所蔵）

証

此度新入坑ヲ三野村利助ヨリ近藤廉平エ名儀換致候ニ付テハ曾テ先坑主ト村方ト取結ヒ有之約定ハ新坑主幷ニ村
方共双方ニ於テ継続履行可致候也

明治廿二年五月

新坑主近藤廉平代理

秋葉　静

新入村大字上新入

人民及地主惣代
向野菊次郎
〔外三名〕

為取換約定証

福岡県下筑前国鞍手郡上下新入村知古村直方町山辺村ノ四ケ村一町ニ跨ル選定借区ノ内ニ籠リタル下新入村土地主人民共聊故障筋無之候就テハ承諾金及永年村益金打切トシテ此度一時ニ金弐千五百円ヲ坑主ヨリ村方ヘ払入レ旧来先坑主ト村方トノ間ニ於テ取結ヒアル諸約定類ハ一切無効ニ帰セシメタリ然ル上ハ以後坑主及村方共都テ法律ニ背キタル異議或ハ苦情等互ニ申出間敷候為後証此約定書ヲ為取換置候処仍テ如件

石炭坑業ノ為メ土地家屋橋梁溝洫等ニ損害ヲ醸ス事アル時ハ坑主ヨリ相当弁償スヘシ

明治廿二年六月

坑　主　近藤廉平
先坑主　三野村利助
下新入村土地主及人民総代
〔七名氏名略〕
（三菱『社史』第一六巻）

さきに松浦炭田の分析を行なった際、炭坑が村方に対し田障あるいは村益金として若干の金額を支払っていたことをみたのであるが、それは前掲史料にも明らかなように、筑豊においても一般的であったと考えられる。しかも松浦の場合と異なって筑豊では、坑区が田畑にかかることが多かったから、地主との関係がいっそう重大な問題となった。明治政府は鉱区を土地所有から分離させたとはいえ、土地所有を有力な財政的・政治的基盤としていたから、土地所有は借区に対して相対的に強力で、坑主は地主の承諾をえるのに苦労しなければならなかった。[16]

この土地所有と借区権の対抗関係は、明治二一年末以降、筑豊において借区権獲得の競争が激化したことを契機として、表面化した。

「近来九州地方ニ石炭熱ノ流行荐リニシテ何デモ蚊デモ炭山ヲ所有セザレバナラヌ如キ景況トナリ豪商紳士トモ申サル丶者ハ直接ナリ間接ナリ続々炭山事業ニ手ヲ出ス様ニナリシガ為メ豊筑地方ハ東京大阪其他諸方ノ人々ヲ以テ満タシ宛モ戦地ノ如ク寸地アレバ切取リ功名ヲ遂ゲントノ勢アリテ少シク見込ノ場所ハ直段不相当ノ買占ヲナスガ如シ其甚シキニ至リテハ甲ヨリ村方ニ幾許ノ承諾金ヲ投ジテ既ニ我手ニ入レタル坑区ナリト安心スレバ乙者アリテ又甲ヨリ数倍ノ金ヲ投ジテ甲トノ前約ヲ破断セシメ我手ニ入レントスル等ノ事アリテ其混雑丸デ狂スルガ如キ景況ナリ」(吉原「海軍省予備炭田」前掲、三三二頁)。

前掲田川郡金田村の定約証やつぎにかかげる承諾証はこのような事情を物語るものである。

今般拙者抱持之田畑地ニ於テ石炭借区開坑御出願之承諾ニ基キ貴殿何時タリトモ拙者実印御入用之節ハ無異儀捺印可申依之他方ヨリ示談等有之候共決テ調印致間敷為後年承諾証如件

明治二十二年三月

(前掲「石炭に関する書類」)

借区の競争は必然的に村方承諾金の額を上昇させた。たとえば前記定約証に関連する企救郡の四〇万坪に対する承諾金は一八〇〇円で、その開坑費五三五〇円、水揚器械一七、八馬力一式も含めて経費合計一万円以下と見積られているので、承諾金は開坑総経費の約二〇%に当っていた。ところで、承諾金の上昇もさることながら、承諾をめぐる交渉が繁雑で、石炭資本の発展にとって重大な障害となった。それゆえ、日本坑法の改訂が当局の問題となったとき、この問題について当局者は「試堀又ハ借区出願ノ許否ハ地主ノ承諾ノ有無ニ依ル」と考えるのは「誤解」であって、日本坑法は「採堀ニ必要ナル土地ニ就テ損害賠償ノ方法ヲ規定シタルモノ」にすぎない、と主張し(和田『坑法論』一〇三―四頁)、その論拠を鉱山王有の基本原則に求めてつぎのように論じた。

「鉱業人カ予メ地主ノ承諾ヲ得テ出願スルコトハ地方施政上敢テ之ヲ不可トセサルノミナラス甚タ之ヲ好ム所ナレトモ然レトモ必ス地主ノ承諾ヲ経サレハ出願スル事能ハサルモノト誤認シ従テ地主ハ此承諾ヲ与フルノ報酬トシテ不当ノ金額ヲ貪ルノ弊ヲ生シ地主承諾ノ有無ニ依テ鉱業ノ許否ヲ判断セント欲スルカ如キニ至テハ坑法ノ趣旨ニ反スルヲ以テ断シテ之ヲ排斥セサルヲ得ス今仮リニ地主ノ承諾ノ有無ニ依テ鉱業ノ許否ヲ決スルモノトセハ鉱業許否ノ実権ハ地主ニ帰シ政府ニ属セサルヘシ是レ果シテ鉱物ハ政府所有ナリ政府独リ之ヲ採用スルノ分義アリトノ主張ト抵触セサルコトナキカ」(同上、一〇六頁)。

この論理を以てすれば、地主の承諾を不用とすることは、日本坑法自体の論理である。しかもそれは急速に発展しようとする石炭資本にとって緊急に解決されるべき問題であった。絶対主義の論理と資本の要求とが結びつくことによって、この緊急課題は日本坑法の基本的な改訂に先がけて、明治二三年七月、「借区人其土地ノ所有者ト協議シ、若シ協議調ハサルトキハ農商務大臣ノ裁決ヲ請」い、この「裁定ニ対シテハ土地ノ所有者ハ其貸渡ヲ拒ムコトヲ得ス」とする法律第五十五号をもって解決された。政府がその緊急性について「現行日本坑法ノ一日モ改正ヲ猶予スヘカラサル条項アリテ粗其ノ条欵中ニ改正ヲ加ヘサレハ国家経済上鉱業ノ保護及ヒ各鉱業人ノ権利義務ヲ規定スルコトヲ得ス」(「理由書」『公文類聚』第一四篇)と記したのは、上記の事情を反映するものといわねばならない。[17]

なお、二三年の改正において以上のほか二つの点で注目すべき条項が付け加えられた。第一は、借区面積は「六十万坪ヲ超ユルコトヲ得ス」として、坑区の最大限を規定したことである。この点について立案者は「鉱区ノ最大限ヲ定メサルトキハ一鉱物ノ発見ニ基キ過大ノ土地ヲ占ムルヲ得ヘシ此弊殊ニ炭山ニ生シ易シ然ルトキハ鉱山ハ小数鉱業人ノ掌裡ニ帰シ国家経済ノ趣旨ニ称ハサルノミナラス国民全体ノ権利ニ対シ偏重スルノ嫌アリ」（和田『坑法論』七四頁）と記しているが、鉱区獲得競争の激化につれて、巨大鉱区を投機的に独占する傾向が生じたためである。しかしながら、鉱区の巨大化は採炭規模の大規模化にともなう必然的な結果でもあって、規模の上限を制限することは、炭坑資本の発展と矛盾する。したがってこの規制は事実上守られなかった。資本は隣接する借区を別々に入手することによってこの制限を事実上越えることができたのである。

第二は、「試掘若ハ採製ノ事業公益ニ害アルトキハ農商務大臣ハ既ニ与ヘタル許可ヲ取消スコトヲ得」として、不十分ながらはじめて鉱害問題を規定したことである。炭坑の大規模化、平地への進出にともなって、ようやく鉱害問題が発生してきていたからである。たとえば、高島炭坑では、明治二一年島民との間につぎのような紛争が生じた。

「同島民坑業ニ因ル将来ノ危害ヲ名トシ石炭採掘差止並ニ損害調査請求ノ訴ヲ提ケテ我ニ迫ル仍テ我答書ヲ裁シ之ヲ駁ス是日（四月三十日）東京始審裁判所ノ判決アリ我ノ勝訴ニ帰ス」[18]（三菱『社史』第一五巻、一四二頁）。

その判決理由は当時の鉱山王有制の性格を示すものとして、興味深いものがある。

「被告岩崎久弥ハ官庁ノ許可ヲ受ケテ坑業ヲ為スモノナルニ依リ被告ニ於テ其許可ヲ得タル坑区外ニ出テヽ原告等ノ所有地ヲ侵害セシモノナラハ其坑区外ノ採掘ハ原告等ヨリ直接ニ被告ニ対シ之レカ差止ヲ求ムルヲ得ヘシト雖モ原告ハ坑区外ノ所有地ヲ侵害サレタル事実ヲ証明セサルヲ以テ採掘ノ区域ハ被告ノ陳供スル所ニ拠リ其許可ヲ受ケタル坑区内ニ在リト見做サヽルヲ得ス既ニ被告カ坑業ノ坑区外ニ及ハサル以上ハ原告ニ於テ其坑業ヲ差止メサルヲ得サル理由アラハ之ヲ許可シタル主務ノ官庁ニ対シテ其坑業ノ差止ヲ請求スヘク直接ニ被告ニ対シテ請求スヘキモノニアラス」（同上、一四六―七頁）。

日本坑法は「試掘開坑或ハ通洞等ヲ企ルニハ舎屋鉄道河流及道路ノ如キ其害ヲ受ヘキ場所ハ度ヲ計テ之ヲ避ケ」「凡場所ノ主タル者応諾スルニ非スシテ此ヲ犯ス者有レハ(中略)其損害ヲ償復スル一倍ノ費額ヲ取テ本費ハ其主ニ附与スヘシ」(第十七)と規定していたのであるから、この判決は牽強付会であるが、鉱業権の土地所有に対する優位を打出したものとして注目される。この事件は結局三菱資本の圧力も加わって、島民側の泣寝入りに終った。(19) ともあれ、このころから銅山の鉱毒事件とともにこの種の鉱害問題はようやく社会問題として注目されるに至ったのである。(20)

以上二三年の改正によって、結局日本坑法の改正事項として残されたのは、鉱山王有制の根本問題にかかわる国と借区権者＝鉱業権者との関係と、賃労働の発展に伴なって生じた鉱業権者と坑夫との関係とを規定することであった。それらは二三年の鉱業条例(法律八十七号)によって規定し直されることとなった。(21)

そもそも、「鉱利ヲ損セサラン」がためには、計画的な開坑と合理的な採炭・運搬の体制の確立が必要であり、事実、二一年以降の炭坑熱の過程で、巨大鉱区が出現し、大資本が進出するにつれ、「借区ハ通常十五年間ヲ以テ定期ト」(第十一)し、「地中ノ結構ハ坑山ニ属シテ政府ノ有」(第二十五)とする日本坑法は、計画的な投資を阻害し、鉱業の発展に対する桎梏となるに至った。これに対して鉱業条例は「特許ヲ得タル鉱物ノ採掘権ハ売買、譲与又ハ書入ヲ為スコトヲ得」(第二十条)として、採掘権を「殆ント所有権ト其効果ヲ同フ」するもの(和田維四郎『帝国鉱山法』明治二四年、一九〇頁)と見做すに至った。この点に関し「制定理由書」はつぎのように記している。

「(日本坑法によれば)鉱業人ハ恰モ政府ノ定期下稼人タルカ如キ状アリテ其ノ期限ヲ経過シタルトキハ継続ヲ出願シテ許可ヲ得ルニアラザレバ採掘ノ許可自カラ無効ニ帰シ、又タトヒ其ノ継続ヲ出願スルコトアルモ其ノ之ヲ許否スルハ固政府ノ権内ニ属スルヲ以テ政府ハ其ノ出願ニ対シ許可ヲ拒ムコトヲ得ルナリ。蓋シ採掘ノ事業タル其ノ精粗如何ニ依テハ国家ノ経済ニ影響スル大ニシテ而シテ其ノ之ニ従事スルハ巨額ノ資金ヲ要スルモノタレハ鉱業人ノ権利ヲ鞏固ニシテ永年ヲ期シテ之カ計画ヲナササシムルニアラスンハ鉱利ヲ損セシメサランコトヲ期スルモ得ヘカラス」。

すなわち、今や「鉱業人ノ権利ヲ鞏固ニシテ永年ヲ期シテ之カ計画ヲナササシムル」ことこそが、「国家ノ経済」を発展せしめる途であり、「鉱利ヲ損セシメ」ない根本策であることが明らかになったのである。

同時に鉱業条例は「地中ニ存在スル鉱物ノ所有権ハ地主ノ所有ニ帰スヘキモノタルハ争フヘカラサル法理ナリト雖モ、実地ニ就テ見ルトキハ鉱床ハ通常数多地主ノ所有地ニ連亘スルコト多キヲ以テ、若シ地中ノ鉱物ヲ地主ノ所有トナスニ於テハ法理ニ照ラセハ能ク適合スヘキモ鉱業ノ発達到底期スヘカラサルナリ」(前掲「理由書」)との理由から、「鉱物ノ未タ採掘セサルモノハ国ノ所有」(第二条)としたが、それは鉱業権を土地所有から完全に分離する一方、鉱物を国の保有を媒介として鉱業資本の手に確保することとなった点で、鉱山王有制に一応の終止符をうったのである。こうして鉱業条例により、資本は石炭坑業を自己の支配のもとにおき、石炭産業は本格的な資本制生産の時期を迎えることとなった。

だが、鉱区所有を資本制的関係に変革した鉱業条例も、鉱業権者と坑夫との関係の規定については、事情をやや異にしていた。前述した高島炭坑事件等に刺激されて、鉱業条例は新たに「鉱夫ノ傭役保護等」について、第六十四条以下九条の規定を挿入した。すなわち、「特別ノ約定ナキ場合ニ於テ双方トモ十四日以前ニ通知スルトキハ雇役ノ解約ヲナスコトヲ得」(第六十五条)ることとし、あわせて、鉱業人が「何時タリトモ鉱夫ヲ解雇」しうるケースと、鉱夫が「何時タリトモ其ノ雇役ヲ罷ムルコトヲ得」(第六十六、六十七条)るケースとを規定し、また鉱業人に対して「鉱夫ノ賃銭ヲ通貨ニテ仕払フ」(第六十九条)ことと、「鉱夫名簿ヲ備ヘ置キ氏名、年齢、本籍、職業、雇入及解雇ノ年月日ヲ記入ス」(第七十条)ること、および「就業中負傷シタル場合」、それに基く「療養休業中」「死亡シタルトキ」ならびに「癈疾トナリタル」とき、「鉱夫ヲ恤救ス」(第七十二条)ることを命じ、雇主と坑夫との関係を契約的関係として規定した。

なお、鉱業条例は以上の趣旨により鉱業人が「鉱夫ノ使役規則」および「救恤規則」を定め、「所轄鉱山監督署ノ認可ヲ受ク」べきことを規定した(第六十四条二項、第七十二条)。この規定にしたがって各炭坑は、鉱夫使役規則および鉱夫救恤規則を定めたが、たとえば、北海道炭礦鉄道はつぎのように規則を制定している。

鉱夫使役規則[22]

第十二条　組長ハ会社ニ対シ其組鉱夫一切ノ行為及取締ニ付責任ヲ負担シ殊ニ其作業ニ関シテハ採炭所係社員ノ指揮命令ニ従ヒ鉱夫ヲシテ諸規則ニ背カス誠実ニ労働セシメ又時々入坑シテ其業ヲ奨励シ怠慢ナカラシムルノ責ニ任ス

第十五条　組長ハ其組鉱夫ニ係ル死傷其他ノ異動ハ其時々氏名及事由ヲ詳記シ速ニ本会社ヘ届出ヲナス可シ

但病気旅行其他ノ事故ニ依リ執業シ得サルトキハ相当ノ代理者ヲ定メ採炭所ニ禀請シ其認諾ヲ受ク可シ

第廿条　組長カ諸般ノ手数料トシテ其組鉱夫ヨリ受ク可キ金額ハ如何ナル名儀ヲ以テスルモ月次働賃金高ノ百分ノ七ヲ超過スルヲ得ス

第廿一条　組長ハ其組鉱夫ノ月次働工程賃銭表ヲ作リ採炭所現場係員ノ認印ヲ受ケ其月勘定ノ支払請求書ヲ会社ニ差出ス可シ[23]

これを要するに組長は飯場頭であり、坑夫は実質的にはなお飯場頭によって統轄支配されていて、会社は直接その管理に当ることはなかったのである。このような形態は当時の石炭産業一般に見られたところである。たとえば三菱関係の炭坑に見られた契約証にはつぎのように記されている(『筑豊炭礦誌』三〇七頁)。

第四条　事業は総べて炭坑係員の指揮を受け附属納屋頭人繰の申付により従事可致事
第五条　事業賃受取方は自分附属の納屋頭保証人に委任し炭坑御規定の計算日に納屋頭名儀にて受取るべき事
第六条　飯米其他諸品の支給を願ふときは附属納屋頭保証人の名儀を以てし該物品相当の代価を稼ぎ高内より支払ふ可き事

これらの諸規定は納屋頭を組長とすれば、そのまま北炭の場合と一致する。納屋頭が鉱業主と坑夫の中間に介在し、名目的には坑夫は鉱業主に雇用されることになったにもかかわらず、納屋頭が採用、作業監督、賃金管理および生活管理のいっさいを掌握しているこの納屋制度のもとにおいては、実質的には坑夫は納屋頭に雇用されていたのであり、鉱業条例の雇用関係についての規定は坑夫に関しては名目的に止まらざるをえなかった。

このような二重の課題と機能をになった鉱業条例は、明治二三年九月制定され、二年の準備期間をおいて二五年六月施行された[24]。

(15)　以上のほかもう一項「試掘及採掘出願ヲ許否スルノ標準ヲ定メサルカ為メ官民共ニ其ノ処理ニ苦ムコト」が指摘されているが、手続上のことでここでの問題とは直接関係ないのでふれないこととする。
(16)　「明治も中葉の頃迄は、職業によつて甚だしく軽蔑されたものであつた。さうして石炭坑の経営なども極端に侮辱された職業の一であつて、石炭掘とは縁組みせぬと村人の間に不文律があつた位である。然るに炭坑の経営者としては先づ鉱区を出願するのに是非共村人の同意調印を求めなければならなかつた。人間扱ひされぬ位に嫌はれていることを承知しながら、尚且膝を屈して調印を乞ふには大なる屈辱に堪へ大なる努力を要した」(杉山徳三郎「開坑当時の苦難」『石炭時報』昭和二年一月号)。同様の記述は、団琢磨「三池炭鉱と筑豊炭田」(『石炭時報』大正一五年九月号)、白土善太郎「五十年間の浮沈」(『石炭時報』昭和二年三月号)にみられる。
(17)　日本坑法の改訂および鉱業条例の制定については、石村善助『鉱業権の研究』(一九六〇年、勁草書房)がもっとも詳細正確である。だが、二三年の改正理由について、先願主義の採用との関連で海軍封鎖炭田の解放だけをとりあげているのは、正確ではない(同書、一八三頁)。

(18)　判決文は原告の言い分をつぎのように記している。

「原告等ノ住所即高島ハ絶海ノ一孤島ニシテ原告等ハ概ネ獲魚ヲ以テ業ト為セリ然ルニ被告ハ曾テ該島ニ於テ石炭採掘ノ業ヲ開キ其業盛大ニ赴クニ従ヒ原告等住居ノ土地ハ次第ニ崩壊シ家屋ハ傾斜シ生命財産ニ危険ヲ生セシノミナラス水源涸渇シ飲水ヲ遠ク数里ノ外ニ求メサルヲ得ス且漁業ノ如キモ海沖数里ヲ出ツルニアラサレハ之ヲ営ム能ハサルニ至レリ是レ現在被告ノ状況ナリ」(三菱『社史』第一五巻、一四五頁)。

(19)　「是ヨリ先高島島民吾社ノ炭坑稼行ニ異議ヲ唱ヘ濫ニ訴ヲ提起シテ我ニ迫ルコレ歳ヲ累ヌ其後非ヲ謝シ反テ憐ヲ請フ仍テ吾社金壱万円ヲ出捐シ以テ同島炭坑業廃絶後ニ於ケル将来ノ疲憊ニ備ヘシム」(三菱『社史』第一六巻、二五八頁)。この件の詳細については三菱『社史』第一五巻、一三八—一六四頁をみよ。

(20)　鉱業条例草案では「試掘人及鉱業人其ノ試掘又ハ鉱業ヲ為スニ当リ他人ニ損害ヲ蒙ラシメタルトキハ賠償ノ責ニ任スヘシ」(第三十五条)として、損害賠償が規定されていたが、審議過程で削除されてしまった。この点については、石村、前掲書、第一編第四章第一節をみよ。

(21)　鉱業条例の制定過程、個々の内容についてはここではふれないこととする。これについては石村、前掲書の詳細な分析をみよ。

(22)　北海道炭礦汽船のこの文書には、社長名で札幌鉱山監督署長宛のつぎのような申請書が付いている。

鉱業条例第六拾四条第二項同七拾二条ニヨリ弊社鉱夫使役規則並鉱夫救恤規則之儀別紙之通リ制定仕度候間御認可被成下度此段奉願候也

明治廿五年七月廿七日

同年十一月四日付で「願之趣認可ス」る旨の許可が出ている。

以上の記録からみて、同様の手続きが各炭坑で取られたと思われる。

(23)　鉱夫はつぎの書類を提出することになっていた。

拙者北海道炭礦鉄道会社ノ鉱夫就職中何某ヲ経理代理人ト定メ拙者ノ名儀ヲ以テ左ノ権限ヲ委任候事

一、月次働賃金決算受払ニ関スル件

一、会社ヨリ救恤ヲ受クルトキハ之ニ関スル一切ノ件

右委任状如件

(24) 鉱業条例についてはその施行前、施行延期の運動があり、政府はそのため二五年九月鉱業諮問会を開いて鉱業家の意見を聞いた(「鉱業諮問会の顚末」『日本鉱業会誌』九二号)。ところが、二五年暮からの第四帝国議会には、中村弥六等の修正案のほか二件の鉱業条例修正案が出され、審査委員会で改正案が作成されたが、本議会で議決されるに至らなかった(和田維四郎「鉱業条例ノ改正ニ就テ」『日本鉱業会誌』九八号)。なお、石村、前掲書、第一編第四章第三節をみよ。

第三章　石炭産業における資本制生産の展開

第一節　筑豊採炭機構の確立

1　石炭生産の集中と分散

日清戦争後の石炭産業の展開について、農商務省鉱山局『石炭調査概要』(大正二年)はつぎのように記している。

「日清戦役後一般事業ノ勃興ト共ニ石炭ノ需要頓ニ増加シ明治三十一二年ノ如キハ斯業ノ全盛ヲ極メ筑豊二州ノ炭業者ハ多ク此間ニ成業セリ。此間ニ於ケル斯業進歩ノ著シキモノヲ挙クレハ九州鉄道及筑豊興業鉄道ノ着々線路ヲ延長スルアリ、遠賀川ノ両岸煙筒林立シ大小家屋俄ニ増加シテ復昔日ノ観ナシ。此時ニ当リ九州炭田ノ採炭ハ益深所ニ達シ従ツテ従来使用セル斜坑ノ多クハ数千尺ニ達シ採炭上ノ不利益少カラサルヲ以テ新入炭坑ニ於テ明治三十三年深サ七百尺ノ竪坑ヲ完成シタルヲ先駆トシテ明治三十五年三池炭礦ニ於テハ深サ八百九十六尺ニ達スル万田第一竪坑ヲ竣工シ三池築港ノ工事ヲ起シ次テ三井田川及二瀬炭礦ニ於テ深千尺ノ竪坑開鑿ニ従事スルニ至レリ。唐津、杵島地方ニ於テハ三十二年九州鉄道唐津支線ノ開通スルアリ、相知炭礦ノ発展柚木原炭礦ノ開掘、杵島、北方、赤坂口、芳谷等諸炭礦規模ノ拡張、高島炭礦端島ノ開坑アリ、又天草地方及長門大嶺ノ無煙炭モ主トシテ此間ニ開発セラレ、常磐地方ニ於テハ海岸線鉄道ノ開通ト日本鉄道ノ延長等ニヨリ益々運輸ノ便ヲ増シ且ツ頻年其需要ヲ増加シテ遂ニ東京市場ノ主位ヲ占ムルニ至レリ。北海道ハ炭礦鉄道会社勃興シテ小樽、室蘭ノ開港アリ、夕張炭礦ノ開坑ト共ニ出炭額ヲ増加シ且ツ其大炭田ハ全国事業家ノ競フテ指ヲ染ムル所トナリ採炭ヲ目的トスル諸種ノ会社事業家一時ニ此地ニ集リ他日盛況ヲ致スノ基ヲナセリ」(四―五頁)。

石炭生産が筑豊を中心としながら、全国的に発展していったことは、この叙述から明らかである。しかしながら、その展開過程は、具体的に考察すると、採炭条件と市場条件に規定されて炭田ごとに異なっている。明治二六年から三九年に至る石炭生産額を地域別に示した表III-1によれば、かつて筑豊についで生産額の大きかった長崎県の生産は山口県とともに停滞して、発展から取り残され、これに代って、北海道の生産がのびるとともに、常磐の急激な発展が注目される。

北海道についてみれば、炭坑の主要なものはいずれも炭礦鉄道会社に属するものであって、明治二九年の出炭についてみると、夕張一九万九千トン、幌内一一万トン、空知八万トン、幾春別三万一千トンで、この四坑で北海道全出炭の九割をこしていた。それは石炭輸送に当る鉄道が炭礦鉄道の専用で、同社以外のものはその利用を制約されていて、エントリーが困難であったからである。他面、北海道の炭層は山腹にあり、水平坑道によって採炭されたから排水、坑内運搬が容易であったうえ、炭層もあつく、炭質も良好であったから、運輸手段と結びついた炭礦鉄道会社は、路線の延長、港湾施設の改良にともなって、急速に生産を増大し、市場を拡大していった。その結果、北海道炭の市場圏は、北海道はいうに及ばず、「東京横浜より西は伊勢湾に及び、北は直江津、秋田に及」(「北海炭の近況」『東洋経済新報』三七六号)んだが、北海道石炭鉱業の本格的発展は、鉄道輸送を資本一般に自由とした鉄道国有化をまたねばならなかった。

常磐炭田は京浜市場に近い点で立地的にめぐまれていたが、輸送の便を欠いていた。すなわち、山元から海岸まで

表III-1　石炭産出高の推移　　(単位 トン)

	福岡			北海道	佐賀	長崎	山口	常磐	その他	合計(B)	A/B
	筑豊(A)	三池	計								
明26	1,234,078	588,034	20,564 1,988,887	333,956	242,966	448,601	135,433	34,155	54,931	3,259,493	37.8
27	1,710,887	665,602	20,013 2,728,233	387,934	324,858	444,949	187,884	50,114	114,957	4,258,942	40.0
28	2,136,616	649,334	18,963 3,105,385	456,880	396,056	415,084	203,802	60,338	110,162	4,766,670	44.8
29	2,342,562	722,627	3,351,504	457,164	422,329	384,704	196,487	81,174	111,712	5,005,074	46.8
30	2,726,342	623,444	8,116 3,279,958	596,195	389,564	414,647	199,969	167,017	132,691	5,188,157	52.5
31	3,634,164	738,252	11,068 4,470,161	592,005	487,854	447,072	177,232	353,157	157,484	6,696,033	54.2
32	3,460,552	708,501	16,035 4,452,870	633,282	520,849	414,858	185,875	360,383	137,646	6,721,798	51.5
33	4,017,521	726,205	47,457 4,873,181	654,506	642,521	457,223	125,238	489,195	140,136	7,429,457	54.0
34	4,855,247	890,863	292,815 5,766,124	820,322	726,237	522,194	128,057	561,442	128,748	8,945,939	54.3
35	4,930,409	954,257	348,591 5,931,466	948,876	892,882	505,351	128,159	672,482	120,717	9,548,524	51.6
36	5,056,325	1,097,176	360,613 6,232,188	1,037,218	936,247	501,567	136,798	609,649	115,295	9,929,575	50.9
37	5,387,472	1,236,638	448,817 6,696,709	1,061,147	959,092	440,920	134,422	714,144	99,250	10,554,501	51.0
38	5,804,090	1,301,126	383,088 7,557,299	1,158,922	959,463	433,175	256,403	912,434	106,476	11,767,260	49.3
39	6,445,554	1,455,469	8,307,124	1,431,050	1,014,086	455,137	301,091	1,107,777	158,803	12,775,068	50.4

備考　明26,27は『農商務統計表』(11,12次)，その他は『帝国統計年鑑』(第16—27)
筑豊は『筑豊石炭鉱業会五十年史』により明30年までは送出高，31年以後産出高
三池は『日本炭礦誌』による
福岡計の上欄は官営炭坑の産出高で外数．出典が異なるので明30は筑豊・三池で福岡計をオーバーするがそのままとした．

一〇キロ前後は馬背で出し、海岸(主として小名浜)からは帆船で京浜に送らなければならなかった。この障害を克服するため、浅野・渋沢・大倉らの設立した磐城炭礦社は、明治二〇年に、小野田・小名浜間に軽便鉄道を敷設するなど、陸上輸送費の低減をはかったが、常磐炭田発展の画期をなしたのは、三〇年三月の日本鉄道磐城線の開通である。これによって常磐の石炭は鉄道によって京浜市場と直結するに至り、以後急速な発展をみたのである。[(1)] なお、その際注目すべきことは、鉄道輸送を契機として、常磐の粉炭が両毛地方から甲信地方にかけての製糸工場に大量に需要されるに至ったことである。[(2)] もっとも関東地方市場における常磐炭の地歩は、必ずしも安定したものではなかった。三六年にはつぎのように報ぜられている。

「従来京浜地方にて使用する石炭は主として磐城炭にして九州炭の如き運賃の関係より到底京浜地方に輸送する能はす、独り磐城炭のみ優勢を占めしが近来九州炭の漸次京浜に輸送せられ磐城炭と競争の傾向を生ぜしより、磐城炭側にては之を防禦せんとて先づ日本鉄道に諮りて従来の運賃一噸一銭八厘を一銭五厘に引下げしめ以て漸く他炭の襲来を防ぐを得たり。然るに之に代りて北海道の劣等なる粉炭の漸く京浜地方に入込むことゝなり磐城炭は又も窮状を招くの有様となれり」(『東洋経済新報』明治三六年七月五日号)。

このような不安定要因を内包しながらも、京浜市場の掌握を基盤として、常磐炭田はこの時期に発展をとげたのである。

常磐と対照的なのは島炭坑である高島、端島等を中心とした長崎である。たとえば、高島については、「区域狭少ノタメ往時ノ盛況ヲ視ルヲ得ス、明治廿七、八年ノ頃ハ一日凡五百屯内外ノ出炭アリタレトモ漸ク減額シテ目下(三〇年)一日凡弐百七八十屯ヲ産出スルニ至」り、「目下ノ状況ニヨレバ多年事業継続ノ見込ナシ、而シテ出炭ハ漸ク漸減スベシ」(高島鉱業所「明治三十年以降当坑沿革」)と記されている。その後の推移はつぎのとおりである。

「明治三十二年七八月の交に至り、第二坑採掘終了に近きたると同時に、坑水増量、到底永く命脈を維持するの望なきに至り、終に同年十月を以て廃坑に帰し、爾来採炭は専ら第一坑にのみ依ることゝなれり。是より先き第一坑も、坑口より延長凡三千呎にして一大断層に遭遇し、爾来経営百端、或は右より或は左より、苦慮探求を試みしも、殆んど好果を収むるを得ず、（中略）水量漸く増加して、操業上の困難亦た名状すべからず、終に偉大の労力と、巨額の経費を擲ちたる末、三十一年十一月、上八尺層に着炭せり。是に於て鋭意其掘進延長を試み、其採掘区域凡七万余坪に達するに至り、断層の続出、湧水増加、及坑口との距離遠隔して、運搬愈困難を加へ、営業上本坑により尚ほ之れを進むるの不得策なるを認め、遂に断然退掘に着手し、三十八年六月を以て、此坑の採炭を終結せり」(3)（『日本炭礦誌』四一六―七頁）。

端島についても事情は同様であって、「三十年二月第一坑内出火の為満水せしめたるにより、第一層八尺炭層の採炭を中止」（同上、四一七頁）せねばならなかった。こうしてかつては、三池と全国に覇を争った高島炭坑は、明治三〇年代を通じて年間出炭高二〇万トン前後に停滞し、石炭産業の発展からとり残されてしまったのである。

宇部についてみれば、海岸に近い陸地の炭層はしだいに掘りつくされ、海底炭採掘の途が残された発展のただ一つの途であった(4)。しかし、当時の採炭技術をもってしては、海底採炭には大きな障害があり、その先鞭をつけた三炭組潟炭礦では、明治三八年末、浸水により二五名の死亡者を出すに至ったのである。宇部炭田の発展は、沖ノ山炭鉱が明治三九年海底に向って新坑を開鑿し、四一年着炭して本格的な採炭の実現をみたのを始めとして、海底採炭技術が発展する一方、従来の塩田需要から家庭用炭としての市場が開拓されるのを俟たなければならなかった。

しかしこのような炭田ごとの盛衰のなかで、三〇年代の石炭生産の動向を規定したのは、いうまでもなく筑豊炭田であった。表Ⅲ-2に示されるように、炭坑の出炭規模についてみても、年産一五万トン以上四坑、一〇万トン以上

表Ⅲ-2　出産規模別炭坑数

	150,000 トン以上	150,000 トン以下	100,000 トン以下	50,000 トン以下	10,000 トン以下	5,000 トン以下	1,000 トン以下	計
北海道	1	1	1	1	4	1	2	11
常磐				1	1	12	76	90
山口				6	8	13	46	73
筑豊 遠賀			1	6	4	9		
筑豊 鞍手	1		6	8	8	9		
筑豊 嘉穂	2	1	1	3	2	7	145	239
筑豊 田川	1	1	4	3	1	2		
筑豊 小計	4	2	12	20	15	27		
筑豊以外の福岡	1			4	3	6		
佐賀			3	4	6	30	151	194
長崎			2	2	5	51	139	199
その他				1	5	14	144	164
合計	6	3	18	39	47	154	703	970

備考　『第五鉱山統計便覧』(明29)．常磐には群馬・長野等を含む．

二坑、五万トン以上一二坑で、それぞれ対全国炭坑数の三分の二を占めており、逆に五千トン以下では一七%にすぎない。もっとも規模だけについてみれば、北海道がきわ立って大きいが、その全炭坑数一一坑にすぎないのに対し、筑豊は年産五千トン以上の炭坑だけで五三坑に達し、質量的に日本の石炭産業をリードしていた。表Ⅲ-1に示されるように、明治二七年には出炭一七一万トン、対全国比四〇%であったのが、三〇年には対全国比が五〇%をこし、一〇年後の三七年には出炭五三九万トン、対全国比五一%を占めていた。この間の石炭生産の急激な増大は、のちに考察するように、日本における資本制生産の確立と密接に関連しているが、この石炭生産体制の確立をになったのは、ほかならぬ筑豊炭田であった。したがって、以下においては、この筑豊に焦点をあわせて、石炭産業の確立過程を分析することとする。

(1)　常磐の中核的炭坑であった磐城炭礦の事情については、次頁表のように記されており、「三十一年の上期には年一割五分の配当が出来た」(角地藤太郎「小名浜港の思出」『石炭時報』昭和八年四月号)。

(2)　この事実を裏付ける確実な史料は多くないが、明治三〇年代の『群馬県勧業年報』『埼玉県勧業年報』等をみると、石炭の輸入先が三〇年までは東京、九州となっていたのが、三一年以降は磐城(茨城・福島)に取って代られ、三三、四年以降、器械製糸の普及にともない、石炭消費高も急速に増加している。常

	採掘高	販売高	損　益
	トン	トン	円
明治27年	21,038	18,804	益18,278
28〃	30,719	26,319	〃23,461
29〃	40,714	36,401	〃16,147
30〃	86,031	92,854	〃47,801
31〃	104,993	97,730	〃75,912

磐線および両毛線による輸送の影響を知ることができよう。

（3）　当時の高島の採炭事情につき、つぎのように述べられている。「炭層が段々深くなつて海面下一千尺にもなると益々重圧が加はり、上磐の墜落、下磐の隆起、粉炭の増加等愈々条件が悪くなる一方で、採炭は極めて困難の時期に入つて来た。之が為め坑道の維持修繕が非常なもので、一日の入坑夫千人中七百人以上は此の方にとられ、坑木費もそれに応じて多額に上つた」（日下部義太郎「相知、高島の二十年」『石炭時報』昭和三年一一月号）。

（4）　「小野田区域ハ殆ント採掘シ尽サレ今後採掘ノ余地尠キカ如シ。之レニ反シ宇部区域ニ於テハ陸上ニ於テ尚ホ多少ノ余地アルト同時ニ海底ニ於テモ稼行ノ余地多シ」（『石炭調査概要』三〇九頁）。

2　筑豊炭田の採炭機構
――『筑豊炭礦誌』の分析――

筑豊炭田全国制覇の体制が確立された日清戦後の、明治三〇年時点における筑豊の採炭機構は、高野江基太郎『筑豊炭礦誌』（明治三一年）によって考察することができる。そこに記載されている諸炭坑の状況を概括すれば、表Ⅲ-3のとおりである。

この一覧表において注目される第一のことは、各炭坑の操業年限がきわめて短いことである。表Ⅲ-3によって、不明を除くと、六割は創業年が二九年以降、すなわち、創業二年未満である。それは石炭企業がこの段階においてなおかなり流動的であることを示しているが、それはまた鉱区の譲渡・買収が活発であったことを示している。

この点で留意すべきことは、表Ⅲ-2からも知られるように、表記以外にかなり多数の零細炭坑が存在したが、そ

筑豊炭坑概況

家族の有無	出身地	男女別	住居	納屋制度	売勘場
家族も含めて総数400	多くは肥前多久地方の産		坑夫納屋24棟	頭領若干，小頭若干	
多くは家族携帯，総数647		男300 女60	家族納屋22棟(1棟10数戸)独身納屋5棟	坑夫の取締に頭領及小頭あり	
概ね家族携帯，他は近傍自宅より出稼	主として糟屋郡の出稼	男 80 女70	坑夫納屋10棟(納屋狭隘にして村里に住するもの少からず)		
〃	〃		坑夫納屋10棟		
家族を携帯するもの6分		男 6：女 4	坑夫納屋14棟，内2棟独身者雑居		
			納屋20棟，内3棟保護人の住居		
概ね家族携帯，独身出稼人甚だ僅少			大納屋4棟，小納屋7棟		
	概ね近傍村里の住者		工夫納屋5棟(内2棟は14戸に分割)大納屋3棟		
	他郡村よりの出稼4：近村の自宅より通勤6		職工及坑夫納屋10棟(50戸に分割)		
多くは家族携帯		男 7：女 3	納屋12棟(70余戸に分れる)		
概ね家族携帯		男 6：女 4	坑夫納屋7棟	所謂頭領と称する大工2人あり	
	村坑夫が頗る多い．遠方の出稼者は納屋に住む	男 6：女 4	坑夫納屋3棟(11戸に分れる)	納屋頭領3人	
	4分の1は村坑夫，4分の3は遠方出稼		納屋4棟(40余戸に分れる)．家族携帯者は世帯別に住む	頭領(坑内の取締)1人，納屋頭領4人	
		男 7：女 3	納屋10棟		
		男 6：女 4	坑夫納屋20棟(83戸に分れる)		他人の受負．他坑に比して高価．米1升14銭
概ね妻帯，総数50			坑夫納屋6棟(27戸に分割)		
	過半は村坑夫				
家族携帯者60，独身者40	諸方の出稼人		大納屋4棟(28戸に分れる)		
		男 7：女 3	納屋7棟(28戸に分れる)	頭領2人，納屋頭領5人	他人の受負．他坑に比して物価高．米1升14銭
		男 6：女 4	納屋3棟		
概ね夫妻稼ぎ		男 6：女 4	納屋14棟		他人の受負．他に比して高価
家族含めて総数260，独身坑夫10分の3に過ぎず	最も多いのは三池地方，広島・福岡県糟屋郡の産之に次ぐ	男 7：女 3	坑夫納屋32棟	頭領4人	1ヶ月15円の受負料徴集して他人に受負わさしむ．米1升14銭

表Ⅲ-3

郡	炭坑名	坑主	鉱区坪数	創業年	本卸延長	捲機械	喞筒	1日出炭	坑夫人員
			千坪	年	間	台	台	万斤	
遠賀郡	第一大辻	貝島太助	759	30	417	2	9 (外若干)	40	320
	第二新手	九州炭礦	305	27	265	1	4 (外予備 4)	22	360
	第一大隈	中西七太郎	29	?	150	1	7	8—14	150
	第二 〃	〃	137	?	120	1	5	10	74 (30先)
	長津	仰木豊太郎 桝谷音蔵	89	29	85	1 (工事中)	6	9	150
	第二大辻香月	貝島太助	871	29	本坑 30 城の前 20	1 1	4 4	〔排水作業中〕	300
	第三大辻中間	〃	376	29	数百十	1	1 (外予備 4)	8	100
	鳳凰	反保市次郎	368	29	斜坑 39 竪坑 30		4	〔開坑中〕	100
	吉田	島津孫六 安永平太郎	202	?	本坑 210 第2坑 20	1	8	12	200
	多賀野	飯野又七	108	?	125	1	4	20	200 (日々就役65先)
	深阪	千住喜作 内田吉勝	72	30	160	1	2 (外予備 3)	10	100
	馬場山香月	中野政吉	12	30	第1坑 60 第2 〃 70 第3 〃 100		2	7	200
	長浦	境田サク	136	27	110	1	1 (外予備 2)	8	150 (日々就役60先)
	黒川	蔵内次郎作	113	?	?		第1坑 1 (工事中) 第3坑 1	7	50 (日々就役20先)
	大君	春田惟	317	28	78	1	1 (外5台出水の為沈没)	7	75
	坪内中間	坪田安久	238	26	斜坑 25 竪坑 7	未だなし	1	4—5	15
	緑	中西七太郎	264	29	第1坑 80	〃	1	4	80 (日々就役20)
	岩崎	岩崎久米吉	49	29	第1坑 70	据付準備中	2	7	100 (日々就役25先)
	朝日	橋口伊助	75	30	第1坑 60 第2 〃 65	未だなし	1 (外予備 1)	6	120
	福好	長谷川芳之助	230	29	?	〃	3	1 〔仕繰中〕	70
	新立	村田恒夫	26	27	第1坑 200 第2 〃 200 以上	カラシキ掘なるためなし	なし	5	100
	御徳	占部三折 外9名	146	29	第1坑 90 第2 〃 90 第3 〃 60 第4 〃 60	1	3 (内2台は更代して運転. 外に1台据付けのみにて運転してないものあり)	15—16	150

家族の有無	出身地	男女別	住居	納屋制度	売勘場
出稼坑夫の10分の7は家族携帯	近村民の通勤者20—30人．其他は悉く出稼坑夫		大小納屋43棟		事務所の直轄．価格＝原価＋運賃 米1升12銭5厘
家族携帯者が多い	他府県の出稼人が大半	男7：女3	坑夫納屋凡30棟		事務所の直轄．安価
概ね夫妻携え精勤	三池地方の産最も多い		納屋25棟(130戸)		事務所の直轄．米1升12銭7厘—13銭3厘．低廉
家族含めて500	他よりの出稼ぎ6：村民通勤4		納屋30棟		事務所の直轄なれど安価ならず．米1升13銭5厘—14銭
			坑夫納屋3棟，坑夫仮納屋5棟	頭領2人	仮設のもあり
家族携帯者10分の7		男7：女3	坑夫納屋23棟(185戸に分れる)	小頭6人	他人の受負．時価と甚しく差異ない様にする．時価より出る時，事務所が補助する．米1升13銭
	地方の出稼人6：村坑夫4	男7：女3	大納屋7棟，小納屋3棟(26戸)	棟領2人	
			納屋2棟(目下建築中のもの多し)	棟領1人	他人の受負．米1升13銭5厘．稍，低廉
家族 906〔単身労働者中心〕			第1坑坑夫納屋42棟 第2〃 〃 29 第3〃 〃 33 第4〃 〃 20 第5〃 〃 15	納屋頭22人	炭坑附属の事業でないため，凡べて現金取引．故に各納屋頭の住宅に必需品を売捌かせる
	多くは広島県の産，筑後三池地方の産が之に次ぐ		坑夫大納屋8棟，坑夫小納屋39棟(大小坑夫納屋は総べて300戸に分れる)．納屋住居338人，近村より通勤92人	小頭5人(内小頭頭領1人)	
	広島・鹿児島両県下が7分	男7：女3	大納屋5棟，中納屋32棟，小納屋8棟	大頭領1人，同心得1人，小頭4人	
		男7：女3	納屋9棟		
多く妻子を携帯，皆大小の納屋に別居	筑前，筑後，安芸等		大納屋5棟，中納屋3棟，小納屋12棟	大納屋頭領5人，中納屋頭4人	一定の売勘場設けず，坑夫の自由に任ずる．日用品分配所で利益を加えずに売与する．米1石12円70銭
納屋坑夫の多くは家族を携帯	最も多いのは広島県の産，次いで三池地方の者	男7：女3	納屋25棟(凡100戸に分れる)． 納屋坑夫140，通勤坑夫120	納屋頭領2人	
家族携帯者7：独身者3	多くは大分広島等の産，其他は各県の出稼人	男7：女3	大納屋11棟，小納屋凡75棟(300戸に分れる)		6ヶ所に設置して競争販売せしむ．その結果物価低廉．米1升12銭8厘—13銭2厘
概ね家族携帯	伊予地方の産最も多い		納屋8棟(44戸に分れる)		炭坑事務所の直轄．物価は原価の5分を標準とし仕入れの手数料を課す．米1升13銭
	近村の通勤坑夫が過半を占む		坑夫納屋5棟		
概ね夫妻同伴	近郡の産多し		納屋12棟	納屋頭領3人	事務所の直轄

郡	炭坑名	坑主	鉱区坪数	創業年	本卸延長	捲機械	喞筒	1日出炭	坑夫人員
			千坪	年	間	台	台	万斤	
鞍手郡	第一大の浦桐野	貝島太助	853	18	230	1	11 (外予備8台，更に若干)	50	463
	第二大の浦大谷	〃	518	29	旧坑 50 新坑 175	1 1	1 (外予備 4)	40	365
	白鶴	秋田鍬三郎	239	29	本坑 75 第2坑 72	1	4 (外予備 4)	25	270
	宮田	広海二三郎	298	29	本坑 22 第2坑 27	1	5 (外予備 5)	25	220
	本城	東洋骸炭	203	29	第1坑 54 第2〃 15	1 (工事中)	2 (外予備 1)	〔工事中〕	30
	金剛	加藤周助 仲西七三郎	512	22	竪坑 150 斜坑 192	1 1	8 (外予備 1)	22	257
	塩頭	古河市兵衛	50	29	第1坑 70 第2〃 50	1	3	12—13	70
	繁牟田	帆足豊吉	54	29	第1坑 29 第2,3〃 20—30	1	1 (外予備 1)	4—5	35
	新入	三菱合資	1836	22	第1坑 350 第2〃 333 第3〃 317 第4〃 127 第5〃 258	3 1 1 1 1	10(外予備8) 10(〃 3) 6(〃 5) 7(更代で日々2) 9(外予備7)	110	2,289
	本洞	許斐鷹助	291	29	本坑 244 猿田坑 209	2 1	8 2 (内日用使用若干)	40	430
	第一大の浦菅牟田	貝島太助	683	29	竪坑 32 斜坑 164	1 1	12 (外予備8)	56	590
	大の浦	〃	533	17	竪坑 205	1	なし 桐野坑より排水	10	85
	勝野	古河市兵衛	387	29	480	2	3 (外予備15)	40	429
	日焼	秋田鍬三郎 外2名	100	29	本坑 40 新坑 188	2	7 (内1台工事中)	20	260
	藤棚	長谷川芳之助 外1名	372	28	竪坑 130 斜坑 230 220	3	10	50	610
	赤地	長綱好勝	54	18	本坑 60 新坑 15	1	5 (外予備10)	14.5	88
	鴻の巣	占部三折 外9名	14	30	40	?	3 (外予備 3)	—	40
	頓野	井上勇太 外5名	109 の内	?	42	注文中	2 (外予備 3)	4—5	100

家族の有無	出身地	男女別	住居	納屋制度	売勘場
	6,7分は井上氏自己住村附近の農民		坑夫納屋 5, 6 棟. 多くは近村に散居		2ヶ所ある. 本坑特約の勘場なり. 高価の傾きあり. 米1升14銭
	近村よりの出稼人大半以上	男 6:女 4	坑夫納屋4棟(28戸), 木納屋1棟	納屋頭1人	未だなし
	100 人は近村農民で通勤. 其他は各地出稼人		納屋3棟	納屋頭1人	自由制により他人に随意販売せしむ. 価格は事務所が指定して利益を限定す
			坑夫納屋 28 棟 (248 戸)		2ヶ所あり. 他人の受負
	半数は近村住民の出稼		坑夫納屋6棟		他人の受負. 市街に接続するため自由に低廉なもの購買可能
		男333女120	坑夫納屋 32 棟 (202 戸)		
		男174女 72	〃 14 〃 (109 〃)	納屋頭14人, 棹取受負兼納屋頭1人	設置準備中
		男343女142	〃 18 〃 (163 〃)		
	多くは村坑夫(附近の民家に住む)				未だなし
		男 7:女 3	坑夫納屋17棟(60戸)		直轄に属するものと自由販売のものとある. 米1升14銭5厘
			納屋4棟		直轄事業. 米1升14銭5厘
			坑夫納屋(本坑) 28棟 〃 (第2坑) 16棟		
			納屋3棟	棟領1人	未だなし
	60—70人以外は皆近村の出稼坑夫		納屋 13 棟(百余戸に分つ)		未だなし
			坑夫納屋11棟	納屋頭6人	自由制により競争廉売
			小納屋数棟	頭領1人	
			坑夫納屋 11 棟 (120—30戸)	納屋頭5人	第1坑に1ヶ所あり
	6分は附近の通勤坑夫		坑夫納屋(第1坑) 10棟(40戸) 〃 (第2〃) 2棟(6戸)	第2坑棟領1人	直轄. 物価の低廉を期す
多くは妻子携帯			納屋23棟		
〃			納屋15棟		
		男450女200	66棟(役員, 職工, 坑夫等の居宅に使用する)		事務所直轄. 米1升13銭8厘

郡	炭坑名	坑主	鉱区坪数	創業年	本卸延長	捲機械	喞筒	1日出炭	坑夫人員
			千坪	年	間	台	台	万斤	
	三笠	井上友次郎	256	?	第2坑 90 第3〃 150 第4〃 110	人力のみ	排水の必要なし	25	260
	笠松	関西骸炭	413	29	?		カラシキ堀にて必要なし	25	320
	室木	服部氏守 安達盛照	160	30	?	〃		16	160
嘉穂	大城	明治炭坑	1226	29	第1坑 255(竪坑) 200(斜坑) 第2〃 170	4	16 (外に新式のもの4)	〔30年5月第1坑火災〕	309
	嘉穂	原田茂俊	262余	29	第1坑 80 第2〃 80	1	4	17—18	300
	鯰田	三菱合資	2358 (内1036千坪名儀書換中)	22	第1坑 500 第2〃 358 第3〃 290	1 1 1	7(外予備8) 4(〃4) 8(〃6)	30 25 }90 33	453 246 485
	目の尾	古河市兵衛	215	29	第1坑 300 第3〃 100	1 (外予備2)	3 (外に水中に沈没せるもの数台)	20	130
	庄司	住友吉左衛門	110	26	130	1	2	10	180
	大谷	豊島才吉	95	29	?	1	2 (未だ据付け工事に着手せず)	2.5	35
	高雄	三菱合名 (本来は松本潜. 一時的書換)	725	13	本坑 180 第2坑 145 高雄第2坑 302	6	本坑 13 第2坑 20	50 35 }85	580
	楽市	川越与四郎	160	?	第1坑 20 第2〃 22	?	?	2.5	30
	潤野	広岡信五郎	837	19	竪坑 87 斜坑 80	3	4 (外予備7)	11—12	200
	平恒	山本周太郎 和田喜三郎 神崎岩蔵 香月新三郎	318	29	170	1	10	17—20	280
	後牟田	大矢孫十郎 外1名	165余	29	20			4.5	50
	碓井	三菱合資	1232	25 (第1坑開坑年)	第1坑 80(本坑) 160(竪坑) 第2〃 77	1 1	14 4	33.6	481
	桂川	豊島佳作	115	30	第1坑 70 第2〃 40	1	4	11—12 2	第1坑 130—40 第2〃 30
	上三緒	麻生太吉	197	29	?	1	5 (外予備7)	24—25	385
	芳雄	〃	347	24 (採掘体制の完成年)	65	1	4 (外予備4)	17—18	200
	忠隈	住友吉左衛門	663	27	第1坑 180 第2〃 140	1 1	17	?	650

家族の有無	出身地	男女別	住居	納屋制度	売勘場
			坑夫納屋2,3棟(其他目下建築中)		
			坑夫納屋2,3棟		
			坑夫納屋5棟(其他坑夫納屋6棟建築中)	頭領1人	自由開業．米1升14銭
	多くは近村の通勤坑夫		坑夫小納屋8棟(1棟1戸)．納屋住居の者は半数にも充たず		直轄
			大納屋3棟	頭領1人	
			坑夫納屋3棟		2ヶ所ありしも，殆んど廃業
			第1坑坑夫納屋2棟(12戸) 第2〃〃5棟	小頭4人，納屋頭領3人	直轄．物価の低廉を期す
	40人は近村の農民で農暇に来て稼ぐ	男80 女10	納屋2棟		直轄．物価の低廉を期す
	多くは近村の住民		納屋7棟(出稼坑夫は僅かに一小部分なるため主に車夫の住居)		
			坑夫納屋7棟(48戸)		直轄．廉売を期す
			坑夫納屋16棟(116戸)		
			坑夫納屋7棟		直轄事業
			第1坑大納屋13棟．納屋742戸 第2〃坑夫納屋150戸 伊田大納屋9戸．小納屋218戸		
	筑後地方若しくは大分県下の出稼人	男7：女3	第1坑坑夫納屋13棟(120戸) 第2〃〃11〃(110〃) 第3〃〃13〃(100余〃)		他人の受負．4ヶ所にあり
		男7：女3	坑夫納屋20棟(120戸)		直轄
		男7：女3	坑夫納屋40棟(800戸)	小頭6人	直轄．物価の低廉を期す
	他地方より出稼ぎ	男8：女2	坑夫納屋35棟(198戸) 他に坑夫納屋4棟(36戸)工事中	納屋頭6人．賃銭の支払も管理	直轄．廉売を目的とす
	概ね他地方の出稼ぎ	男7：女3	坑夫納屋63棟(488戸) 納屋住み多し		他人の受負
		男467女355	坑夫納屋70棟(420戸)		他人の営業．低廉を期す

郡	炭坑名	坑主	鉱区坪数	創業年	本卸延長	捲機械	喞筒	1日出炭	坑夫人員
			千坪	年	間	台	台	万斤	
	相田	松本潜 中野徳次郎 伊藤伝六	220	26	?	1 (製作中)	1	(開坑工事中)	30
	鬼山	中野徳次郎	103	24	30—40	なし	なし	1	15
	南尾	麻生光二郎	94	30	60	1 (据付工事中)	2 (外予備 5)	(排水工事中)	仕繰坑夫 15
	花瀬	広岡信五郎	潤野の内若干	30	第1坑 40	据付準備中	3	5—6	90
	牟田	中村五平 橋口辰吉	72	30	本坑 65 新坑 24	〃	3	(再興工事中)	?
	小正	住友吉左衛門	200	?	第1坑 80 第2〃 60	未だなし	2 (外予備 7)	1	10
郡	集丸	城野琢磨	375	30	第1坑 50(斜坑) 50(竪〃) 第2〃 75(斜〃) 70(竪〃)	〃	9	5	120
	笠原	佐谷道哉	103	?	18	〃	3	8	90
	嘉麻	麻生太吉	608	21	?	煽石にてなし		15	70
	牛隈	古野与太郎	142	30	第1坑 20 第2〃 50 第3〃 12—3	未だなし	2	5	48
	下山田	古河市兵衛	946	27	第1坑 ? 第2〃 250 第3〃 460 第4〃 60 第5〃 48	未だなし(工事中にてす)	未だなし仕繰を主とす	38	350
	益富	瓜生卯太郎	197	30	220	据付けたまま運転せず	数台	20	60余
田	田川採炭坑	福島良助	3249	?	第1坑 25 12 10 15 第2〃 172 40 第3〃 140 伊田 260	4	18 6 — 17 41	59 工事中 20 50	1990
	起行	久良知寅次郎	243	28	第1坑 130 第2〃 ? 第3〃 30	1 工事中 1 (外予備1)	25	50	900
	小松ヶ浦	武腰寅太郎	?	27—8	第1坑 130 第2〃 60 第3〃 34—5	1	4 (外若干)	20	200
	金谷	谷茂平	177	28	260	1	10 (外若干)	30	600
	金田	毛利元照	656	29	300	1	16	50	530
川	赤池	安川敬一郎 平岡浩太郎	585	22	第1坑 480 第2〃 280 第3〃 50	6	4 (外予備18)	92	1148
	豊国	平岡浩太郎 山本貴三郎	730	29	第1坑 27 第2〃 380	4	17	65	822

家族の有無	出身地	男女別	住居	納屋制度	売勘場
			第3坑棟領納屋1棟 坑夫納屋6棟(22戸) 第4坑坑夫納屋30棟(150戸)		直轄．物価の低廉を期す
		男 7：女 3	納屋16棟(125戸)	頭領1人，小頭3人	他人の受負
			納屋4棟(10戸)		
			納屋3棟(6戸)	頭領1人	未だなし
		男 6：女 3	納屋7棟	棟領4人	他人の受負
		男 80 女30	納屋8棟(10戸)		他人の受負
		男 8：女 2	坑夫納屋3棟(12戸) 他に15戸に分けた新納屋1棟工事中	棟領2人	他人の受負
			坑夫納屋5棟(40—50戸)	棟領1人，小頭4人	

の操業はいっそう流動的であったことである。『筑豊炭礦誌』はこれら零細炭坑について、「一も機械的の応用なく単に人力のみを以て採掘し」、「排水の如きも三五間乃至七八間の竪坑を穿ち坑内外に人夫を配置し刎ね釣瓶を以て揚水す」、「進堀漸く遠くして排水漸く困難となれば忽ち之を中止して更に他の焼先に転ずるなり」と記し、「其方法の簡便にして其の費用の軽きか為め無資の輩尚之を応用するものあり、特に近年炭礦の暴価に伴ひ各所の小鉱区にありて此種の採掘に従事するもの甚だ多」(五一頁)いと述べている。このような泡沫的な炭坑を底辺として、筑豊石炭産業は展開をとげようとしていたのである。

しかしながら、この時期に筑豊の発展を支えたのはこれら零細炭坑マニュではなく、二〇年代中葉以降急速に経営規模を拡大した大中数十の炭坑であった。この点を明らかにするため、まず鉱区規模についてみれば表Ⅲ-4のとおりであり、これを表Ⅱ-33と比較すれば、この間の鉱区規模の拡大はきわめて明白である。採炭規模が基本的に鉱区規模に規定されている以上、この鉱区の拡大こそ石炭企業発展の出発点をなすものである。しかし石炭生産という視点から直接的に重要なことは、ポンプおよび捲揚機の普及である。前章で考察したように、筑豊における石炭生産の発展は、明治一〇年代後半以降の、排水ポンプの導入と普及を基盤としていた。この

	炭坑名	坑主	鉱区坪数	創業年	本卸延長	捲機械	喞筒	1日出炭	坑夫人員
			千坪	年	間	台	台	万斤	
郡	峯地	蔵内次郎作	200	?	第3坑 140—50 第4〃 250	3	9 7	15 35 } 50	480
	糸飛	松尾敏章	213	?	第1坑 140 第2〃 30	2	7	18	250
	金村	三井鉱山合名	704	30	?	未だなし	未だなし	10	70
	位登	長谷川敬治	152	30	27	未だなし	2	2—2.5	20—30
	豊州	豊州炭坑	471	28	第1坑 140 第2〃 40 第3〃 100	未だなし	6	20	150
	鮒池	〃	471の内	28	20	未だなし	5	11	110
	手の浦	〃	〃	29	第1,2坑 60 第3〃 40	未だなし	2	10	200
	上位登	村田為吉	110余	30	第1坑 80 第2〃 20	未だなし	3	9	70余

表III-4　鉱区規模別炭坑数

	1,000,000坪以上	500,000坪以上	200,000坪以上	100,000坪以上	50,000坪以上	10,000坪以上	計
遠賀		2	5	4	2	2	15
鞍手	1	5	6	2	3		17
嘉穂	3	3	4	5	1		16
田川	1	6	12	9	3	2	33
計	5	16	27	20	9	4	81

備考　『筑豊炭礦誌』表III-3より

表III-5　筑豊炭坑坑内機械設備　(明治30)

		遠賀	鞍手	嘉穂	田川	計
ポンプ	設備坑数	24	18	23	15	80
	設備台数	86	185	226	172	669
捲揚機	設備坑数	13	18	15	10	56
	設備台数	15	33	27	24	99
調査坑数		24	25	27	15	91
坑数		28	40	28	17	113

備考　『筑豊炭礦誌』pp. 59—69, 80より.
　　　調査坑は極小炭坑および修理休業中のものを除く全数.

表Ⅲ-6　1日当り出炭規模別

	出炭	100万斤以上	50万斤以上	30万斤以上	20万斤以上	10万斤以上	10万斤以下	計
捲機械	なし	0	0	1	3	5	18	27
	あり	2	12	6	8	15	6	49
捲機台数		11	42	12	10	18	6	99
1坑当台数		5.5	3.5	2.0	1.25	1.2	1.0	2.0

備考　表Ⅲ-3より．1日当り出炭額の記入あるものだけ集計．

点では、三〇年時点においては、ポンプは「カラシキ掘にて必要なし」と記されている一部小坑をのぞいては、主要炭坑のすべてに普及していた(表Ⅲ-5参照)。のみならず、これら炭坑では、一坑一、二台に止まらず、十数台のポンプを設備するものもあり、一坑平均八台強となっていた。この点の意義は確認されなければならない。とはいえ、それは明治二〇年代からの量的な発展に止まり、そのうえ、前述したように、ポンプ自体は石炭産業における生産力上昇の起動力となりうるものではなかった。

捲揚機の場合は、事情はいちじるしく異なる。明治二〇年代初頭には、一部大炭坑に例外的に設備されたのに止っていたが、三〇年には主要炭坑にはほとんど設置されるに至った。それは表Ⅲ-3に明らかなように、坑内がしだいに深くなり、本卸の延長が長くなり、一〇〇間をこえるものが一般化し、なかには鯰田一坑(五〇〇間)、勝野、赤池一坑(いずれも四八〇間)、第一大辻(四一七間)のように、四〇〇間をこすものも現れ、運搬過程が石炭生産の大きなネックとなったことに対応している。このような事態が一般的に出現したのは、筑豊諸炭坑の開坑方式と密接に結びついていた。すなわち、筑豊では明治一〇年代以降の発展過程において、投下資本の欠乏に悩んだ炭坑経営の必要から、炭層を追う斜坑方式が一般化し、二〇年代末には、「筑豊の百坑中十分の七八迄」(『筑豊炭礦誌』五一頁)は斜坑方式だと記される状況にあり、それは必然的に地表からの卸坑道の距離を延長させることとなったのである。

捲揚機がポンプと基本的にその意義を異にするのは、石炭産業という採取産業では、生産過程とは地中に存在する石炭を掘り崩し、地表に搬出する過程であり、したがって運搬機械である捲揚機は、石炭生産の基礎過程を担う労働手段である点に見出される。すなわち、捲揚機が普及したということは、生産の基礎過程が機械化されたことを意味する。その結果が出炭の規模に反映していることは、表Ⅲ-6によってみることができる。したがってわれわれはこれをもって、日本の石炭産業における「産業革命」の展開と規定することができる。

ともあれこのような規模の拡大と生産力の発展を要因として、出炭も増大し、表Ⅲ-2によれば年産一〇万トン以上六坑、五万トン以上一二坑に達し、これらが筑豊石炭産業の大勢を支配していた。[5] この点は従業員規模別についても確認されるところで(表Ⅲ-7)、五〇〇人以上規模が一二坑あり、新入二二八九名、田川一九九〇名、鯰田一一八四名、赤池一一四八名を擁していた。明治一〇年代の炭坑マニュと比較すれば、格段の大規模化といわねばならない。

しかしながら、そこに一つの大きな限界があったことも認めなければならない。それは採炭および切羽運搬過程に集中的に現れている。

「坑夫の採炭に従ふもの亦必一部の運炭を兼ねさる可からず、即ち採炭の場所より附近の運炭坑道(鉄道を敷設せる坑道)に至る迄石炭を運ぶを通例とす、故に彼等の坑内に入るや必す其の組合あり、採炭の位置(即ち切葉の位置)と運炭坑道との距離により二人或は三人を以て一組とし之を一先と称するなり、而して其の一先中採炭に従事するものを先山と称し之を運搬するものを後向(アトムキ)或は後山(アトヤマ)と謂ふ。前者は斯業に

表Ⅲ-7　従業員規模別炭坑数　(明治30)

		遠賀	鞍手	嘉穂	田川	計
規模別	50人以下	4	5	8	1	18
	51-100 人	8	5	4	2	19
	101-200 人	8	2	6	4	20
	201-300 人	1	5	2	1	9
	301-500 人	2	6	3	1	12
	501 人以上	—	2	4	6	12
	計	23	25	27	15	90
坑夫総数		3,138	6,586	6,260	7,200	23,184
1坑平均		136	273	232	480	258

備考　『筑豊炭礦誌』pp. 76—80

熟練なるものにして後者は其の指揮命令に従ふを通例とす、故に近年家族携帯の坑夫等夫妻を以て一先とし共に坑内に入りて執業するもの多しと云ふ。

彼等の労働は地下幾百尺の底に於て一点のカンテラを力とし暗黒界裡に労働す、其の普通労働者を以て律す可からざるは勿論なり、幸にして炭層厚く坑道の天井六尺以上に達すれば歩行に妨げなしと雖も其の炭層薄くして天井の高さ四尺以下に及ぶものは匍匐の儘鶴嘴を振て採炭すること稀ならず、先山既に斯の如し、常に坑内を往復する後向に於ては労働の難更に甚しきものあり、彼等は一二尺の杖を両手にし四ツ匐ひとなりて炭籠を曳き喘々として之を運炭坑道に致し始めて炭函に移すなり、其の坑道の天井稍高きものと雖彼れ後向の習慣として肩を以て炭籠を担はず荷棒を背後に横へ双手短杖を携ふるを例とせり」(『筑豊炭礦誌』七五—六頁)。

主要坑道の機械化が進めば進むだけ、このような形態の採炭・切羽運搬労働が強化されるところに採炭機構の矛盾と特質が存したのである。

とりわけ問題は、当時筑豊諸炭坑の採掘法が「十中の九部」(同上、五三頁)残柱式で、一丁切羽であったことから、主要坑道の運搬過程の機械化にもかかわらず、採炭面では依然として単純な道具=鶴嘴と雁爪に、したがってまた坑夫の熟練に依存せざるをえなかった点にある。(6)

「其労働の巧拙難易を聞くに熟練者は能く炭の累層を理解して之を破砕するが故に塊炭を出すと雖も、矢鱈と鑿を入るゝ者は廉価なる粉炭を多く造るの傾きあり、八尺の如き炭層厚き処は『先山』の仕事甚だ難く其巧拙は出炭高に大関係ありと云ふ」(「筑豊石炭の概観(八)」『大阪毎日新聞』明治三〇年一一月四日)。

運搬過程の機械化と採炭過程の依然たる道具への依存との間の矛盾は、採炭労働に対してしわ寄せされることとなる。鉱業条例の背後にあった貧農層の分解のなかから供給される低廉な労働力と、その直接的な統轄機構とが、この採炭過程を支える基盤であった。

坑　名	鉱業人	出　炭
		万斤
大ノ浦	貝　島	13,579
赤　池	安　川	13,084
高　雄	松　本	12,934
新　入	三　菱	12,778
田川採炭		12,106
鯰　田	三　菱	11,739
大　城	明　治	8,970
豊　国	平　岡	7,795
大　辻	左　納	6,406
勝　野	近　藤	5,986
計		105,377

（5）　明治二九年下半期の筑豊四郡出炭高は一九億五六八五万斤であったが、その時上位一〇炭坑の出炭は上表のとおりで、その合計は全出炭の五四％に達している（『日本鉱業会誌』一四五号）。

（6）　明治三〇年代の筑豊石炭業について、石渡信太郎「筑豊石炭鉱業の過去及将来に就て」（『筑豊石炭鉱業組合月報』昭和三年一〇月号）は、つぎのように記している。

「当時の筑豊採炭法は、多くは残柱式であつた。各炭坑共何れも坑内の炭層状態は立派で、今日の北海道の炭坑の様な、厚き地山の炭層を沢山持つて居つて、何の層から先に掘るかと迷ふて、先づ炭層の一番上等の天井の丈夫な層から先に掘れと云ふ有様で、何れも炭柱を残して地山を掘るので、支柱も要らず誠に監督は気楽であつた。

当時の鉱夫は、坑内の仕事の上に於ては採炭にしろ、掘進にしろ、支柱にせよ中々よき技倆を持つて居つた。火薬は誠に貴重なる薬品と心得、其の使用の方法は理論の上から云ふよりも、実地の経験の上から余程巧妙に使用せられたものである。普通の切場は特別の場合の外火薬を使用せず、下透しを充分にしたものである。又跡山にしても、卸向に六〇間、昇向に三〇間は平気で百斤籠を担ふたものである」。

3　納屋制度とその基底

上述したような生産力の体系に対応して、炭坑賃労働はつぎのように分化した。

「坑夫は即ち坑内に就役する人夫なり、坑内の労働必しも一ならず、其の或るものは鉄工たり、他の或るものは木工たり、或は喞筒方として排水に任じ、或は棹取として運炭に与り、或は函押、或は耳欠（ミミカキ）、或は跡検（アトケン）、或は盤打（バンウチ）等各其の業を異にせり」。

「棹取とは運炭坑道より其の本坑道即本卸に回送すべき炭函を送迎するものにして、函押は運炭坑道にありて炭函を押送するもの、跡検は運炭坑道を開鑿せし跡を検査するもの、耳欠は其の坑道の両壁を削りて平坦ならしむるもの、盤打は跡検の後に従ひ坑道の地均しをなすものなり」(『筑豊炭礦誌』七四頁)。

ここに明らかなように、運搬坑道の伸長にしたがい、一方では運搬労働および坑道維持の労働が分化し、他方では喞筒方などの機械運転労働および機械保全のための修理労働が分化発展したことを示している。このうち後者、すなわち、機械運転および機械修理は、資本の生産力を直接担う過程として、その担当者は炭坑資本の直傭という形態をとり、いわゆる「坑夫」と区別されたのである。すなわち、捲方、捲方心得、汽罐水番、火夫、火夫見習等は、鍛冶、器械大工、鉽力職、轆轤職、製罐職等とならんで、機械係の雇人として炭坑資本に直接雇用されていた。(7)

ところで、上述のように採炭が大規模となり、運搬過程が機械化し、採炭機構の効率的な管理が重要な問題となったことに対応して、坑内作業に対する炭坑資本の直接的な管理・監督が要請されることとなった。この監督者として現れたのが坑内小頭である。たとえば炭坑の雇員として、「小頭五人(内小頭頭領一人)、監量十二人、機械方五十人、棹取十九人」(本洞)、「採炭小頭八人、仕繰小頭四人、監量二十余人」(藤棚)、「坑内小頭七人、勘量係六人」(碓井)等々と記されているとおりである。これによって炭坑資本は生産過程における労働力を直接的に掌握することが可能となった。ところで坑内小頭の出現は前章で考察した一山請負的な頭領制の解体を意味する。(8) 今や頭領あるいは納屋頭は、炭坑管理機構の末端としての小頭の監督のもとに、機械化の進展しない採炭・坑内運搬の担い手である坑夫を供給・統轄する、労務供給的機能の担い手へと変質していったのである。

「坑夫の取締は小頭ありて之に任じ、頭領若くは納屋頭ありて統轄す。蓋し其事業の上に指揮命令を奉ずると共に又生活上の監督を受くるなり」(『筑豊炭礦誌』八五頁)。

この点を各炭坑についてやや立入って考察すれば、つぎのとおりである。

香月炭坑　坑夫納屋三棟、納屋頭領三人、遠方より出稼するものは前記三棟の納屋を十一戸に分割して各自世帯を別にせり(同上、二五四頁)。

長浦炭坑　坑内の取締に任するもの頭領一人、納屋頭領四人。納屋四棟あり戸口を四十余に区別し家族携帯者は皆世帯を別にして此内に寄宿せしむ(同上、二五七頁)。

頓野炭坑　坑内頭領二人、納屋頭領三人(同上、三九四頁)。

ここに明らかなことは、坑内の労働力統轄＝作業管理と納屋を中心とする労働者＝坑夫の生活管理とが分化し、納屋頭(頭領)はもっぱら後者の担当者となることによって、資本の賃労働統轄を補完することとなったことである。その点で、坑夫の「監督は六人の納屋頭之に任し賃銭の支払亦皆事務所と納屋頭との取引に止まり坑夫は納屋頭より分配を受くることとせり」(金田)と記されているように、炭坑側は納屋頭配下坑夫の出炭高に応じて賃金を一括して納屋頭に支払い、したがって個々の坑夫の賃金管理は納屋頭に一任されるのが一般であったことも理解される。前章で考察した鉱業条例にあっては、「鉱業人ハ鉱夫名簿ヲ備ヘ置キ氏名、年齢、本籍、職業、雇入及解雇ノ年月日ヲ記入スベシ」(第七十条)と規定し、坑夫は鉱業人に直接雇われるものとしたのであるが、このような雇用関係は事実上例外的にしか実現しなかった。とくに小炭坑においては、納屋頭の権限はなお広大であった。

「普通小坑の坑夫は其員数甚だ多からず、五七十人乃至数百人に過ぎざれば単に旧来の慣習によりて監督し、其の取締と其の雇入とに拘はらず総べて之を納屋頭(或は納屋頭領とも称ふ)に一任するを例とせり」(同上、三〇六頁)。

以上要するに、納屋頭は、坑内請負的機能は失いながら、坑夫の募集、雇入れから、納屋を中心とする生活管理、さらには賃金の一括受領とその坑夫への配分までを担当していたのであり、ここに明治二〇年代以降筑豊を中心に形成された納屋制度の展開をみることができる。

しかしながら、納屋頭という中間的管理・搾取機構の存在は、道具を労働手段とする労働力の統轄という困難な業務を担当することによって、炭坑経営の負担を肩代りすると同時に、その管理の非合理性自体が逆に経営の負担となった。それゆえ、炭坑経営体制の確立にともなって、資本は坑夫の直接管理を指向することとなる。

「新入坑の如きは特に此の点に注意し納屋頭と称するもの亦之を炭坑附属の雇員とし、其の使役する坑夫の員数と日々の採炭高とにより相応の手宛を支給して一切万事彼に任せず一々事務所より干渉せり。今其の一例を挙ぐれば坑夫採用手続の如き先彼れ納屋頭より坑夫試験願なるものを出さしめ、且つ其の願書に添ふるに履歴書を以てし、是れより本人を招き其の体格の検査を行ひ親しく人物を試みて坑内の実役に服さしめ、愈相当の労働に堪ふるものなるを認むれば更に契約書を出さしめ以て平生を戒むることとせり」(同上、三〇六頁)。

このような関係は「三菱会社の所有に属する各坑に於て何れも実行する所なれども、未だ他坑に普及せざるもの」(同上、三〇七頁)とされており、直傭制の先駆形態をここにみることができる。もっとも、この直傭制の性格については、契約証中のつぎの二条に注目しておかねばならない。

第四条　事業は総べて炭坑係員の指揮を受け附〔=所〕属納屋頭人繰の申付により従事可致事

第五条　事業賃受取方は自分附属の納屋頭保証人に委任し炭坑御規定の計算日に納屋頭名儀にて受取るべき事

すなわち、その坑夫管理形態としては、一般納屋制度と本質的に異なるところはなかったのである(9)。

ともあれ、大炭坑では納屋制度の矛盾を解決するため、納屋頭の権限を縮小していった。前掲三菱の場合もそうであるが、三井が筑豊に進出したときも、直轄制の採用に積極的であった。三三年田川炭坑を譲りうけた時も、「間もなく納屋制度を廃するに至った」(『田川鉱業所沿革史』二二三頁)が、三四年創業した山野炭坑でも、「当鉱業所は開坑以来直轄制なり」(『山野鉱業所沿革史』第一二巻、一五〇頁)と記されているように、納屋制度はとらなかった。もっともこれらの場合でも、炭坑の採炭機構に規制されて親方制の克服が容易でなかったことは、つぎの記録から明らかである。すなわち、田川では納屋制度の廃止に際し、

「鉱夫の動揺が或はあるものと予想してこれに備へ、一面納屋頭類似者の擡頭を防ぐために、一種の請負制を設くるに至つた。この請負人は何よりも自ら子方に先んじて能く働くことが要求され、子方の数も多くは許されない。即ち一番方に二人もしくは三人で、二番方三番方まで就業の必要があれば、十人位までは子方をもつことを許すが、これ以上持たせぬ方針をとつたのである。これがいはゆる請負名義人制度の始まりである。

この場合子方は請負名義人自身に於て募集するを常例とした。

請負金支払の方法は、予め工事金額及工事に要した諸費用を差引き、各人の出役数を記入した請負金内訳領収書を名義人に交付する。名義人は総額の約一割見当を手数料として差引の手続をする。その残額は前以て協定してある自己及子方の技倆・等級と出役方数によつて按分、それぞれ認印をとつて現金支払日にこれを提出し金券と引替へる」(『田川鉱業所沿革史』二二四―七頁)。

また山野についても、「一般に請負制なるものなかりしが、只伸先、片磐、卸等の坑内作業に於て便宜上相当知識ある坑夫をして責任を負担せしめたるに、其の責任者が漸次勢力を拡大して自から自己の責任箇所に坑夫を雇入れ使役することとなれり。当初賃金は会社より各自に支払ひしが、何時しか計算方も其責任者に一括支払ひ、責任者は自己担当の各坑夫に支払ふといふ所謂親方制度となり、漸次年を経るに従ひ、請負人となり十数人の子方を有するに至れり」(『山野鉱業所沿革史』第一二巻、一五一頁)と記されているように、親方請負制の復活さえ見ている。

以上の考察から明らかなように、炭坑生産力の発展のなかで、納屋制度はしだいに桎梏と化し、その変革が要請されながら、明治二〇年代後半以降、筑豊諸炭坑に広く展開されたのであり、納屋制度こそこの時期の筑豊賃労働関係の特質を示すものといえよう。[10] この点は、農商務省『鉱夫待遇事例』（明治四一年）において、「鉱夫五百名以上ヲ使役スル」石炭山、すなわち、直轄制への指向の大きかった炭坑について、直轄制度三・二割、納屋制度二・六割、両制度併用四・二割であったことによっても、確認されるところである。[11]

ところで、この納屋制度は北海道、東北の炭坑では飯場制度と呼ばれる。そしてこの両者は一般に同一物と考えられている。[12] 果してそうであろうか。そもそも納屋制度は、炭坑資本の賃労働確保・統轄のメカニズムとして形成・展開されたものであるから、ここでわれわれは賃労働自体の性格、とりわけ、農民層分解の様相と、賃労働陶冶の特質に注目しなければならない。そこで筑豊炭田の賃労働について以下考察してみよう。

『筑豊炭礦誌』によって、当時の坑夫についてみれば（表Ⅲ-3）、第一に、「多くは家族携帯」（第二新手、多賀野等）、「概ね家族携帯」（第三大辻、深阪等）、「多くは妻子携帯」（上三緒、芳雄等）、「家族携帯者七分」（藤棚、第一大ノ浦、金剛等）、「家族携帯者六分」（長津、岩崎等）等々と記されているように、家族持坑夫の比率が高いことである。しかもこれら家族持坑夫は、「主として糟屋郡の出稼多く概ね家族を携帯す」（第一大隈）、「全坑夫の四分の一は村坑夫にして他の四分の三は皆遠方出稼の坑夫なり、納屋四棟あり戸口を四十余に区別し家族携帯者〔大多数〕は皆世帯を別にして此内に寄宿せしむ」（長浦）、「納屋居住のもの三百三十八人近村より通勤するもの九十二人、其の産地は広島県最も多く筑後三池地方の産之に次ぐ」「坑夫大納屋八棟、同小納屋三十九棟（大小坑夫納屋は総べて三百戸に分劃す）」（本洞）、「総員二百六十名にして内一百四十人を納屋坑夫とし残る一百二十人を通勤坑夫とす、納屋坑夫の多くは家族を携帯するものにして〔中略〕広島県の産最も多く三池地方のもの亦之に次ぎ」（日焼）、「坑夫の多くは大分、広島等の産にして其他は各県の出稼人なりとす、家族携帯者と独身者とは凡そ七分三分の大差あり」(藤棚)、「産地は伊予地方最も多く概ね家族を携帯」「現在員凡そ四百六十三人にして内近村民の通勤するもの凡そ二三十人あり、其他は悉く出稼坑夫にして其の十分の七は皆家族を携帯」(第一大の浦)等と記されているところから明らかなように、主要炭坑では、坑夫の多くは家族携帯で他地方から「出稼」しているものであった。その出身地を勝野炭坑についてみると表III-8のとおりで、上記諸炭坑の坑夫について述べられているところと符合しており、「多く妻子を携帯するもの」であった。

表III-8　勝野炭坑坑夫及家族出身地

地方	九州		中国		四国		その他		計
国別	筑前	215	安芸	118	伊予	51	但馬	12	
	筑後	95	備後	63	土佐	8	その他	13	
	豊後	51	石見	14	その他	9			
	肥前	45	周防	10					
	豊前	25	その他	8					
	その他	25							
計		456		213		68		25	762

備考　『筑豊炭礦誌』

それは炭坑への労働力の流出が挙家流出という形態をとっていたこと、したがって、農民層の分解によって析出された小作・日雇農民が、この段階では一家をあげて炭坑に流出してきていたことを示している。炭坑がこのような労働者を受けいれたのは、一方では、男は先山、女は後山として夫婦共稼ぎが可能であったという条件があったからであり、他方では、「家族携帯者の多きは近坑中本坑に若くものなしと、蓋し坑長の方針可成着実労働するものを選抜せんとし故らに此の種の坑夫を集めたるものなるべし」(第二新手)、「概ね家族を携帯し皆事業に勤勉なり」(赤池)、「十分の七は皆家族を携帯し熱心事業に従事」(第一大の浦)等と記されているところから知られるように、家族携帯者の方が労働のモラールが高かったからである。しかし、このような炭坑側＝需要の要因の実現を可能ならしめたものは、明治二〇年代に至る西日本の農民層分解の在り方(13)に外ならなかったことは、銘記されねばならない。

これらの家族持坑夫は前述したように、家族ごとに小納屋に収容された。

「坑夫の住居は所謂坑夫納屋にして自ら二種の区別あり、一は大納屋と称し独身の坑夫之に同居し納屋頭ありて監督す、他の一は小納屋にして十間乃至二十間の長屋を分劃し之を五六戸乃至十二三戸とし家族携帯者を別居せしむ、是亦納屋頭の配下にあり」(『筑豊炭礦誌』八三頁)。

ところで、以上の考察から明らかなように、筑豊納屋制度の基本類型は、単身坑夫ではなくこれら家族持坑夫と納屋頭との関係のうちに求められなければならない(14)。

なお、この家族持坑夫に準ずるものは、村坑夫である。「現員凡百人許り概ね近傍村里の住者にして他所より出稼せるもの僅に三十余人に過ぎず」(鳳凰)、「他郡より出稼するもの凡そ四分、近村に住して自宅より通勤するもの凡そ六分の割合」(吉田)、「現在凡そ二百人にして所謂村坑夫と称する日勤者頗る多く」(馬場山香月)、「坑夫は多く村坑夫にして皆附近の民家に住し日々出稼するもの」(目の尾)、「工夫の総数は凡そ三百二十人内外あり、近村より出稼するもの大半以上を占む」(笠松)、「坑夫の総数凡一百六十人あり内百人内外は近村農民の自宅より通勤するもの」(室木)、「坑夫の如きも一坑二三十人を使役する」程度で「近村通勤の者多く一定の納屋に同居せず」(西川筋の一一坑)等々と記されている。これらの記述から知られることは、村坑夫を主体とする炭坑は、坑夫二、三百人以下の中小・零細炭坑ないしは開坑中のもの(目の尾)である、という事実である。これら村坑夫は「一般の風儀更に厭ふ可きものを見ず、日々の業務亦精励勤勉の美風あり」(鳳凰)、「坑夫の勤勉自から他に勝るものあり」(馬場山香月)、「事業勤勉の美風あり」(桂川)等々と記されているように、炭坑労働力としては良質のものであった。しかし炭坑が大規模化して坑夫数が数百人ともなれば、もはや主として近傍村里の農民に依存することには限界があった。明治二二年の福岡県『農事調査』は農業労働者について早くもつぎのように記している。

鞍手郡　二十一年以往ハ農業上雇人ノ不足ヲ告クル事ナクシテ雇入モ容易ナリシモ以来石炭坑業ノ郡内各地ニ勃起シ雇値非常ニ騰貴シタル為メ広島県其他近郡各地方ヨリ雇入ルヽ者多シ
嘉麻郡　明治二十年迄ハ雇人モ多ク随テ賃金モ安カリシカ二十一年冬期ヨリ郡内数ケ所ノ盛大ナル石炭坑顕出シタルヲ以テ他府県ヨリ続々出稼スルモノ多ク而シテ此業ニ従事スルモノハ一日ノ賃金農家雇賃ノ数倍ナルヲ以テ農家雇人モ之ニ趣クモノ甚多シ随テ日雇ハ勿論年雇等雇人大ニ欠乏ヲ告ケ従前ニ比シ甚タ困難ニシテ賃金モ非常ニ騰貴セリ
穂波郡　本郡ノ雇人ハ多少広島県及県下宗像郡地方ヨリ雇入ルヽ農家アルモ是等少部分ニシテ多クハ同郡内ノ貧民ヲ雇役スルヲ常トスルモ如何セン当郡ハ極メテ炭坑多キヲ以テ該事業ニ関シ数多ノ坑夫等ヲ要スルニ依リ農家ニ於テ雇人ヲ得ルハ甚タ難キ方偶々雇入スルモ給料等頗ル高価ナリ
田川郡　兼業農家ハ近来石炭礦業ノ振起ニ従ヒ坑夫ノ需要アリ従テ出炭多ク輸送殊ニ頻繁ナルヨリ坑夫船頭其他日雇稼等ヲ為シ多クノ賃銀ヲ得ルヲ以テ其生活上専業農家ノ比ニアラス

これらの記述は農業経営の視点からなされているので、農民層分解・賃労働析出の史料としてはその点を留意して読まれなければならないが、二〇年代初頭以降、石炭坑業の勃興にともなって、筑豊一体に農業労働者が激減し、これを広島その他の地方から求めなければならなくなり、手作地主が寄生化していったことは否定すべくもない。しかし、「明治三十三年ノ如キハ炭坑業ノ為メ雇人ノ賃金高ク従テ農家雇人賃金ト不権衡トナリ為ニ農業者ニハ非常ニ困難ヲ来シ小作人ハ地主ニ返地スルモノ続出セシコトアリ、当時地主ノ困難容易ナラザリシモ百方善後策ヲ施スト同時ニ農事奨励ニ勤メタル結果漸ク田畑ノ荒廃ヲ出サヾリシ」(福岡県農会『福岡県農村経済調査』大正三年)と記されているように、農村にとっては農業労働者＝日雇・年雇の放出が炭坑労働力供給のいちおうの限界であった。

家族持ちの出稼坑夫を基盤とし、村坑夫によって補完された賃労働構成のうえに形成された納屋制度は、機械化のもっともおくれた採炭および切羽・片盤坑道運搬における裸の労働過程統轄の補完機構として、形成され発展した。それは、一方では炭坑が深くなって、つぎに考察するように坑内災害が頻発するとともに、主要運搬坑道への機械の導入によって運搬生産力が上昇し、それが逆に採炭および主要坑道までの運搬労働への負荷を増大し、他方ではその坑内労働の管理が小頭＝経営側管理機構の末端に掌握されている状況のなかで、「襤褸僅に身を掩ひ(甚しきは裸躰となる)全身瓦斯に燻ほりて真つ黒なるものピョコピョコとして飛び来る状殆んど人間業とは受け取られず」(『筑豊炭礦誌』七六頁)と記されるような坑内労働へ労働力を緊縛するためには、不可欠の坑夫統轄機構であった。これに対応して納屋における坑夫の生活も、「旧慣を改めざるものは一見酸鼻に堪へざるものあり」(同上、八三頁)と記される状況にあったのである。

しかしながら他方、「彼等〔坑夫〕の多くは久しく本坑主〔麻生太吉〕に従ひ明治十二三年の頃姑息採掘の際より鯰田忠隈の採掘に従事し、後本坑の開鑿に従ひ又々来りて其業を継続するものにして、多年の縁故自から一種情愛の為に支配され互に親子の関係あり」(『筑豊炭礦誌』五二四頁)、と記される上三緒炭坑を典型とする親方・子方関係にも注目しなければならない。それは徳川期北九州に存在した隷農主・名子関係の解体のなかから生れた手作地主・農雇の関係を原型とするものであるといえよう。[15] その意味で、東北農村の隷農主的関係の解体のなかから直接発生し、単身出稼を主体とした北海道・東北の飯場制[16]＝隷奴制とは、その性格を異にするものといわねばならない。[17]

(7) このころから片盤坑道もしだいに延長され、そこに軌道がしかれて炭車が導入されると、この炭車の効率的な回転が運搬過程の、したがってまた採炭過程の重要問題となり、その担当者としての棹取をキイ労働者たらしめるに至った。そこから、たとえば鯰田炭坑では、棹取は炭坑の直傭労働者となっていた(『筑豊炭礦誌』七二頁)。

(8)　したがって、明治三〇年時点においても、零細炭坑ではなお出炭請負的なものがかなり残存していた。小坑では「採掘の事必しも坑主自身に於て営業せず特約を結びて他人に受負はしむるもの少からず」(『筑豊炭礦誌』四一七頁)と報じられている。

なお明治三〇年代に頭領制の解体はつぎのように記されている。

「多年苦心の結果として、坑主は見事坑主として、社会の上流に泳ぎ出て、頭領は何時〳〵迄も頭領としての炭坑豪傑、追々と開くる斯業の知識経験に、当時の功労を知るは自己と坑主の外にはなく、事務員らの腕利きは計算ながらも流石は才子、実地と学理を並用したる働き振りは固より寸分の遺算もなく、之が部下に使はるゝ坑夫の如きも呑むと打つと喧嘩の外は別に人間の楽しみを知らさりし者が、今は貯金通ひを懐ろにして消印を重ねる者も出来、其風儀も自ら高尚になりて、今は殆と普通労働者流を使うが如き趣きとなりもて行くより、坑主が頭領頼むと絶叫し、疾呼する事年一年に少なくなり、冗視せらるるにはあらざれども、云はゞ必要と呼ばれる頭領が今は只功労ありし頭領と称せらるゝ事多く、元老院に尊ばれて案外無事に苦しむ者を見るに至るは鉱山発達の上より見れば実に一大慶事たるに相違なきも、頭領一個の上より見れば転た秋風落漠の感なくんばあらず」(児玉音松『筑豊鉱業頭領伝』明治三五年)。

「頭領は一坑一人、即ち大頭領たり」といわれるように、本来は納屋頭領の上に立つものであった。

(9)　この点を端的に示しているのは、明治三九年の調査に基く『鉱夫待遇事例』(明治四一年)が、新入炭坑についてつぎのように記していることである。

「本炭坑ハ納屋制度ニシテ納屋頭三十名ヲ置キ鉱夫ノ募集傭入及其身分ノ保証、稼賃金ノ代受ヲ為シ、又坑内ニ於ケル鉱夫ノ指揮監督、鉱夫坑内外ノ一切ノ挙動ヲ取締ル、其報酬ハ出炭高賃金ヲ標準トシ七分乃至一割一分ノ手当金ヲ鉱業人ヨリ受ク、又日役ヲ使用スルトキハ其給料ノ八分ヲ給ス」。

(10)　『鉱夫待遇事例』は納屋頭の職能について、「広狭一ナラサルモ概ネ左ノ如シ」として、つぎの一二項目をあげている。

一　鉱夫ノ募集傭入ニ関スル万般ノ世話ヲ為スコト
一　鉱主ニ対シ鉱夫身上ノ保証ヲ為スコト
一　新ニ傭入ノ鉱夫ニ対シテハ納屋ヲ供給シ且ツ飲食品及鍋釜、炊事具等ノ家具用品及職業用ノ器具類ヲ貸与スルコト
一　単身鉱夫ハ自己ノ飯場ニ寄宿セシメ飲食其他一切ノ世話ヲ為スコト
一　所属鉱夫ノ繰込ヲ為シ又ハ事業ノ配当ヲ為シ現場ニ於テ其監督ヲ為スコト

一所属鉱夫死亡、負傷、疾病等ノ節相当ノ保護ヲ与フルコト
一所属鉱夫日常ノ挙動ニ注意シ逃亡等ナカラシムルコト
一事業ノ受負ヲ為シテ所属鉱夫ニ稼行セシムルコト
一所属鉱夫ニ対シ日用諸品ヲ供給スルコト
一所属鉱夫ノ賃金ヲ一括シテ鉱主ヨリ受取リ各鉱夫ニ配布スルコト
一鉱夫ノ争闘紛議ヲ仲裁シ又ハ和解スルコト
一鉱山ヨリ鉱夫ニ対スル通達ヲ取次キ又鉱夫ニ代リ鉱主ニ事情ヲ陳スルコト

なお「右記載スル権限ノ全部ヲ有スルモノハ甚タ稀」と記されている。

もちろん炭坑によって事情は異なるが、一般的には、八項の事業受負、五項の現場監督、一〇項の賃金一括受領等坑内作業に関連あるものから、経営側の直接管理は進展していった。

(11) ここで直轄制度といわれるものも、「鉱夫ノ供給及之カ保護監督ノ機関トシテ特ニ役員ヲ置キテ之カ任ニ当ラシメ」るものので、納屋頭の存在そのものを排除するものではなかった。そこから昭和初年に至ってふたたび納屋制度の廃止が問題となる。それゆえここで直轄制と記されているものは、むしろ「世話役制」と呼ぶのが適切であり、それが昭和初年に再び問題となるのである。この点については、拙稿「納屋制度の成立と崩壊」(『思想』一九六〇年八月号)をみよ。

(12) たとえば『鉱夫待遇事例』は、「石炭山ニ於テハ納屋頭ト称スルモノ多キモ以下総テ飯場頭ト称ス」として、両者をまったくシノニムとして用いている。

(13) 西日本といっても、表Ⅲ-8に明らかなように、同じ九州でも日向、薩摩等南九州出身者がいないことに注目しなければならない。これら地域はその後炭坑労働者の重要な給源となるのであるが、この段階では、未だ農民層分解が北九州ほど進んでいなかったのである。

(14) 明治三〇年代末においても、単身者の比重は低く、相田五%、芳雄一三%、山野一三%で、北海道等を含めて全国平均二四%にすぎなかった(『鉱夫待遇事例』九州産業史料研究会覆刻版、一〇―一一頁)。

(15) しかし、納屋制度における親分・子分の関係は、いうまでもなく一つの社会的擬制であって、身分的隷属は空洞化し、労働者の移動率は、家族持ちも含めてきわめて高かった。明治三六年現在の農商務

採鉱夫の勤続年限

	1年未満	1—3年	3年以上	計
男	13,468	8,639	5,162	27,269
女	4,576	2,656	1,719	8,951
計	18,044	11,295	6,881	36,220

省調査『鉱夫年齢賃金勤続年限ニ関スル調査』(明治三七年)によれば、石炭山坑夫の勤続年数は前頁上表のとおりで、勤続一年未満が半数を占めている。「夫は仕事道具を肩に、妻は鍋釜を持つて、炭坑の煙突目当てに山から山へと移動した。すこしでも賃銭値上げの掲示を出すと、どこから出てくるのか、四方から集つてくるが、儲けが少くなると逃げ出してしまふ」(浅井淳『日本石炭読本』三八二頁)と記されている状況が、一般的であった。

(16)　明治末年以降となると農民層分解に変化が生じ、いわゆる中農標準化の傾向が現れるが、そうなると筑豊諸炭坑でも農家二、三男の単身出稼が中心となるが、それはここでの単身出稼とはその歴史的意義を異にする。

(17)　その意味において、いわゆる監獄部屋は飯場制と対応するものであり、坑夫の互助組織としての友子組合が、納屋制度の筑豊に見られず、飯場制度の東北・北海道に見られることも、両者の性格・機能の差異と関連している、といわねばならない。

4　地方資本と財閥

明治二九年の筑豊石炭業界を概観すると、新入・鯰田の二大炭坑を経営する三菱合資をのぞけば、住友は二七年麻生太吉から譲渡をうけた忠隈の経営に主力をそそぎ、二六年に入手していた庄司は「姑息的採炭を継続し、廿九年十月中始めて汽罐据付をなし其事業を改善」(『筑豊炭礦誌』四六〇頁)するという状況であったし、古河は二七年に下山田の鉱区を入手したが、三〇年に至っても採掘工事は「未だ半成にだも至らず」(同上、五五二頁)という状態で、二九年秋、近藤廉平(日本郵船社長)および杉山徳三郎から、勝野、塩頭、目の尾の三坑を譲りうけ、ようやく本格的な経営に当ろうとしていたにすぎない。したがって、当時の筑豊に覇を称えていたのは、むしろ貝島、安川・松本、久良知、谷、蔵内、麻生等の土着の地方資本であった。三井、古河の進出が本格化した明治三二、三年の時点をとってみても、出炭の状況は表Ⅲ-9のとおりで、その体制は崩れていない。

これら土着鉱業家の性格を『筑豊炭礦誌』を中心に考察すると、つぎの三つに大別される。第一は、坑夫のなかか

表Ⅲ-9　筑豊主要炭坑送出炭高　(単位 10,000斤)

鉱業人	炭坑名	32年下期	33年上期
三菱	新入	23,340	19,955
	鯰田	15,735	13,701
	碓井	5,657	5,169
	計	44,732	38,825
三井	田川	(11,028)*	18,565
	山野	4,401	7,986
	計	4,401	26,551
貝島	大ノ浦	13,831	13,876
	大辻	12,836	12,015
	満ノ浦	3,564	4,445
	計	30,231	30,336
安川・松本	高雄	12,730	—**
	赤池	12,460	13,143
	計	25,190	13,143
明治	明治1.2	9,738	13,524
	明治3	5,265	5,475
	計	15,003	18,999
古河	勝野	6,059	7,531
	下山田	3,261	4,638
	潮頭	2,465	2,756
	目尾	2,296	2,804
	計	14,081	17,729
久良知	小松	4,669	9,833
	岩下	—	3,669
	起行	3,231	3,217
	計	7,900	16,719
蔵内	峯地	6,716	6,891
	黒川	2,200	2,639
	足立	—	1,507
	計	8,916	11,037
谷	金谷	5,281	4,603
	第三金谷	—	2,670
	新手	5,207	4,974
	計	10,488	12,247
毛利	金田	8,908	8,098
平岡	豊国	5,863	9,834
住友	忠隈	5,106	6,186
	庄司	1,224	1,570
	計	6,330	7,756
堀	御徳	6,858	7,572
許斐	本洞	6,298	4,108
中西	大隈	3,851	4,186
	高江	1,009	1,723
	計	4,860	5,909
松尾	糸飛	2,150	5,486
麻生	芳雄	3,151	4,445
長綱	赤地	2,611	4,282

*田川採炭坑の数字　**33年5月官業(二瀬)に譲渡

ら身を起し、頭領となり、さらに自から鉱区を入手して炭坑経営に当ったもので、貝島、谷、中野等がその典型である。

貝島太助　「君が家元一小農民に過ぎず、しかも幼時に於ては家に儋石の貯へなく衣食殆んど支へざることあり、君八歳にして乃父に従て始めて炭坑々内に入り運炭の賤役に従事して其の家計の一班を扶く、〔中略〕十八歳の時君再び採炭夫となり其の家計を経営し、実弟文兵衛氏と相携へ各所の炭坑に雇役して一家数口の生計を営み、落魄轗軻凡そ三年にして始めて独立礦業を企てたり。

然れども当時採炭事業の幼稚なる殆んど機械的作用なく加ふるに資金薄くして終に大成する能はず、一旦中止の匪運に遭遇せり。後明治八年片山逸太氏糸田炭坑に揚水機械を据付くるや君即ち之に赴き親しく運転方法を研究し、同年八月更に新入坑を開き、翌年六月自から長崎に赴きて揚水機械を購ひ帰り、鋭意斯業を営みしも機械の運用効果を得ず同年十月又々廃業するに至りたり。後明治十二年君出でて帆足義方氏の納屋頭となり氏を助けて其の事業を画策し、十八年中帆足氏を辞し再び独立礦業を始めたり」(六九八―七〇〇頁)。

谷茂平　「君は福岡県田川郡神田村の産にして礦業の経歴貝島太助氏と併称され、最も久しく斯業に従事し最も多くの艱難を凌ぎて終に其の業を大成せり。君が始めて礦業に従ひしは其の齢僅に十三歳の時にして爾来各所の炭坑に雇役し見聞の間夙に素養する所あり、二十歳にして始めて独立礦業を企て居村神田村林ケ谷炭坑を開鑿し転じて赤池附近坊主ケ谷に開坑す。然れども時機未だ至らず、嘉麻郡勢田村に赴むきて後八ケ谷に開坑し採掘凡そ四年にして又田川郡に帰り、小松ケ浦坑を採掘するもの凡そ三ケ年にして峯地坑の採掘を営みしも結果良好なる能はず、〔中略〕廿五年起行坑の採掘を受負ひ廿六年第二新手坑排水の大難工事に従事し続て採炭事業を受け負ひ今日の盛況を見るに至らしむ。廿七年君が独立の事業として金谷炭坑を開鑿し多年の素養始めて偉功を奏し来り」(七〇七—八頁)。

中野徳次郎　「君が始めて礦業に従事せしは其齢十五歳の時にして即明治四年にあり、爾来二十有八年の久しき一日も斯業を忘れず熱心鋭意倦むことなし。七年二月潤野炭坑に従事し尋て同坑受負採掘を試みしも十分の良果を見る能はず。同年九月勢田に赴きて白土某氏の炭坑に従事し、十年西南の乱起るや君亦軍夫として従征し帰来再び斯業に従事し十一年中川艜の船頭となり自から石炭を運びしも尚ほ心に慊らず、偶々松本潜氏に雇役せられ風雲際会の好運に向ひたり。〔中略〕廿三年大城炭坑経営の傍ら更に赤池炭坑を開き松本・安川両氏をして筑豊礦業家中の泰斗として重きを置かるゝに至らしむ。而して君は此の如き閲歴の中に処し尚独立礦業を企て所有の鉱区各地に散在し其の採掘中のものに於ては嘉穂郡熊田坑及相田坑あり」(七七一—三頁)。

ここに共通にみられるのは、長年の炭坑夫および頭領としての経験と、経営の才能とによって、資本の欠乏による度重なる失敗を克服し、炭坑経営者としての地歩を築いたことである。筑豊群小炭坑経営者の多くは、この範疇に属するものであった。

第二の類型は、村の庄屋・里正の出身であって、その資力と知識とをもって炭坑経営にのり出したもので、蔵内、久良知、香月、麻生等をあげることができる。

蔵内次郎作　「君は豊前国築上郡深野村の産にして家世ゝ里正たり、弱冠にして其の職に従事し廃藩後始めて身を商界に投じ一時殆んど衣食を支へず四方に流寓して窃に家運を挽回せんとし、明治十六年始めて鉱業界に投じ田川郡起行礦区内一小借区の採炭に従事し自から坑夫に伍して其の業に従ひ漸く経歴する所あり、十八年久良知政一氏と共同して峯地坑の開鑿に従事し同年十二月始めて蒸汽機関を据へ付け完全に採礦するを得たり。〔中略〕四郡礦業家中一方の雄として推重さる」(七一四—五頁)。

久良知寅次郎　「君慶応二年を以て豊前国築上郡に生る。十二歳にして村上仏山翁の門に学び、十七歳翁の門を辞し筑前飯塚の中学校に入り、十九歳転じて山口の某塾に入り苦学一年にして帰郷せり。

明治十八年君が長兄政一氏親戚蔵内次郎作氏と謀り方に峯地炭坑を経営せり、君即ち行て其の業を助け自から採炭に従事して又自から運搬し、〔中略〕三池高島の諸坑に遊び帰来一手を以て峯地第一坑の全部を引き受け始めて独立坑業を営めり、此れ実に明治二十三年なりとす。

廿八年君更に起行礦区を購入せんとし朋友親戚を遊説して二万六千円を調達し始めて礦区の全権を得、更に五万円を投じて開鑿し一意専心其の工事に尽力し終に筑豊有数の炭坑たらしめたり」(七一五—七頁)。

香月新三郎　「君嘉永五年を以て筑前鞍手郡感田村に生る。家世大里正たり、豊前中津の碩儒の門に入り経学の奥義を極めて家に帰り明治七年福岡県第五大区第一小区副戸長に挙げられたるを始めとし、公共の為めに尽力するもの十数年、後明治二十年翻然として炭礦事業に志し貝島太助氏と共同して菅牟田坑を経営す。

後故ありて貝島氏と分離し手を各所に下して屢意外の失敗を受け当初所有の家産凡そ五万円を蕩尽し破産処分を受けしこと前後三十回以上に達し、寒中家に建具なく畳なきに至りしも安然として敢て迫らず、一意礦区を買収し、其の現に採礦業を営めるは第一大隈、第二大隈(以上二坑故ありて名儀を中西氏に改むも其の実君の所有たり)」(七〇五—七頁)。

麻生太吉　安政四年、嘉麻郡立岩村の里正の長男として生れ、明治五年一六歳の時家督をつぎ立岩村副戸長となり、一一年には戸長となった。これより先父賀郎目尾、忠隈開ケ谷鉱区等に関係し、太吉もやがてこれを補佐することとなり、一四年には父子で嘉麻社を組織し、綱分煽石坑を経営した。一七年、二八歳の時独力で鯰田炭坑の開鑿に従事したが、「鯰田炭坑は、開坑から機械据付に、将又礦区の買収に非常の金が嵩んで、最早二進も三進も行けなくなつた」。二〇年には「辛うじて親戚等より借入金をなしては一時を凌ぎ、全く手も足も出ぬ苦難悲境時に遭遇した」(『麻生太吉翁伝』八五、一〇六頁)。明治二二年、一〇万五千円をもってこれを三菱に譲渡できたことによって、ようやく愁眉を開き、さらに忠隈の積極的開鑿に邁進した。

これらの人々はその資力をもって始めから炭坑経営に従事し、当時の石炭産業の投機性に規定されて浮沈を重ねるが、資力のある親類・友人等の援助と経験の累積によってしだいに炭坑経営者として大をなしたものである。

第三のグループは、その出身においては士族その他さまざまであるが、石炭販売に従事し、商業資本としての機能を併せもっている点にその存立の基盤をおくものである。それには自ら炭坑を経営しその出炭の販売に進出したものと、石炭商が逆に炭坑経営に進出したものとが見られるが、後者の場合には商業資本としての性格から採炭業者としての永続性に欠けていた。ともあれ後述するように、問屋が石炭経営を支配している状況のもとでは、この両機能の結合は炭坑資本発展の一つの有力な条件たりえた。その典型は、安川・松本、松尾等にみることができる。

安川敬一郎 「君は筑前福岡の藩士、其の礦業界に投ずるに先ち実兄松本・幾島の両氏採炭事業に従ふあり君行て其の販売の事を担任し先づ京浜地方に運搬して広く販路を需めんとす、〔中略〕帰国して仲兄松本氏を輔佐し礦業に従ふこととなれり、是実に明治七年なり。即ち家を提けて相田炭坑所在の地に移り刻苦自から礦業に従事し坑夫と衣食を共にするもの凡そ三年、後松本氏来りて君と代り君出でて蘆屋港に転住し玆処に商店を開いて自から販売の事を掌る。君が商機を見るに敏なる能く悪浪怒濤の中を遊泳し敢へて覆没沈溺の惨に至らしめず、益石炭礦区を増借して他日拡張の基礎を養へり。

明治十九年支店を神戸に開て石炭販売の拡張を計り、上海香港の市場に於て久しく失墜せし声価を挽回し公私の一大利益を図らんことを努めたり」(『筑豊炭礦誌』七一七―九頁)。

松尾敏章　「君は筑豊礦業家中の少年にして爾かも最も速かに其の事業を成功せし一人とす。君明治二年を以て筑後国山門郡に生る。明治十九年〔福岡師範学校〕師範学科を卒業し同年遠賀郡若松高等小学校長に任ぜられ、同二十二年官を辞して東京に遊び和仏法律学校に入り廿四年卒業し、同年若松に帰り始めて石炭商業に従事し廿六年義兄杉山氏と共同してエスエム商会を馬関に起し後一己の営業とし、廿九年本店を門司に移して更に香港支店を置き尚上海に其の代理店を嘱托し盛に石炭輸出を営めり。

之れより先明治二十六年、エスエム商会開設の傍杉山氏所有目の尾炭坑の採掘を試み、廿八年杉山氏と共同して田川郡糸飛炭坑を開鑿し後杉山氏の関係を断ち今は採炭、販売の二業自ら之を監督し、礦業界中嶄然頭角を現はしたり」(七二五―六頁)。

商業資本的機能を内包した場合に、石炭経営は相対的に安定していたことは、以上の簡単な叙述からも知ることができる。しかし、問屋資本から進出したものは、一般に不況に際して重荷となった炭坑経営を切捨てるため、炭坑資本としては成長しなかった。

ともあれ、当時の炭坑経営者がもっとも苦しんだのは資金調達であった。採炭規模が大規模化し、排水・運搬の機械化が不可欠となるとともに、所要資金もまた増大し、土着炭坑経営者の調達能力をこえ、市況の悪化はたちまち経営の破綻をもたらした。炭坑経営の歴史は上述したところから明らかなように、また資金欠乏の歴史でもあり、身を削いでもこれに耐えたものだけが生き残ったのである。(18)「帆足氏の事業屢蹉跌し資金欠乏して事業意の如く振作せず、君〔長綱好勝〕が潤野坑の主任として同坑の万事を托せられたる時の如き僅に六円十銭を以て会計の事に当りたり」(同上、六九四頁)。麻生は経営の危機に際して、二二年には鯰田を三菱に売却して危機を脱したが、二七年にはさらに忠隈を住友に譲渡しなければならなかった。

このような資金不足が筑豊の開坑方式を規定することとなった。「筑豊の百坑中十分の七八迄」は「炭層を追へる斜坑」(『筑豊炭礦誌』五二頁)で、「我採炭事業ハ其区域尚未ダ遠ク地下ニ及バズシテ所謂斜坑時代ニ属シ」、全国的にみても「主トシテ竪坑ヲ使用スル所ノ炭坑ハ三池、高島、端島ニシテ其他ニ於テハ或ハ専ラ斜坑ヲ用ヒ」(『第五回内国勧業博覧会鉱業部審査報告』明治三七年、二六九頁)、一部には竪坑も見られるが、三〇年代半ばにおいても「竪坑ハ多クハ排気排水ノ用ニ供シ捲揚装置ヲ有スルモノハ三池ノ諸竪坑、新入、高島、端島、相知(肥前)、明治、赤池、豊国、御徳、大辻、幌内、空知(北海道)等ニ過ギ」(同上、二七〇頁)なかった。そのうちでも、日清戦争前に開鑿された明治(大城)、赤池、豊国についてみれば、その深さはそれぞれ一八二尺、二五〇尺、一六二尺にすぎず、竪坑坑底から炭層にそって本卸をおろす竪坑・斜坑混合方式であった。その程度のものであったにかかわらず、たとえば赤池についてみると、「此際資金の欠乏甚しかりしも、(中略)東奔西走辛うじて融通を策し、起業を継続するを得たり」(前掲『撫松余韻』五五六―七頁)と記される状況であった。したがって、「是れ坑口開鑿法中最も費額を要するものなりと雖亦最も進歩せるものにして其の規模宏大能く永遠の利益を期するものに行はる」(『筑豊炭礦誌』五二頁)と認識されながら、三〇年代に入って開鑿された竪坑は、潤野(三二年竣功、四六一尺)、新入(三三年竣功、七〇五尺)、方城(三八年竣功、八九六尺)の三つにすぎず、いずれも三菱など中央資本の経営であった。この方城竪坑に対して、筑豊炭坑主は、「三菱さんは利子の安い金を沢山持て余して居るのだから出来る事だが、吾々一割以上の金利を払ふものには出来る事ではない」と語りあった(石渡信太郎「筑豊石炭鉱業の過去及将来に就て」『筑豊石炭鉱業組合月報』昭和三年一〇月号)。当時、開坑方式について、「五〇〇―六〇〇尺迄に着炭するならば斜坑可也。六〇〇尺以上ならば竪坑可なり」(同上)ということで、斜坑方式が引続き支配的になったのは、結局、採掘・運搬に要する労務費が安いのに対し、竪坑開鑿費に対する金利負担が重く、低賃金労働の大量投入の方が資本に対するコストとして割安だったからである。

表Ⅲ-10　財閥資本の筑豊進出

年次	炭坑名	譲渡人	譲受人	坪数	採掘炭層
				千坪	
27	下山田	頭山満	古河市兵衛		6.4尺(7,400) 6.1尺(7,600)
	忠隈	麻生太吉	住友吉左衛門	663	3尺(7,260) 6.7尺(7,920)
28	上山田	(村民)	三菱鉱業		
	方城	広瀬等	〃		5.3尺 5.9尺(7,260) 5尺
	勝野	近藤廉平	古河市兵衛	387	
29	山野	井手・頭山等	三井鉱山	2,488	5尺(7,260) 8尺(7,150) 8尺(7,095) 5尺(7,315)
	目尾	杉山徳三郎	古河市兵衛		5.8尺(8,635) 6.3尺(8,910) 粘結性
32	潤野	広岡信五郎	官営製鉄所	837	5尺(7,040) 4.8尺(6,600) 3.6尺(5,940) 2.8尺(6,580)
33	高雄	松本潜	〃	725	
	田川	田川採炭組	三井鉱山	3,420	8尺(7,370) 4尺(7,920) 3尺(7,480) 8尺(7,480)

備考　『筑豊炭礦誌』『日本鉱業会誌』『石炭調査概要』等による．(　)内はカロリー．

こうして地方資本が規模拡大化のなかで資金不足に悩んでいたとき、急激な進出を示したのは資金力のある中央財閥資本であった。明治二七年以降の進出状況を一瞥すると、表Ⅲ-10のとおりである。とくに三井の進出が注目される。この点について三井鉱山の責任者団琢磨はつぎのように語っている。

「如何に三池で手一杯であるとはいへ、ひとり三井のみが筑豊に無関心たり能はぬ。否、三池一つじや堪らないのだ。地震があつたり、水が出たりすると、あの山一つでは堪らぬと思つた。どうしても筑豊はどこか持つて居らぬと保険がつかぬ。一方が悪い時には他方が出るといふことになつて居れば心配ないけれど、一つでは事が起るとすぐ非常なことになる」(『三井鉱山五十年史稿』第二巻)。

「三池の十五年の年賦と云ふものが済まないと何時政府から取られるか分らぬといふやうな考が残つて居る。十五年間の年賦完納が出来るまでは何も手を出せぬといふやうなことになつて居るのです」(同上)。

三井としては三池の年賦金二五万円を三池の利益から支払った残りで、三池自体の起業費も賄わなければならなかったから、

表III-11　山野鉱業所鉱区沿革

買収年月	鉱区坪数	修正後ノ鉱区坪数	買収価格	所在地	譲渡人氏名	摘　要
明.28. 2	590,500	574,301	円 11,898.54	庄内村	井　手　豊	試掘廃業
〃 〃	125,094	114,634		熊田村	〃	〃
〃 〃	316,065	284,403		庄内村	〃	〃
〃 〃	512,960	528,275		〃	〃	〃
〃 〃	333,768	331,353	24,817.17	稲築村	井手市三郎	
29. 5	538,946	567,665	112,210.19	〃	頭　山　満	
〃 6	71,050	67,680		〃	〃	
31. 6	105,210	108,739	21,547.77	〃	有竹福太郎	3,529坪増区
32. 10	421,651	421,410		〃	原田五六	
34. 8	96,835		226,989.09	〃	徳永安兵衛	
〃 11	32,402			〃	〃	
〃 〃	368,409			〃	〃	
〃 〃	136,520			〃	〃	
35. 7	10,563		434.65	〃	頭　山　満	
36. 7	55,690		12,000.00	〃	長谷川銈五郎	
〃 6	598,500	453,277	17,298.54	庄内村	有松・広房	譲受後三菱と鉱区交換
〃 11	36,260	45,792	1,100.00	稲築村	深川・高田・永野	9,532坪増区

備考 『山野鉱業所沿革史』第1巻 pp. 23—5

筑豊進出の熱望はもちながら、思うような鉱区の入手も出来なかったのである。[19] しかし二八年、三池年賦金償還の目鼻がつくと、早速筑豊に進出し、山野、田川の二大優良鉱区を入手し、大々的に炭坑経営に乗り出すこととなった。いま山野について鉱区拡大の経緯を見れば表III-11のとおりで、一〇年にして四三九万坪の巨大鉱区となり、明治末年以降の発展を準備したのである。

こうして三五年および三七年における筑豊四大炭坑資本の生産シェアは表III-12のとおりで、三井物産および井上馨をバックにもつ貝島と三菱が肩をならべ、三井が急速にこれに迫っていた。しかもこれら四大資本によって三五年には筑豊全出炭の四七・八%、三七年には五一・九%を占めるに至っており、しかもそれは優良大鉱区の所有を基礎としていた。上記四大資本の諸鉱区は何れも一〇〇万坪以上で、田川炭坑のごときは六〇〇万坪をこえていたのである。この大鉱区に対する試錐[20]と竪坑開鑿を技術的基底として、「往年山師の冒険的事業として擯斥せられし鉱業も始めて着実なる事業として」(『日本炭礦誌』一六頁)経営されるに至った。一歩進めていえば、ここにおいて石炭産業における産業資本的基盤が確立されるとともに、鉱区独占をてことして早くも独占化の傾向を示すに至ったのである。

表III-12　4大資本出炭状況　(単位 トン)

	炭坑	明治35年		明治37年		
		出炭高	%	鉱区坪数	出炭高	%
三井	田川	369,450		6,336	474,269	
	山野	130,800		4,390	179,140	
	計	500,250	10.1	10,726	653,409	12.1
三菱	新入	346,956		3,917	440,953	
	鯰田	215,148		2,297	224,873	
	上山田	41,444		1,790	68,727	
	計	603,548	12.2	8,004	734,553	13.6
貝島	大ノ浦	319,399		2,301	418,671	
	満ノ浦	114,426		1,087	130,941	
	大辻	249,108		1,969	271,715	
	計	682,933	13.9	5,357	821,327	15.2
安川	明治	412,139		2,045	448,545	
	赤池	155,936		2,346	142,555	
	計	568,075	11.5	4,391	591,100	11.0
筑豊合計		4,930,409	100.0		5,387,472	100.0

備考　35年は『第五回内国勧業博覧会鉱業部審査報告』pp. 296—7より，37年は『本邦鉱業一覧』(明治39年)より，それぞれ算出

(18)　炭坑経営者が運転資金節約の重要な手段としたのは、「切符制度」である。すなわち炭坑は賃金支払に当り、現金に代えるに炭坑の発行する切符を以てし、坑夫はこれをもって勘場で生活必要品を購入し、残額は月一回通貨に兌換した。しかしそれは信用の乏しい炭坑が発行者であることから、結果的には負担を坑夫に負わせることとなった。「流通ニ関シテハ切符ハ必ズ『本坑使用人以外ニ流通スルコトヲ禁ズ』ト言フ文言アレドモ空文ニシテ実際行ハルルコト難シ。蓋シ小炭坑ハ自ラ其規定ヲ破リテ其購入物品ニ対シ商人ニ切符ヲ与ヘ而シテ一方ニ於テハ労働者ハ売勘場供給以外ノ商品ヲ得ンガ為メニ切符ヲ以テ商人ヨリ購買ス。但シ物品ノ価格ハ二様アリテ切符ノ時ニハ高ク現銭ノ時ニハ安シ。

前陳ノ如ク労働者ハ引換期限マデハ通貨ヲ手ニスル能ハズ、故ニ平日其期限マデ待ツヲ得ザル事情ノ為メ通貨ヲ要スル急ナルトキハ稍資産アルモノニツイテ之ガ引換ヲ乞ヒ、資産アル徒モ其交換ノ利ナルヲ以テ之ガ割引ヲ諾シ遂ニハ業務トナスモノアルニ至レリ。其割引歩合ニ至リテハ一定スルコトナク其炭礦ノ信用即チ切符兌換ノ円滑ニ行ハル、ヤ否ヤニ比例ス。

蓋シ金融逼迫シテ炭礦ノ経済其権衡ヲ失スルヤ坑主ハ自己ヨリモ弱者ナル労働者ヲ圧抑シテ以テ一時ヲ切抜ケントシ規定日ニ於テ切符ヲ悉皆通貨ト引換ヘズ、僅ニ其幾分ノ兌換ヲ行ヒ次期ニ繰延ブ。此繰延数回引続キテ到底兌換ヲ了スル能ハザルニ至ルヤ何年何月以前発行ノ切符ハ通貨ト引換ヲナサズト云フ暴挙ヲ敢テスルニ至ル。此ノ如キ炭礦ノ切符ハ信用頗ル小ニシテ労働者モ之ヲ欲セザレドモ止ヲ得ズ授受シツヽアリ」(東京高商『筑豊地方ニ於ケル炭礦経理ノ状況調査報告書』明治三八年、九―一一頁)。

(19)『三井鉱山五十年史(稿)』は三井の筑豊への進出について、こう記している。

「田川に於ける鉱区の取得は大別して三と為す。一は明治二十二年五月、三井物産が藤波忠言氏等京都堂上華族から入手し、二十五年四月当社に移譲された所謂『田川炭山』で、後三十年から三十四五年にかけて団氏によつて整理処分されたもの、二は方城村大字弁城及上野(アガノ)村大字上野地内の下記採掘及試掘鉱区で所謂『弁城鉱区』と称されたもの。然るに試錐並に採掘の結果面白からず、二十九年九月頃事業を中止したもののごとく云々」。

所在地	採試掘別	面積	買入年月日	譲渡人	代金
		坪			円
方城村弁城	採	151,997	明.27.5.19	世良喜三治	1,000
上野村上野	試	30,627	〃 5.22	定宗幸四郎	900
〃	〃	20,631	〃	定宗寅吉	250
方城村弁城	〃	65,486	〃	柴田保太郎	1,100
上野村上野	〃	527,740	〃	長尾伴蔵外6名	1,200
計		796,481			4,450

第三はいうまでもなく、田川採炭組＝後の田川炭坑であった。なお、浅井淳『日本石炭読本』三五八―九頁を参照。

(20) 鉱区所有は明治三〇年代に試錐と結合することによって、炭層の賦存状況が明らかにされ、炭坑経営に合理性と安定性をもたらすことを可能とした。

「専ラ試錐ヲ応用セルハ九州ノ諸炭田ニシテ磐城、北海道ニ於テハ之ヲ用ユルモノ少シ。就中試錐ノ応用ニ因リテ著シキ効果ヲ収メタルモノハ三井田川炭礦カ明治三十三年以来同三十五年ニ亘ル試錐ノ結果ニヨリ伊田八尺層ト田川炭層群トノ関係ヲ明カニシ、二瀬炭礦ハ二十ヶ所ノ試錐ニ依リテ其尨大ナル鉱区内ニ埋蔵スル炭層ノ状況ヲ明カニシ依テ以テ採炭経営ノ基礎ヲ定ムルコトヲ得タルニアリトス」(『石炭調査概要』二三頁)。

5 災害——採炭機構の矛盾

明治三二年六月、豊国炭坑にガス爆発が発生し、いっきょに二一〇名の死亡者を出したことは、筑豊石炭坑業に対する最初の警告であったが、その後も表III-13に示されるように、炭坑災害は増加の一路をたどった[21]。三二年から三七年の間に、坑夫数は四万九九一六名から七万二七七九名へと四六%、出炭は五六三万二千トンから八四〇万三千トンへと四九%、それぞれ増加しているから、災害増加の一因が「坑内採掘区域ノ広マルニ従テ稼業上ノ困難次第ニ加

表III-13 石炭山変災死傷人員(福岡鉱山監督署管内)

		落盤	出水	坑車	爆発	その他	計	鉱夫数に対する千分比
明治三〇	回数	3	1	1	4	—	9	
	即死	3	1	1	9		14	
	重傷 軽傷				} 28		} 28	
三二	回数	6	2	—	13	7	28	
	即死	1	11	—	226	11	249	5.00
	重傷	4	—	—	8	13	25	0.50
	軽傷		—	—	7	6	13	0.26
三三	回数	41	2	11	35	14	103	
	即死	19	3	3	7	5	37	0.63
	重傷	20	—	8	37	8	73	1.24
	軽傷	10	—	—	42	17	69	1.18
三四	回数	89	12	20	41	21	183	
	即死	19	100	3	5	10	137	2.17
	重傷	73	—	18	60	18	169	2.68
	軽傷	9	5	6	16	5	41	0.65
三五	回数	100	4	29	39	32	204	
	即死	37	26	6	29	14	112	1.75
	重傷	67	—	27	32	26	152	2.37
	軽傷	27	2	8	29	14	80	1.25
三六	回数	114	3	54	43	46	260	
	即死	36	7	7	111	20	181	2.57
	重傷	90	2	54	76	29	251	3.56
	軽傷	12	—	12	39	16	79	1.12
三七	回数	260	8	128	25	89	510	
	即死	37	3	7	51	24	122	1.68
	重傷	89	—	48	26	19	182	2.50
	軽傷	154	—	88	20	65	327	4.50

備考　30年は『第五鉱山統計便覧』. 32年以降は「福岡鉱山監督署管内ニ於ケル鉱山変災統計ニ就テ」(『日本鉱業会誌』282号)による. 30年は全国石炭山の統計.

ハリ変災及死傷者ノ数ヲ増スハ数ノ脱レ難キ所」(「福岡鉱山監督署管内鉱山ノ変災ニ就テ」『筑豊石炭鉱業組合月報』明治三七年八月号)と記されるように、炭坑の規模拡大自体に基因することは否定しがたいが、それらだけで説明されうべくもないことも明らかである。この間の事情については、つぎのように記されている。

「明治三十四年頃ヨリ福岡鉱山監督署管内ニ於テ鉱山変災及死傷者ノ数急激ニ増加セルハ其原因果シテ奈辺に在リヤ、余ヲシテ忌憚ナク云ハシムレバ該監督署管内ニ於ケル変災ノ増減ヲ左右スルモノハ石炭山ニシテ、其増加ノ主因ハ遠ク明治三十年同三十一年及其前後ニ於ケル石炭山ノ乱掘更ニ遡リテ石炭山創業当時ニ於ケル坑主ノ資本不十分ナリシト技術家ノ技術及経験ノ不足ナリシト創業後ニ於ケル諸設備ノ不完全ナリシト監督ノ不行届ナリシト操業法ノ宜敷ヲ得サリシトニ在ルモノナリト云ハン」(同上)。

ここに列挙されていることを整理すれば、(1)資本不足による坑内施設の節約、(2)収益増大のための必要経費の削減、の二つに帰着するであろう。前者の事例としては、「例ヘハ捲卸清風道ニ蒸汽鉄管ヲ突込ミ置キテ卸ヲ掘進スルガ如キ、排気先無キ嚢状部ニ坑内捲揚汽機ヲ据付ケ操業スルガ如キ」(同上)事例をあげているが、排気についていえば、当時は自然排気が一般的であった。

「各炭坑ニ於ケル採炭区域未タ甚タ深広ナラス、爆発瓦斯ノ発生モ亦稀ナルヲ以テ坑内外気温ノ差異ヲ利用シ所謂天然通気法ニ依リ容易ニ空気ノ交換ヲ行ヒ得ル所少ナカラサルナリ、或ハ汽管ノ通過セル竪坑若クハ斜坑ヲ以テ排気坑トナシ汽管ノ余熱ヲ藉リ気流ヲ生出スルモノ多キニ居レリト云フヘシ」[22](前掲『第五回内国勧業博覧会鉱業部審査報告』二八七頁)。

同報告はさらに「通気ニ関スル技術上ノ思想ハ今尚頗ル幼稚ニシテ炭坑事業上ニ於テ殆ント之ヲ度外視スルノ観ナキニアラサルナリ」(同上、二八八頁)とも記している。このような通気機構への投資節約が、ガス爆発の最大の原因であったことは、いうまでもない。

経費の不当な削減についてみれば、たとえば、「硬炭ヲ尽ク採掘跡若クハ目貫ニ堆積セシムルガ如キ之レナリ、硬炭ヲ或程度迄捲揚ゲザリシハ其運搬ニ要スル特別ノ費用ヲ吝ミタルト其運炭ヲ妨グルヲ厭ヒタルニ因ル」(前掲「鉱山変災統計ニ就テ」)と記されている状況は、坑内自然発火の最大の原因であった。さらに、表Ⅲ-13によれば、落盤事故が激増しているが、それは坑内維持に必要な条件を無視して出炭を確保しようとすることから生じる、当然の帰結であった。

「出炭額ノ増加ヲ望ムガ為メ適当ノ採炭順序ヲ乱シ残部石炭採掘ノ困難危険ヲ顧ミズ採掘シ易キ部分ノミニ向ツテ採掘スルガ如キハ乱掘ト云ハザルヲ得ズ、筑豊炭山ノ多数ハ此種ノ乱掘ヲ為セルモノ、如シ、乱掘ノ結果ハ残部石炭ノ採掘ニ甚ダシキ困難ヲ与ヘ且ツ変災ヲ増サシム」(同上)。

しかしながら、以上のような事情のみでは、三二年以降の炭坑災害の激増を説明することはできない。それは基本的には筑豊における開坑・採炭機構＝とくに通気・運搬の体系と採炭規模＝坑内規模の拡大との矛盾の爆発とみなければならない。すなわち、採炭の継続と、採炭規模の拡大によって、日清戦争後坑内の深広をまし、坑道の延長は急速に増大した。筑豊各坑の本卸の延長は表Ⅲ-3にみられるとおりで、鯰田五〇〇間、赤池四八〇間、下山田四六〇間、第一大辻四一七間と、大手炭坑は本卸延長だけですでに四〇〇間をこえていた。この本卸に片盤坑道が接続するが、三二年に爆発をおこした豊国についてみると、その坑内構造はつぎのとおりである。

「第一坑に深さ二十七間にして八尺盤下層に着し坑口長さ三間幅一間を三画し上下卸しとパイプ卸しとに使用せる竪坑にして、其坑内は第一片盤延長三百二十二間同二片盤二百八十間同三片盤二百四十間の鉄道を敷設し尚左一片盤四十間の所に捲機械を据へ付け之れより二百六十間の鉄道を敷き各片盤の採炭を捲き揚げ之を竪坑に送りて坑外に搬出することとせり。

第二坑は斜坑にして亦八尺層の採掘を目的とせるも其幾分は八尺の下層なる四尺層をも採掘せり、捲胴卸しの延長は凡そ三百八十間の長さに達し其の百七十間の所より左に斜卸しを取り四尺層に着炭し延長百六十間に達し居れり、前記八尺層は右二片盤に百八十間同三片盤に二百間、四尺層は左右片盤に各四十間の鉄道を敷き三片盤は三百四十間にして第一坑右片盤と聯絡せり」(『筑豊炭礦誌』六三一―二頁)。

このような坑道の延長は、ここにも記されているように捲揚機のほかに鉄道、すなわち、坑内軌道の敷設を一般化し、炭車=炭函の使用を普及する結果となった。

「片盤即チ採炭坑道ニ於テハ単線若クハ複線車道ヲ設ケ炭函ヲ運転ス、炭層ノ傾斜ニ従ヒ上下スル所ノ斜道ニ於テモ亦車道ヲ敷キ其上向掘進スルモノハ自動装置ヲ設ケ其下向掘進スルモノハ曳揚機械ヲ坑内ニ設置ス」(『第五回内国勧業博覧会鉱業部審査報告』二七六頁)。

坑内における炭車の運搬についてみれば、二、三の炭坑では馬匹を使用し、北海道や三池では機力も用いられていたが、筑豊では「専ラ人夫ヲ使用」(同上)していた。明治炭坑の調査によると、一日の出炭一二八六トン、炭函総数一五一九箇、すなわち、一函の運搬力は〇・九トンで、一函の容量は七〇〇斤(〇・四トン強)であったから、平均一日に二回坑内外を往復していたことになる(同上、二七七頁)。なお、日本の全炭坑の数字であるが三一年から三五年までの五年間に、軌道延長は一三一・七五マイルから、三四一・八五マイルへと、二・六倍の増加をみた(同上、二七八頁)。このような軌道延長の増大と炭車の普及は、坑道維持への経費節約と相まって、炭車による災害事故を急増させることとなった。

ところで、「炭坑ノ変災中統計上ニ於テ多数ヲ占ムルモノ」(同上)は落盤事故である。それは主として採炭場におけ

表Ⅲ-14　炭坑災害死亡率の国際比較

	就業者1,000人に対する死亡率						出炭100万トンに対する死亡率					
	日本	ベルギー	フランス	イギリス	ドイツ	アメリカ	日本	ベルギー	フランス	イギリス	ドイツ	アメリカ
明治34年	2.39	1.17	1.21	1.36	2.34	3.25	18.11	6.41	5.56	4.38	8.56	5.37
35	2.71	1.07	1.09	1.24	1.99	3.71	12.62	5.71	5.44	3.95	7.40	6.39
36	2.53	1.14	1.02	1.26	1.92	3.20	19.33	6.06	4.42	4.06	6.88	5.08
37	2.14	0.93	1.07	1.24	1.80	3.50	15.99	5.14	4.89	3.97	6.49	5.91
38	3.22	0.91	1.04	1.35	1.86	3.63	20.12	5.12	4.60	4.30	6.73	5.78

備考　『炭礦爆発誌』pp. 122—4

る天井盤の墜落によって発生する。採炭場では当時打柱および木積が行なわれていた。「打柱ハ単独ノ杭木ヲ以テ天井磐ヲ支フルモノニシテ木積ハ井桁状ニ杭木ヲ積上クルモノ」(同上、二七五頁)であり、天井盤の圧力に応じて、打柱の場合には三尺乃至四尺ごとに柱を立てた。したがって、天井盤の硬軟、地圧の大小によって支柱材料費と支柱に要する労働時間は異ならざるをえない。「明治炭坑ノ経験ニヨルニ出炭高一噸ニ対スル費用ハ凡弐拾五銭ニシテ材料費ト工賃トハ殆ント各其一半ニ当レリ」(同上、二七五頁)と報ぜられている。ここから二つの問題が発生した。一つはコスト節約のための支柱の節約であり、これは坑内が深くなって地圧が大きくなる事態と交叉して、杭木の腐朽・挫折による落盤を頻発させることとなったのである。第二は、採炭場における支柱作業が採炭夫の受持ち作業であり[23]、しかも採炭夫の賃金はもっぱら採炭高にリンクされて支柱作業への考慮を欠いていたから、採炭場における支柱作業は間引きされる要因を内包していた。このような事態のなかで、落盤事故が頻発したのは、きわめて当然といわねばならない。

しかし、炭坑災害としてこの時期の採炭機構の矛盾を典型的に示すものは、ガス爆発であった。

「通気問題ハ従来多数鉱業者ノ度外視シタルモノナリト雖モ自今坑内ノ深広ナルモノ漸ク多キヲ致セルヲ以テ昔日ノ如ク之ヲ忽緒ニ附スヘカラサルナリ。近年我国ニ於ケル炭坑ノ惨事漸ク多キハ従来ノ平易ニ慣レ通気ヲ度外視セルモノニ対スル自然ノ訓誨ナリト言フヘキナリ」(同上、三〇五―六頁)。

表Ⅲ-15　死亡者50人以上の炭坑爆発

爆発時日	炭坑名	死亡者数	爆発当時1日出炭量	備考
明治32. 6.15	豊国	210	トン 600	爆発は八尺層の炭塵による如し
36. 1.17	二瀬	64	?	
39. 3.28	高島	307	500	爆発ガス存在す
40. 7.20	豊国	364	900	安全灯よりガスに着火し炭塵爆発を誘起せるごとし
41. 1.17	新夕張一坑	91	300	爆発ガスの発生多き炭坑なり
42.11.24	大ノ浦桐野坑	256	400	
44. 6. 1	忠隈一坑	73	1,000	ガス鬱積個所に進入せる者の灯火より発火せるものなり
45. 4.29	夕張二斜坑	267	600	

坑内規模の急激な拡大に対して通気機構が停滞してこれに対応しえなかったうえに、坑内が深くなってガス発生量が増大したから、ガス炭塵爆発の回数のみならずその規模が巨大化したことは、きわめて当然といわねばならない。そこから表Ⅲ-14に明らかなように、「本邦に於ける石炭坑の爆発被害は其比率に於て宇内に冠絶す」（井出健六「我国に於ける石炭坑の爆発に就て」『炭礦爆発誌』大正七年、一三五頁）と記される事態の発生を見るに至ったのである。[24]

このような事態は日露戦争後に至っても基本的な変更をみなかった。五〇人以上の死亡者を出した爆発事故を列挙すれば表Ⅲ-15のとおりで、四〇年にはふたたび豊国炭坑で大爆発が発生し、死者三六四名にのぼったのである。[25]炭坑爆発を考察した一論者は、「炭坑爆発は地震等の如き天災にあらずして人為に属するもの」であり、諸外国に比して変災および死亡率が、「絶対の高位を占せる如きは如何なる詭弁を以てするも本邦石炭鉱業者が就業者の最大安全に努力しつゝありと説明するを得ざる」（同上、一四九、一五〇頁）ものと論じたが、それは上述したように日本の石炭資本と、その採炭機構が、石炭産業の確立過程で直面した矛盾の爆発にほかならなかった。

(21)　福岡鉱山監督署の管轄は九州一円から山口県まで含んでいたが、そのなかで福岡県の比重が圧倒的に高かったことは、表Ⅲ-16によって明らかである。したがって、以下において、監督署管内一班について指摘されているところは、そのまま筑

表III-16 炭坑変災

		福岡県						福岡鉱山監督署管内					
		落盤	出水	坑車	爆発	その他	計	落盤	出水	坑車	爆発	その他	計
明治三三	回数	24	1	6	27	9	77	40	2	12	36	22	112
	死者	10	2	3	7	6	28	19	3	3	7	6	38
	傷者	19		3	56	16	94	30		9	79	27	145
三四	回数	70	11	10	35	18	144	89	12	21	41	26	189
	死者	12	95	2	5	9	123	19	100	3	5	12	139
	傷者	69	5	8	68	38	188	82	5	25	76	41	229
三五	回数	87	2	21	30	25	165	100	4	30	39	35	208
	死者	31	1	4	21	9	66	37	26	6	21	22	112
	傷者	82	2	25	35	34	178	94	2	36	61	43	236
三六	回数	97	3	45	38	39	222	114	3	55	43	53	268
	死者	32	7	4	111	11	165	36	7	7	111	23	184
	傷者	88	2	58	105	47	300	102	2	65	115	59	343

備考 前掲「福岡鉱山監督署管内鉱山ノ変災ニ就テ」

豊についての考察であるといってよい。

(22) 「ボイラーの蒸汽は、遠き坑内で能率の悪いポンプに使用さるゝために、水を揚げると云ふよりも、寧ろ徒らに排気道を熱する方に多く使用されたと云つてもよい位で、当時の大きな炭坑のパイプ通りの温度は大概一〇〇度以上、甚しきは一三〇度位の所もあり、〔中略〕通気は排気道の高熱のため、自然通気で卸の五〇〇間位迄は充分に通気がとれた」(前掲「筑豊石炭鉱業の過去及将来に就て」)。

(23) 「切羽ノ保安ニ必要ナル柱打ハ其切羽ヲ専有スル坑夫ニ行ナハシムルノ慣習ヲ養成シ入枠ハ仕繰坑夫ニ施サシム可キ事」(「鯰田炭坑々内係員ノ心得」『筑豊石炭鉱業組合月報』明治三七年一二月号)。

(24) 明治期の炭坑災害について分析したものは、ほとんど存在しない。日本の炭坑爆発をはじめて全般的に考察した井出健六「我国に於ける石炭坑の爆発に就て」は、つぎのように記している。

「惟ふに本邦に於て此種〔変災〕の論説及記事の少きは爆発に遭遇せる技術者は進んで事実を発表して公衆の判断に訴ふる事をなさず却て曖昧模糊の中に事実を消散せしめ、局外者は適格なる事実を認識せざるがために、若は多少事実を認識し或は意見を具有すと雖も進んで他人の非を挙げ恨を買ふの愚を回避し、監督官庁に於ても鉱業者の不変を慮り技師の調査報告せる文書の公表をせざるに由来するに非るか、随て吾人が進んで此問題を研究せむと欲するも事実に関する知識に乏しく誠に暗中模索の憾深し」(一三五頁)。

この論文の収録されている『炭礦爆発誌』(大正七年)が、それまでの記録、論説の集大成なのであり、この論文はその総括である。

(25)「〔三二年豊国炭坑の〕変災は当時鉱山関係者に甚大の衝撃を与へたりしも一般には其採炭ケ所露頭に近きが故に、保安上特に記すべき程の改革を見るに至らず、降て明治三十八年夕張第二坑爆発し三十六人の犠牲者を出し、更に三十九年高島炭礦に、翌四十年再び豊国炭礦に大爆発あり、之れより殆んど毎年惨事続出し、一時は世界第一の爆発国たりしことあり」(永積純次郎「我国に於ける炭礦技術の進歩」『日本鉱業会誌』五三五号、七七四頁)。

表Ⅲ-17　石炭需要の概要　（単位 トン）

		明治27	28	29	30	31	32	33	34	35	36
国内消費高	船舶用	523,603	746,679	692,584	893,136	791,158	1,244,791	1,463,812	1,396,745	1,534,272	1,744,342
		100.0	142.6	132.3	168.6	151.1	238.0	279.4	276.2	293.0	333.2
	鉄道用	167,886	222,991	260,021	*350,167	390,566	499,944	506,959	625,964	704,055	732,992
		100.0	132.8	154.9	208.6	231.6	297.8	301.0	372.8	419.7	436.8
	工場用	1,101,397	1,198,072	1,565,429	1,846,891	2,548,067	2,615,426	2,652,800	**3,844,434	3,474,462	3,674,567
		100.0	108.8	142.1	167.6	235.9	236.2	240.8	349.1	315.4	333.5
	製塩用	537,418	521,554	551,012	500,504	663,122	674,680	638,601	811,721	788,998	822,244
		100.0	97.0	102.5	93.1	123.4	125.5	118.8	151.0	146.8	153.0
	計	2,330,304	2,689,296	3,069,046	3,590,698	4,392,913	5,034,841	5,262,172	6,678,864	6,501,786	6,974,145
		100.0	115.3	131.7	154.0	188.3	216.0	225.7	286.2	278.8	297.8
輸出高(A)		1,714,739	1,859,573	2,211,970	2,119,836	2,204,581	2,507,515	3,376,344			4,776,773
		100.0	108.3	128.3	122.7	128.2	145.9	196.7			278.4
産出高(B)		4,302,280	4,810,835	5,059,848	5,229,662	6,749,602	6,775,571	7,488,891	9,027,325	9,701,682	10,088,845
A/B		39.9	38.7	43.7	40.2	32.6	37.0	45.1			47.3

備考　消費高は『農商務統計表』. 輸出高は『貿易対照年表』, 産出高は『農商務統計表』等. 輸出高には船舶焚料を含む.
＊原表には850,167とあるが例年東京民営鉄道の消費は10万トン台であるのがこの年だけ620,494となっているので，これを120,494と改め，合計を350,167に訂正した.
＊＊34年工場用は福岡県が1,429,862となってその前後の年より約100万トン多くなっている．したがって429,862が正しいと思われるが，そのままにしておく.

第二節　筑豊石炭産業の市場構造

1　石炭市場の構造

日清戦争以降における石炭需要を概観すると、表Ⅲ-17のとおりである。すなわち、生産の増大を支えたのは、国内市場および海外市場双方の急速な拡大であった。国内市場においてその拡大のもっとも急速だったのは、鉄道用炭である。鉄道用炭は明治二七年以降一〇年間に四・三七倍に上昇したが、それはいうまでもなく鉄道路線の延長および延走行哩の増加によるものである。とくに日清戦後の二九年から三二年にかけて生じた鉄道ブームによって、路線および延走行哩は急速に増大した。この間の推移は表Ⅲ-18によって知ることができる。

しかし、国内市場を質量的にリードしたのは、国内消費の過半を占める工場用炭であった。これを日本における工場制工業を主導した紡績業についてみると、表Ⅲ-19のと

表Ⅲ-18　鉄道路線および走行哩の状況

		明27	28	29	30	31	32	33	34	35	36
路線延長	官営	581	593	632	662	829	893	1,010	1,148	1,356	1,496
	民営	1,537	1,680	1,870	2,282	2,652	2,806	2,905	2,966	3,011	3,151
	計	2,118	2,290	2,505	2,949	3,481	3,699	3,915	4,115	4,367	4,650
延走行哩	官営	4,164	4,331	4,807	5,358	6,539	7,269	8,103	8,270	8,766	10,169
	民営	7,036	8,572	9,349	13,430	16,438	19,107	20,597	22,163	23,298	24,125
	計	11,200	12,903	14,156	18,788	22,977	26,376	28,700	30,433	32,064	34,294

備考　『帝国統計年鑑』. 延走行哩の単位は1,000哩. 官・民営計の合わないのはそのままとした.

表Ⅲ-19　綿紡績工場における石炭消費状況

	工場数	錘数	出来高	石炭消費高
		千錘	千梱	トン
明治27年	45	530	292	132,120
28	47	581	367	156,616
29	63	757	402	216,142
30	74	971	511	241,791
31	77	1,147	644	365,576
32	83	1,190	757	449,728
33	80	1,135	645	342,054
34	81	1,181	661	374,791
35	80	1,246	770	437,145

備考　『農商務統計表』

おりで、二七年以降三二年まで錘数の増加と比例して急速に増加し、工場用炭の一三％前後を占めていた。三三、四年には操短のため石炭消費は激減したが、三五年には回復している。工場用炭の地域的需要を示した表Ⅲ-20によれば、出炭の一二、三％に達する山元消費を中心とする福岡をのぞけば、工場地帯としての大阪と東京に集中するとともに、愛知、岡山、三重のような紡績業の発展した地域の消費の大きいことがこの時期における石炭消費の地域構造の特色をなしている。また、この間における陸・海軍工廠、八幡製鉄所等を中心とする官営工場用の石炭需要の増加にも著しいものがある。だが、ここで注目される工場用炭の市場的特質は、日本資本主義の構造を反映して、ドイツやイギリスにおけるようには、鉄鋼業と結びついていない点にある。官営八幡製鉄所は一工場としてもっとも大量の石炭を消費したが、製鉄所が高雄坑と潤野坑を買収して経営した二瀬炭坑をのぞけば、筑豊炭田と製鉄所との関連はそれほど密接なものではなかったし、八幡製鉄所をのぞけば、鉄鋼業の未形成を反映して、その石炭需要はいうに足りなかった。

このような市場構造の脆弱性にもかかわらず、国内市場は日本資本主義の形成・発展に支えられて、比較的安定した市場であった。鉄道用炭は線路の延長と走行マイルの増大につれて、着実に増加していったし、工場用炭も工場制生産の展開、とくに蒸気機関の発展につれて、紡績業などに見られる景気後退の影響をも相殺して、年々増大していった。こうして表Ⅲ-17にみるように、明治二七年を一〇〇として、一〇年後の三六年には国内消費は二九八に増加したのである。

このような産業資本の確立に対応する国内市場の展開と拮抗し、日本の大陸進出と呼応して、海外市場の発展もかなり顕著であり、地域的には前期の市場構造をひきつぎ、中国とくに上海、香港およびシンガポールに集中し、極東市場に限定されていたが、日清戦争後帝国主義列強の進出による極東市場の活況と日本資本主義のこれへの参加に支えられて、急速に市場を拡大したのである。この間の推移は表Ⅲ-21に示されるとおりである。ところで、この海外市場の発展は、極東市場における日本石炭産業の制覇と結びついていた点で、とりわけ重要な意味をもっている。

「英国と本邦の石炭は東洋市場に於て近時互に競争し其結果本邦炭は漸次英炭の商域を蚕食して将さに英炭をして東洋市場より退去せしめんとするに至れり」(「日英石炭の競争」『東洋経済新報』明治二九年七月一五日号)と報じられているように、日清戦争を契機として、日本炭は東亜市場をその掌握下においたのである。香港市場等における日本炭の進出については前述したが、

表Ⅲ-20 主要府県別工場用石炭消費高

	明治 29 年		明治 35 年	
	官　営	民　営	官　営	民　営
東　京	21,716	158,097	63,218	373,546
神奈川	9,972	17,133	16,345	46,615
大　阪	13,804	225,342	62,871	674,486
兵　庫	4,357	72,059		130,007
愛　知		117,028		128,326
三　重		25,933		51,019
岡　山		74,459		73,458
広　島	6,209	10,888	39,943	26,284
山　口		32,811		137,113
福　岡		377,421	64,394	821,290
長　崎	750	78,691	9,858	101,742
その他	17,653			
計	74,461	1,478,544	288,424	3,186,037

表Ⅲ-21　石炭輸出の推移

	明治27	28	29	30	31	32	33	34	35	36
中　国	427,138	529,127	636,811	583,524	710,353	949,052	826,053	1,171,176	1,283,207	1,521,933
香　港	580,053	606,287	632,745	590,025	809,251	660,208	826,162	819,880	899,131	1,051,339
海峡殖民地*	172,562	184,065	248,321	267,357	213,203	295,197	516,746	522,379	406,492	400,641
その他	85,751	56,589	96,847	89,241	72,557	109,238	233,824	408,780	349,911	459,546
小　計	1,265,504	1,376,068	1,614,724	1,530,147	1,805,364	2,013,695	2,402,785	2,922,215	2,938,741	3,433,459
船　用	435,626	468,747	579,688	572,865	381,426	473,919	946,763			1,343,314
合　計	1,701,130	1,844,815	2,194,412	2,103,012	2,186,790	2,487,614	3,349,548			4,776,773

備考　大蔵省『大日本外国貿易年表』各年．単位が英トンなので表Ⅲ-17と些少の違いがある．
＊34年以前は英領印度として一括されているが大部分はシンガポールである．34, 35年の船用は各統計書とも記載していない．

表Ⅲ-22　シンガポール輸入石炭種別

		明治25	28	29	30	31	32	33
日本炭	門司(A)			123,606	137,292	209,043	219,488	274,000
	三　池			54,809	64,725	43,806	39,912	77,000
	北海道			36,914	77,356	4,892	18,225	39,000
	その他			12,050	1,540	10,594	8,077	33,000
	小計(B)	51,047	194,053	(227,379) 239,613	(280,913) 279,869	(268,335) 263,051	(285,702) 280,665	(423,000) 442,972
英　　炭		185,169	157,070	96,231	97,040	47,834	91,750	78,681
濠　洲　炭		75,997	42,279	31,648	55,842	79,655	63,860	43,751
印　度　炭		833	18,774	16,679	72,242	80,090	73,695	69,181
そ　の　他		21,259	55,929	54,139	46,167	37,528	34,502	27,253
合　計(C)		334,305	468,105	438,310	551,161	506,150	544,537	661,838
A/B				54.3	49.0	77.9	76.9	64.8
B/C		15.6	41.4	54.5	50.8	52.0	51.5	67.8

備考　25—32年は『通商彙纂』180号，33年は202号．(　)は門司以下の計で資料が異なるので小計と合わない．なお計の合わないものがあるがそのままにした．

これを従来イギリス炭が支配していたシンガポールについてみれば、表Ⅲ-22のとおりで、日清戦争前には一五・六%を占めるにすぎなかった日本炭が、イギリス炭、濠洲炭をおさえて、戦後の二九年には早くも五四・五%を占め、三〇年には「日本炭ハ石炭市場ノ主働者ニシテ各炭共常ニ其司配ヲ受クルノ観アリ」(『通商彙纂』一一二号)と報じられるに至っている。こうして日本炭は急速に極東市場に独占的地歩を確保し、三四年にはつぎのように総括されるに至ったのである。

「最近数年間に石炭産出に於て長足の進歩を為し、殆んど東洋の市場を独占するに至りし者は即ち我日本炭となす。日本炭は今や盛んに支那大陸に供給せられつゝあるのみならず、其範囲は西南新嘉坡、ジャバ、スマトラに及び、東は米国の西海岸に達せり」（団琢磨「世界の石炭市場」『東洋経済新報』明治三四年八月五日号）。

極東市場の独占的支配は、当然に日本炭が石炭相場の騰落を規定する結果ともなった。

「独り我日本の石炭のみ盛に市場に現はれ其他は甚だ少なく、日本の石炭相場は遂に一般市場の相場を支配するの観あるは何ぞや、是れ東洋諸国には我石炭と競争し得べき石炭供給者の出現なきと、他の一方には石炭の価格如何に騰貴するも、欧米其他の遠方より輸送するには輸送費多く[1]、容易に之れが実行を見る能はざるによらずんばあらず、例令ば石炭を積て東洋に来ること差支なしとするも石炭と積代へて欧米に帰航すべき貨物ありや、是等の事情より欧米の石炭も東洋市場に入り来らず、我日本炭の盛に市場に現はれ、市価亦日本炭に動かされつゝある所以なりとす、是れ石炭は非世界的市価なりとなす所以なり」（鉱山局長田中隆三「我鉱業の現状」『東洋経済新報』明治三五年一二月一五日号）。

しかしながら、このような日本炭の極東市場支配は、いちじるしく不安定な要因を内在させていた。それは、極東市場なるものが主として欧米諸国の東洋航路における船舶焚料を内容とし、工場用、鉄道用等の需要が小さかったことである。それが市場を上海、香港、シンガポール等の貿易港に集中させることともなったのであるが、たとえば香港については「当港ニ於ケル石炭ノ売却高ハ年額約六十万噸ニシテ内船舶用凡三十七八万噸、製造所用凡二十万噸、雑用二万噸内外」（農商務省『第二次重要輸出品要覧』「石炭」明治三〇年）と記され、シンガポールについては「輸入スル石炭ノ用途ハ概ネ汽船用焚料ニシテ錫精錬用及瓦斯用石炭ハ僅少ノ額ニ過ギズ」（『通商彙纂』七一号）と報ぜられている状況にあったのである。これに門司を始めとする日本貿易港において積込まれる外船焚料を加えれば、石炭輸出の大部分は東洋市場に出入する欧米艦船の焚料であったのである。それは幕末における石炭需要の形成以来、日本石炭産業の市場構造の基本的な性格をなすものであったが、この時期においてそれは極東市場全般に拡大され、そのような意味で極東市場を支配するに至ったのである。すなわち日本石炭産業は、欧米先進国の後進極東地域に対する帝国主義的進出のなかにあって、その余恵に与ったのである。そこに日本石炭資本の極東市場支配の限界と不安定性が存した。

とくに日清戦争以降、中国を中心とする極東への帝国主義列強の軍事的・経済的進出は、極東地域のこのような石炭市場を極度に不安定ならしめたから、そこを海外市場とする日本石炭産業に深刻な影響を与えることとなったのである。たとえば、膠州湾事件の発生によって極東状勢が緊迫した明治三一年の状況について、つぎのように報じられている。

「概シテ本年本品ノ市況ハ前半期ニ於テ好況ナリシモ下半期ニ至リテハ著シキ不況ヲ来タシ九州地方ニ於ケル小資本ノ坑主ハ何レモ其採掘ヲ休廃スルニ至リタリ、蓋シ前半期ニ於テハ英国炭ノ価格未曾有ノ騰貴ヲ来タシ香港ニ於ケル船渡一噸ノ相場四十弗ノ高直ヲ唱ヘ需要者アルモ供給者ナキノ有様ナリシヲ以テ自然本邦産ノ需要ヲ増加シ価格ノ高騰セルニ拘ラズ売行非常ニ活潑ニシテ香港ニ対スル一箇月ノ約定高ハ大約二三万噸ノ多キニ及ビタリ、聞ク所ニ拠レバ当時独国ノ如キハ膠洲湾貯蔵ノタメ一箇年間毎月三千噸ヅヽ購収ノ約束ヲ以テ本邦商ニ注文シ来リタルモ本邦商ハ爾後ノ相場ノ変動計ルベカラザルモノアルヲ以テ申込ニ応ゼザリシト云フ、此ノ如キ形勢ナリシヲ以テ此ノ好況ニ乗ジ奇利ヲ博セントスル者アリ品質ノ良否ヲ撰マズ濫ニ過多ノ輸出ヲ為シタルタメ爾後此等ノ下等品ハ海外市場ニ夥シキ停滞ヲ来タシ其影響延テ他ノ本邦品ニ及ビ終ニ全体ヲシテ不味ニ陥ラシムルニ至リタリ、故ニ下半期ニ於ケル輸出炭ハ皆上等品ニシテ下等品ハ全ク杜絶セラレタリト云フ、随テ相場ノ如キモ

表Ⅲ-23　輸出港別輸出高の推移　（単位 トン）

	明治28	29	30	31	32	33	34	35	36
門司・下の関(A)	678,944	928,502	843,647	1,131,258	1,309,279	1,507,660	1,935,168	1,839,359	2,071,232
口ノ津	417,527	400,589	318,433	370,732	462,930	559,210	487,353	619,014	724,323
長崎	148,291	146,840	132,463	135,221	98,936	103,427	187,823	171,483	205,271
唐津	66,284	45,368	68,445	80,547	71,211	123,495	184,296	165,803	270,050
室蘭・小樽	60,128	90,341	166,742	82,780	68,995	107,250	124,575	130,706	150,886
その他	4,892	3,084	417	4,826	2,344	1,743	3,000	12,376	11,697
計(B)	1,376,068	1,614,724	1,530,147	1,805,364	2,013,695	2,402,785	2,922,215	2,938,741	3,433,459
A/B	49.7	57.4	55.1	62.7	65.4	62.8	66.7	62.6	60.5

備考 『大日本外国貿易年表』

概シテ後半期ハ前半期ニ比スレバ低落セリ」（大蔵省『外国貿易概覧』明治三一年、二五二―三頁）。

すなわち、船舶焚料を中心とする海外市場は需要の変動が大きく、したがって相場の騰落の幅も大きく、そこに投機的要因が加わって、需給関係をいっそう変動的ならしめたのである。(2)

ところで、このような海外市場の変動は国内市場の拡大との間に、しばしば深刻な矛盾を発生させることとなった。日清戦争後、本邦炭が極東市場を制覇した事情については後述するが、これに関連してたとえば『東洋経済新報』はつぎのように論じている。

「本邦炭の英国炭に勝てる右の如きは悦ぶべからざるにはあらざれども為めに内国に於ける石炭の価を高め幾分の影響を各種の工業に及ぼすは吾輩が我国工業のために取らざる所なり。而して石炭輸出に於て勝を制すると内国石炭の豊饒なるがために工業の発達快速にして各種製品に於て海外市場に勝を制すると其得失果して如何、知らず世人も亦石炭輸出の盛況を以て慶事と為すや否や」（前掲「日英石炭の競争」）。

しかしながら、石炭生産の主導権をにぎった大資本にとっては、取引量の大きな海外市場は、国内市場より魅力もあり、重要性ももった市場だったのである。

ところで、このような海外市場への進出の中心となったのは、かつてのように三池や高島ではなく、石炭生産の基軸たる筑豊炭であった。この点は表Ⅲ-23によって確認される。筑豊炭の輸出港は門司(および下関)であり、門司から輸出される石炭のほとんどすべては筑豊炭とみて大過ないが、その全輸出に占める比率は明治二八年の五〇%弱から、二九、三〇年の五五%前後をへて、三一年以降は六〇%台を占めるに至った。これを別の面からみれば、三池(ロノ津)、高島(長崎)がいずれかといえば停滞しているなかで、日清戦後における輸出の増大は、ほとんど筑豊炭に依存していたのである。

(1) シンガポールにおける日・英炭各一トンの価格はつぎのとおりであった。

	日本炭	英炭
門司/カーディフ港における価格	四・五〇円	一〇シル
シンガポールまでの運賃	二・二五	一六
諸費	一・〇〇	二
合計	七・七五	二八
		一二・六二円

二シル・二一5/8ペンスの相場で換算

すなわち、運賃分として五円弱の差額が生ずることとなる(前掲「日英石炭の競争」参照)。

(2) なお「炭価高騰の原因二あり、船舶運賃の騰貴其一なり、需要供給権衡を失せしこと其二なり」(「石炭の現状及其将来」『東洋経済新報』明治三〇年四月一五日号)と記される、海運業および石炭生産の構造も考慮されなければならない。

2 筑豊炭の市場構造

筑豊炭の流通経路を、明治三六年上期の数量を入れて図示すれば、図Ⅲ-1のとおりである。すなわち、筑豊炭の過半は鉄道によってまず若松に送られ、その三分の二はさらに門司に移送され、そこから主として海外に輸出された。

図Ⅲ-1　筑豊炭流通経路

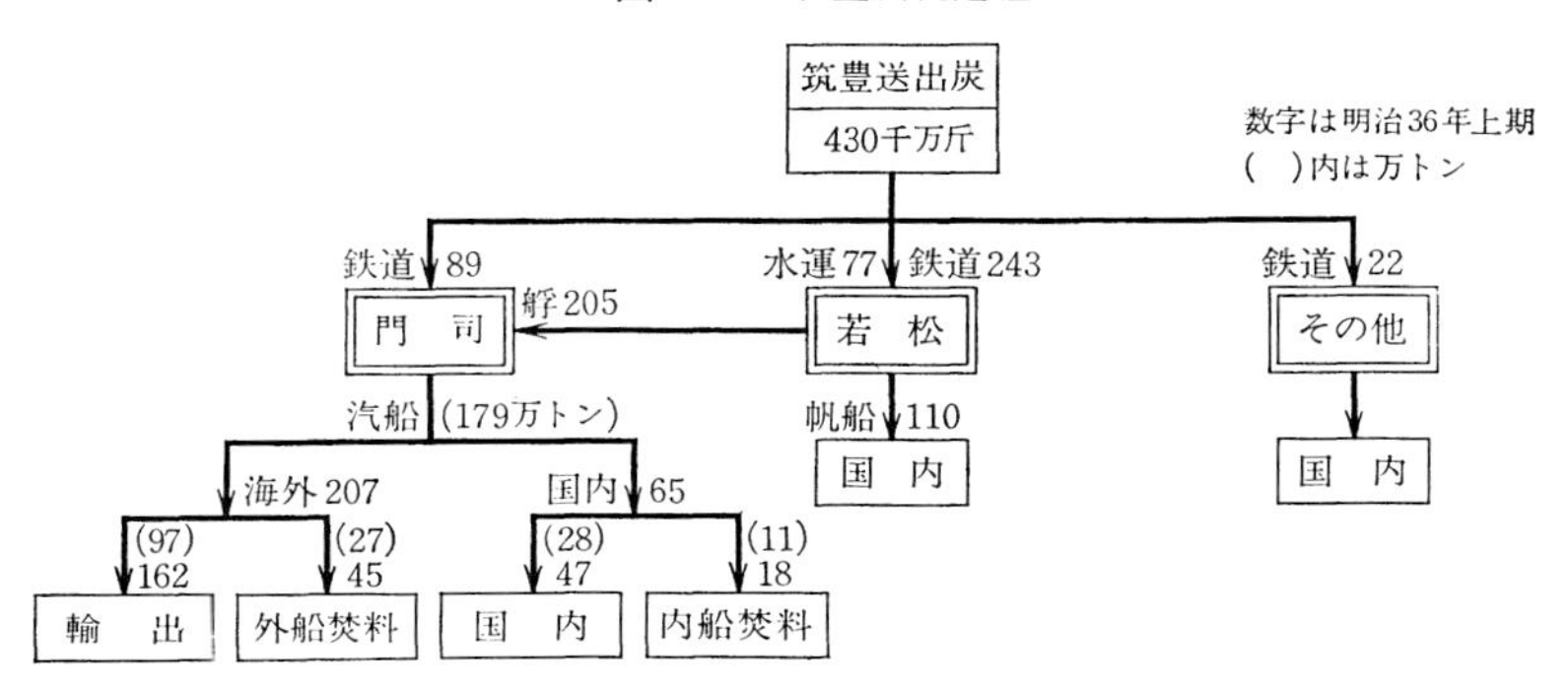

表Ⅲ-24　筑豊炭水陸運別送出状況　(単位 万斤)

		明治 27	28	29	32	36
陸運	門　司	19,514	24,668	43,206	123,002	52,741 182,044
	若　松	121,486	182,278	208,407	287,710	485,280
水運	若　松	136,988	137,461	140,099	177,492	153,482
	その他	9,441	14,545	386	5,398	2,154
合　計		287,429	358,952	392,098	593,603	875,701

備考　筑豊石炭礦業組合

まず山元から若松までの輸送についてみれば、鉄道の便が開けるにつれて急速に陸運の比重を増大させていったことは、表Ⅲ-24によって知ることができる。すなわち、明治二七年にはなお遠賀川の水運によるものが優位を占めていたが、その後、水運は(3)いずれかといえば停滞的であったのに対し、送出高の増大はもっぱら陸運＝鉄道によったから、三二年には陸運と水運の比率は七対三、三六年には前者は八二・五％に達した(表Ⅲ-24)。このような陸運の急速な発展は、表Ⅲ-25にみるような筑豊地方鉄道網の展開により、主要炭坑の大半が急速に水運から鉄道輸送に転換していったからである。水運は輸送距離に正比例して輸送費が累進的に増嵩するので、遠距離ほど鉄道輸送が有利であり、したがって、田川郡の送出炭はほとんどすべて陸運によるのに対し、

表III-25　筑豊炭田地方鉄道敷設状況

区　間	開通年月	哩延長	附近主要炭坑	備　考
小竹・幸袋間	27年12月	3.1	目尾・高雄	これにより嘉穂炭田の一部に便利を与えた
目尾分岐点目尾間	(36年11月)	0.2		
飯塚・臼井間	28年4月	4.3		
平恒分岐点平恒間	(31年3月)	0.3		
小倉・行橋間	28年4月	15.0		これにより門司送り田川炭一層便利
行橋・伊田間	28年8月	16.3	三井田川	
伊田・後藤寺間	29年2月	1.6	三井田川	
後藤寺・起行間	(30年10月)	0.4		
後藤寺・宮床間	30年12月	1.8	三井大藪・豊国	
宮床・豊国間	(同　上)	0.3		
臼井・下山田間	31年2月	3.4	下山田	
金田・伊田間	32年2月	3.8	金田・豊国二坑	豊州線と筑豊線連絡し田川諸炭坑の送炭に多大の利益を与える
後藤寺・川崎間	32年7月	3.0		
川崎第一・大任間	(同　上)	0.5		
幸袋・二瀬間	33年1月	1.6	相田・潤野	
伊岐須分岐点伊岐須間	(同　上)	0.6		
下山田・上山田間	34年6月	1.2	上山田	
飯塚・長尾間	34年12月	3.6	豆田	
勝野・桐野間	35年2月	3.3	満ノ浦・桐野	
川崎・添田間	36年12月	2.2	峰地・岩瀬	
添田・庄間	(同　上)	0.6		

備考　鉄道院『本邦鉄道の社会及経済に及ぼせる影響』中巻(大正5年) pp. 777—9

輸送距離の短い遠賀郡では三六年においてもなお大部分水運に依存していた。

若松に輸送された石炭は艀をもって門司に移送されるほか、帆船によって直接内国各市場に送炭された。これを三六年上期についてみれば国内市場向け一一億斤のうち、大阪四億五千万斤を中心に、下関九七〇〇万斤、神戸七五〇〇万斤、呉六三〇〇万斤が大口で、これにつぐのは三津ヶ浜、伊予、小野田、和歌山、飾磨等の塩田地帯となっている。要するに若松の市場圏は大阪以西にあったが、その間の事情はつぎのとおりである。

「若松ヨリノ送炭ハ主ニ大阪以西ニシテ其門司ニ於ケル場合ト全然反対ノ現象ヲ示ス所以ノモノハ蓋シ大阪以東ニ於テハ多少北海道炭其他ノ競争アルコト固ヨリ其一因タラズンバアラズト雖モ若松港ハ未ダ水浅クシテ汽船ノ出入甚ダ困難ナルガ為メ従来送炭ハ凡テ和船ノ便ヲ藉ルヲ以テ大阪以東ノ遠隔ノ地ニ向ヒテハ門司ノ汽船積ニ比シテ送炭ニ非常ノ日数ヲ要シ而モ運賃比較的ニ高価ナルコト其主因タラズンバアラズ」(東京

高商『九州石炭集散及売買慣習取調報告』明治三八年、一二頁)。

しかし、若松に一度集中した石炭の大半はそこから門司に送られ、豊州鉄道で直接門司に輸送される田川炭と合して、ここから主として極東市場に輸出されたのである。しかも門司は貿易港として日清戦争後急速に発展をとげ、長崎の貿易の大半を奪い、三五年には貿易額において横浜、神戸、大阪についで第四位を占めるに至り、これにともなって寄港船も激増し、船用石炭の需要も増大するに至った。いま門司港における石炭の販路を表示すれば、表Ⅲ-26のとおりである。このうち地売とあるのは大部分石炭問屋間の取引であるので、二重計算されていることとなる。いま外国輸出、外船焚料、内国輸出、および内船焚料の関係を、図Ⅲ-1でみれば、外国輸出は六〇%弱を占め、外船焚料を含めれば七五%に達している。しかも内国輸出は停滞的であるのに対し、外国輸出および外船焚料は急速に増大しているのであるから、門司については主として海外輸出を考察しなければならない。しかも門司港の輸出はとりも直さず筑豊炭の輸出を意味していることは、上述したところから明らかであろう。

門司港の輸出先を示した表Ⅲ-27によれば、明治三〇年に後述するような理由で輸出が減退したのを除けば、一貫して増大し、「筑豊地方に於ける石炭の産出年々に増加して遂に東洋市場より外国炭を駆逐するに至り」、「筑豊石炭は東洋各地至る所に遍し」(「筑豊石炭の産出及輸出高」『東洋経済新報』明治

表Ⅲ-26　門司港石炭販路別推移　(単位 トン)

	明治31年	32	33	34	35
外国輸出	777,747	977,890	1,146,247	1,850,138	1,682,152
外船焚料	289,762	267,288	430,499	527,833	485,296
計	1,067,509	1,245,178	1,576,746	2,377,971	2,167,448
内国輸出	479,699	587,259	643,123	482,594	545,412
内船焚料	44,777	106,346	113,078	123,669	167,053
地売	392,014	512,713	727,370	621,671	762,900
計	916,490	1,206,318	1,483,571	1,227,934	1,475,365
合計	1,983,999	2,451,496	3,060,317	3,605,905	3,642,813

備考　東京高商『九州石炭集散及売買慣習取調報告』pp. 80—92

表III-27　門司港石炭輸出先　（単位 トン）

	明治29	30	31	32	33	34	35
香港	(238,390)		(387,911)	297,461	378,979		608,802
上海		(103,046)	(154,078)	295,160	268,650	(443,692)	435,651
シンガポール	(123,606)	(137,292)	(209,043)	212,301	253,559		207,573
その他				172,968	245,059		430,126*
計	607,522	502,622	777,746	977,890	1,146,247	1,850,138	1,682,152
船用	278,756	288,864	289,763	267,288	430,499	527,833	485,296
合計	886,278	791,486	1,067,509	1,245,178	1,576,746	2,377,971	2,167,448

備考
* 主要なものは旅順口(65,989)，牛荘(52,144)，漢口(40,497)，芝罘(40,258)，汕頭(31,038)，大連湾(25,405)，膠州湾(22,395)

出典　32，33年は『東京経済雑誌』1065号，35年は『九州石炭集散及売買慣習取調報告』より．
(　)内は各輸出先における数字により補充．

三〇年四月一五日号)という状況となったのである。

なお、輸出について注目すべき変化は、久しく輸出の中心が香港、上海、シンガポールに集中していて、三三年においても上海をのぞく中国への輸出は一二万トン前後であったのが、三五年には旅順口、牛荘、大連湾から漢口、汕頭等中国全土にわたり、その総量三〇万トンに達していた。北清事変後における日本資本の中国本土進出を示す点で注目すべきものがある。その状況について二、三の事例を示せばつぎのとおりである。

(1)　牛荘　「東清鉄道需要ノ十万噸余ハ同停車場牛家屯ニ陸揚シテ直ニ内地ニ輸送消費」(『通商彙纂』改五七号、明治三六年)していたが、「同鉄道ニ於テハ目下重ニ日本炭ヲ使用セリ」(同上、改七号、明治三六年)。

(2)　漢口　「三十三、四年度ノ税関年報ニ徴スルニ当港ニ輸入サレタル石炭ハ

三十三年　三四、六七七噸　日本(門司及口ノ津)
三十四年　三六、五九六噸　日本(同　前)

然ルニ昨三十五年ハ前二ケ年ヨリモ多額ノ日本炭ノ輸入アリタリ、即チ約六万噸ニシテ之ガ供給取扱者ハ三菱会社ト三井物産ナリ、三菱会社ハ大冶鉄鉱運搬ノ序ヲ以テ門司炭ヲ輸入シ重ニ漢陽鉄政局ニ売込ミ

(昨年ハ約三万四五千吨)三井物産会社ハ亦タ門司、ロノ津ヨリ輸送シ来リ漢陽槍砲局、武昌銀元局及当市磚茶製造所ニ売込ム、両者共ニ増水期ニ於テ航洋汽船ヲ以テ輸送ス。

要之工場用石炭ハ目下日本炭ト湖南炭ノ両者ヲ使用シ大馬力ヲ用ユル工場ニテハ重ニ日本炭ヲ使用シ居ルハ湖南炭ノ品質不良ニシテ燃焼力弱ケレバナリ」(同上、改七号)。

門司炭が鉄道、工場用炭として中国本土市場に進出していったことを知ることができる。

門司は外国輸出のほか総取扱高の二割前後を国内市場に送り出していたが、その市場については若松と明確な分業関係にあった。

「大阪以西ノ地方ヘノ送炭ノ大部分ハ若松ノ占ムル所ナルニ反シ大阪以東横浜四日市武豊等ノ稍遠距離ニシテ而モ港湾ノ設備比較的完全セル地方ニ向ツテハ門司ノ輸出スル所又甚ダ少カラズ」(『九州石炭集散及売買慣習取調報告』八五頁)。

国内市場としては横浜が約三分の一を占め、三五年についてみれば五四万トン中一五、六万トンに及んでいた。四日市(七万トン)がこれにつぎ、神戸、直江津、大阪、東京がこれに続いていた。このような汽船輸送によって、東京市場においても十分の競争力をもちえたことは、つぎの報道によっても知ることができる。

「昨年の末より本年に懸け、九州炭が磐城炭の販路区域に侵入すること甚しく、本年一月中東京及横浜の各工場にて、月額需要三万五六千噸の内二万四千噸内外を供給し、尚ほ引続き販路拡張策を計りつゝあれば、折角販路区域を拡張し来らし磐城炭は、今に於て充分の防禦策を執らざれば、東京以西より全く駆逐せられんとする苦境に陥りたり」(「九州炭と磐城炭」『東京経済雑誌』明治三六年二月二八日号)。

ところで、大炭坑資本の場合には自から販売機構をもつものもあったが、一般的に炭坑と市場とを結びつけていたのは、石炭問屋である。石炭問屋の機能は、若松と門司とではその市場構造の相違に規定されて、異なっていた。若松についてみれば、着炭問屋と積入問屋とがあった。前者は一般に「坑主ヨリ石炭ノ一手販売ノ委託ヲ受ケ自己ノ名義ニテ之ヲ売捌」(『九州石炭集散及売買慣習取調報告』三五頁)くものであるが、この場合には「石炭商ヨリ坑主ニ対シ或ル金額ヲ貸付ケ石炭ノ委托販売ヲ引受ケ石炭売却代金ノ内ヨリ漸次償却セシムル」(同上、九四頁)ことが普通であった。このような関係は「小炭礦ノ最モ便利トナスモノニシテ大ニ行ハ」(『炭礦経理ノ状況調査報告書』四頁)れていた。これに対し積入問屋とは一般に「荷主ニ積船ヲ周旋シ被雇船ニ荷物ノ媒介積入ヲナシ其船長ヨリ手数料ヲ徴シテ自己ノ所得トナスモノ」(『九州石炭集散及売買慣習取調報告』三七頁)で、石炭の売買取引は行なわないのが普通であった。これは出入船舶が小型で多数にのぼり、かつ市場が分散しているところから、船舶の需給の媒介をなすものとして出現し、機能したのである。かれらは「従来或商店ニ手代トシテ傭ハレ数年ノ経験ニヨリテ其内情ヲ知リ金融ノ遣繰算段等ニ通暁セルモノ一旦機ヲ得テ独立ノ一個商人トナリタル」(同上、三八頁)ものが多く、ほとんど資本というべきものをもたない仲介業者にすぎなかった。

このような積入問屋は筑豊に簇生する中小炭坑と結びついて、着炭問屋へと転化しようとした。この間の事情はつぎのように記されている。

「初当商人ノ積入問屋トシテ其業ヲ開始スルニ当リテハ資本薄弱ニシテ到底自己ガ損益危険ヲ負担スルガ如キ取引ヲ行フコト能ハズ、僅ニ船頭ヨリ得ル手数料ヲ以テ甘ズベシト雖モ漸ク信用ヲ博シ業務ノ繁栄ヲ来シ資金ノ運転意ノ如クナルニ及ビテハ斯ル小額ノ手数料ノミヲ以テ満足スル能ハズシテ遂ニ投機的性質ヲ具備セル坑主トノ一手販売ノ契約ヲ締結スルニ至ル、是レ其業務ノ拡張上免ル可カラザルモ亦彼等失敗ノ一大原因タラズンバアラズ。

表Ⅲ-28　主要石炭商取扱高　（単位 トン）

		三井物産	三菱合資	安川松本	田川採炭	古河	宮崎商店	峯地炭坑	その他	合計
明治29年	輸出高	174,287	176,232	288,062	195,298	—	62,828	9,628	350,306	1,256,641
〃 36年上期	着炭高	583,854	385,873	137,280	—	145,831	61,252	10,922	465,684	1,790,696

備考　29年は高野江『門司港誌』，36年上期は『九州石炭集散及売買慣習取調報告』

大坑主ニアリテハ既ニ他ノ商店会社ニ一手販売ノ特約ヲ結ブカ自ラ販売所ヲ有シ以テ其出炭ノ売却ニ従事セシムベキヲ以テ彼等ノ新ニ一手販売ノ契約ヲ締結セントスルモノハ勢小坑主ニシテ資金ノ供給ヲ渇望スルモノナラザル可カラズ、又商人ニ取リテモ如斯坑主ニアラザレバ彼等ノ欲スルガ如キ利益ナル契約ヲ結ブコトヲ得ザルヲ以テ其危険ナルヲ知ラザルニアラザルモ終ニ之レト特約スルニ至ルナリ、此等小坑主ト一手販売ノ契約ヲ結ブトキハ必ズ前金トシテ出炭額ヲ引宛ニ若干ノ貸金ヲナサヾル可カラズ、而シテ一旦此関係ヲ生ズルトキハ決シテ是ヨリ脱出スル能ハズ、到底其坑山ト死活ヲ共ニセザル可カラザル境遇ニ陥ルモノトス、蓋シ（中略）坑山ニ於テハ不況ナリトテ俄ニ採掘額ヲ減ジ又ハ停止スルヲ得ザル事情ニ在ルヲ以テ日々一定ノ費用ヲ要シ之レガ供給ヲ商人ニ依頼シ来ルヤ明ニシテ若シ商人ニシテ此請求ニ応ゼザルトキハ其坑山ハ勢休坑又ハ廃坑ノ悲境ニ陥リ従来取換ヘタル貸金ノ回収ノ途ナキニ至ルベク去レバトテ之ニ応ゼンカ益々深所ニ陥リ終ニハ進退維谷リテ如何トモナス能ハザルニ至リ昨日ノ盛況ニ引替ヘ今日ハ閉店ノ悲運ヲ蒙ルハ吾人ノ常ニ目撃スル所ナリ」(同上、三八―九頁)。

これに対し門司にあっては、内地取引さえ汽船積みで一時に多量の取扱いをなすため、積入問屋発生の条件が乏しく、海外市場との取引が中心であったので、大商業資本の比重がきわめて大きかった。すなわち、三井物産、三菱合資、安川松本商店、古河門司販売店等を中心とし、炭坑で自ら販売店をもっていたものには、岩崎炭坑、峯地炭坑、長者炭坑、住友等があった。それらの取扱高は表Ⅲ-28のとおりで、二九年の輸出高についてみても、三井、三菱、安川、田川で全体の三分の二を占めていたし、三六年の着炭高でみても、三井、三菱、安川、古河で七割を占めていた。これら大炭坑と結びついた商業資本は筑豊における出炭の比率を高めるとともに、三井物産が大ノ浦、金田炭販売の委託をうけていたように、他炭坑の出炭分をも引受けてその海外輸出に支配的な地歩を確保していったのである。[4] このような販売機構の確立にともなって、筑豊主要炭坑の石炭はその銘柄をもって極東市場で取引されるようになった。鯰田炭、豊国炭、小松炭、大ノ浦炭、大辻炭、峯地炭等々がそれである。それは筑豊炭が極東市場でその地歩を確立したことの端的な表現でもあったといえよう。

(3) 艜運送についてはつぎのように記されている。「艜ノ所有者ヲ組親ト称シ三艘乃至十五六艘ノ艜ヲ所有シ、各組ヲ以テ其名トシ運搬ニ従事ス、現今艜ノ総数五千六百」。「坑主ハ毎年旧年末ニ組親ト雇入ノ約定ヲナス、従来雇入約定ノ時ニハ定約金トシテ一艘毎ニ若干円ノ貸付金ヲナシタリシカ運炭ノ迅速ヲ要スル場合或ハ炭況活潑ニシテ艜船ノ需要大ナル場合ニハ各坑互ニ競争ヲナシ或ハ貸付金ヲ増額シ或ハ奨励金ヲ与ヘタリ」(『炭礦経理ノ状況調査報告書』一八―九頁)。

(4) 香港への輸出について、つぎのように報じられている。

「去明治二十六、七年ノ頃豊筑雑種炭ノ小荷主競ヒテ石炭ヲ当港ニ輸送シ頻ニ売込ヲ急ギテ其価格ヲ崩シ若クハ委托販売ニ附シ其商権ヲ委托引受人ニ奪ハル、等ノ事情ハ其当時当館ヨリノ報告ニ記述シアルコトナルガ多年ノ経験ト商況ノ変遷トニヨリ漸ク進化シ小荷主ノ投機的輸送ハ漸次ニ減少シ少数ナル確実ノ筋ヨリ定期渡ノ約定品ヲ送ルモノ多キ勢ニ進ミタルハ此業ノ慶事ト謂フベシ」(「二十九年中香港へ輸入シタル石炭ノ景況」『通商彙纂』六七号)。

3 筑豊炭と海外市場の変動

前述したように、日本炭輸出先の中核をなすものは、香港、上海、およびシンガポールであり、輸出炭の大半を占めた筑豊炭の輸出先も、したがってまたこの三大市場に集中していた。以下筑豊炭を中心とし主として出先領事館の報告をのせた『通商彙纂』によって、この三大市場における日本炭の市場行動を考察してみよう。これら三市場における筑豊炭をはじめとする日本炭の輸入状況は、表Ⅲ-29、30および前掲表Ⅲ-22にみられるとおりで、いずれにおい

表III-29　香港輸入石炭種別　(単位 トン)

		明治27年	28年	29年	30年	31年	32年(1—9月)
日本炭	筑豊炭(A)	268,764	248,941	238,370	280,354	387,911	244,245
	三池炭	173,517	213,612	236,131	163,186	186,228	172,775
	北海道炭	26,270	23,601	16,350	51,134	30,056	9,946
	その他	—	—	—	3,600	12,848	28,799
	計 (B)	468,551	486,154	490,851	498,274	617,044	455,765
外国炭	トンキン炭	89,400	41,839	87,700	121,600	120,100	82,600
	濠洲炭	10,324	11,406	31,475	29,605	28,199	4,932
	英国炭	41,100	62,923	29,300	47,280	121,419	21,920
	その他	3,900	15,700	750	17,780	3,920	1,260
	計	144,724	131,868	149,225	216,265	273,638	110,712
合計(C)		613,275	618,022	640,076	714,539	890,682	566,477
A/B		57.4	51.2	48.6	56.2	62.7	53.6
B/C		76.4	78.7	76.6	69.7	69.4	80.4

備考　27—29年は『通商彙纂』67号，30年は74，92号，31年は123号

表III-30　上海輸入石炭種別　(単位 トン)

		明治30	31	32	33	34
日本炭	門司炭(A)	103,046	154,078	286,303	275,155	443,692
	三池炭	58,045	106,855	108,642	108,670	102,037
	長崎炭	143,122	140,240	99,532	55,238	75,343
	北海道炭	12,117	—	10,326	371	8,924
	唐津炭	21,178	30,462	11,417	11,356	21,094
	小計(B)	337,508	431,635	516,310	450,790	651,090
清国炭		117,708	120,270	112,245	53,781	81,050
外国炭		59,262	116,081	94,254	89,610	107,957
合計(C)		514,478	667,986	722,809	594,181	840,097
A/B		30.2	35.7	55.5	61.0	68.2
A/C		20.0	23.0	39.6	46.3	52.8

備考　『通商彙纂』改57号 p.40 より算出．32年の日本炭小計は合わないがそのままにした．

ても日本炭の比重は全輸入炭の過半を占め、香港、上海においては、七、八〇％に達していた。しかもそのなかで筑豊炭の比重は過半を占めていたから、筑豊炭がこれら市場を規制する関係にあったことは、いうまでもない。

だが、前述したように、外国船舶用炭を中心とし、極東における帝国主義列強の競争と対抗に大きく規定された極東石炭市場は、立ち入ってみれば、はなはだしく不安定であった。まず日清戦後の二九年についてみれば、海運業の不況で炭況不良であった。たとえば香港についてつぎのように報ぜられている。

「一昨二十八年日清両国間媾和条約ノ締結著シク当地石炭ノ相場ニ影響シ其頃ヨリ炭価漸次下落シ年末マデニハ概シテ一弗方下落シタルニヨリ其翌年即昨二十九年中供給ノ約定ハ炭質ノ優劣ニ従ヒ四弗乃至六弗ニシテ臨時売石炭ノ相場モ右ト大差ナカリシカ夏期ニ至リテ当地方ノ運賃非常ニ下落シ一時ハ門司当港間一噸ノ運賃一弗以下ニテ積来ル程ナリシニ依リ需要ニ超過セル輸入アリシニ船舶業不景気ノ為メ石炭ノ需要ハ却テ減少ノ方ナリケレバ炭況沈静ニシテ臨時売ノ石炭相場モ引立タズ寧ロ荷余リノ方ナリシニ秋冬ノ交本邦出炭地方出水ノ為メ採掘ノ高ハ減少シ加之ニ内地ノ需要ハ当時大ニ増加シタリトテ八九月頃ヨリ輸入高痛ク減少シ在荷払底ノ姿トナリ当地ノ相場ハ之ニ連レテ上向ニテ年末ニハ六七十銭方騰貴シタリ」（『通商彙纂』六七号）。

三〇年に入ると炭価は急上昇したが、それはまず、日本国内における戦後景気による需要増大を契機としていた。

「本邦内地ニ於ケル本品ノ状況ヲ察スレバ此ガ主産地タル九州地方ニ於テハ坑夫ノ不足交通ノ阻害等ニ依テ出炭意ノ如クナラザル上ニ炭坑中又水火ノ災害ヲ被リ大ニ産出高ヲ減ジタルモノアルニ拘ラズ本年中門司、若松、蘆屋ノ三地ニ集リ更ニ内外各地ニ散ジタル高ハ大約四十七億万斤ノ多額ニ上レリ、然レドモ近来内地ニ於ケル交通ノ発達商工業ノ繁栄ニ伴ヒ汽車、汽船ハ勿論其他各種ノ工場ニ於ケル本品ノ消費額モ亦著シク増加シタルヲ以テ内外ノ需要ニ対シ殆ンド供給ヲ完フシ能ハザルノ姿勢アリ」（大蔵省『外国貿易概覧』明治三〇年、二八〇頁）。

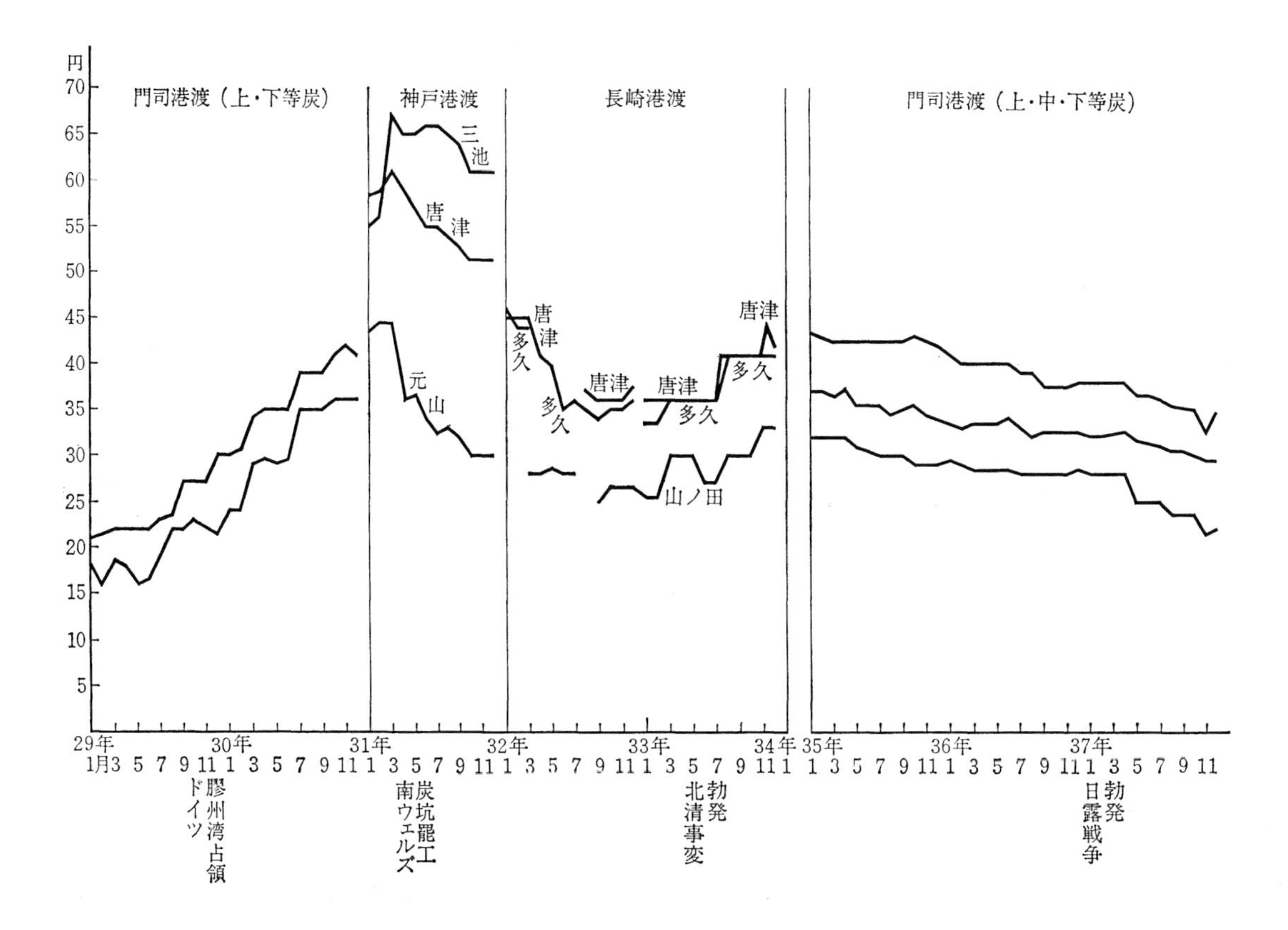
円
門司港渡（上・下等炭）
神戸港渡
三池
唐津
元山
長崎港渡
唐津
多久
唐津
多久
唐津
唐津
多久
唐津
多久
山ノ田
門司港渡（上・中・下等炭）
29年
30年
31年
32年
33年
34年
35年
36年
37年
ドイツ膠州湾占領
南ウェルズ炭坑罷工
北清事変勃発
日露戦争勃発

こうして上海、香港等では「門司炭ノ出廻ハ至テ少ナ」(『通商彙纂』七三号)く、「炭価の昂騰著大なる其上に在荷欠乏の姿たるを以て石炭の輸出大に衰退の状」(「石炭の現状及其将来」『東洋経済新報』明治三〇年四月一五日号)を呈し、事実、表Ⅲ-27およびⅢ-17にみられるように、三〇年には輸出の減退を見るに至ったのである。しかし、炭価に決定的影響を与えたのは、同年秋ドイツの膠州湾占領によってひき起された極東の緊迫した状勢であった。「上海、香港ノ市場ニ於テ頻リニ本品ノ買収ヲナス者アリ」(前掲『外国貿易概覧』二八〇頁)、需給のアンバランスから「炭価ハ次第ニ上騰シ月一月ト上進シテ終ニ本年ハ未曾有ノ高値ヲ現ハスニ至」(同上)ったのである。

三一年に入ると極東における帝国主義列強の対立・抗争は一層激化した。三一年版『外国貿易概覧』はこう伝えている。

「前年末膠洲湾事件ノ発生以来東洋ノ事局自ラ繁多ヲ告ゲ形勢亦頗ル不穏ニシテ動モスレバ欧洲列強ノ間ニ衝突ヲ見ントスルノ状態アリ、加フルニ米西ノ事件破裂シテ両国間ノ開戦トナリ次デ米軍ノ馬尼剌占領等ノアリシタメ欧洲三四ノ強国ハ其東洋艦隊ノ艦数ヲ増加シ益〻勢力ノ拡張ヲ計リ其他ノ強国モ続〻軍艦ヲ派遣シ来リタルヨリ東洋ノ海面ハ列国ノ軍艦輻湊シテ非常ノ盛況ヲ呈シ殊ニ英露ノ両国ハ盛ニ本品〔石炭〕ヲ買収シテ不時ノ用ニ備ヘントシ独国モ膠洲湾ニ貯蔵ノタメ購入セルモノ尠少ニアラザリシヲ以テ東洋各港ニ於ケル本品ノ需要著シク増加セリ」(二五一―二頁)。

しかしながら、このような石炭需要構造の変化は、市場に特殊な形で影響を与えた。軍艦用炭の需要は燃焼効率の高いカーディフ炭等の上等炭に集中したから、下等炭はこの需要増大の圏外に立たされたのである。

「本邦炭ハ下等炭ノ在荷可ナリアレドモ望ミロ少ナク相場ハ居据リノ姿ナリ、去レドモ船舶少キヲ以テ運賃ハ漸々昂騰シ門司長崎ヨリ一噸ニ付二弗ト云フ高直ヲ唱フルニ至リ、且ツ上等炭ハ相変ラズ東洋ノ風雲不穏ヲ気構ヘテ強気ヲ帯ビ居レリ」(『通商彙纂』九九号)。

ところが、東洋の風雲がその後やや平穏に向うと、六月ころから石炭の需給はにわかに逆転し、「商勢日を追ふて振はず、門司港の石炭の輸出も其後大に活気を失ひ」「一時一万斤七八十円を称へたる石炭の価格も漸次下落して昨今九州炭上物にして五十五円を呼ぶに至」(「石炭の下落」『東洋経済新報』明治三一年七月二五日号)った。しかも石炭の輸入は引続き増加したため、香港では八月には貯炭三〇万トンに達し、「市況愈々不振ノ悲境ニ陥リ日本上等炭ヲ拾弗以下ニテ投売ヲ為スモ尚ホ買手ナキニ苦シムノ状態」(『通商彙纂』一一二号)に立ち至った。

このような状況は八月中旬に至ってようやくもちなおした。それは何にもまして、東洋におけるイギリス炭の産地であるサウス・ウェルズにおける、四月以降五カ月にわたる大同盟罷工の影響が、ようやく現れたことによる。その間の事情はつぎのとおりである。

「本年三月英国石炭の大産地カーヂフに於ては石炭坑夫の同盟罷工あり、普通の数より推断せば其影響は遅くも四五月頃には東洋各市場に顕はれ石炭の価格を騰貴せしむるは当然の結果なるに事実は之に反し其頃より今日に至る迄漸次下落一方に傾きたるは如何にも不思議の事と謂ふ可き次第なるが当業者は此頃に至り其原因を詳にするを得たり。即ちカーヂフは英国軍艦に石炭を供給する最要産地なる事は世人の知る所、然るに該炭礦同盟罷工前に当り東洋に於ける英露の姿勢は頗る不穏の模様あり、英国海軍省は予ての貯炭所たるポートサイド、亜丁、新嘉坡、香港、上海及び我長崎、横浜、函館の各港へカーヂフ炭を輸送したること殆ど平常の三倍に達し到る所石炭の山を築き居りたるもの、幸に露国との折衝極端に至らず一時無事に局を終りたるを以て多量の石炭は不要と為れり、此事情より引続き米西戦争は起り米国は其貯炭を利用したるも猶余裕ありて市場に溢れさてこそ斯くは我輸出炭を圧し各市場の相場を下落せしめたるものなれ。而して今や何れの市港にもカーヂフ炭は減量し一般の石炭亦品薄とならんとするもカーヂフ炭礦同盟罷工の影響は漸く今日に顕はれ為めに我産炭の需用は前途有望ならんとし、炭価の回復は期して待つべきなりと云へり」(『日本鉱業会誌』明治三一年八月号)。

しかしこの場合にも、カーディフ炭の代位という点で需要は上等炭に限られたから、下等雑炭は供給過多の状況を続け、炭価の上昇も抑えられることとなったばかりでなく、罷業が終るとともにその影響もうすれ、秋以降再び「沈静不振ノ境ニ陥」(『通商彙纂』一四八号)り、三二年に入っていよいよ悪化した。この間の事情を上海総領事館はつぎのように報じている。

「昨年ハ各国東洋艦隊ノ貯炭アリタルノミナラズ一個人ニシテ爾後炭価ノ騰貴ヲ意気込ミ意外ニ本邦炭ノ買収ヲナシ遂ニ本邦輸入石炭ヲシテ一躍五拾余万噸ノ多額ニ達セシメ前古未見ノ隆盛ヲ顕出セリ。

然ルニ本年ニ入リ各石炭商ハ兼テ其予想ニ反シ支那ハ到底欧洲強国ト戦端ヲ開クノ気力ナキノミナラズ世人ノ予想セル日露間ノ衝突モ事実トナリテ顕ハル、模様ナク先ヅ東洋ハ当分平和ノ地歩ヲ保持スルノ姿ナルヲ見テ取リ此節ニ至リ弗々其貯蔵石炭ヲ売放チ始メ此所ニモ彼所ニモ荷持家ノ安直売捌キ手持家ノ持飽ミアリテ全ク彼等石炭商ノ予想ニ反シ為メニ昨年今日ノ好気配ニ引換へ在荷弥が上ニ嵩ミ殆ト持扱方ニ困シミ居ルノ有様、咋今一層ノ痛苦ヲ感ジツ、アルベシト想ハル」(『通商彙纂』一三七号)。

このような事態は上海ばかりでなく、「当国(中国)到ル処トシテ之ガ渋滞ヲ見ザルコトナク」(同上)と報ぜられる状況で、香港のごときも貯炭三五万トンにのぼると報ぜられた。そのうえ、筑豊の「小坑主ハ金融逼迫ノ為メ一時採掘ヲ中止シ在炭ヲ投売セシ為メ価格ノ下落ハ殆ンド其停止スル所ヲ知ラザルニ至」(『通商彙纂』一四五号)った。上海では門司中等炭の相場が一月には七両内外であったのが、七月末に至っては二両近くの下落を見るに至った。

このような炭価の崩落は需給関係の逆調に加えて、零細荷主の投機・売逃げが重なることによって生じた。(5)

「近来当港ニ送炭スル荷主中資産豊富ナラザル投機者其数少カラズ、此等ノ荷主ハ当港〔上海〕ニアリテモ信用鞏固ナラザル荷受主ニ宛テ荷為替ヲ取組ムモノ多キヲ以テ支払期日ニ至リ取組銀行ハ少シモ其支払ヲ猶予セズ、又他方ニ於テ支那華客ハ能ク此間ノ弱点ヲ探知セルヲ以テ容易ニ買進マズ、其結果遂ニ格外ノ安直ヲ以テ売放ツモノ頻々トシテ起ルニ至リ遂ニ今日ノ安直ヲ顕出スルニ至レリ」(『通商彙纂』一四六号)。

このような状況からの立直りの契機となったのは、明治三三年の北清事変であった。帝国主義諸国の分割競争と経済的進出に対して、抵抗する力をもたないと見られた中国が、排外運動である拳匪の活動を契機として、帝国主義列強と戦端を開いたことによって、極東の状勢はにわかに活況を呈するに至ったのである。

「〔六月〕中旬ニ至リ北清事変発生シ各国ノ軍艦及運送船ノ出入頻繁ナルニ至リタルヨリ忽チ炭況ニ影響ヲ及ボシ就中英炭ハ市価ノ動揺最モ甚シク上旬ニ於テ弐拾六七弗ノ取引セシモノ下旬ニ至リテハ三十六七弗ヲ唱フルニ至ルモ尚ホ売荷ナキ程盛況ヲ呈セリ、続テ本邦炭ニモ内地ノ強気及運賃ノ上進ノ外ニ北清事変ヲ気構ヘテ幾分カ投機ノ気味ヲ生ジ在荷売物ノ十中八九ハ売控ノ姿ニテ手放サス、為メニ相場ハ概シテ廿五仙乃至五十仙方騰貴セリ」(『通商彙纂』一七六号)。

この間の推移を上海総領事館はつぎのように考察している。

「顧ルニ七八月ノ交当地ニ於ケル金融界ノ逼迫ハ石炭商ニモ影響シテ当地上等炭ハ一噸五両台ノ安価ヲ以テ投売アルニ至リ為メニ本邦炭ハ一時悲境ニ陥リシモ其後九月初頃ヨリ景況恢復シテ遂ニ今日ノ上進ヲ見ルニ至レルナリ、而シテ此恢復ヲナスニ至リタル所以ヲ聞クニ、第一　各地ニ於ケル貯炭用ノ為メ多額ノ需要アルニ由ル事、即チ清国事変ハ何時落着シ如何ニ変動スルヤ測ラレヌ故ニ露ハ旅順口ニ独ハ膠洲湾ニ夫々貯炭ヲナシ此等ハ皆本邦炭ヲ望取リ米国モ亦マニラニ本邦炭ヲ貯ヘ万一ニ備ヘツヽアリ、斯ク貯炭ヲナス為メニ本邦炭ノ需要セラルヽモノ大ニ増加ヲ来シ相場ノ恢復ヲ見ルニ至レルナリ、第二　外国上等無煙炭ハ海軍用ノ為メニ成ルベク貯ヘテ使用セズ代リニ本邦炭ヲ需要スル事即英国海軍ノ如キ従来カーデイフ炭ヲ使用シ来リタルガ近頃空シク上等炭ヲ使ヒ尽スノ非ナルヲ見テ戦時ニアラザル以上ハ本邦炭ヲ使用スルモ差支ヘナキ旨其筋ノ達ヲ得タル趣ニテ近頃該国軍艦ハ本邦炭ヲ使用シ黒煙ヲ漲ラシテ航行シツヽアルヲ見ル、英国既ニ斯ノ如シ況ンヤ其他ヲヤ、第三　商船用トシテ本邦炭ノ需要増加セシ事即チ従来東洋通ヒノ外国汽船ハ新嘉坡或ハ香港ニ於テ必要ノ石炭ヲ積入レタルニ近頃ハ在荷ノ欠乏ト高価ナルカ為メニ門司等ニ回航シテ積入ルヽニ至レリ、之カ為メニ本邦ニ於ケル石炭ノ需要ヲ増加セリ」(『通商彙纂』一八二号)。

第三の要因については表III-27によって確認されるところである。なお、このような海外市場拡大のなかで、中国(表III-21)、上海(表III-27)への輸出が減少したのも亦、北清事変のためであり、上海などはこのため恐慌状況さえ見られたことによるものである。ともあれ、三三年下期の市況が良好であったのは、何よりも北清事変の影響によっていたから、事変が落着をみると需要は減退し、「各阜頭ノ貯炭ハ山ヲ成シテ余地ナク、炭価ハ急速ノ下落ヲナ」(『通商彙纂』一八八号)すに至ったのである。その後も市況は不良で炭価の回復ははかばかしくなかった。

日清戦後の海外市況は上述のとおりであるが、ここには注目すべき二、三の事実が明白に示されている。第一は、石炭需要の変動が中国の国内市場や極東における通商船舶用需要よりも、帝国主義列強の政治的・軍事的活動によって規定されていたことである。このような突発的需要は市場に投機的性格を与え、需給および価格の変動をいちじるしく大幅ならしめた。上海総領事館は端的にこう報じている。

「従来当地ノ炭況常ニ濫輸入ノ傾キアリテ毎年貯炭ニ苦ミツヽ、アル際前記ノ如キ事件(北清事変等)ニ遭遇シテ稍愁眉ヲ啓クヲ常トス、本年ノ炭況モ此異常ノ事変ニ遭遇セザレバ恢復ノ途ナキヲ恐ル、何トナレバ三十三年ノ北清事変ハ炭価ヲ騰貴セシメタル激甚ニシテ英炭ノ如キハ一噸庫渡二十七八両ニ上リ本邦上等炭モ八両五分台ニ上レリ、是レ昨年十月頃ノ相場ナリトス、去レバ輸入ハ十月頃ヨリ急速ノ増進ヲナシタリ」(『通商彙纂』一八八号)。

明治三〇年から三一年前半にかけての石炭ブームは、その典型的なものであったし、三三年の北清事変も然りであった。日本の石炭資本は極東市場を独占しながら、しかもその独占は極東石炭市場の構造に規定され、帝国主義列強の動きに左右されざるをえなかったのである。

第二に、したがってまた石炭需要は、軍艦用としてのカーディフ炭をはじめとして、燃焼効率の高い上等炭を中心とし、上海その他における工場用炭あるいは沿岸航路用小蒸気船焚料としての中・下等炭需要は、軍事的緊張による石炭需要の増大には均霑しなかった。むしろ、北清事変の際に上海に生じた恐慌にみられるように、需要の減退さえ生じたのである。したがって価格の変動についてみても上記の叙述にしばしばみられるように、上昇するのは上等炭であり、下降する場合は上等炭が中・下等炭市場を圧迫したから、もっとも影響をうけ投売等の挙に出るのは主として下等炭であった。(6) しかもここで留意すべきことは、上等炭として海外市場でその銘柄が通用していたのは、筑豊では田川、大ノ浦、豊国、鯰田、金田、小松ヶ浦等の大炭坑の石炭であった。したがって、極東情勢の緊張による石炭需要増大の利益をえたのは、何よりこれら大炭坑資本であった。

こうして筑豊における優良大鉱区の占有を基底とする大資本は、その生産諸条件の優位性と、市場における有利性とに支えられて、急速に資本を蓄積し、日露戦後における北海道を中心とする優良巨大鉱区の独占とそれら諸条件を基盤とする市場独占を準備していったのである。しかしながらそれは同時に、中国における帝国主義諸国による炭鉱開発が急速に進展した時期でもあった。(7) 日本の石炭独占資本は極東市場において逆に開平、撫順炭等の強力な競争に直面せざるをえないこととなり、極東市場から急速に後退し、間もなく粘結炭を中心として石炭輸入国に転化していくこととなるのである。

以上明らかなように、日本石炭産業における資本制生産の確立は、一方では、零細土地所有の規制から解放された優良巨大鉱区所有と、前期性の殻を身につけたままの賃労働関係を基盤として、鉱山地代分をも含めた利潤を生み出し、他方では、先進西欧諸国の極東への帝国主義的進出とからみあって、この利潤を現実化することによって遂行された。しかしそれは同時に、帝国主義諸国の日本帝国主義に対する対抗関係を内包するものであり、賃労働関係に規定された低生産性と労使の対抗関係とを現実化し、桎梏たらしめずにはおかなかった。(8)

(5) 北清事変の初期、日本炭の価格が予想されたほど急騰しなかったことから、益田孝(三井)、平岡浩太郎(豊国)、貝島太助等は、「日本炭の低廉なるは炭礦主中資金の融通に差支ふるものあり、投売を為すため相場を売崩したるものに外ならず」(「石炭の輸出販売同盟」『東京経済雑誌』明治三三年八月二五日号)と考え、三井銀行が中心となって、貯炭担保の手形割引による融資を行ない、価格の維持、引上げを図ろうとした。これは必ずしも成功しなかったが、問題の所在を示す点で興味がある。

(6) 三三年の前記石炭販売同盟はその規約第一条で同盟加入者の資格を、「日本国内に於て中等以上の石炭を採掘する者」に限ろうとしていた(「石炭販売同盟」『東京経済雑誌』明治三三年一一月二四日号)。下等炭の値崩れは上等炭と関係がなかったことを物語っている。

(7) 三井鉱山の責任者団琢磨は、明治三五年末につぎのように述べている。

「支那炭坑の開採　是れ最も我に取て強敵なり、〔中略〕若し夫れ支那は我の石炭市場として最も大なるもの、支那石炭にして大に産出せんか直ちに至大の影響を蒙らざる能はず、今や開平炭は採掘せられ居るも、その交通上又は炭質上より、我れの本拠たる上海、香港の日本炭市場は、何等の影響を見ずと雖、独逸の山東省の経営は主たる目的は石炭の開採にあり、今日の処未だ成功せずと雖、同地方は炭鉱に富むと称すれば、我国の支那に於ける石炭市場の最も恐るべき強敵たるは疑ふべからず」(『東洋経済新報』明治三五年一二月一五日号)。

(8) 第二次大戦前後における日本石炭産業の矛盾とその展開については、隅谷「石炭礦業の生産力と労働階級」東京大学経済学部創立二十五周年記念論文集Ⅱ『日本資本主義の諸問題』(一九四九年)所収をみよ。

第二部　石炭産業分析の方法

第一章　生産分析

第一節　労働過程

(a)　採取産業における生産

(イ)　生産の基底としての労働対象＝炭層。石炭産業における生産は、地中に埋蔵されている石炭の採取である。一般に生産に関与する物的要因は労働手段と労働対象であり、工業生産においては労働過程に媒介された労働対象＝原・材料に対する加工・精製が課題であるゆえに、労働手段が第一次的要因をなしている。これに対して採取産業においては、自然に存在する労働対象を採取することが目的であり、採取された対象そのものが生産物となるのであるから、第一次的には労働対象が生産を規定し、生産の基底をなす。石炭産業においてはこの労働対象は地中に層をなして存在している石炭、すなわち、炭層である。それゆえ、炭層の存在は石炭産業そのものの存立の基盤であり、出発点であると同時に、石炭産業分析の基底をなすものである。この点まず留意されねばならない。

(ロ)　生産の規制要因としての炭層。石炭は普通、砂岩や頁岩などの層に伍して、炭層をなして存在しているが、労働対象としての炭層の条件は、その生成の様態、時期、およびその後の変様により、炭層ごとに差異があり、次のような諸条件によって規制されている[1]。

1　炭層の賦存状況

(i)　山丈(やまたけ)および炭丈(すみたけ)　炭層の中には普通夾み硬の層が介在し、石炭の層と合して山丈(層厚)を形成するが、石炭部分の厚さ＝炭丈は賦存条件の基底をなし、夾みの状況は炭層の条件を制約する要件である。

(ii)　傾斜および断層　炭層は普通傾斜を有し、また断層によって切断されている。それは採取の条件を規定する。

(iii)　深度　炭層は地表から離れるほど運搬、湧水処理、通気などに困難が生ずる。

(iv)　上盤および下盤(したばん)　石炭は岩石の層の間に賦存するゆえ、その状況とくに上盤(天井)の状態は採取の条件を規定する。

(v)　密度　炭層は普通同一地域内に複数存在する。稼行しうる炭層の数およびその炭丈の合計が生産を規制する。

2　炭　質

(i)　品種　石炭は炭化の程度によって、無煙炭、瀝青炭、煽石、褐炭、泥炭に分かたれ、瀝青炭は粘結炭と不粘結炭に分類され、それぞれその使用価値を異にする。

(ii)　カロリー　同じ無煙炭や瀝青炭であっても、炭層によって固定炭素、揮発分の含有を異にし、したがって熱量も異なる。カロリーが高いほど当然に使用価値は大きい。

(iii)　灰分　石炭は炭素、水素、酸素および窒素の外、不燃質物すなわち、灰分を含むが、一般に硫黄、燐などが少量であるほど使用価値は大である。

これら諸条件の相乗が労働対象たる炭層を規定し、かく規定された炭層が生産を規定する。

(ハ)　採取に伴なう場の移動。工業生産においては、労働過程において加工される労働対象は外部から導入されるから、一度設定された生産の場は、生産に伴なって移動することはない。ところが、石炭産業においては、労働対象が採取され搬出されてしまうので、採取の場は炭層にそって移動せざるをえない。それは次の三点で石炭生産を制約している。第一に、採取場所の移動とは、換言すれば地表からの距離の増大であり、したがって、労働対象＝生産物を地表に運搬する距離の延長を意味する。採取そのものが採取を困難にする。このような矛盾は第二の点で一層明白になる。同じ採取産業でも漁業などは労働対象が年々自己を再生産するから、濫獲しない限り労働対象が減滅することはない。ところが、炭層はその生成に少なくとも数百万年を要しているので、採取すればそれだけ減少し、当該炭層の部分についてみれば、やがて掘りつくされ、労働対象は消滅するゆえ、採取を継続するためにはくり返し新たに採取の場を開発していかなければならない。第三に、以上の二点、移動性と消滅性とのゆえに、労働過程に大規模な労働手段を導入することをそれだけ困難にする。

(ニ)　生産力の第一次的規定要因としての炭層。労働対象が生産を基本的に規定し、その労働対象である炭層の条件に差異が存するということは、炭層の条件——炭丈、傾斜、断層および深度などが、第一次的に石炭産業の生産力を規定している、ということにほかならない。賦存条件の良好な炭層において採取された一定量の石炭には、条件の劣悪な炭層の場合に比べて、より少ない労働力しか投下されていないのである。もちろん後述するように、労働手段は石炭生産においても重要な生産力の要因ではあるが、工業の場合のように第一次的要因ではなく、労働対象がこれにとって代っている。

(b)　石炭産業における労働過程

(イ)　出発点としての採炭過程。石炭産業における労働過程が採炭を起点とすることは、いうまでもない。ところで、採炭過程は炭層の賦存状況に影響されて一様ではないが、一般的に、透し掘り《Schram, undercutting》、崩落、すくい込み、および搬出の四つの過程からなる。そのうち最も困難で熟練を要するのは、透し掘りであり、つるはしが久しくその唯一の道具であった。これにつぐのが崩落であるが、炭理を考慮して崩壊させせなければならないが、とくに発破採炭の場合には、穿孔(せんこう)とその角度、方向に経験と熟練を必要とする。

採掘された石炭はすくい込んで搬出される。したがって、元来採炭と搬出とは不可分であった。[2]ところが、採炭そのものによって採炭場所が移動し、運搬距離が増大すると、運搬過程は採炭過程から独立した一過程となる。

(ロ) 採炭と運搬の統一としての労働過程。石炭産業における労働過程は、地中に賦存する炭層を掘り崩してこれを地上に運び出し、処理可能の状態におくことである。それゆえ、労働過程のなかで運搬は重要な意義を有する。「どの生産過程の内部でも、労働対象の位置変更は、またそれに必要な労働手段と労働力とは――たとえば、棉花が梳棉室から紡績室に移転され、石炭が炭坑の中から地表に揚げられる場合のように――大きな役割を演ずる」(K. Marx, Das Kapital, Buch II, S. 144)。とはいえ、棉花――一般に工業における労働対象――の移転と石炭の地表への運搬とは、生産過程における意義を異にする。前者は「大きな役割を演ずる」とはいえ、労働対象を加工・精製すべく生産過程に取り入れ運び出すものであるから、加工・精製過程に対してはあくまで補助過程であるのに対し、後者にあっては、地中に存在する労働対象たる石炭を地表にもたらすこと自体が生産であり、そのために採炭し運搬するのであるから、運搬は補助過程ではなく、採炭と並ぶ生産過程の二大要因の一つであり、生産過程は両者の統一として成立する。[3]

(ハ) 採炭と運搬の統一と対立。採取産業においては、採取と運搬とによって基本的労働過程が構成されているので、この両者の間にはバランスが存在しなければならない。採取の結果運搬距離が長くなり、運搬労働の増大が生産力を引き下げるに至ると、このアンバランスの結果運搬手段の変革が課題となり、新しい運搬手段、捲揚機が出現する。新しい運搬手段が導入されると、一方では運搬距離の一層の増大が可能となると同時に、他方では運搬能力が採炭能力を超えることから、新しい採炭方法、たとえば、火薬の使用による発破の導入を促すようになる。他方、採炭方式の改善、たとえば、穿孔機の導入による出炭の増加が、坑内運搬系統の合理化、坑道運搬の機械化をもたらす。採炭方法が運搬手段の能力と対応し、採炭と運搬の統一が安定的に成立することが必要であり、そこに労働過程の体系が形成されるわけである。

ところで石炭産業の労働過程の特色は、採炭と運搬の統一が破れる契機を内在させている、という点にある。というのは前述したように、採炭自体が運搬過程を延長させ、両者の対立を生み出すからである。この問題が運搬過程の変革によって解決されない限り、矛盾をになった炭坑は廃棄され、廃坑とならねばならない(4)。

(二)　採炭と運搬における生産力。採炭と運搬の過程は労働手段によって媒介されるが、相互規定的な採炭と運搬における労働手段の体系は、炭層の条件によって一次的に規定されている石炭生産の生産力を、二次的に規定する。しかし、採炭と運搬とでは労働手段による生産力の規定の仕方を異にする。運搬の場合には、採取産業自体の性格から運搬距離が自動的に延長されるので、距離の延長に制約され、その困難を克服するため、必ずしも生産量の増大とは直接関係なしに、労働手段の発展が要請され、生産力の発展をみるようになるのである。したがって、生産力の発展は受動的である。これに対していえば、採炭過程においては、生産力の発展はより能動的である。運搬過程の生産力の変化は、採炭のための労働手段の変革を可能にし、それに刺激は与えても、その変革を必然的ならしめるものではない。むしろ、市場の条件に対応して、採炭過程内部から新しい労働手段が出現し、生産力の発展が生み出される。その意味において、時間的には運搬過程における労働手段の発展が先行するが、生産力の発展＝炭坑の能率という点からすれば、採炭における労働手段が積極的な役割を演ずるのである。

(c) 石炭生産における補助過程

(イ) 生産過程の矛盾としての排水。石炭の採取にともなって坑道が延長すると、そこに必然的に発生するのは湧水である。湧水は採炭を不可能にする。それゆえ、初期石炭産業においては、石炭の露頭から掘り進み、湧水に出あうと採炭を放棄して他の露頭に移った。露頭採炭の枠を破って前進するためには、生産の前進・休止と関係なく坑内に流出する湧水を、坑外に排除することが不可欠の条件となった。採炭の前進につれて運搬距離は延長するが、運搬距離の延長は生産をそれだけ困難にするに止まるに反し、湧水は生産を不可能とする。ところで運搬距離の延長は排水距離と排水量とを比例的に増大させるから、石炭の生産過程はそれ自体の中に重大な矛盾をはらんでいるわけである。湧水は石炭生産の最大の障害となった。(5) とはいえ、排水が重要問題であったということは、直ちにそれが生産の基礎過程であることを意味するものではない。排水は、採炭および運搬に対しては、あくまで補助過程であり、生産を可能ならしめる条件を作るものにほかならない。

(ロ) 生産過程の障害としての通気。石炭産業における生産過程は、湧水とならんでもう一つの問題をはらんでいた。採炭の前進に伴なう運搬距離の増大は、坑内通気の流通を困難にし、空気の汚濁は採炭および運搬労働を困難ないし不可能とするようになる。(6) のみならず坑内空気の汚濁は、ガス爆発および炭塵爆発の可能性を大きくする。湧水問題の解決によって坑道距離が増大したとき、通気は石炭の生産過程における重大な問題となった。とはいえ、通気もまた排水とともに、石炭産業の生産過程において基礎過程ではなく、補助過程を構成している。新鮮な通気が坑内を流通することによって、安定的な採炭および運搬が可能となるのである。(7)

(ハ)　生産過程の条件としての支保。切羽(きりは)および坑道は地中にあるので落盤の危険が存在するだけでなく、盤圧とくに側圧の影響をうけ盤ぶくれその他空間の収縮が生じる。切羽・坑道を常に安全かつ作業可能な状態におくためには、この盤圧の影響を防ぐため支柱が組まれなければならない。とくに切羽における支柱は採炭の進行にともなって組まれなければならない。この点は長壁式切羽の場合はとくにその必要が大で、一般に切羽面に近く接して支柱が立てられるので、切羽の集約にともなう採炭作業の合理化が、支柱の存在によって阻害される。なお、坑道支柱は切羽支柱に比して固定的ではあるが、盤圧および腐食等のために常に補修されなければならない。ともあれ、坑内支保は石炭の生産過程に対しては補助過程であるが、切羽および坑道は支柱と結合することによって始めて存在しうるのであり、支保は排水および通気とならんで、石炭生産の不可欠な補助過程を構成している。

(ニ)　再生産の条件としての掘進と起業。地中の石炭を採掘するためには、炭層に達する坑道を掘らなければならない。しかも採炭の対象となる炭層は採炭されることによって消失していくから、石炭を継続的に採掘するためには、繰り返し新しい坑道が炭層に対して掘られなければならない。それは掘進と呼ばれ、石炭の生産過程における継続的再生産を可能とする条件を整備する前行程であり、生産の整備＝準備過程という面において、工業における原料処理と同一の性格を有しているが、原料処理が生産過程の一部として直線的に生産と結合しているのと異なって、掘進は生産＝採炭と分離しており、それゆえに両者が均衡を保つ保証は存在せず、しばしば乖離(かいり)を生じる。だが、石炭の順調な再生産のためには採炭能力に対応した掘進が不可欠の要因をなしている。掘進には炭層に沿って行なわれる沿層掘進と、岩石の中に坑道を掘る岩石掘進とがある。前者は労働過程としては採炭と同一の過程であるが、それが石炭の全生産過程に対して有する意義は全く異なっている。

ところで、掘進が個々の主要坑道——竪坑・斜坑・水平坑——内部で行なわれるだけでは、そこから採掘される生産量には限界があるから、この限界点に達するに先がけて新たな主要坑道が掘進されなければならない。この掘進は、主要坑道内部における前述した掘進が短期的な再生産の条件として継続的な労働過程であったのに対し、長期的な再生産の条件を整備するものであり、新工場の建設に比べられるべきものであって、したがってその規模も大きく、一般の掘進と区別して起業と呼ばれている。[8]

(ホ) 生産の補完過程としての選炭。採取し坑外に運搬されたままの石炭＝原炭には、夾みおよび天井の岩石が混入しているが、そのままでも労働過程を経過したものとして、粗製の商品＝粗炭である。[9] しかし、工業製品における精製過程が生産の最終過程をなすのと同じく、搬出された原炭は精選されて精炭と硬(ぼた)とに分けられ、さらに、精炭はその形状によって用途を異にするため、塊炭、中小塊、粉炭等に篩(ふる)い分けられる。[10] この選炭によって原炭は精選され分類された商品である石炭となるのであって、選炭もまた採炭および運搬と並んで石炭の生産過程を構成する一要素である。しかしながら、粗炭自体が商品として市場で取引されるので、選炭は石炭生産において必要不可欠な過程ではなく、その意味で採炭および運搬に対して補完過程を構成している。と同時に、同じく補助的過程とはいえ、排水および通気ともその意義を異にし、基本的労働過程に内在する補助過程ではなく、生産と市場を結びつけるため石炭を需要に応じて区分する補完過程である。かくて選炭過程においては、すでに労働過程に媒介された原炭が原料として労働対象となっているので、その過程は加工工業としての性格をもっている。このような補完過程により石炭は品種別商品として市場に出る。[11]

(d) 総　括——労働過程の構造

石炭生産の基本過程は石炭を掘り出す過程として、採炭と運搬の両過程からなるが、それは工業生産の場合と異なって、何よりも自然的存在としての労働対象＝炭層に規定される。したがって、石炭生産の諸条件は炭層の賦存状況に依存するところ大であり、炭層は炭田により、それゆえまた国によりその状況を異にするので、採炭、運搬過程にもそれぞれの特色が生じる。たとえば、イギリスでは、炭層の条件の良好なランカシャー炭田等では長壁式採炭と分業が発展しているが、条件の悪いミッドランド炭田では柱房式が多く、分業が発展しない。また、英米では緩傾斜層が多く、ヨーロッパ大陸では傾斜の変化が多くかつ炭層の数も多い、という事情から、主要運搬坑道について、それを炭層内にとる英米式と、岩盤の中にとる大陸式とに分かれる。

石炭生産の一応完成された体系においては、採炭と運搬の二基本過程の前後に、これを補完する過程として掘進と選炭が付加される。採炭によって特定坑道と結合した炭層は掘り取られ、搬出されて、消滅していくので、石炭生産の継続が確保されるためには、繰り返し新しい採炭面＝切羽を作り出さねばならず、掘進はその役割を果す。これに対し生産された石炭とその市場とを媒介する過程が、選炭である。次に採炭と運搬の基本過程を可能ならしめる補助過程として、これらと並列して排水、通気および支保の過程が存在し、これらが一体をなして石炭生産過程を構成しているわけである。[12]

（1）炭層が生産を規制する要因としては、このほか市場との距離が問題となるが、ここでの視点は生産過程に限られているので、その点にはふれない。

（2）ドイツ語の fördern (Förderung) には、「採掘する」と「搬出する」との二義が存する。この点当面の論議にとって象徴的である。

（3）ここで問題としているのは生産過程における運搬であって、生産地から市場への運搬は別個の問題である。また炭坑地域内の坑外運搬の問題もここでは一応除外しておく。ところで従来一般に工業における労働対象の運搬と鉱業におけるそれとの差別が見のがされ、鉱業における坑内運搬の生産過程としての意義が見失われてきた。たとえば、「採炭作業における労働過程は地下に埋蔵せられた炭層を採取する過程であり、炭層を掘り崩し、之を地上に搬出し、更に不純物を取り去る過程である。従って〔?　筆者〕全労働過程の中枢は、云うまでもなく、炭層を切り崩し、運搬用具、機械を之に投入する採炭夫、特に先山採炭夫の労働が全労働過程の頂点に立つものである」(柳瀬徹也『我国中小炭鉱業の従属形態』二九頁)。同様の見解は正田誠一教授の分析にも見られる(『筑豊炭鉱業における産業資本の形成』Ⅲの1「技術指標と経済指標」九州経済調査協会)。

その結果、しばしば生産過程を採炭に限定し、坑内運搬を市場への運搬と同一視する見解が見られるのであるが、両者はいうまでもなく厳密に区別されなければならない。

(4) 坑内における運搬には、採掘した石炭の運搬の外、坑外からの労働力および生産手段——坑木、軌道、カッペ、充塡用土砂等々——の搬入も含まれ、ここに述べたような問題が生じるが、労働過程としては意義を異にするので、ここでは立ち入らない。

(5) 「『水さえなければ、炭坑は正に黄金の山と云えよう』と一七〇八年にある著者は記している。その一世紀半後、ある炭坑では石炭の一八倍の水が坑外に揚げられている、と云われている」(T. S. Ashton and J. Sykes, The Coal Industry of the Eighteenth Century, p. 33)。

徳川中期以降日本の鉱山業が漸次衰退していったのは、この矛盾を十分克服することができなかったからである。また幕末以降明治前期まで、九州松浦炭田が石炭生産の中心をなしたのは、露頭が山腹にあって、自然排水によってこの障害が比較的容易に解決されたからである。

なお一九五六年度において日本の炭鉱では石炭一トン当り一一・七トンの排水を行なっている(通産省、昭和三一年三月『炭鉱設備・切羽調査』八四頁)。

(6) 「採炭夫および一般に坑内夫の作業能力は、大はばに坑内における通気の良否によって規定される。それゆえ、改革の槓杆は何よりも社会的なものではなく、個別企業の考慮事項であった。炭坑所有者はこう語っている——どれほど高価につこうと、通気をよくすることは必要である。それによって、最短時間に最大量の石炭を採掘する、という原則は困難でなくなる」(O. Stillich, Steinkohlenindustrie, 1906, S. 40)。

(7) 明治初年の三池炭山の坑内事情について、技師ポッターは次のように報道している。「坑内ノ距離坑口ヨリ極メテ遙カナルヲ以テ空気ノ汚悪ナル実ニ恐ル可クシテ、火全燈ヲ点火スル能ハサル可シ。(中略)而シテ坑中場所ニ寄リ炭酸瓦斯ノ多量ナルヨリ此鉄皿燈ト雖モ消火スルニ至レリ」(「三池炭山四期申報」明治一〇年一月)。なお前掲アシュトン、サイクス『十八世紀石炭産業史』は「初期の水平坑道および小竪坑では、坑夫が苦しんだのは炭酸ガスであったが、坑が大きくなり、通気が困難になるにつれ、メタンガスが主要な敵となった。炭酸ガスは窒息によって坑夫の生命を絶ったが、それは普通まず燈火を消すという警告を坑夫に与えた。メタンガスは無警告で現れ、坑夫の燈火で爆発し、坑内全体を死においやり、破壊するやも知れなかった」(四一—二頁)と記している。

(8) 炭坑が深部稼行に移り、経営規模が大きくなるにつれ、起業に際して、稼行炭層の状況を正確に知り、それに適した合理的な採炭・運搬計画を策定することが必要となる。その基本的役割を果すのは試錐であり、これによって炭層の数、深浅、厚薄、夾み、断層、炭種、炭質等を精査し、稼行の基礎を定める。

日本において試錐により効果的な採炭計画を策定した先駆は三井田川で、明治三三年から三五年にかけての四〇ヵ所の試錐で、伊田八尺層と田川炭層群の関係が明らかとなり、田川経営の基礎を確立した。

(9) 「一八七〇年代まで、石炭は坑内から搬出されたままの姿で、荷積みされた。岩石を取り除くことによって、採掘炭を精選することは行なわれなかったし、まして石炭の大小を選別することはなかった。ただわずかに、人手で大きな石塊を取り除いていただけである」(O. Stillich, op. cit., S. 48)。日本でもこのような状態は明治三〇年代まで見られる。たとえば、高野江基太郎『筑豊炭礦誌』(明治三一年)五三頁をみよ。

なお、この段階の前後においては、坑内での採炭後山による硬の選別が重要な意味をもっていたので、採掘炭の検査は量目不足とともに硬の混入度を目標とした。不合格出炭に対してはきびしい罰則があり、当該炭車の出炭をゼロとすることさえ稀でなかった。資本はこれによって二重の利益を収めた。

(10) 「わが国の石炭は全出炭の六七・六%(昭和二七年度実績)が機械選炭され、米国の三〇%、英国の五〇%に比較して相当高率となっている。これは原炭の粗悪さを明瞭に物語っているわけである」(通産省石炭局『高炭価問題と合理化の方向』昭和二八年、三七頁)。なお、昭和三

	昭和31年度			昭和39年度		
	精炭量	粗炭量	歩留り	精炭量	粗炭量	歩留り
全　国	千トン 48,281	千トン 73,532	% 65.6	50,774	81,132	62.6
北海道	14,848	20,862	71.2	21,881	32,889	66.6
東　部	4,256	6,180	68.9	3,908	6,068	64.5
西　部	3,287	4,436	74.1	2,206	3,505	63.0
九　州	25,888	42,052	61.6	22,779	38,670	58.8

通産省『石炭・コークス統計年報』昭和31年度 p. 34, 39年度 p. 59

一年度および三九年度における精炭歩留りは前頁下表のごとくであるが、炭田により炭層状況が異なるので、歩留りもまちまちである。

(11) この点同じ鉱業でも石炭鉱業と金属鉱業とでは事情を異にする。金属鉱業の場合には選炭に当る精錬が、単なる補完過程ではなく、採鉱(運搬を含めて)と並ぶ主要生産過程であり、精錬されたものが始めて商品となる。したがって、精錬技術の発展が採鉱ならびに鉱山業全体に与える影響は極めて重大なものがあり、近年における貧鉱処理技術の発展が鉱山業に与えた影響にも、これを見ることができる。

(12) 日本の石炭生産の平均的諸条件は昭和三二年三月および四一年三月において下のごとくである(『炭鉱設備・切羽調査』による。精炭カロリーは四〇年度)。

	32年3月	41年3月
深度	334.7 m	415 m
山丈	171 cm	184 cm
炭丈	131 cm	149 cm
選炭歩留	65.6 %	63 %
精炭カロリー	6191	6360
切羽長 長壁	65.2 m	98.4 m
切羽長 短壁	7.7 m	—— m
運搬距離	2206 m	3192 m
往復時間	63 分	67 分
トン当り排水量	9.0 m³	7.4 m³

第二節　労働手段

(a)　基本的労働手段＝構築物＝坑道と切羽

(イ)　基本的労働手段としての坑道と切羽＝構築物。労働対象としての炭層に対する労働者の働きかけの導体として役立つものが、労働手段であることはいうまでもないが、石炭産業における労働生産力発展の基底となる基本的労働手段は何であろうか。一般に労働手段は、筋骨体系と呼ばれる機械と脈管体系と呼ばれる装置とからなる、といわれるが、このほか、広義には土地、労働用建造物、運河、道路などがある。採取産業においては、生産を一次的に規定するものが労働対象であり、生産過程が地中における採取と運搬からなるということは、その生産過程を媒介する労働手段も、基本的には労働対象に密着した作業場所、道路や労働用建造物、すなわち構築物であるということにほかならない。これを石炭産業についていえば、採炭面としての切羽と運搬通路としての坑道であり、加工工業における道具、化学、冶金工業における容器と並んで、鉱山業においては第三の範疇＝構築物が基本的労働手段の出発点を構成している。この点の認識は石炭産業分析の第二の視点をなす。(1)

(ロ)　切羽の集約。切羽は採炭作業の場であり、いかに単純な採炭切羽であっても、支柱、天井等によって一つの構築物をなしている。前述したように、採炭面である切羽は採炭自体にともなって移動する。ところで切羽の広さは基本的には炭層の厚さに、さらに支柱能力によって規定されるが、一般的に地上の場合に比して狭隘であり、しかもその空間がたえず移動するのであるから、そこに機械や装置を大規模に導入することには、技術的・経済的に困難が伴なう。基本的労働手段としての切羽は、むしろまず切羽自体の合理化によって生産力を高める。それは一般的には切羽の集約――一丁切羽から長壁式への発展という形態をとる。(2) 一丁切羽における孤立分散的な労働は、せいぜい採炭と運搬の分業の域に止ったが、長壁式においては採炭空間が拡大され、採炭、積込、運搬、支柱、(充塡)等の分業が生じ、機械の体系的導入の可能性が与えられる。

(ハ) 坑道の掘進と維持。坑道によって、採掘された石炭は坑外へ搬出され、坑夫は坑外と切羽を往復する。切羽の移動には坑道の掘進が先行し、坑道の延長は次第に増大し、切羽と複雑な坑道とは一の体系を構成する。一般に坑道は本卸といわれる中央坑道を中心に、炭層にそって水平に作られた多数の片盤(かたばん)坑道およびそこからの卸しおよび昇りによって形成される。ところでこれら坑道は地中に存在し、地圧の影響で崩壊する可能性を有するので、常に坑道維持の作業=仕繰(しくり)作業がなされて運搬が可能となっていなければならない。さらに既存の切羽は採炭に伴なって消滅していくから、新しい切羽が絶えず準備されなければならない、すなわち、坑道掘進が行なわれなければならない。この過程において消滅する坑道もあるが、一般には労働手段としての坑道は、切羽の移動にともなって延長し、複雑な体系を構成する。(3)

(ニ) 切羽と坑道の体系。石炭産業における基本的労働手段としての切羽と坑道の二要因は、生産過程における採炭と運搬に対応する基本的労働手段として、相互規定的である。切羽が整備集約されると、その生産力に対応して坑道もまた整備を要請され、既存の坑道の体系をもってしてはこの要請に応じえない場合には、新坑の開坑が促がされる。

炭層が水準上に存在する場合には、排水は自然排水によるので、蒸気力の出現以前に大規模化し、通洞(つうどう)として炭層に向かって水平坑道を掘り、炭層に突き当ると左右に水平坑道を掘り、そこから炭層の傾斜に沿って昇坑道をつけ、さらにこれに片盤坑道をつけて、その間に切羽を設ける。石炭は比較的容易に自らの重さで下方に運搬され、通洞に導入された運搬機械によって坑外に搬出される。

炭層が水準以下に存在する場合には、斜坑による場合と竪坑による場合とがある。斜坑は適当な傾斜で主要坑道を炭層に向かっておろし(炭層に突き当って水平坑道を掘り)、そこから炭層に沿って卸坑道を掘り、これに片盤をつけ、卸しまたは昇りを展開し、その先に切羽をつける。これに対し竪坑は炭層の条件を勘案し、これをもっとも合理的に採炭する構造を考えて竪坑をおろし、そこから一定の間隔をおいて炭層に向かって数本の水平坑道を掘り、水平坑道間の炭層を採炭する。石炭は竪坑に集められ、捲きあげられる。

このような開坑方式の差異は、坑道の体系をかえ、切羽の体系に重大な相異を生み出す。切羽と坑道との統一としての労働手段の体系が、与えられた炭層における生産力を規定する。この体系の上に次に考察する機械が設備されるのである。

(b) 構築物と機械との統一としての施設

(イ) 採炭用および運搬用労働手段。切羽および坑道は基本的労働手段として、その存在によって始めて労働が可能になるのであるが、それは労働過程においては受動的であって、労働対象に能動的に働きかけるものではない。その役割を果すのは、切羽および坑道において使用される採炭用および運搬用労働手段であり、それらは切羽および坑道とそれぞれ統一されて、炭坑の労働手段の体系を構成する。切羽および坑道が採炭にともなって大規模化していったのと対照的に、採炭および運搬における労働手段は、前述した作業場所の移動と狭隘さとに制約されて、久しく単純な道具の段階をのりこえることがなかった。すなわち、採炭においてはつるはしが殆んど唯一の道具であり、発破が行なわれるようになると、のみとせっとうがこれに加わった(4)。運搬においてはより著しい発展があったとはいえ、肩に担って運搬するかごや下盤の上を引いて運搬するそり=スラ《sledge》[5]から、レールの上を人力ないし畜力によって牽かせる炭車まで、切羽から片盤に至る運搬には、久しく道具が支配した点は石炭生産における労働手段の特色をなしている。炭坑の主要労働過程で最初に機械が導入されるのは、次に見るように主要坑道=本卸における捲揚機であるが、捲揚機出現後も久しく、水平坑道、片盤から切羽に至るまでは機械が導入されなかった。

切羽と採炭用労働手段、坑道と運搬用労働手段とは相互規定的であり、それらの統一が炭坑の生産力を規定する。構築物はつるはしやスラ等の道具と対応し、それと結合しているのに対し、捲揚機を始めとしてエンドレス、穿孔機、截炭機等の機械が出現し、それらが坑道や切羽と結合した場合に、この統一体を施設と呼ぶこととする。施設は構築物の機械的段階にほかならない。

(ロ) 坑道の延長と運搬機械。運搬距離の増大は必然的に生産過程における運搬労働の比重を増大させ、運搬距離の短い場合に比して、投下労働の増大を必然的にする。しかも、坑道の延長はそれだけ坑道の掘進・維持に労働が投下され、生産手段として巨大化しているから、狸掘の際のように、簡単に坑道および切羽を放棄することはできない。この矛盾を解決する途は運搬労働の機械化に求められた[6]。その際、片盤坑道は切羽の移動に伴なって変動を生じるのに対し、本卸は一度開坑されると比較的長期にわたって固定化し、しかも各片盤坑道がここに集中し、運搬がここに集約されるので、まずこの部面の労働手段が問題となる。事実、早く本卸の運搬には馬力による捲揚げ具が出現をみたのである(J. U. Nef, The Rise of the British Coal Industry, Vol. I, pp. 373 f.)が、後述する排水汽罐の出現によって切羽が深くなり、坑道が延長され、採炭の規模が大きくなると、ここに蒸気を動力とする捲揚機が出現するに至った。捲揚機出現の意義は、それが石炭生産の補助過程ではなく、基礎過程である運搬の中枢部分における機械化を意味する点にある。

捲揚機は基本的労働手段である坑道と相合して運搬施設を構成するが、坑道と運搬機械とはそれぞれ独立の存在ではなく、結合して統一体としての施設となっているのであり、この点は斜坑における捲揚機、軌道、炭車の関係に典型的に示されている。ところで、主要坑道における運搬の機械化は、水平坑道以下の坑道(および切羽)の合理化・体系化を要請する。こうして本卸における捲揚機に始まる機械化は、水平坑道における運搬の機械化＝エンドレス・機関車等の出現に進まざるをえない。それはまた片盤以下の坑道の体系化、さらに切羽の整備、採炭の計画化に及ぶのであり、ここに労働手段である切羽と坑道の体系、そこにおける労働手段である機械の出現を見るわけであるが、それは原動力としての電力の炭坑への充用によって可能となった。こうして、運搬過程における基本的労働手段である坑道の体系化と、そこにおける運搬機械の出現、両者の統一＝施設の成立をもって、一応石炭産業における近代的労働手段の体系の出現と規定することができる。その点で、捲揚機の出現は石炭産業における生産力の発展の画期をなすものである。[7]

(ハ)　採炭過程と運搬過程の生産力の乖離。捲揚機を始点として運搬過程の機械化が前進し、人間労働が大幅に機械にとって代られると、運搬坑道の延長にもかかわらず、運搬労働の石炭採取労働過程における意義は小さくなる。これに反し、次にみるように、採炭労働の機械化は殆んど進展せず、永く手労働が支配するから、運搬過程の機械化と採炭過程の道具への停滞とが、炭坑生産力体系の基本的矛盾を構成してきた。そこにおいては採炭能率の増大こそが、炭坑生産力自体を上昇させるものとして現れる。ということは、労働過程中における運搬の意義が二次的となり、採炭だけが一次的な要因として現象するということにほかならない。事実、この場合には、切羽運搬が採炭過程に付帯しているが、それは採炭に対して全く二次的である。

(ニ)　切羽の集約と採炭機械。運搬の労働手段と坑道とが相互規定的で一つの体系をなしたように、切羽とそこにおける労働手段である採炭用(および運搬用)労働手段もまた、相互規定的である。前述したように、採炭過程の基底となっているのは透し掘りであり、生産力の展開にはその機械化が要請される。ところで、坑道の場合には生産の前進にともなって延長し、移動するとはいえ、主要坑道は比較的固定的であったのに対し、切羽の場合には、作業空間が狭隘な上に、採炭自体につれて必然的に移動が生じ、その整備が困難なので、前述したように固定的な労働手段=機械の導入が困難であった。その上、切羽は一般に坑道の末端に存在するので、動力としての蒸気力をそこまで導入することにも、多大の困難が存在した。また坑道は不可避的に延長され運搬距離を増大させ、所要労働力を増加させたが、切羽自体は移動しながらもその作業形態を変化させる必然性を内包しなかった。これらの事情が切羽を制約し、切羽面における道具の機械への発展を制約した。運搬の機械化に対して、採炭=截炭機械の出現が著しく立遅れたゆえんである。(8)

ところで、前述したように、運搬と採炭、坑道と切羽とは相互規定的である。坑道の延長と運搬用労働手段の発展は、二重に切羽における採炭の生産力発展を促すことになる。すなわち、一つには運搬労働の増大を切羽における採炭労働の節約で相殺するため、さらに運搬用機械の出現による運搬能力の増大を契機に、それに見合って採炭の生産力を上昇させるため。それは二つの方法で実現された。一つは採炭における火薬の使用であり、これは今日に至るまで採炭労働手段の重要な要素となっている。火薬の使用は穿孔のための道具を発展させ、穿孔機の導入は発破採炭を確立した。(9)もう一つは切羽の集約、すなわち、長壁式採炭の採用であり、この点は前述したところであるが、採炭用労働手段は切羽と相互規定的であり、その意味で切羽の集約こそが基本的要因である。集約された切羽において採炭労働自体の分業、すなわち、採炭、積込、運搬、支柱、充填等が発展し、ここに、従来からの課題であった透し掘りの機械化=カッター、ピックの出現を見るに至り、さらにすくい込みの機械化としてのローダーが導入され、切羽コンベヤーと一体化して、そこに構造物＝坑道と切羽の統一的体系化を基礎とした、切羽施設の出現をもたらすこととなった[10]。また、カッペの導入は切羽における採炭場所の面積を拡大し、コンベヤーの移設を自由にし、切羽施設の統一的生産力を一層前進させた。なお切羽における機械化は、動力として電力が導入され、動力の切羽への導入が可能となったことによって、発展の途が開かれた。

(c) 補助過程における労働手段

(イ) 排水設備と蒸気ポンプ。前述したように石炭生産における最初の障害は採掘に伴ない発生した湧水の問題であり、その意味で最初に発展を見たのは、運搬用ないし採炭用労働手段ではなく、排水用労働手段であった。坑道が延長すると、必然的に排水の必要が生じ、炭層が山腹にある場合には、水抜坑道を穿つことによって自然排水が可能であったが、一般に湧水は汲み上げねばならなかった。そのためまず手桶、つるべなど単純な容器が用いられ、ついで通常馬を動力とするポンプが出現した(この間の事情については、たとえばJ. U. Nef, op. cit., Vol. I, pp. 350 f. を見よ)。イギリスでは一七世紀末に一般に坑の深さはすでに少なくとも二〇間以上に達していたが、そうなると排水が石炭産業の最大問題となった。この生産過程の側からの促迫と、人間が始めから単なる動力としてのみ作用する道具であるという性格とから、石炭産業においては排水作業に最初の機械＝蒸気汽罐の出現をみる。しかし、排水は石炭の生産過程においては、あくまで補助過程であるから、これをもって直に石炭産業自体の機械化とすることは誤りである[11]。排水汽罐は「生産過程を変革しない」(K. Marx, Das Kapital, Buch I, S. 392)。しかし、排水汽罐の出現によって生産過程の障害が排除され、石炭産業を大規模化する途を開いたことの意義は軽視されてはならない。

(ロ) 坑内ガスと通気施設。坑道の延長は湧水とともに地熱による高温および空気の汚濁の問題を生ずることは、前述したとおりである。それは空気の汚濁による作業の困難とならんで、ガス・炭塵爆発の危険を増大させる(この間の事情については、たとえばO. Stillich, Steinkohlenindustrie, SS. 40—7を見よ)。その解決のために通気が要請される。通気のために特別の通気坑を穿つこともあるが、通気施設の基本的性格は、坑道および切羽がそのままで通気のための構築物という役割を演じ、一般に本卸は入気坑となり、入気は切羽を終点として排気となり、排気坑道を通って排出される。坑道・切羽は基本的生産手段であるとともに、通気のための構築物という意味をも有している。坑道が延長し通気の経路が複雑となると、この構築物内をくまなく空気が流通するためには、排気口において吸気の設備を必要とする。そのため初期には火炉が、ついで捲揚用蒸気機関が出現すると蒸気管の放熱が、利用されたが、坑道の延長にともなって通気量が増大すると、扇風機が使用されるようになる。

(ハ) 掘進の道具と機械。掘進は沿層掘進と岩石掘進の二つに分かれることは前述したとおりであり、沿層掘進は炭層の掘鑿という点で、労働過程としては採炭と本質的に異ならないので、ここで主として問題となるのは岩石掘進の場合である。[12] 掘進は始め金属鉱山における採鉱労働手段であるたがねとせっとうによって行なわれたが、採炭および運搬労働の生産力が高まるにつれて、掘進ののびが相対的に不充分となり、作業面には限界があるので、労働力の追加投入によってこの不均衡を克服することにも大きな限界があり、掘進ののびの停滞は継続的再生産に重大な障害をもたらすことになるため、掘進の生産力の増大が要請されることとなった。このため、火薬の使用は比較的早くから見られたが、一九世紀後半になると鑿岩機が登場するようになった。

(ニ) 選炭機械。原炭には常に多少の硬が混入するから、選炭は石炭生産の当初からある程度行なわれたが、その発展過程で二つの内容に分化することとなった。一つは硬の選別であり、他は石炭の大きさ——少なくとも塊粉二種へ——の篩分けであり、いずれも初めは極めて単純な道具が使用された。ところが、一方では条件の良好な炭層が少な

表 I-1　開坑方式別坑口および出炭　(単位 1,000トン)

年度	横坑		斜坑		立坑		露天掘		合計	
	坑口	出炭	坑口	出炭	坑口	出炭	個所	出炭	坑口	出炭
昭 35	119	7,891	409	34,365	31	6,115	—	—	559	48,371
37	72	7,381	270	34,496	24	6,648	17	319	383	48,881
40	48	5,507	178	32,656	22	8,687	32	933	280	47,799

備考　通産省『炭鉱設備・切羽調査』1964，66年による．合計にはその他を含む．

くなって、夾みのある層が次第に多く採炭されるようになり、他方では用途によって炭種、大きさを区別する必要が大きくなるに伴ない、これに対応する市場の要求が生じ、選炭機械の発展を促すようになった。選炭が選別と篩分けとからなることに対応して、選炭機械もシェーキング・スクリーン、ジンマー・スクリーン等の篩器と、水洗機を中心とする選別機械とに分かれ、手選ベルト→動力篩器→主洗機→再洗機の体系が現れる。選炭は地上で行なわれるから、選炭機械は他の炭坑機械と異なって純然たる機械である。精炭は大塊、中塊、小塊、粉等に分類され、それぞれの用途に向かって販売される。

(d) 総括——開坑方式

前述した基本的労働手段である切羽と坑道と、それと相互規定的に結合した採炭用労働手段および運搬用労働手段ならびに排水と通気の施設、これらの統一が、炭坑の開坑方式を規定する。炭坑の場合には生産の遂行が炭層という特定量の労働対象の中からの採取・搬出にほかならないから、当該炭層はやがて限界に達し、新しい坑道と切羽とが繰返し再生産されていかねばならない。この切羽と坑道の再生産は石炭産業を基本的に規定している炭層の条件と、石炭産業の生産力の発展段階とを基礎とした、一定の開坑方式に規定される。それは労働手段の体系として設計され、構成される。

開坑方式に水平坑＝通洞、斜坑および竪坑方式の三者が存在することは前述のとおりである。通洞方式は水準以上の採炭に限られるので、排水、運搬が容易であるが、次第に重要性を減じてきた。斜坑方式は採炭に伴なって掘進を進めうるので、起業は容易であるが、排水、運搬等が幾段にも継ぎ足され、坑内構造が複雑となり、それだけ採炭費が割高となる。これらに対し竪坑方式はその坑内構造から《Horizontal Mining》と呼ばれ、ヨーロッパ大陸に発展した開坑方式であって、開坑には多大の資金を要するが、炭層密度が高い場合には、坑内構造が合理的に展開され、深部採炭の進行によっても運搬距離がさして増大しないことから、コストの上昇をおさえうる利点がある。

日本の開坑方式は高島炭坑のグラバー、三池炭坑のポッター以来、英国式開坑方式の伝統が強いとされ、主として斜坑方式によっている。すなわち、竪坑方式の場合でも、炭層に到達して以後は斜坑方式と同様の開坑方式をとり、したがって採掘が深部に移行するに伴なって坑道が複雑化し、運搬距離が著しく延長される。この問題を解決するため、竪坑開坑方式が重要性をもつことになるが、既存の坑内構造を一変することは不可能であるから、主要運搬坑道を除けば、坑内条件は依然として斜坑方式と根本的に異なることはない。(13)

(1) 従来の石炭産業の分析はこの点を看過し、例外なしに採炭機械、運搬機械、排水機械等だけを、労働手段として取りあげている。たとえば正田誠一教授「九州石炭産業の経済分析」(『九州経済統計月報』昭和三〇年四―六月号)は、石炭産業の分析としては最もすぐれたものであるが、生産手段としては、もっぱら旧来の「骨格と脈管」(四月号、九頁)だけを分析している。

(2) イギリスにおいては、一八世紀初頭には切羽の幅は三ヤードにすぎなかったが、中葉には一〇―一一ヤードとなり、世紀末葉には多くの炭田で長壁式が採用されるに至った。長壁式は初め薄層炭鉱で採用された。長壁式は日本では明治二四年鯰田で成功し、続いて赤池(三四年)、二瀬(三五年)、山野(三七年)で実施されたが、普及するのは大正以降である。

(3) 日本の炭坑における維持坑道の種別延長は次頁表の通りである。

なおこのほか、通気、とくに排気のための通気坑道があるが、ここでは論及しない。

(4) 採炭用の道具としては次のものがあげられている(『三井鉱山五十年史稿』第七巻「採鉱」による)。

鶴嘴(つるはし)四挺(両頭、大、中、小、各一)

穿孔用鑿三本(口切、中鑿、長鑿各一)
セットー一挺(重量三〇〇―四〇〇匁)
キューレン一本(四尺位)〔発破孔内の繰粉をかき出す道具――筆者〕
込棒一本(樫木円棒)

(5)　運搬夫＝後山の道具について前掲『三井鉱山五十年史稿』は次のものをあげている。
橇箱一コ(又は立担い籠或いは背負籠)
エブ二枚
雁爪又は掻板
　エブ及び雁爪、掻板はすくい込用の道具であり、橇箱等が運搬用具である。

(6)　坑道が深くなれば、排水費や通気費も増大するが、最も影響をうけ、またそれだけ石炭価格に影響するのは坑内運搬費である。運搬の機械化はこの点から要請される。

(7)　「多少の問題はあるが、マニュファクチュア的採炭か或いは大規模採炭かという本質的問題の解明を技術的特徴に求めんとする為には、附随的作業ではあるが、炭鉱業の全労働過程において比較的大部分を占めるばかりでなく、固定資本の決定的比率を占める運搬、排水、通気等の設備の機械化の程度に着目しなければならない」(『戦時石炭経済構造論』九〇頁)。この著作は石炭産業の分析としてはすぐれた内容をもつが、生産過程の規定を誤ったため、運搬を排水、通気と並べて「附随的作業」とみなした上、「多少の問題」を感じながら、そこにおける機械化を生産力発展のメルクマールと見ようとする混乱に陥っている。

(8)　「採炭夫の労働は今日もなお大部分手労働である。最も重要な道具は、周知の鉱山労働用具であるせっとうとたがね、およびつるはしである。つるはしは炭層に薄く深い透しを切り込むために、主として用いられる。この労働は透し掘りといわれ、難かしく骨がおれる」(O. Stillich, op. cit., S. 68)。

(9)　「穿孔を機械化する事に依って、従来孔深三尺程度の穿孔に二〇分乃至三〇分を要したものが、四尺乃至五尺の穿孔を数分間に片付ける事となり、一方一回の発破孔数は二コ乃至四コ程度を出なかったものが、一方二〇乃至八〇孔の穿孔も容易となった。之に応じて従来の小切羽制は自ら多人数の合同切羽制へ発展すべき素地が出来たのである」(前掲『三井鉱山五十年史

(単位 1,000 m)

	計	斜坑	水平坑道	片盤ゲート	その他
昭和30年3月	4,467	1,598	1,211	1,140	518
〃　33.　3	5,189	1,711	1,563	1,301	614
〃　36.　3	5,000	1,550	1,564	1,267	619
〃　39.　3	3,965	1,189	1,383	918	475

通産省『炭鉱設備・切羽調査』
*　立坑を除く
**　年出炭1万トン未満を除く

稿』)。

(10) 昭和三二年三月における日本の採炭方法別切羽の比率はつぎのとおりである。

	発破	ピック	カッター発破	カッターピック	その他	計
切羽数	四二・五	三三・八	一八・七	二・二	二・八	一〇〇・〇
出炭	三六・五	三五・九	二一・五	四・三	一・七	一〇〇・〇

通産省、昭和三二年三月『炭鉱設備・切羽調査』一五頁

(11) 機械としての排水汽罐出現の意義を重視したのはJ・U・ネフで、かれは一六世紀末から一七世紀へかけての時期を「初期産業革命」期とよんでいる(Nef, op. cit., Vol. I, pp. 165 f.)。日本において排水の機械化を重視したのは手塚正夫「支那石炭の土法形態」(『東亜研究所報』二〇号)である。「普通には産業革命自体は原動力から出発したものではなく、寧ろ作業機の発明こそが画期的な指標であると云われているが、鉱山業自体を取り上げるならば、右の排水用蒸気機関の出現こそが、鉱山業の質的発展の重要契機であり、地上の産業革命とは一応別個に考察されてよさそうである」。このような規定は便宜主義的な誤りといわねばならない。

(12) 「当初は一般に沿層斜坑が多かったが、側壁の崩壊、盤圧等の関係から維持費が嵩んだため、漸次堅硬な岩石の座を選んで斜坑を掘さくするようになってきた。本格的な岩石斜坑として登場したのは〔明治鉱業では〕大正七年に開坑した赤池第三坑である。その全長は九七五米で全部手ぐりで行った」(明治鉱業株式会社『社史』二五六頁)。

(13) 日本の主要鉱山における開坑方式別の数字は次の表のとおりである。

	明治四五年末					大正一四年末				
	炭坑数	竪坑	斜坑	水平坑	合計	炭坑数	竪坑	斜坑	水平坑	合計
九州	六三	二〇	一四六	一一	一七七	六三	二二	二二九	五	二五六
北海道	一二	三	八	七〇	八一	二二	一一	五二	三八	一〇一
本州	一五	一五	二二	九	四六	一九	一四	五〇	〇	六四

『本邦重要鉱山一覧表』より作成

第三節　労働力

(a)　基幹労働者＝坑夫

(イ)　採炭夫と運搬夫。前述したように、石炭産業における基本的労働過程が採炭と運搬であったことに対応して、炭坑労働者の労働過程はこの二つを柱とするものであった。これら二つの労働過程は、炭層の条件によって異なっており、生産力の発展に応じて変貌してきたが、切羽の機械化が進行する以前においては、ほぼ次のとおりであった。すなわち、採炭夫は炭理を利用してつるはしで下盤の上に「透し」《undercutting》を切り込むが、この技能が出炭を左右する第一の要因である。次にたがねとせっとうで発破用の孔を穿孔するのであるが、この場合にも、その方角、角度、深さ等は発破効果に大きく影響し、出炭を左右する第二の要因であった。穿孔が終れば発破係に連絡して発破を行ない、崩落不十分の所はつるはしで切り崩す。運搬夫はこの石炭をすくい込み用具で運搬容器にすくい込み、これを運搬通路の状況に応じて、あるいは押し、あるいは曳き、あるいは背負って、炭車まで運搬する。そして、馬や驢馬が片盤坑道に導入されるまでは、さらに炭車を卸しまで押していくことが、その任務であった。

この採炭と運搬においては、いうまでもなく透し掘りを基底とする採炭労働が熟練を要したから、一般に運搬夫は熟練労働者である採炭夫の助手ないし見習であり、日本では採炭夫は採炭先山、運搬夫は採炭後山(又は後向)と呼ばれた。狭義に坑夫という場合には、洋の東西を問わず、これら採炭夫および運搬夫を意味してきたのである。

(ロ)　熟練の形成過程。熟練坑夫の形成過程は、炭坑の自然的条件に規定されて坑夫の労働過程が異なることによって影響を受けるほか、それぞれの炭坑地帯の歴史的条件によって異なるから、一般化することは困難であるが、今イギリスの事例をとって見れば次のとおりである(Ashton and Sykes, The Coal Industry of the Eighteenth Century, pp. 20—1)。

坑内労働は七、八歳、時には六歳から始まり、まず通気番として通気ドアで四、五年働く。次に炭車で石炭を切羽から主要坑道または卸しまで運搬する労働に、下働きとして二、三年従事すると、運搬助手(half-marrow)となり、やがて一人前の運搬夫となり、下働きの少年を使って運搬の責任をもつ。こうして運搬作業に習熟すると、次には半日運搬に従事し、半日採炭を見習う運採炭夫(put-and-hewer)となる。この期間は比較的短く一年以上に亘ることは殆んどない。こうして一人前の熟練坑夫が生まれるのである。(1)

以上においては、採炭夫は採炭作業だけに従事するものと見なしたが、必ずしもそうであるとは限らない。ことに初期においては、採炭夫は切羽における支柱作業や掘進作業をも行なったが、その後も地方によっては永く採炭と支柱、掘進等は分化しなかった。(2)

(ハ) 運搬方式の前進と運搬夫の分化。採炭自体が運搬距離を増大させるということの必然的な結果として、採炭量を一定としても、運搬労働者は次第に増大し、こうして一方では、運搬夫の数が著しく採炭夫を上廻ることになる。(3) このような運搬労働の増大は運搬費の増大をもたらしたので、これを軽減するためにまず導入されたのは、運搬夫へのしわ寄せを別とすれば、レールと炭車であり、ついでこれを馬匹によって運搬させることであった。(4) ところで馬匹運搬の処理は、坑道が整備されて居れば、少年労働者をもって事足りたため、この段階においてしばしば少年労働者の増大を見るようになった。他方では、運搬夫の一部が採炭夫の助手としての地位を離れ、職種として独立するようになる。すなわち、採炭助手は切羽における積込み運搬に従事し、複雑化した片盤以降の運搬は独立の運搬夫がこれを担当するようになるのである。この場合運搬夫の任務は二重であり、石炭を積んだ炭車を捲揚げまで運搬することと、空車を切羽に配函することとであり、この循環を円滑にすることが、生産力を規定する一大要因となった。運搬夫は捲揚機の統一的機能と分散的な採炭機構との結節点となり、坑内労働の主導的な職種となったのである。

しかし、その後、レールの複線化その他運搬系統の合理化と、エンドレス、機関車、坑内捲揚機等の導入による運搬の機械化により、運搬夫は徐々に二次的な機械運転夫に転化していった。

(ニ)　採炭夫と採炭の機械化。前述したように、採炭労働の中心をなしたのは、透し掘りと穿孔とであったから、採炭の機械化もこの二つを中心に進められた。それが採炭夫に与えた影響は、一つは穿孔機と截炭機＝カッターの出現およ び普及によって、採炭夫の労働も亦著しく機械運転工的性格をもつようになったことであり、もう一つは、これら機械の切羽への導入と結びついて、長壁式集団的労働の体制が確立されたことである。従来、各採炭夫は熟練労働者として、作業方法の選択、状況の判断等について全責任をもっていたが、今や職長＝小頭および技術者の指揮下で、仲間の採炭夫と共同し、機械を操作して働く半熟練の工場労働者的性格をもつようになり、採炭夫労働としては石炭のコンベヤーへのすくい込みが大きな比重を占めることとなった。そこにローダー出現の必然性が存するのであり、石炭掘崩しのためのピックの普及とあわせて、坑夫の伝統的性格はここで一変するようになるのである。

(ホ)　総括――坑夫と炭鉱労働者。一般に各国の鉱業法規においては、鉱夫とは「鉱山に使役される労働者」であると規定されており、(5)このような見解はわが国の研究者の間にも普及しているが、歴史的には坑夫《miner》という場合普通坑内夫を意味した。この点は諸外国の事情を一瞥すれば明らかであり、日本についても、たとえば「坑夫は即ち坑内に就役する人夫なり、坑内の労働必しも一ならず、其の或るものは鉄工たり、他の或るものは木工たり、或は啣筒方として排水に任じ、或は棹取として運炭に与り、或は函押、或は耳欠、或は跡検、或は盤打等各其の業を異にせり」(高野江『筑豊炭礦誌』七四頁)と記されているとおりである。

だが、より厳密にいえば、坑夫とはすぐれて採(運)炭夫を意味するものであった。『筑豊炭礦誌』も前文に続けて「普通坑夫と称するもの即ち採炭運搬の二途に従ふもの」[6]と記しているし、イギリスその他ヨーロッパにおいても、「一般的見解によれば、〃坑夫〃という言葉は、切羽で下透しや穿孔をし、発破の準備をし、爆発させ、石炭を捲揚まで運ぶため炭車やコンベヤーに積込むことを仕事とする労働者に限って使われる」(I. L. O., The World Coal Mining Industry, 1938, Vol. I, p. 28)とされ、したがって坑夫組合もすぐれて熟練坑夫としての採炭夫の組合であった。[7] この点の認識は石炭産業の史的考察には決定的な意義を有している。[8]

(b) 炭鉱労働力の編成

(イ) 坑内労働の不均衡的発展。採炭と運搬が分化し、採炭過程の生産力が停滞的であったのに対し、運搬(および排水)過程の機械化が発展したことによって、坑内労働の基本過程は二条の展開軌道をもっているが、それは坑内労働力全般の編成を規定している。すなわち、一方において、運搬坑道の延長は、延長された坑道の維持・補修の労働=仕繰作業を増大させ、切羽面積の拡大は切羽における支柱作業を独立させるが、仕繰、支柱は本質的に採炭作業と同質的であり、機械化が進まないため、仕繰、支柱作業の増大は、そのまま支柱夫、仕繰夫《Timberman, Brusher, Ripper》の増加となる。[9] 運搬が機械化され、その影響をうけて発破採炭その他による採炭生産力の上昇がみられると、坑内労働の不均衡は準備作業としての掘進に集中する。掘進も――岩石掘進を含めて――採炭作業と同質的であり、岩石掘進ののびが生産の最大の隘路となることによって、鑿岩機が導入されるが、それは依然として熟練坑夫を担い手とする。こうして採炭夫とともに仕繰夫、掘進夫は熟練職種を構成し、一般に徒弟的な見習夫=後山を従えている。

他方、運搬、排水の機械化は、エンドレス、坑内捲揚機、動力車、排水ポンプ等を増加させ、運搬夫、排水夫が減少、消滅する反面、第一に機械運転夫を増加させ、第二に簡単な道具をもってこれら機械や炭車等の施設の補修に従事する工作夫を増加させ、さらに第三に坑道の新設、廃棄に伴ない軌道の敷設、撤去に従事する軌道夫等を増加させる。これらの職種は運搬、排水作業の機械化に伴なって生じたものであり、典型的な半熟練職種である。

(ロ)　坑内労働と市場とに規制される坑外夫の編成。坑外は、生産点としての坑内と市場とを結ぶ接点であるが、それは必然的に三つの機能を担う。第一は坑内と市場をつなぐ経過点としての運搬作業であり、それは坑内運搬の延長として本質的に同様の性格と発展を示し、少数の半熟練機械運転夫と多数の不熟練雑夫からなる。第二は坑内作業全般に対する管理点となることであるが、当面の問題に関連する限りでいえば、坑内労働の道具および機械その他用具の補修を担当する。とくに坑内作業の機械化の進展に対応して機械(および道具)補修工場が拡大し、工作工が増加する。第三に、市場との結節点として、市場の需要に対応した選炭を行なう。ボタの選炭は坑内において後山夫によってある程度行なわれるが、それは価格に重大な影響をもつことから、選炭、すなわち、篩分けと選別とは坑外において専門化される。選炭が機械化される限り、選炭夫は半熟練としての機械運転工を中心として増大するが、大塊の選別にはしばしば引きつづき人力が用いられ、女子労働等の不熟練労働力が充用されてきたのである。ともあれ、坑外労働者の比重は徐々に増大し、イギリスでは「一八八九年から一九一三年の間に、坑内夫は九〇%増加したに止まるのに対し、坑外夫は実に一八五%の増加を見た」(J. W. F. Rowe, Wages in the Coal Industry, p. 15)。第一次大戦後においては、各国とも坑内外比は七〇対三〇前後となっている[10]。

(ハ)　労働力構成の再編。炭鉱労働の基本過程はくり返し述べたように、採炭と運搬からなり、両者の統一が炭鉱の生産および生産力を規定する。したがって、採炭夫および運搬夫が一体となって質量的に坑夫の中心を構成した。とこ

表 I-2　炭鉱労働者の構成　(1957 年)

		職　　種	労働者数	比　率
I 坑内夫	A 直接夫	1 採　炭　夫	71,656	24.6
		2 掘進・仕柱・充塡夫	77,688	26.7
	B 間接夫	3 運　搬　夫	14,961	5.2
		4 そ　の　他	36,299	12.5
	計		200,604	69.0
II 坑外夫		1 工作・電気夫	17,624	6.1
		2 運搬夫・その他	72,342	24.9
	計		89,966	31.0
合　　計			290,570	100.0

出典　日本石炭協会『石炭統計総観』(1958 年) より作成.
但し, 助手を除いた. 仕繰夫には坑道仕繰夫が含まれている.

ろが、坑道の延長と、そこから生ずる矛盾の解決策としての運搬の機械化との進展により、運搬労働が機械にとって代られると、坑内労働における運搬夫の比重は質量的に二義的なものとならざるをえない。他方、切羽の拡大、発破の採用等により採炭能力の上昇をみると、依然として熟練労働に依存せざるをえない、切羽支柱作業および切羽再生産のための掘進作業に従事する支柱夫および掘進夫が、採炭夫とならんで炭鉱生産力を第一次的に制約するものとして現れる。このような事情から今日一般に、これら切羽で働く労働者および切羽の準備をする労働者は直接夫と呼ばれ、熟練労働を中心とし、採炭能率に第一次的に影響するものと見なされている。これに対し坑道における労働過程は大半機械化され、そこで働く労働者は主として半熟練ないし不熟練労働者であり、間接夫と呼ばれる。

今日炭鉱労働者の構成は一般に次のとおりである。

I 坑内夫

A 直接夫

1 採炭夫　熟練坑夫。ただし積込み、切羽運搬に当る不熟練の後山を含む。

2 掘進夫、支柱夫、充塡夫　熟練坑夫とその助手。

B 間接夫

3運搬夫
4仕繰夫
5その他坑内労働者　半熟練労働者である機械夫、工作夫、その他雑役労働者を含む。
Ⅱ坑外夫
1工作夫、電気夫
2選炭夫、運搬夫、その他

昭和三二年度の日本の炭鉱について見れば、その構成は表Ⅰ-2のとおりである。

㈡ 総括――二層の生産性。上述したような労働過程と労働力編成を有する石炭産業は、その労働の生産性=能率について、注目すべき一つの特色を有している。すなわち、採炭自体が生産性にマイナスの効果を及ぼし、同一の生産を実現するため、運搬および運搬を可能にする坑道施設(および排水、通気施設)とその維持に、より多くの資本と労働を投下する必要に迫られる。したがって、製造工業の場合と異なり、石炭単位当り所要労働力を同一水準に維持するために、不断に生産力上昇への努力を行なわねばならない。

それゆえ石炭産業における生産力の改善は、まず第一に、増大する輸送(および排水、通気)労働の節約、すなわち、その機械化として現れるが、それは能率の上昇に対してはむしろネガティブに、すなわち、能率低下の阻止という形で現れる。しかし炭鉱における生産力の前進はこれだけに止るものではない。運搬距離および運搬労働の能率を一定とすれば、採炭作業における生産力の上昇は、ポジティブに能率上昇として作用する。とくに労働力の編成が質量的に採炭中心となり、その熟練を基礎とする段階ではそうである。したがって、表Ⅰ-3にも明らかなように、全労働者一人一方当りの能率は、一八七〇年代末と二〇世紀初頭とではほぼ同一であり、その間の生産力の増大は深度の増

表I-3 シャムロック坑の能率推移

年次	全労働者	採炭夫
1874年	0.64トン	2.45トン
76	1.00	2.69
78	1.25	3.32
80	1.32	3.56
82	1.23	3.07
84	1.33	3.50
86	1.56	4.38
88	1.86	5.04
90	1.49	4.28
92	1.50	4.05
94	1.36	3.08
96	1.32	3.16
98	1.17	2.72
1900	1.11	2.56
02	1.14	2.68
04	1.18	2.66

備考 Stillich, Steinkohlenindustrie, S. 78

表I-4 消費工数(日本)

					32年6月	36年3月	40年度
生産部門	合計				125.2	86.2	55.4
生産部門	坑内	計			93.7	75.2	49.5
生産部門	坑内	採炭場	小計		49.3	40.7	27.6
生産部門	坑内	採炭場	切羽	採炭	23.0	19.1	13.0
生産部門	坑内	採炭場	切羽	その他	6.5	5.0	3.1
生産部門	坑内	採炭場	掘進		8.4	7.1	4.6
生産部門	坑内	採炭場	維持		7.6	6.2	4.8
生産部門	坑内	採炭場	運搬		3.7	3.2	2.2
生産部門	坑内	採炭場外	小計		26.6	20.3	13.6
生産部門	坑内	採炭場外	掘進		7.0	5.3	3.5
生産部門	坑内	採炭場外	維持		8.9	6.5	4.7
生産部門	坑内	採炭場外	運搬		10.7	8.5	5.5
生産部門	坑内	坑内一般			17.9	14.2	8.2
生産部門	坑外	計			31.5	11.0	6.0
生産部門	坑外	運搬			5.8	3.6	1.6
生産部門	坑外	選炭			5.6	3.7	2.2
生産部門	坑外	その他			20.1	3.8	2.2
本部					22.1	24.0	—
付帯事業					4.6	3.0	—
起業					3.9	7.1	3.3

備考 石炭経済研究所『石炭鉱業の諸問題』および『石炭・コークス統計年報』

大＝運搬・揚水・通気距離の延長に伴なうマイナスの条件によって相殺されたのであり、採炭夫の能率上昇は――一八七六年から一八八八年まで――全坑夫の能率上昇にそのまま反映している。最近の日本石炭業における労働行程別の消費工数（精炭一〇〇トン当り）を示せば、表I-4のとおりである。

なお、製造工業の場合と異なって、炭坑ごとに、とくに炭田ごとに、自然条件にもとづく能率の差異が存し、標準的能率が技術的視点そのものから直接に算定しえないことも、石炭産業の一特色をなしている。このような特質が条件の比較的劣悪な炭坑において、能率上昇の焦点を切羽労働に定めさせ、その労働強化と労働条件の劣悪化とを必然的なものにするのである。

(c)　賃金形態と賃率

(イ)　請負制度の生成と展開。主要な労働手段が道具で、道具をもった多数の労働者の協業ないし分業を生産力の基盤とする段階にあっては、資本がこれを巨細にコントロールし、充分の作業能率をあげるには、多数の監督をもってしても容易でない。作業管理の困難な坑内作業にあっては、一層然りである。それゆえ石炭産業においては、生産の秩序を維持し、能率を上昇せしめるため、この段階では団体請負の形態が一般にとられた。イギリスにおいて《butty system》と呼ばれ、日本において納屋制度あるいは飯場制度と呼ばれる、採炭請負制がそれである。[11] 炭坑主は作業の編成および監督の労を省き、請負炭価の切下げによって収益の増大を図る。請負人は炭坑主と請負炭価を約定し、労働者に対しては日給額あるいは低額の出来高給で支払い、差額を自己の所得とする。この場合、労働者は炭坑主の被傭人ではなく、請負人の雇用労働者であり、労働者の賃金は、炭坑主の炭価切下げと、請負人の賃金切下げとの、二重の圧力をうける。請負制が中間搾取の形態として排撃せられたのはこのためである。

だが、炭鉱においては、請負制度は根強く残存した。一つは、前述したように、その後炭鉱生産力の発展が二条に分岐し、運搬・排水過程の機械化に対し、採炭・掘進等が依然として道具による労働に止ったことによって、坑内の生産力にアンバランスが生じ、採炭の労働強化をはかるため、経済的には、採炭費における労務費の比重が大きいので、これを引き下げるため、炭坑請負という形態では後退したが、採炭作業請負としては逆に確立を見さえした。イングランド中部炭田で一九世紀中葉にバッティ・システムが全盛を誇ったことが、これを証明しているといえよう。

(ロ)　直接夫の賃金――出来高給制。企業の構内作業監督制の確立につれ、請負制度は後退していったが、後述するように、原料費が存在しないことによって労務費がコストの過半を占める石炭産業においては、賃金管理は企業の基底をなすものであり、しかも作業諸条件が変動し、作業監理に限界があり、能率が労働者の主体的な労働になお多く依存しなければならない切羽諸作業、掘進、支柱作業等——前述労働力の編成で、直接夫として分類されたもの——にあっては、賃金は労働力の支出に直結した出来高給の形態をとる。出来高給は最も単純な刺激給として、労働者をして自ら労働力の支出を管理させるからであり、それが炭坑の能率を規定する直接夫の賃金形態となるゆえんである。炭鉱の出来高給は、一般的にいって、切羽における作業グループ——採炭夫、採炭機械夫、積込夫、切羽運搬夫、切羽支柱夫——および掘進作業グループ——掘進夫、同後山——ごとに、出来高に応じて賃金総額が計算され、それが各人の労働時間と持歩に応じて配分される。ここに明らかなように、前項の直接夫は採炭切羽と掘進切羽の二グループに分類されるのであり、この二つの作業が炭坑の能率を左右するので、出来高給が強固な基礎を有することになるわけである。

(ハ) 出来高査定をめぐる抗争。ところで、出来高の査定は資本の一方的な決定によったから、そこに労働力の収奪は露骨に現れた。

「石炭は重量で販売されるのに対し、労働者の賃金は多く容量で支払われる。労働者は炭函が一ぱいでないと、一銭も賃金をもらえないが、余分に積みこんでも一銭も多くもらえないのである。もし炭函のなかに定量以上のボタがあると——それは労働者よりむしろ炭層の性質によるのであるが——賃金を全部失うだけでなく、そのうえに罰金をとられる」(F. Engels, Die Lage der Arbeitenden Klasse in England, SS. 354—5. エンゲルス『イギリス労働者階級の状態』マルクス=エンゲルス選集版三七六頁)。

それはドイツでも「ヌレン」《Nullen, Wagennullen》とよばれ、一九世紀末まできわめて一般的な慣行であった。したがってまた、それは炭坑夫のはげしい抵抗を生じさせる契機となり、イギリスでは一八五九年以降、労働組合は計量方《checkweighman》の任命権を獲得するために、各地で永い間はげしい闘争を展開したし(この点については、たとえば、R. Page Arrot, The Miners, 1949 をみよ)、ドイツでも一八八九年と一九〇五年の争議において、出来高の査定に坑夫が参加することが重大な争点の一つであり、労働者はイギリスと同様重量による客観的な秤量制度を獲得した(この点については、たとえば、O. Stillich, op. cit., SS. 86—90 をみよ)。

(ニ)　機械化と日給制。作業が機械化され、企業が機械の運転をコントロールできるようになると、賃金形態は一般に出来高給制から日給制に移行する。出来高給制の存立基盤の強固な石炭産業の場合も例外ではない。捲揚機の運転夫や坑内ポンプ方は、請負制度が支配的な状況の下にあってさえ、企業直属の労働者であり、日給で賃金を支払われた。やがて坑内運搬の機械化に伴なって、運搬関係労働者も日給制となり、採炭と直接関係のない坑内夫——仕繰夫、軌道夫、機械夫等——も亦日給で支払われたから、これら採炭能率に直接影響しない労働者、すなわち間接労働者は原則として日給制となった。アメリカにおいてはローダーの普及にともなって、切羽労働全般が機械化されたことにより、坑内労働者は一部の例外を除いて日給制となっている。[12] 日給制への移行は、出来高給の場合の標準作業量策定の困難、出来高引上げへの企業および労働者の衝動抑制等、を起因とする労働組合の要求を重要な契機として、実現される。

(ホ)　トラック・システム。炭鉱賃金の一特色をなしているのは現物給与である。一般に坑夫にとって炭坑住宅は不可欠の就労条件であったし、石炭の支給も、労働者にとって生活必需品であったから、各国で一様に普及した。さらに一般に山間僻地にある炭坑においては、その他の生活必需品も亦しばしば経営者が購入して、これを坑夫に供給することとなる。古く日本において売勘場と呼ばれ、イギリスで《tommy shop》と呼ばれたものが、これである。

ところでこれら売店は、さらに作業用品の販売所でもあった。道具が主要な労働手段であるかぎり、道具の所有者

表 I-5　イギリス主要炭田における賃金　(1914年)

	I	II	III	IV	V	VI
	s d	s d	s d	s d	s d	s d
ノーザンバーランド	8 5	7 3	6 $5\frac{1}{2}$	6 $8\frac{3}{4}$	8 2	5 $4\frac{1}{2}$
ダーラム	8 3	6 4	6 10	7 $9\frac{1}{2}$	7 5	5 1
カンバーランド	8 2	6 9	5 11	7	7 3	5 8
スタッフォードシャー	9 1	7 2	6 4	6 10	8 7	5 7
サウス・ウェルズ	9 4	6 5	6 7	7 8	7 9	5 9

備考　J. W. F. Rowe, Wages in the Coal Industry, p. 72.
Iは出来高払採炭夫，IIは日給制採炭夫，IIIは積込運搬夫等，IVは支柱夫・掘進夫等，Vは坑内下級監督(助手)，VIはその他半熟練・不熟練労働者.

は原則として労働者であるから、炭坑においては永い間作業用具——つるはし、たがね、せっとう等々——や灯火、発破用爆薬等は、労働者の負担において賄われたのである。(13) それらも亦一般に売店で購入し、賃金から差引かれた。

炭鉱経営者はしばしばこれらを労働力の収奪の一方便として利用した。とくに石炭産業の発展過程において、経営資金の不足に悩んだ中小企業においては、割高な強制的現物給与制度＝《truck system》の成立を見ることとなった。(14) トラック・システムは労働者の実質賃金を不当に押し下げるから、各国は法律によってこれを禁ずるようになる。(15)

(ヘ)　賃率の構造。労働者の移動は商品の輸送ほど自由ではないから、同一労働に対し賃率に多少の差異が生ずることは、一般に見られる現象である。ところで、この賃率の偏差は石炭産業において特に大きい。それは同一職種の労働の内容が炭田ごとに、時には炭坑によって、必ずしも同一でないことにもよるが、最大の原因は炭坑の自然的条件による。したがって表I-5に明らかなように炭田ごとに賃率を異にしている。労働組合は同一労働に対する同一賃金を要求してきたが、労働時間を除いて、それは実現困難であるばかりでなく、それを強調すればするほど、賃金は経営条件の劣悪な限界炭坑ないし炭田の労働条件に接近せざるをえない矛盾を担っていた。それが多くの国で炭鉱国有化の一要因となっている。

職種別賃率は以上分析した事情を反映して、採炭夫および掘進夫が最高であって、その他の直接夫がこれに続いている。採炭夫と掘進夫の賃率の上下は、基本的に採炭方式によって規定され、竪坑を中心として採炭準備作業に重点をおくヨーロッパ大陸諸国では、掘進夫の賃率が最高で、採炭夫がこれに次いでいるのに対し、採炭に重点をおく日本やイギリスでは採炭夫が最高となっている（表I-6参照）。

(ト) 坑夫賃率の社会的水準。このような坑夫の賃率は、他産業の労働者の賃金と比較して、いかなる水準にあるであろうか。第二次大戦前の状況について、ＩＬＯの報告は次のように記している。

「男子間の比較をすると、多くの場合、炭鉱の時間当り所得は工業のそれより高いことがわかる。……ドイツでは坑内労働者の時間当り所得は、上シレジアで八〇プェニッヒ、ルールで一マルクと計算されるのに対し、工業全般の熟練労働者の時間賃率は七八・三プェニッヒ、不熟練労働者の場合は六二・三プェニッヒと算定される」(I. L. O., The World Coal Mining Industry, 1938, Vol. II, p. 22)。

なお、報告書はこれに続けて、日本の場合は、工業労働者二六銭に対し、坑夫は二〇銭で、相対的に低賃率である旨をとくに指摘している。この点は次に記す坑夫の社会的地位との関連から説明される。

ところで、時間当り賃率が高いということは、年間所得もまた坑夫の方が多いことを意味するものではない。地下労働の条件の劣悪さは、就業日数、したがって、年間労働時間を少なくしているため、一般的にいって、年間所得で比較する

表I-6　坑内労働者の賃率　(1956年)

日本				フランス		
職種		大炭鉱	小炭鉱	ロレーン	職種	
坑内間接夫		100	100	100	日給払坑内夫	
直接夫	採炭	126	132	113	切羽	出来高払坑夫
	支柱夫	100	99	103	坑道維持	
	掘進夫	115	120	122	掘進	
	平均	115	121	113	平均	

備考　『ソフレミン報告書』第10巻労働篇 p. 18. 日本の支柱夫には日給制の坑道支柱夫が含まれている.

場合には、坑夫の賃金は工業労働者のそれに及ばないのである。

(d) 地下労働と炭坑夫

(イ) 地下労働と災害。炭坑も狸掘りの段階においては、取り立てていうほどの災害も発生しなかったが、坑内が深くなるにつれて、落盤と水没の発生が頻繁となってきた。とくに蒸気ポンプの導入によって排水問題が解決され、さらに主要坑道の運搬が機械化されると、坑内は急速に深くなり、通気施設がこれに伴なわなかったから、ガス爆発が相ついで生じ、しかもその規模は飛躍的に大きくなった。それゆえ坑夫はたえず落盤やガスの危険にさらされ、さらに運搬の機械化に伴なって炭車による災害がこれに追加された。[16] その上、炭塵、岩粉の充満した通気の悪い坑内で働く坑夫は、結核その他の疾病におかされやすく、一般に早老であった。ほの暗い灯火を唯一のたよりとし、危険が多く労働条件の悪い坑内で働く炭坑労働が、労働者に嫌悪されたことは、きわめて当然である。

その後、通気施設の充実、坑内条件の改善が推し進められ、出炭トン当り災害率はもちろん、稼働人員当り災害率も次第に低下してきたとはいえ、なお、他産業に比べてその災害率は高いといわねばならない。

(ロ) 労働力の炭坑への緊縛。炭坑の規模も小さく、労働力需要も限られていた段階では、労働力も近傍農村の農民層分解の中から現れる兼業坑夫、あるいは一部の専業坑夫で事足りた。[17] だが、石炭産業が急速な発展をみ、炭坑の規模が大きくなると、事情は一変した。地上の職業につきうるものは、あえて労働条件の劣悪な坑夫になろうとはしなかったから、資本は労働力確保のため、動員しうる限りの政治的・社会的な力を動員した。イギリスについていえば、炭坑経営者が坑夫と長期の雇用契約を結び、違反者を厳罰に処することを定めて労働力の移動を阻止する「坑奴制」《bond system》が一般化した。[18] それは農民層分解のおくれた、したがって労働力確保のより困難な地域に、より粗野な形態で――たとえば、スコットランド炭坑にみられた炭坑「奴隷制」のように[19]――現れたが、一般に近世初頭の浮浪者の少なからぬ部分は、このようにして炭坑労働に緊縛されることとなった。「坑奴制」は産業革命の展開と労働者の抵抗とによって崩壊するが、坑夫の拡大再生産はその後坑夫層自体の再生産を別とすれば、農民層分解の最下層――ルール炭田と東エルベ農民との関係に見られるような――を最大の給源とするようになった。

(ハ)　閉鎖的市場としての炭鉱社会。一般に炭鉱が山間僻地にあり、坑夫がその炭鉱住宅に居住するようになると、坑夫は二重の意味で一般社会から隔絶し、閉鎖的な炭鉱社会を形成するようになった。一つは、物理的に隔絶して生活し、衣食住の必需品も炭鉱社会内部で供給されたことによって、外部社会との接触を欠いたからであり、そこから炭鉱社会独特の生活様式が生じた。第二に、前述した炭鉱の劣悪な労働諸条件と、坑夫の浮浪者・窮迫農民的出自とから、炭鉱社会が社会の最底辺の一つとして、一般社会から差別的に取扱われたからである。「商人たちにとっては、坑夫はあたかも帝国辺境駐屯地のローマ市民に対する野蛮人のごとくに考えられた」(Ashton and Sykes, op. cit., p. 150)。それればかりでなく、工場労働者との間にも大きな壁が生じ、工場と鉱山との間の労働力の流動は、一部坑外夫を別とすれば、殆んど見られなかったのである[20]。

このような炭鉱社会の閉鎖性は、一方では「ぬるま湯と炭坑は出れば風邪をひく」といわれるような、外部社会への適応性の喪失を生み出し、炭坑労働への埋没と外部社会との遮断とから、坑夫は雇主への隷属をも甘受するようになったが、他方では、冷酷な社会と雇主の圧迫から身を守るため、坑夫間の共同体的連帯性を強力に育て、それはやがて坑夫団結の有力な基礎となった。

(ニ)　総括――坑夫の社会的地位。坑夫の収入は、とくに農業労働者と比べた場合、決して劣悪ではなかったし、しばしばかなり良好であった。にもかかわらず、坑夫の社会的地位は極めて劣悪であった。「坑夫となることを強制されたか否かは別として、この新来者は、住みついた地域の従前からの居住者に、社会的に同等な存在としては受け容れられなかった。自分の土地で生活することのできなかった農民から、しばしば浮浪の失業者や、粗野な外貌や習慣で知られた辺地の野人から、最低は捕虜や罪人から、補充されたので、坑夫は初めから社会階層の低い地位を占めるように定められていた」(Nef, op. cit., Vol. II, p. 150)というネフの叙述は、そのまま一般にあてはまるものであった。特に発展の急速な炭田や大規模炭坑ほど、坑夫の社会的地位は劣悪であった。[21]

イギリスでは「坑奴制」は一七七四年の解放令で法的には禁止されたが、これにとって代った請負制《butty system》とトラック・システムのため、実質的にはその社会的地歩は殆んど改善されなかった。労働者の社会的地位が改善されるのは、どこの国でも坑夫の労働運動の確立を俟たなければならなかった。

（1） 日本においては、このような熟練の形成過程は確立されなかったし、炭坑における熟練労働の範疇自体が確立を見なかった。それは炭坑労働力の給源が繰り返し農村の青壮年層に求められ、第二次大戦前においては、ついに階層としての熟練坑夫群が形成されなかったことによる。

（2） たとえば、イギリスにおいては、比較的早くから採炭規模が大きくなったノーザンバーランドやダーラム地方では、採炭夫、支柱夫、運搬夫、軌道夫等の分化が見られるが、カンバーランドやランカシャー地方では、これらの分業が発展せず、採炭夫が助手＝後山を使って、これらの仕事を行なっている。この点については、J. W. F. Rowe, Wages in the Coal Industry, 1923, Chap. III, p. 57 f. を見よ。それゆえ、採炭夫といっても、その作業内容は必ずしも一様ではない。

（3） 「十八世紀初頭には、採炭より運搬にはるかに多数の労働者が従事していた。ダンモアでは一七六九年に、採炭夫二八人に対し運搬夫は七四人であった」(Ashton and Sykes, op. cit., p. 68)。

（4） イギリスでレールと炭車が出現したのは一九世紀初頭であり、馬匹はこれに続いてまもなく導入され、六、七〇年代には広く普及していた(Ashton and Sykes, op. cit., pp. 62, 68)。

（5） 日本の鉱業法は「鉱夫ト称スルハ鉱業ニ従事スル労働者ヲ謂フ」(第八条)と規定し、施行細則において、石炭山の坑内夫として採炭夫、支柱夫、後山、運搬夫、機械夫、工作夫、雑夫等を、坑外夫として選炭夫、運搬夫、機械夫、工作夫、雑夫等をあげている。

（6）たとえば三池炭坑においては、坑夫は「採炭運炭の業」に従事するものを意味し、坑内夫は坑夫を含めて「礦夫」と呼ばれた。この点については拙稿「炭鉱における労務管理の成立」（脇村教授還暦記念論文集『企業経済分析』所収）参照。

（7）「大体において労働組合運動は採炭夫に限られていた。坑外夫を組織しようとする努力は全然見られなかったし、多くの組合はその組合員規約ではっきり坑外夫を除外していた」（Rowe, op. cit., p. 36）。

（8）たとえば、吉村朔夫「炭鉱賃金制度の研究」（九大産業労働研究所『森教授記念論文集』所収）は、三池を中心とした極めてすぐれた研究であるが、この点の確認が欠けていることが最大の欠陥となっている。

（9）切羽支柱はしばしば採炭夫の作業の一部となっていたが、両者は次第に分化した。他方、仕繰夫は天井を切り上げること《Ripping》を作業の一つとすることから、薄層における切羽作業にも従事したが、主として坑道における側壁上下盤の切り拡げ《Brushing》等の外、支柱取換えの補修作業に従事するため、仕繰は支柱を含み、日本では両者はしばしば同義語として用いられている。

（10）ヨーロッパの炭鉱の場合には、コークス工場、発電所等を兼営する場合が少なくないが、この点は後に論及する。
　なお、ドイツなどでは、捲揚げおよび選炭を坑外作業とし、運搬、補修等は補助部門として区別されている。したがって労働者の坑内外比を比較する場合には、それぞれの範疇を明確にしなければならない。この点、たとえば、吉田竜夫『石炭企業の分析』昭和三二年、第三編第一章をみよ。

（11）下請制度のより立ち入った検討については、拙稿「納屋制度の成立と崩壊」（『思想』一九六〇年八月号）を参照。

（12）「出来高払い制度は、手積みの行なわれている所にのみ残存しており、手積みの場合にも日給を基準とする支給額の比率が高くなりつつある」（Anglo-American Council on Productivity, Productivity Team Report on Coal, 1951, p. 21）。

（13）たとえば、Rowe, op. cit., p. 84 ; Stillich, op. cit., S. 83 をみよ。なお労働者が道具を所有するということは、とりも直さず労働手段を所有するということにほかならないから、労働手段の所有から切り離されたものとしての近代的プロレタリアと規定してよいか否かについて、疑問が出されている。だが、マニュファクチュアにおいては、労働者が一般に道具＝主要な労働手段を所有していることは別としても、近代の炭坑においては、坑夫の道具は全労働手段体系の中で二次的な意義をもつにすぎない。逆にいえば炭鉱資本は主要労働手段を自己の手中に確保したからこそ、二次的な道具を労働者の手中に、労働者の負担において残したのである。

(14) 「トラック・システムの事例は、対仏戦争開始前にも、そこかしこに見られるが、一八世紀末葉以前には、トラック・システムの存在した兆候が見られないということは、決して偶然ではない。〔中略〕バッティ・システムと同様、トラックは現実的な経済的必要に応じて発展した。両者は同じ土壌から発生し、ともに資本主義の比較的初期の段階の産物であった」(Ashton and Sykes, op. cit., p. 147)。ネフはイングランド北部ではトラック・システムは一八世紀初期から見られると記しているが、一九世紀中葉に普及した点では一致している(Nef, The Rise of the British Coal Industry, Vol. II, pp. 187—8)。

(15) 日本の鉱業条例(明治二三年制定)は「鉱業人ハ鉱夫ノ賃銭ヲ通貨ニテ仕払フヘシ」(第六十九条)と規定し、鉱業法(明治三八年制定)においても「鉱業権者ハ毎月一回以上期日ヲ定メ通貨ヲ以テ鉱夫ニ其ノ賃金ヲ支払フ」(第七十八条)べきことを定めた。

(16) 日本でも災害は明治三〇年以後激増し、政府は三二年以降詳細な統計を発表している。この点については第一部第三章第一節5をみよ。

(17) ルール地方における兼業坑夫——冬季採炭に従事——の存在は、周知のところである。たとえばOtto Hue, Die Bergarbeiter, 1913, Bd. II, 日本の文献としては、大野英二「ルール炭鉱労働力の存在形態」(『経済論叢』昭和三三年九月号)をみよ。

(18) 「坑夫を特定期間仕事に縛りつける制度は、何らかの形で、一八世紀中葉以前に〔イギリスの〕全主要炭田に導入された」(J. U. Nef, The Rise of the British Coal Industry, Vol. II, p. 164)。なおタイン・ウェア地方の一七六五年のストライキについて次のように記されている。「この闘争は北イングランド地方の年雇役慣習を目標としていた。この年雇役によって、雇主は毎年秋坑夫を一年間の予約で雇い、契約金は普通一シリングであった。その年の間坑夫は仕事がある限り坑内に入らなければならなかったが、雇主は仕事を提供する義務を負っていなかった」(R. P. Arrot, The Miners, p. 27)。

(19) スコットランド救貧法は一五七九年に浮浪者の強制就労を規定したが、一六七二年の法律は「炭坑主、製塩主、その他の工場主」は、「浮浪者・乞食を見つけ次第」とらえ、「炭坑あるいは作業場で労役につかしめる」ことができる、と定めている(Nef, op. cit., Vol. II, p. 149)。なお、Adam Smith, Lectures on Justice, Police, Revenue and Arms, p. 99 参照。

(20) この点については、たとえばAshton and Sykes, op. cit., p. 155 f. をみよ。なお、石炭山と金属鉱山との間にも一般に流動関係は見られない。日本では東北、北海道がこの例外となっている。

(21)　たとえば、Nef, op. cit., Vol. II, p. 152 f. の叙述をみよ。日本においても納屋制度の弊害がまず典型的に現れるのは、大炭坑である。高島炭坑問題はその典型である。

第四節　鉱区所有と資本

(a)　基底としての鉱区所有

(イ)　鉱区所有と土地所有。石炭という使用価値の生産ではなく、その価値生産の側面の分析、換言すれば石炭産業のすぐれて経済学的な分析にとって、基底となるのは、生産手段の所有関係である。その場合、工業においては労働手段が生産手段の基礎をなすものであり、したがって労働手段の所有関係が何よりも重要な問題であった。ところで、前述したように、鉱業においては、労働対象である炭層こそが生産過程を基本的に規制するものであったのに対応し、炭層を包含した鉱区所有こそが経済学的分析の基底となる。鉱区所有と鉱業との関係は、土地所有と農業との関係に照応し、その農業においては土地所有が分析の基底をなしている。しかしながら、鉱区所有は土地所有ともその性格を異にするところがある。土地は労働対象であると同時に労働手段であって、農産物の育成に場所を与え、条件を作り出すものであり、したがって豊度の減退ということはあっても、その使用価値が消滅し、土地所有が無内容となることはない。これに対し炭鉱においては、鉱区所有の主内容をなす炭層は労働対象であり、したがってその採掘は炭層自体の消滅を意味し、鉱区所有自体が無内容化していくことにほかならない。石炭産業はその基底である鉱区所有のなかに矛盾をはらんでいるわけである。

(ロ)　鉱区所有と土地所有の結合。封建社会にあっては、基本的生産手段であった土地の上級所有者である封建領主は、同時に土地に埋蔵された鉱物資源に対しても所有権を主張した。領主的土地所有は地中の鉱物にも及んだのである。

したがって封建領主は、領主経済にとって重大な意義を有する金属鉱山については、下級土地所有の領有を排してその鉱石の独占的所有権を主張したのであるが、経済的価値が乏しかった限り石炭等については、その採掘販売を農民＝下級所有権者に認めた。このような土地所有と鉱区所有との結合と分離は、封建的土地所有の近代化の過程に対応して二つの形で展開された。

イギリスでは絶対王制の形成過程において、鉱山領有が領主的土地所有のもとに確保され、その土地所有が近代資本制生産の発展にともなって、近代的土地所有へ転化していったから、地中の埋蔵物の採取権は土地所有に従属し、地主の所有するところとなった。[1] 鉱区所有は土地所有の一部として、これと一体化しているわけである。こうして近代的土地所有の内容が地上の所有権から地中にまで及ぶと、空間的に区別される地表と地中との使用価値が相異なることによって、土地所有は狭義の土地所有と鉱区所有とにそれぞれ分化し、別個の占有者によって使用されるようになる。すなわち、地表は農業経営者に占有され、地中の鉱区は土地所有権者又は農業経営者とは必ずしも関係のない鉱山経営者によって占有、経営されることとなる。

(ハ)　鉱区所有と土地所有の分離。鉱区所有が土地所有と結合し、それに従属している場合にも、一応土地所有とは別個に占有され得るということは、別個に所有権が成立しうる、という可能性を示している。事実、ヨーロッパ大陸においては、鉱区所有は土地所有と分離し、別個に成立するに至った。すなわち、絶対王制下において封建社会の内部に農民的土地所有が成立し、領主的土地所有に危機がおとずれた時、絶対王制は、経済的に重要性を増してき、しかも農民的所有権の確立していない鉱山に対し、改めて自己の上級所有権を再確認したのである。ここに土地所有とは分離した鉱物に対する絶対君主の特権＝Bergregalが成立したのである。[2] この特権は絶対王制の崩壊過程において近代的鉱区所有権に転化していったが、そこに土地所有とは別個独立の鉱区所有が成立を見るわけである。

この場合にも、近代資本主義の法則に従って、所有と経営とは原理的に分離されうるから、鉱区所有者が常に炭鉱経営者であるわけではなく、所有と占有は分離が可能である。

なお、アメリカ合衆国においては、植民地時代にその領有国によって鉱区所有の形態が異なり、それが独立後に持ちこされた関係で、州によって鉱区所有権の形態を異にしている。

(b) 鉱区所有と資本

(イ) 二様の鉱区所有と資本。封建社会においては、農民＝坑夫は領主の上級所有権下に小規模な石炭生産に従事したが、坑道が延長し、切羽が深くなり、排水が重大問題となるにつれて、生産規模は大となり、多額の資金が必要となる。それは炭鉱経営者である農民や坑夫によっても多少は賄われたが、商人によっても供給され、Bergregal＝鉱山特権をにぎる絶対王制下においては、時にその特権は特権商人に譲渡された。もっとも石炭は特権商人の利権の対象となることは必ずしも多くなかった。それが封建社会の解体過程を通じて、近代的土地所有の確立と相関的に、近代的炭鉱資本の形成をみることとなったのである。ところでその際、鉱区所有と炭鉱資本との関係は前述した鉱区所有の二つの形態に対応して、二様の異なる関係を示している。第一は鉱区所有が土地所有に内包されている場合で、炭鉱資本は(土地所有者が同時に資本家である場合を除けば)土地所有者から鉱区を賃借することとなり、鉱区所有と資本とは一応分離している。これに対し第二は鉱区所有が土地所有から分離している場合で、鉱区所有者が鉱区の一部又は全部を賃貸するような例外的な場合を除けば、炭鉱資本家は同時に鉱区所有者であって、鉱区所有と資本は一体をなす。第一の場合は石炭産業の必然的要請である鉱区の拡張という点から見れば、土地所有が限界となり、生産物の分配という点から見れば、土地所有と資本との間に賃貸料＝鉱山地代をめぐる対立が生じ、いずれにせよ土地所有は炭鉱資本の活動を限定するものとして作用する。第二の場合には鉱区所有は土地所有から独立していて、資本の所有として現れるので、逆に資本が鉱区所有を媒介として土地所有に影響を与える。

(ロ) 鉱区所有の矛盾の解決。工業においても労働対象は生産過程で消費され、労働手段は消耗していくから、生産の継続のためにはくり返しこれら生産手段が補充されなければならない。しかしその場合には生産過程の基底は労働手段の体系として存在しているし、その価値は労働対象のそれとともに生産物に移転され、販売によって回収され、労働手段も労働対象も再入手が可能となり、生産手段の所有関係は再生産されていく。ところが鉱業の場合にはこれと異なり、炭層がきり取られていくから、鉱区所有は生産の推移につれ、必然的にその内容が貧弱となり、ついに無内容化ないし形骸化するようになる。したがって石炭資本自体の再生産のためには、鉱区所有の再入手が行なわれなければならない。個々の資本についていえば、鉱区所有の再入手は鉱区の併合という形態でも行なわれ、事実それは石炭産業において大きな意義をもつが、石炭資本総体についてみれば、それでは問題の解決にならない。本来的な解決は鉱区所有の外延的拡大、すなわち、試掘による新鉱区の獲得に求められなければならない。鉱区所有が石炭資本の基底であり、炭層の条件が生産力を一次的に規定するから、優良新鉱区の獲得に対する石炭資本の渇望は深刻なものがある。

(ハ) 石炭資本と鉱区の拡大。石炭産業の基底が鉱区所有にあるということは、石炭生産の量的拡大が、埋蔵密度を別とすれば、鉱区の大きさに制約される、ということを意味する。したがって、石炭資本の拡大再生産は二重の形態で実現されなければならない。一つは資本自体の集積・再投資であり、これによって必要な生産手段が調達され、労働者が雇用される。もう一つは鉱区所有の拡大あるいは鉱区占有の集中であり、これによって資本は投資の対象を確保する。

ところで、採炭が深部に移行し、坑道が延長し、運搬の機械化が進むにつれ、一方では坑内の採炭、運搬体系の合理化が要請され、その前提として鉱区の拡大が必然化するとともに、他方、これに伴ない投資が飛躍的に増大するから、コスト切下げのためには、一坑口からの一日当り出炭を増加させるとともに、その坑からの総出炭を増大させなければならない。そのためには採炭する炭層の拡がり=鉱区所有(占有)が大きくなければならない。このような技術的、経済的な要請から、石炭資本と鉱区所有とは相並んで拡大してきたのである。(3)

(c) 石炭産業における資本

(イ) 炭層の条件と炭鉱資本。石炭産業における生産力の第一次的要因は、前述したように、炭層の条件にある。それゆえ、条件の良好な炭層と劣悪な炭層とでは、同一量の資本と労働力の投下に対しても、生産量が、したがって、利潤額が異なる。鉱区所有が土地所有と結合し、利潤の差額が地代として土地所有に帰属する場合にも、追加資本投下は同じ効果を生むので、賃貸契約期間内は、炭層条件の差異に起因するその超過利潤は資本の手もとに残ることとなる。ところで、炭層は地中に存在し、しかも地殻の変動の影響をうけているので、その賦存状況は必ずしも明らかではない。とくに探鉱・試錐技術の発展しない段階においては、不確定の要素が少なくなかった。そこに石炭資本の投機性が生じる。資本は超過利潤の可能性に誘われて集まる。

この投機性は産業資本の確立過程で、試錐技術の発展と採炭規模の拡大とにともなって後退していったが、炭層の条件は別個の形で資本に影響を与えている。すなわち、炭鉱における投資は坑道と切羽を中心とする施設に対して行なわれるが、それは第一に、石炭生産以外に転用することができないし、第二に、生産を中止しても坑内維持のために多額の経費が必要であり、これを節約すれば投下資本自体が破壊されることになる。第三に、追加資本の投入や新技術の採用によっても、炭層条件の差異を克服することは困難である。したがって、利潤率の差異が恒常化する傾向をもっている。(4)

表I-7　九州炭鉱会社の作業系統別資産構成

	中央大手		地方大手		中小	
	昭和29年上	33年下	昭和29年上	33年下	昭和29年上	33年下
採炭掘進工程	17.7	26.3	19.7	25.1	5.8	6.3
運搬工程	42.6	38.7	34.7	35.8	29.9	27.7
選炭工程	5.6	8.5	4.5	6.1	12.4	15.0
排水・通風・電気等動力体系	26.8	21.0	33.8	30.0	40.2	44.5
工具備品	5.6	4.0	5.4	2.5	5.0	4.2
その他	1.7	1.5	1.9	0.5	6.7	2.3
計	100.0	100.0	100.0	100.0	100.0	100.0

備考　吉武堯右『原価分析』(昭和36年，有斐閣) p. 27

(ロ)　資本構成の特質。採取産業である石炭産業においては、商品として存在する原料を購入して加工精製する製造工業と異なって、「労働対象は自然から無償で贈与されたもの」(K. Marx, Das Kapital, Buch I, S. 634)であるから、前貸資本の一部を構成しない。したがって、露頭近くを採掘していた初期の段階では、前貸資本の大半は労賃であった。ところが、採炭が深部に進み、坑道が延長し、採炭規模が大きくなると、原料への前貸は存在せず、「不変資本はほとんど全く労働手段だけからなる」(Marx, op. cit., S. 634)ので、それだけ固定資本の比率が高くなる。このような資本構成にあっては、流動資本の比率がそれだけ低いから、石炭商品の生産・流通期間は別としても、資本の回転率はいきおい低くなる。(5)「石炭鉱業は一般製造業と異なり、其の本質上投下資本を要する事大」(『日本鉱業発達史』中巻、二〇三頁)といわれるのも、このような事情を指しているものと見なければならない。つぎに炭鉱の資産構成を作業系統別にみると、表I-7のとおりである。中小炭鉱において動力体系の資産の比重が高いことは、生産の機械化の立ちおくれを示すものであるが、大手炭鉱において運搬工程の資産構成が大きいのは、上述した石炭産業自体の生産工程の特質の反映と見な

表 I-8-1　イギリスにおける石炭生産費

	売渡価格	生産費 賃金	生産費 資材費	生産費 その他	生産費 賃借料	生産費 計	損益	1方当出炭
	s　d	s　d	s　d	s　d	s　d	s　d	s　d	トン
1922年	19　1$\frac{1}{2}$	12　1$\frac{3}{4}$	2　3$\frac{3}{4}$	3　2$\frac{1}{2}$	0　7	18　1$\frac{3}{4}$	0　11$\frac{3}{4}$	0.90
1925	17　1	12　9$\frac{1}{2}$	1　10$\frac{3}{4}$	2　10$\frac{1}{4}$	0　6$\frac{1}{4}$	17　11$\frac{1}{4}$	0　3$\frac{1}{4}$	0.90
1928	13　3$\frac{1}{4}$	9　5$\frac{3}{4}$	1　7$\frac{1}{4}$	2　8$\frac{1}{4}$	0　6	14　2$\frac{1}{4}$	−0　11	1.07
1931	14　0$\frac{1}{4}$	9　2$\frac{3}{4}$	1　6$\frac{1}{2}$	2　6$\frac{1}{2}$	0　6	13　8$\frac{3}{4}$	0　3$\frac{1}{2}$	1.10
1934	13　4$\frac{1}{4}$	8　7$\frac{1}{4}$	1　5$\frac{1}{2}$	2　6	0　5$\frac{3}{4}$	12　11$\frac{1}{2}$	0　5	1.16

P. E. P., Report on the British Coal Industry, p. 32 より．但し1方当出炭はcwtをトンに換算した．計・損益が合わないものがあるが，そのままとした．

表 I-8-2　石炭生産原価の構成比(日本)

	計	山元原価 原料	山元原価 資材	山元原価 賃金	山元原価 燃料動力	山元原価 減価償却	山元原価 その他	管理費	利益
昭和29年	100.0	—	22.5	53.4	6.9	7.2	10.0	23.6	−2.0
31	100.0	—	20.3	48.4	11.1	8.2	12.0	13.8	4.5

『本邦鉱業の趨勢』による．管理費および利益は原価の外に加算される．

ければならない。

ところで、炭鉱の固定資本については、もう一つの問題が存在する。工業においては減価償却によって資本の回収が行なわれ、その再投資によって生産が維持されるわけであるが、石炭鉱業の場合には、採掘にともなって自然条件は悪化するから、減価の償却だけでは、同一の生産は維持されない。そのためには坑道を延長し、レールやコンベヤーをのばし、延長していく坑道を維持し、捲揚機を増設したり排水ポンプの能力をふやしたりしなければならない。すなわち、不断に投資を追加することによって、始めて生産(生産力)が維持されるのであり[6]、固定資本は次第に増大し資本の有機的構成は高まらざるをえない[7]。

(ハ) 石炭の生産費。石炭の基本的生産過程が採炭と運搬からなるということは、生産費においても採炭費と運搬費が重要であることを意味する。昭和初年における日本の石炭生産費の行程別内訳は、採炭費三〇%、運搬費二七%、排水費一三%、通気費三%、人道費二

%、安全灯費一%、選炭費二%、事務費二二%であり(東亜経済調査局『本邦を中心とせる石炭需給』一一七頁)、採炭費と運搬費の合計は事務費を除いて計算すれば七三%に達する。[8] それは炭層条件を別とすれば、生産費を規定する最も重要な要因が、採炭と運搬の体系、すなわち、「炭坑のレイ・アウト」(P. E. P., Report on the British Coal Industry, 1936, p. 2)にあることを意味する。

石炭生産費を要素別にみると、表I-8-1、2に明らかなように、三つの点が注目される。

第一は資本が鉱区所有(又は占有)に基づいて労働対象である炭層を支配しているので、前述したように原価構成の中に原料費が欠如している点であり、第二にこれと対照的に採炭、運搬、支柱等の主要作業における労働力支出の比重が高いので、賃金の原価構成中に占める比重が著しく高い点である。第三は資材費が一三―四%以上を占め賃金についで高率を占めていることであるが、その中心は坑木、軌条等であって、坑道、切羽の開鑿、維持と直結した経費である点で、特有のものといわねばならない。ところで、資材費にせよ、賃金にせよ、燃料動力費にせよ、すべて坑道の延長に伴なって増大するものであり、[9] しかも坑道維持費や揚水費は出炭とは無関係であるから、採炭を集約し、維持坑道を短縮することが、換言すれば、合理的なレイ・アウトが、原価引下げ上の重要問題となる。

石炭原価に関して特に注目される点は、原価の過半(イギリスでは六〇%以上)を占める労賃であるが、坑内作業の機械化が困難であることから、一般的に労働力への依存度が大であるという事情のほかに、切羽および坑道という基本的労働手段を自ら作り出していかねばならないということも、その比重の高い一つの要因となっている。ともあれ石炭の原価構成は、炭層=鉱区所有と資本と賃労働との対抗と統一の姿を示している。

(d) 鉱山地代と利潤

(イ) 鉱山地代の性格。鉱区所有の経済的形態が鉱山地代である。もっとも、この点に関しては異議が存在する。というのは、農業においては土地は基本的に労働手段として機能しているのに対し、鉱山においては炭層は労働対象として存在する。したがって、土地はその豊度に変化があっても消滅することはないが、炭層は採炭の進行につれて切り取られ、やがて消滅する。そこから、「鉱山地代」は本来地代ではなく、地中に存在する「石炭の購入費」[10]であるとの見解が生じる。だが、鉱山地代も亦鉱区所有を媒介とし、次に見るように、限界鉱区との生産差額を基礎として形成されるものであるから、地代範疇で把握することが正しい、といわねばならない。「本来的な意味の鉱山地代は、農業地代と全く同様に規定される」(K. Marx, Das Kapital, Buch III, Kap. 46)。

だが、上述のような鉱区所有の特異性は、鉱山地代の変動にも特異な性格を与えている。すなわち、採炭自体が鉱区所有にマイナスの影響を与え、次にみるように、一般的に炭層の条件をそれだけ劣悪化し、地代に影響する。

(ロ) 鉱山地代の形態。鉱区は炭層を中心に形成されるわけであるが、始めに記したように、労働対象である炭層はその自然的諸条件を異にし、生産を規定する。等量の資本と労働力を投入するとすれば、より良い炭層を含む鉱区の所有はより大きな量の石炭の生産、換言すればより大きな利潤をもたらす。その意味で好条件の鉱区を所有することが超過利潤の源泉となることは、土地所有の場合と異ならない。その諸条件は炭層の項でのべた炭層の状況、すなわち、i 豊度=炭丈、ii 深度、iii 密度、ならびに、iv 炭質=カロリーおよび品種、のほかに v 市場との距離を加えなければならない。土地所有の場合と異なるのは、賦存状況とくに深度が生産の推移につれて不利となり、運搬、排水、通気等に追加労働力の投入を必要とするようになる点である。ともあれそこに生じる超過利潤は鉱区所有が土地所有と結合している場合には鉱山地代，この場合差額地代，となる。

ところで絶対地代は，土地所有の場合と異なり鉱区所有にあっては，必ずしも存在しない。というのは「これらの土地は常に，需要との関係において相対的に無制限に存在しているため，この場合には土地所有者は資本に対して何の抵抗もなしえないからであり，土地所有は法的には存在しても，経済的には存在しないからである」(K. Marx, Theorien über den Mehrwert, II, 2, g, γ)。限界鉱区にあっては「土地所有者は地代を払わなければ誰にも採掘を許さぬであろうし，また一人としてそれを支払いうるものはない」(A. Smith, Wealth of Nations, Book I, Chap. XI, i)。この場合鉱区所有は他の人々を引きつけることができず，鉱区所有者の資本を鉱区に投じて利潤を得ることだけを可能にする。「かかる炭鉱は土地所有者が自ら企業家となり，この事業に投下する資本から普通の利潤を取得する以外に，何人も有利に経営することはできない」(Smith, op. cit.)。ここでは資本に対する独立の要素としての土地所有は事実上消滅しているわけである。このような限界鉱区をのぞけば，鉱区所有は常に石炭産業の超過利潤を差額地代および絶対地代の形態で取得する。

なお，石炭は粘結性や灰分等の性状が炭層によって異なるから，灰分の少ない強粘結炭等特に優良な石炭を産出する炭層は限られている。このような自然条件からくる供給の制限を契機として，鉱業における独占地代の成立をみることは，農業における独占地代と異なるところはない。

(ハ) 鉱山地代と利潤の結合。ところで，鉱区所有が土地所有と分離して形成されている場合には，鉱区所有に基づく地代部分は，超過利潤の中から地代として分離して土地所有者の手に入ることにはならず，超過利潤として鉱区所有者である資本の手中に残る。したがってこの場合には，鉱山地代は範疇として成立せず，超過利潤は鉱区所有の結果として炭鉱資本の本来的利潤の重要部分を占めることとなる。(11) ところでこの場合には，超過利潤は差額地代相当分だ

表 I-9　地域別平均炭価および利潤(イギリス)　(1934年)

地域	炭価	賃金	鉱区使用料	その他	損益	1方当出炭
	s　d	s　d	s　d	s　d	s　d	トン
スコットランド	11　$9\frac{3}{4}$	7　$6\frac{1}{2}$	0　6	3　$3\frac{1}{2}$	+0　$5\frac{3}{4}$	1.28
ノーザンバーランド	11　$1\frac{1}{2}$	6　11	0　$5\frac{3}{4}$	3　$9\frac{3}{4}$	−0　1	1.21
ダーラム	12　$3\frac{1}{4}$	7　$8\frac{3}{4}$	0　6	4　$3\frac{1}{2}$	−0　3	1.12
サウス・ウェルズ	15　$1\frac{3}{4}$	9　$9\frac{3}{4}$	0　$8\frac{3}{4}$	4　$8\frac{1}{2}$	−0　$1\frac{1}{4}$	1.01
ヨークシャー	13　$3\frac{1}{2}$	8　$4\frac{3}{4}$	0　5	3　7	+0　$10\frac{3}{4}$	1.33
ノース・ダービシャー	13　$1\frac{1}{4}$	8　3	0　$4\frac{3}{4}$	3　$5\frac{1}{4}$	+1　$0\frac{1}{4}$	1.39
サウス・ダービシャー	14　11	9　$5\frac{3}{4}$	0　$3\frac{3}{4}$	3　$9\frac{3}{4}$	+1　$3\frac{3}{4}$	1.12
ランカシャー	15　$9\frac{3}{4}$	10　4	0　$5\frac{1}{2}$	4　7	+0　$5\frac{1}{4}$	1.00
カンバーランド	14　$5\frac{1}{2}$	9　$9\frac{3}{4}$	0　$5\frac{1}{2}$	4　$2\frac{1}{4}$	+0　0	0.97
全国平均	13　$5\frac{1}{2}$	8　$7\frac{1}{4}$	0　$5\frac{3}{4}$	3　$11\frac{1}{2}$	+0　5	1.17

備考　P. E. P. Report., pp. 89, 175

けであって、絶対地代に相当する利潤分は成立しない。というのは、鉱区所有は土地所有によって制約されていないので、資本は既存の鉱区の外に新鉱区を設定していくことが可能だからである。なおこの場合には、鉱区所有が土地所有に制約されず獲得・拡大されうる上、優良鉱区の所有は超過利潤の確保を意味するので、石炭資本の主要目標は優良鉱区の獲得による超過利潤の確保に向けられる。炭層が生産の基底をなしていると規定した意味はこの場合一層明らかである。ところでそれは、資本の競争を規制する超過利潤獲得の途を好条件の鉱区の入手に求めさせ、労働手段の高度化による生産力上昇の視点を後退させ、石炭鉱業近代化の障害となってきたことは否定しえない。

(ニ)　地代の鉱区使用料《Royalty》化と利潤。石炭産業に対して資本投下が増大するにともなって、鉱山地代には重大な変化が生じるようになる。それはマルクスが差額地代の第二形態として分析した点であるが、そこでかれはこう記している。「この第二の方法においては、剰余利潤の地代化という、資本制借地農業者の手から土地所有者への剰余利潤の移転をふくむ形態化に困難が生じてくる」(K. Marx, Das Kapital, Buch III, Kap. 40)。というのは、地代は小作契約成立のとき確定されるから、その後の投資から生じる剰余利潤は、小作契約の存続するかぎり借地農業者の手に帰する。だから、借地農業者は長期の契約を欲し、土地所有者は年々解除更新できる契約を要求する。ところで、鉱山業の場合には、坑道と切羽、運搬施設等に対する投資は長期的計画に基づいて行なわれるようになるから、借区契約は長期化し、半永久化する。[12] それゆえ剰余利潤はむしろ借区資本家の手中に帰し、鉱区所有者の地代は固定化し、鉱区使用料《Royalty》となる。[13]

鉱山地代が鉱区使用料として固定化し、鉱山地代、とくに差額地代の一部が炭鉱資本のもとに残ることによって、優良鉱区の資本に超過利潤を獲得させる。この超過利潤は工業における新技術の採用の場合などと異なって、その存立の根拠を鉱区の自然的条件においているため、平均利潤率の形成を阻止する。イギリスについて炭層条件の比較的一様な地区毎にこれを見れば――トン当り価格の形態で――表I-9のとおりである。この点は、鉱区所有が土地所有と分離し資本と結合している場合には、地代分が無制約に利潤と結合しているので、一層顕著である。

だが、剰余利潤を確保した炭鉱資本も、採掘の進展につれて一般的に差額地代成立の根拠であった自然条件が、したがって生産の諸条件が劣悪化するので、追加資本の投入による生産力の上昇、したがって超過利潤の増大も、これによって相殺され、さらに超過利潤の減少を見ることさえある。そのうえ、濫掘をさけるかぎり、条件の良好な炭層だけを採掘するわけにはいかないので、炭鉱の諸条件は格差の拡大を阻止され、差額地代の転形である超過利潤はいずれかといえば減少傾向を示す。独占段階においては、これが異なった条件と結合して、新たに独占利潤の形成を見るのである。

(1)「中世初期には、一般にヨーロッパの領主は、鉱物に対する権利を確立しようとして、古代ローマの注釈家の言葉を、ローマ帝国における領主特権の仮説を証明する論拠とした。近時の学者はこういう解釈には疑問をもっているが、ドイツの封建領主は恐らくこれに助けられて、各自の小さな管轄領域内で発見された鉱物に対する所有権を確立した。フランスでは国家的感情が強かったのと、国王の権力が増大したのとで、シャルル六世は一四一三年の勅令で、すべての鉱物に対する所有権を主張することが可能となった。だが、一般に一八世紀までは、土地の所有者は自己の保有地下の鉱物の採取について重要な発言権をもち、生産物の分け前に与った。〔中略〕

イギリスでだけは、金銀以外のすべての鉱物に対する土地所有者の権利は絶対的であった。この原則は一六、七世紀に決定され、その間に国王の経済問題への干渉に対する反対が立法ないし条例という形をとったのである。〔中略〕

〔一七世紀末以来〕今日まで、イングランドおよびスコットランドでは、裁判所は、イギリスでは殆んど発見されない金銀鉱以外については、土地所有者は自己の所有地内のいかなる鉱物に対しても絶対的な所有権を有す、という見解をとっている」(J. U. Nef, op. cit., Vol. I, pp. 266—9)。

(2)「ドイツおよびフランスでは、大陸の他の国も同じであるが、土地所有者と特権鉱山業者の権利はともに王権によって制限されている、という見解が支持されていた。王権は実際にはしばしば無視されていたのであるが。〔中略〕

大陸ではどの国でも、イギリスほど土地所有者の鉱物に対する権利が強力に擁護された国はない。だが大陸でもイギリスと同じ理由で、中世には領主も国王も炭坑の所有権を熱心に主張するものはなかった。

フランスにおける自由採掘制は、一七四四年、国家からの特権授与による以外は、以後いっさい石炭を採掘することを禁じた勅令によって、全く終りを告げた。この勅令の条文に対し地表の所有者は頑強に抵抗したが、国王が『特別の恩恵』によって賦与していた権利を取り戻す法的な力については、疑問の余地がなかった。〔中略〕

今日までフランスの鉱業法の基礎となっている、〔フランス革命中の〕一七九一年法の起草者は、注意深く鉱物の実際の所有権は国家に賦与されてはならない、とした。それは、政府は絶対に鉱区使用料をとってはならないが、鉱物は国家の同意なしには、またその監督下でなくては採掘できない、という意味においてだけ国家の支配下においたのである。

一八世紀のフランス鉱業法は他の大陸諸国の鉱業法に広汎な影響を与えた」(J. U. Nef, op. cit., Vol. I, pp. 269—74)。

なお J. U. Nef, Industry and Government in France and England, pp. 72—5 を参照。

（3）　日本における鉱区所有の推移は次のとおりである。休業は経済的に無内容化した鉱区とみてよい。

（単位　千坪）

	試掘		操業		休業	
	鉱区数	坪数	鉱区数	坪数	鉱区数	坪数
明治四〇年	七五六	四一〇、七九五	七六五	二〇七、七二八	一、一九五	二三二、八七七
大正六年	二、六六一	一、九〇〇、三〇六	六六三	三三〇、三〇一	一、〇二九	二九七、七四一
昭和二年	一、九三五	一、二五三、一九五	五三三	四〇五、一三六	一、〇七七	三七二、八六〇
昭和一〇年	一、八六三	一、二九七、八四八	五四五	三九〇、八七二	八七六	三二一、七五六
昭和三二年	一、四一五	一、〇六〇、七二二	四、〇二九	二、八八七、五〇六		

商工省および通産省『本邦鉱業の趨勢』により作成。

操業鉱区の一鉱区当り坪数は、明治四〇年二七万一千坪、大正六年四九万八千坪、昭和二年七六万坪、となっている。明治一六年には大部分が三千坪以下であった。

（4）　「各坑間で生産費にきわめて大きな差異のあることは普通のことであり、それゆえ、利潤にも当然にかなり大きな差異が生ずることになる。だが、サンキイ委員会がこの問題を立ち入って調査するまでは、この差異がどんなに大きいかに気がついていた人はないといってよかろう」(Rowe, op. cit., p. 122)。

（5）　たとえば、昭和九―一一年平均の資本回転率を製造工業と比較すれば、下表のとおりである。

この点は地代と利潤の関係を取り扱う際立ち入って論ずるが、独占段階において明確な形をとる。

（6）　ここから鉱業における固定資産の規定を工業とは別にすべきであるとの見解が、とくに税制との関係で主張されるわけであるが、ここではその点には立ち入らない。

（7）　「炭礦会社の総資本金に対する固定資本の割合は、七割乃至八割と見られるから、これを電力、電灯、電鉄会社の八割乃至九割に比較すれば、その割合は小であるが、紡績、製紙、製糖、製粉等の諸他の重要産業に比較すれば、その割合ははるかに大である」(東亜経済調査局『本邦を中心とせる石炭需給』昭和八年、二五〇頁)。

	石炭鉱業	製造工業
払込資本回転率	0.58	1.41
総資本回転率	0.38	0.65

三菱経済研究所『本邦事業成績分析』による

（8）　東亜経済調査局『本邦を中心とせる石炭需給』は、「石炭産業は採炭準備として必要なる坑道の開鑿費並びに維持費を初め、災害に対する保安費も他種鉱業に比してはるかに多額を要するわけであるが、坑道の開鑿、採炭及び運搬設備等に固定される資本は殊に莫大である」とし、さらに「由来、炭礦業は墜道、竪坑、斜坑等を通じて敷設せられる鉄道より成立せるものと看做され、完全に一箇の運輸業の性質を具備するものである」(二五〇頁)と規定している。

(9) たとえば、「明治四〇年頃になると、坑内も深くなり盤圧も漸次増加するようになったため、施枠数も多くなり、坑木費が軽視することのできない大きな問題となった。すなわち、……坑木費が採炭費の五分の一乃至三分の一を占めるに至ったため、原価引下げの面から坑木の節約に努力が払われた」(明治鉱業株式会社『社史』二七五頁)。

(10) サムエル委員会報告書《Royal Commission on the Coal Industry, Report., 1925》は、次のように記している。

「鉱石に対する支払は普通トン当り料金の形態で、年々またはもう少し頻繁になされるという事実から、それは地代と同一性格のものである、と見られ易い。だが、そうではない。地代は耐久的な土地なり家なりの使用に対して支払われるのに対し、鉱山使用料は特定量の鉱石の購買そのものに対して支払われるのであり、その鉱石は土地から採掘され、永久に運び去られてしまう」。

(11) 鉱山地代論がスミス、リカードーを中心とするイギリス古典学派において取りあげられ、大陸の経済学においては全く問題となりえなかったのは、そこでは鉱山地代が範疇的に成立しえなかったからである。

(12) 炭鉱の借区期限は、イギリスでは一般に二〇年乃至四〇年の長期である(P. E. P., Report on the British Coal Industry, 1936)。したがって、資本の追加投資による生産力の上昇からもたらされる地代の増加分は、その間、炭鉱資本の超過利潤となる。この超過利潤の帰属をめぐって、鉱区所有と炭鉱資本との間に長い対立が存したが、一九世紀前半、産業資本の確立過程において、借区契約が長期化し、資本の勝利が確定的となった。

(13) 「リカードーの時代には、炭坑別に地代に大きなマージンがあったので、一鉱区が他の鉱区に対して有する優劣の差を地主が自分のものにすると論じることには、もっともな事情が存しえたのである。だが現在では、場所の良好な生産的な鉱山から生じる余分な収益は、もはや地主の手に帰せず、炭坑業への投資者の手に帰し、地主はイギリスのどこでも同一率の使用料を受けとっている傾向がある、ということは明らかである」(J. U. Nef, op. cit., Vol. I, p. 328)。

第二章　市場分析

第一節　市場と価格

(a)　商品としての石炭

(イ)　産業発展と石炭市場。石炭の採掘は早くから商品生産として発展した。当初は家庭用、とくに採暖用燃料として使用され、やがて醸造、鍛冶、窯業等の家内工業用燃料として用いられたが、さらに製塩用を中心としてマニュファクチュア用燃料としての市場を確保することによって、石炭生産の基礎は確立された。この段階において、石炭市場は生産地周辺の地方市場を中心に形成されるとともに、次第に遠隔地取引も行なわれるに至った。というのは、燃料としての木材の存在は普遍的であるが、石炭の産出は地域的に限定され、燃料としての石炭の優位性が確立されると、石炭は商品としての地位を確立し、石炭生産を専業とする生産者、さらにはそれを中心とする炭坑地域の発生をみる。その際、石炭市場展開の最大の阻害要因は運搬であったが、海運は陸運よりはるかに低廉であったから、「水上輸送の便のない炭坑の生産物は、坑口から一五マイル以遠の土地で売られることはまずなかった」(Nef, op. cit., Vol. I, p. 78)のに対し、海上輸送はニューキャッスル・ロンドン間を中心として、遠距離の輸送も引き合ったからである。[(1)(2)]「イギリス水路交易史を立ち入って研究すればするほど、それがいかに密接に石炭の歴史と交錯しているかに気付くのである」[3](P. Mantoux, The Industrial Revolution in the Eighteenth Century, p. 126)。一六世紀になるとイギリスの石炭は大量に大陸に輸出され、フランスなどはイギリスの石炭なしには生活しえない、とまでいわれた。石炭市場に一時期を画したのは、木炭に代って石炭が製鉄用原料となった(一七〇九年)ことである——それは一八世紀後半に普及した——が、本格的発展は、蒸気機関の成立＝工場動力源としての石炭市場の確立に俟たねばならなかった。

(ロ) 石炭市場の発展。蒸気機関の工業用動力機としての確立は、工業生産を水力から解放し、資本の完全な支配下におくことによって、「産業革命」の成因となるとともに、その動力源としての石炭に巨大な市場を提供した。だが、蒸気機関が石炭産業に与えた影響はそれだけに止まらなかった。蒸気機関のそもそもの端緒が、炭鉱の排水用ポンプにあり、これによって石炭鉱業の発展を阻止していた排水問題が解決され、さらに蒸気機関が炭鉱の運搬過程に導入されてこれを機械化し、石炭産業自体の「産業革命」の出発点となったことは別としても、輸送機関としての鉄道の出現をもたらすことによって、石炭の内陸輸送の問題を解決し、さらに汽船の出現によって石炭の世界市場が展開されるに至った。しかも、鉄道の普及および海運の発展自体が、石炭需要拡大の有力な要因だったのである。

動力用炭としての石炭市場の展開と時を同じくして、工業原料として石炭市場も成立を見た。それは製鉄用原料としてのコークス生産を中心としたが、近代産業の素材的基礎をなす鉄の生産・加工について、一九世紀前半において「銑鉄一トンに要する石炭所要量は約五・五トン」(History of Fossil Fuel and Coal Trade, 1835, p. 422)といわれ、その後コークス・レーショの逓減を見たとはいえ、他方で製鋼技術の普及があり、製鉄業の発展は取りも直さず原料炭市場の拡大を意味した。しかも石炭乾溜によるコークス製造は、その副産物として石炭ガスおよびタールを生産する。副生ガスが家庭用および工場用燃料として普及する以前、一九世紀前半から石炭の乾溜によるガス供給自体を目的とする都市ガス事業が成立していたが、一九世紀後半副産物回収式コークス炉の出現は、ガス利用を一層普及させるととももに、さらにガス中の水素を利用するアンモニア工業＝硫安工業等、およびタールを原料とするタール系化学工業の成立発展を見ることによって、原料炭市場は一層広汎な基盤をもつこととなった。

その後一九世紀末電力の出現によって、動力用炭市場は多少の影響を受けたとはいえ、発電用動力源が多くの場合石炭であることによって、第二次大戦前において世界の工業動力の七〇％は石炭によって賄われ、鉄鋼業および化学工業の発展によって、原料炭市場も引き続き拡大を続けた。ところが第二次大戦後、石油独占資本の世界市場をめぐる激烈な競争と、天然ガスの擡頭および石油化学（および天然ガス化学）の発展とに直面して、老朽化しつつあった石炭産業は深刻な打撃を受けることとなった。今や石炭はエネルギー供給の主導権を喪失しつつある。

(ハ)　市場の分化と選炭。石炭はすべて地中に層をなして存在し、これを採掘・搬出することによって、商品として市場に現れる。だが、石炭は単一等質の商品ではない。前述した動力用炭、原料用炭の区別は、単なる市場の相異ではなく、石炭の質自体が異なるのであって、原料用産としての粘結炭はボイラー用炭としては不適当であり、一般炭は乾溜してもコークスとならない。このように石炭が単一の商品でないことは、同じ鉱業でも金属鉱業と著しく異なる点である。金属鉱業の場合には精錬過程によって鉱石の構造的な差異が消去され、等質の金属が生産される。ところが石炭産業において精錬過程に当る選炭は、石炭を選別するだけであるゆえ、石炭の組成そのものは変化をうけることがないのであり、したがって生成過程における差異が、そのまま商品としての石炭の質をも規定している。

それのみではない。選炭は逆に粒度の選別によって商品としての石炭を細分化する。選炭過程は、本来石炭の採掘過程において混入する岩石を石炭から選別することを課題とし、坑内の採炭現場で後山夫によって行なわれたが、同時に、初期には粉炭利用の途が閉されていたので、採炭は塊炭を目標として行なわれ、硬混入および粉炭混入率の増大に対しては、各国の炭坑においてきびしい罰則が定められ、労資紛争の具体的契機となった。ところでその後、発破採炭の導入、劣等炭層の稼行が進む一方、石炭市場の競争が激化し、石炭使用方法の発達もあって、塊粉炭の選別が要求され、石炭資本はその解決を選炭過程の高度化に求めざるをえなくなり、選炭はいわば石炭採掘の仕上げ過程として坑外において分化独立した作業として確立され、硬の選別のほか粒度の選別も行なわれるようになった。選炭は本来石炭生産と市場を結ぶ結節点であり、その対抗関係が激化した独占段階に確立をみるのである。すなわち、選炭の確立は独占資本成立の指標となる。

この過程で、当初、利用の途が狭く、価格が低廉であり、それゆえに生産力の上昇に寄与することの大であった発破採炭等の導入を永く阻止してきた、粉炭の利用技術が発展し、選炭過程が担ってきた一つの矛盾が解決されることによって、機械選炭が急速に普及し、石炭生産における粉炭の比率が増大し、灰分の少ない選炭=洗炭された石炭への要求と相俟って、石炭市場もその様相を変えるに至った。

(二) 総括——銘柄。こうして石炭には二重の意味において差別《product differentiation》が存する。一つには「山の生れ」=自然的性状を異にすることによって、二つには採炭・運搬・選炭によって形成される形状によって、市場と価格を異にするからである。この二つは相合して複雑多様な炭種を構成するが、この炭種は古くから銘柄と呼ばれ、石炭取引の基本要因となってきたのである。たとえば、ライン・ウェストファーレン石炭シンジケートは一四〇〇の銘柄をもち、イギリスでは「約六千の銘柄があって、市場に不必要な複雑さをもたらしてきた」(H. Townshend-Rose, The British Coal Industry, 1951, p. 127)といわれ、日本でも三千の銘柄が存在する。石炭の品種が炭坑および炭層によって異なるところから、このように多数の銘柄の成立を見たのであるが、それが石炭取引の便宜上から成立したものであるため、同一品種のものが炭坑が異なることから生ずる微細な相違のゆえに銘柄が異なったり、同一炭坑、同一炭層でも品種に差異があることが無視されたりした。

このような欠陥を除くため科学的に石炭を分類しようとする努力が試みられるが、その際、一般的な分類基準となったのは、第一に熱量＝カロリーであり、第二に粒度＝塊・粉の形状であり、第三に粘結性を中心とする用途別である。用途別は日本では一般に、原料用炭、ガス発生炉用炭および一般用炭(この外、特殊なものとしては無煙炭および煽石がある)に分類されるが、家庭用炭の比重の高い欧米では、一般用炭が、蒸気機関用炭と家庭用炭とに細分されている。

このような諸条件を充たす科学的分類は[4]、各国の炭層と市場との条件が異なるため、世界的な統一的基準としては存在しない。日本工業標準規格(JIS)は表II-1の分類を行なっているが[5]、今日においても市場では依然として銘柄取引が行なわれている。それは石炭が「バラ物」であって、品質管理が困難であり、「市場に於ける石炭の灰分は同一銘柄と雖も、時の需給関係に支配せられ、必ずしも一定せるものにあらず」(『日本鉱業発達史』中巻、七一四頁)、同一炭種であっても、生産者によって信用に差異がある等の原因から生ずるのであって、近代的商品としての市場条件に欠ける点があることの反映に外ならない。それは鉄鋼、電力等を中心に需要者の規模が大きくなり、均質多量の石炭を要求するにつれて、石炭市場の矛盾を集中的に示しつつある。

表II-1 日本の石炭規格

種類	品等	純炭発熱量(カロリー)	粘結性	用途
無煙炭	A 1	>8,400	非粘結	煖厨房
煽石	A 2	〃	〃	石灰焼
粘結炭	B 1	〃	強粘結	コークス
	B 2	〃	粘結	〃
ガス用炭	C 1	>8,100	弱粘結	ガス
	C 2	〃	〃	〃
一般炭	D 1	>7,800	非粘結	ボイラー及煖厨房
	D 2	〃	〃	〃
	E	>7,300	〃	〃
亜炭	F 1	>6,800	〃	〃
	F 2	>5,800	〃	〃

備考　純炭カロリーは石炭の水分・灰分を除いた純炭の発熱量である

(b) 石炭の市場構造

(イ) 市場構造。銘柄の細分化は、粒度、熱量、灰分等石炭自体の性状に規定されるとともに、それらが現実化するのは需要者側の用途の多様性によるのである。石炭市場はいうまでもなくこれら供給者と需要者によって構成される。供給者=石炭生産者についてみると、生産力の発展と市場の拡大にともない、生産の規模は拡大してきたとはいえ、集中度はいずれかといえば低い。集中の比較的進んだ日本でも、大手一八社の累積シェアは、昭和三五年で六四・三%、三九年で六九・四%にすぎない。これをイギリスについてみると、一九二五年には、上位八企業で一〇・六%、五〇企業累積で三六・八%にすぎなかった(The Report of the Royal Commission on the Coal Industry, 1925)。それは石炭産業では集中が資本のほかに、土地所有によって規定されていることに、主として基因するといえよう。

このように、供給側の集中には制約があるのに対し、需要者側、とくに大口需要産業においては、集中がいちじるしく進展している。とくに鉄鋼、電気事業、鉄道が集中化した大口需要として現れる。アメリカについてはつぎのように記されている。

「これら三大産業は広大な所属炭坑《captive mine》を所有しながら、一九五一年に独立炭坑が生産した石炭のほぼ半分を買入れた。

鉄鋼、電力事業は、それらが所在している地域にはいってくる石炭の大部分を買いとるため、一地帯の全炭坑と他の地帯の炭坑、またはある炭坑地帯の一会社と同じ炭坑地帯の他の会社とを競争させて、その価格に影響を与えることができる」(アダムス『アメリカの産業構造』邦訳九六頁)。

しかも、鉄鋼、電力、鉄道企業はすぐれて寡占ないし独占的な産業であるから、石炭市場をむしろ買手の一方的な寡

図 II-1

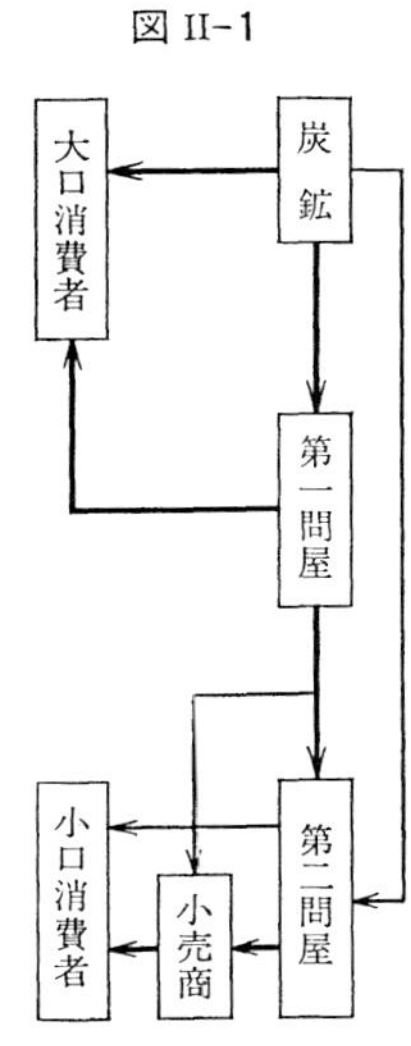

占市場たらしめる。

(ロ)　流通機構。このような石炭市場を具体的に形成している石炭の流通機構は、国によって異なるが、一般に図II-1のような形態をとっている。イギリスでは第一問屋は factor と呼ばれ、大口取引に従事し、第二問屋は wholesale merchant で、貨車単位で買いトン単位で小売商などに売る。石炭流通費が高い原因の一つは、石炭が単一商品でなく多数の銘柄が存在するため、その輸送、保管が銘柄ごとに行なわれ、経費が割高になる点にあるが、基本的には流通機構および積卸施設の非能率性にあるとみられ、一九三〇年代の恐慌を契機に、各国で流通費削減の努力が進められ、今日では山元原価の五〇%以下となっている。

(ハ)　品種別市場の構造。ところで、商品として石炭一般は一つの抽象で、現実に存在するのは、品種別・銘柄別の石炭であるのに対応して、石炭市場の分析にさいしては、少なくとも品種別に考察しなければならない。というのは、前述したように、石炭はその性状に応じて、多様な品種・銘柄に分類され、これを消費する産業も、それぞれの用途に応じて特定の品種を需要するからである。したがって、多少の代替性は存在するとはいえ、石炭は品種ごとに独自の市場が形成されている。供給における上位企業のシェアの低さも、品種別にみると異なった様相を呈し、たとえば日本では原料炭についてみれば、上位一八社で九〇%近くを占めている。また需要についてみると、表II-2のとおりであり、原料炭については、高炉、ガス業およびコークスの三業種で一〇〇%近くを占め、国内生産では需要の半分をみたすにすぎないため、残余の半分を輸入にまたねばならない。これに対して一般炭の場合には、電気業が六〇%を占め、とくに五五〇〇カロリー以上と、四五〇〇カロリー未満の場合には、八〇%前後を占めている。これと対

表Ⅱ-2　大口消費主要産業別消費(昭和39年度)　(単位 1,000トン)

	合計	原料炭	一般炭	カロリー 6,500以上	カロリー 5,500以上	カロリー 4,500以上	カロリー 4,500未満	無煙炭・煽石
国内炭	48,947	12,365	35,058					1,524
高炉	7,308	6,720	588	5	280	251	52	1
コークス	2,522	2,406	93	68	23	1	1	23
練炭・豆炭	3,147	5	1,887	1,105	686	6	90	1,255
パルプ・紙	1,951	—	1,951	167	1,060	11	713	—
セメント	1,421	25	1,302	1,167	124	9	2	93
電気業	21,630	—	21,628	1,273	11,820	799	7,735	2
ガス業	3,236	3,164	23	18	4	—	—	49
国鉄	2,597	—	2,597					
輸入炭	13,737	12,826	—					911
高炉	9,446	9,439	—					7
コークス	1,784	1,716	—					68
ガス業	1,766	1,664	—					101

備考　通産省 昭和39年度『石炭・コークス統計年報』pp. 172—3より

照的なのはセメントで、九〇%近くは特級の六五〇〇カロリー以上を使用している。これらは国内炭ですべて賄われているのである。また無煙炭・煽石では練炭・豆炭用が八二%を占めており、全需要の三七%を輸入にまっている。

石炭価格は以上に例示されたような市場ごとに形成されるから、石炭産業の分析においては、代替性のない銘柄ごとの市場の分析が重要となる。

(二) 市場の地域構造。石炭生産が炭層=鉱区所有を基底としているということは、石炭の供給が地域的に限定されていることを意味する。しかも、後述するように、石炭価格において輸送費の占める比率はきわめて高いから、生産地からの距離の増大にともなって、価格は上昇し、したがって山元原価を同一とすれば、市場から近距離の炭坑ないし炭田が、当該市場において有利となる。ということは、石炭市場は基本的に地域市場であることを意味する。

「輸送費は不可避的に市場における最大問題である。それゆえ、小麦やさらには自動車に世界市場が存在するという意味では、石炭には世界市場なるものはないし、ありえないのである。……イギリス内部でも、それぞれ異なった炭坑群の生産物に依存

表II-3　産炭地別・地域別荷渡状況(昭和39年度)

	計	北海道	東北	関東	東海	近畿	中国	四国	九州
合　計	100.0	16.3	7.3	22.0	7.0	16.1	7.2	2.1	22.0
北海道	41.7	16.3	3.6	15.4	3.2	2.5	—	—	0.9
常　磐	7.5	—	3.5	3.4	0.2	0.3	0.1	—	—
山　口	4.5	—	0.1	0.7	0.1	0.6	2.5	0.2	0.2
九　州	46.3	—	0.1	2.4	3.5	12.7	4.6	1.9	20.9

備考　通産省 昭和39年度『石炭・コークス統計年報』

する十余の別々の消費地域を数えあげることができる」(Nef, op. cit., Vol. I, p. 78)。輸送費が鍵になっているということは、輸送手段の生産性が低ければ低いほどそのコストが割高になるから、時代がさかのぼるほど、市場は限定される。

日本における石炭市場の地域構造は表II-3のとおりであるが、生産地が九州と北海道の両端に存在し、消費地が関東、近畿を中心としていることから、北海道炭は関東まで、九州炭は近畿までをその市場とし、東海がその境界となっていることを、知ることができる。

表II-4　石炭と石油の相対価格

	石炭		石油	
	米	英	米	英
1913年	0.75	0.87	1.00	1.54
1937	1.00	1.00	1.00	1.00
1953	1.22	1.29	1.07	0.95

備考　相対価格は当該燃料の販売価格と平均卸売物価との比.
『現代日本産業講座』III, p. 71より.

(ホ)　代替商品＝石油との市場競争。石炭は木炭との市場競争にうちかって発展してきたのであるが、第一次大戦以降、とくに第二次大戦後、石油との競争にさらされることとなった。石油は流体燃料としてその使用・貯蔵が容易であるうえ、良質・豊富な油田の発見があいつぎ、世界的な石油独占資本の価格政策も加わって、石油価格は低落の傾向がみられるのに対し、石炭産業は各国において老化現象がみられ、価格は上昇傾向にある(表II-4参照)。そのうえ、石油の輸送費は割安のため、石炭と異なって、世界市場が成立し、すべての市場において石炭と競争する。石炭がこの市場競争にたえることは困難であり、表II

表II-5　世界のエネルギー生産構成比

		石炭		石油		天然ガス		水力電気		合計	
世界	1929	1,412	79.5	275	15.4	76	4.3	14	0.8	1,778	100
	1937	1,404	73.5	381	19.9	104	5.4	22	1.2	1,910	100
	1950	1,604	61.5	700	26.9	260	10.0	41	1.6	2,607	100
	1955	1,810	54.9	1,029	31.2	400	12.1	59	1.8	3,298	100
	1960	2,204	51.2	1,399	32.5	622	14.5	86	1.8	4,311	100
アメリカ	1930		62.5		24.8		9.3		3.4		100
	1940		53.1		32.1		11.3		3.5		100
	1953		32.5		40.6		23.0		3.9		100

備考　単位は石炭換算100万トン.
世界の数字は『国連統計年鑑』より，アメリカの数字はMinerals Year Book 1953,『石炭統計総観』(1957年)より.

-5にみられるように、エネルギー市場における石炭の比重は急速に低下している。アメリカでは第二次大戦後石油が石炭を凌駕した。石油との市場競争は、エネルギー源としてのみでなく、化学工業原料にもわたっており、生産条件の劣悪化に加えて、安価で良質な代替商品との市場競争にさらされているところに、今日の石炭産業の中心問題が存在する。

(c)　市場価格

(イ)　山元原価と流通費。石炭産業が運輸業であるといわれるゆえんの一つは、価格に比して重量、容積が大であるため、前述したように、山元原価に対し山元から消費地までの輸送経費の比重の高い点にある。一七世紀のイギリスにおいては、炭坑から内陸消費地までの「距離は一〇マイルかそれをやや上廻る程度であったが、その輸送費は石炭原価の二倍ないし三倍」(Nef, op. cit., Vol. I, p. 359)といわれ、石炭生産はいきおい輸送費の低廉な水運の便のある炭坑を中心に発展せざるをえなかった。それゆえ、鉄道の成立と発達は、石炭輸送費を引下げただけでなく、それによって、内陸地炭坑に発展の契機を与え、鉄道はいち早く炭坑地帯に発展したのである。とはいえ、山元原価と消費地価格の差はなお大きく、第一次大戦後においても「石炭が炭坑を離れてから実際の消費者の手許に達するまでの流通経費は、石炭の山元原価の六〇—九〇％におよぶ」(R. C. Smart, The Economics of the Coal Industry, 1930, p. 54)といわれ、その流通費の四〇—五〇％は運搬費であり、残りの六〇—五〇％は石炭商の経費および利潤であった。同じ頃日本においても「石炭の山元価格は一屯八円内外に過ぎぬが、京浜、阪神、名古屋のごとき本州における石炭価格は山元価格に汽車賃、船積賃、陸揚賃、代理店手数料等の諸掛並に荷役中の欠減等を加算するが故に山元原価の倍額には達する。[6]更に小売値段に至りては小運送賃、叺賃、仲介人手数料等を要するから山元価格の三倍以上にも達するであらう」(鉄道省運輸局『石炭、骸炭、石油ニ関スル調査』昭和二年、一一〇頁)とされている。[7]

(ロ)　市場との距離と価格。ところで、市場との距離は——積卸しの回数も含めて——炭坑によって異なる。しかもその流通費は、前述したように、山元原価の五〇—一〇〇％の大きさに及ぶとすれば、市場における競争では、市場に近い炭坑がいちじるしく有利である。同一炭種で山元原価が同一の場合にも、市場に近い炭坑はより遠い炭坑に対して、その流通費の差額を超過利潤として獲得しうる。一般的にいえば、市場への限界距離以内にある炭坑は優先的に販路を獲得したうえ超過利潤をえ、土地所有が鉱区を支配している場合には、それが差額地代として土地所有者の手に帰するわけである。逆にいえば、その超過利潤の一部を犠牲にすれば、限界供給者を市場から排除できるのであり、明治後半期に、日本の石炭が極東市場においてイギリス炭を駆逐し、市場を独占できたのは、まさにこの原則によるものである。また国内市場においても、たとえば、炭層の諸条件の劣悪な常磐および宇部の諸炭坑の経営が成立しうる一つの要因は、この市場との距離にあることは、周知のところである。

それゆえ、消費地における炭価は、第一に炭層によって規定される炭種ごとの限界生産費によって、第二に、炭坑から市場までの限界流通費によって、すなわち、両者の和からなる限界供給費によって、第三に市場における需給によって、規定される。なお、輸送費はトン・マイルで課せられるのが原則であるが、石炭輸送が鉄道経営および需要者に対してもつ比重が高いことから、逆にしばしば政策的に決定される。

(ハ) 市場価格の構造。石炭の市場価格を正確に測定することは、二重に困難である。第一に、価格は石炭一般の価格としてではなく、銘柄ごとの価格として現れ、その石炭の銘柄が数百、数千におよび、しかもそれぞれの需給によって価格が変動し、「一定の建値相場の的確に定ったものはなく、主要なものに就ての大体の唱値があるに過ぎない」(前掲『本邦を中心とせる石炭需給』一一六頁)からであり、さらに流通経費、とくに輸送費が多額にのぼるので、輸送距離、港湾施設、取引量等の差異が、CIFはもちろんFOBの場合にも価格に大きく影響するからである。

第二に、より直接的には「石売ノ売買値段ハ各店共非常ニ秘密ニ附シ居リテ一定ノ標準相場ナルモノナク曩ニ若松石炭商組合ノ如キ各石炭商ヨリ炭価ノ相場ヲ報告サセ一定ノ統計ヲ取リ居タルモ真相ヲ去ルコト甚シク且ツ三井三菱ノ大手筋カ絶対ニ秘密ニ附シ居ルヲ以テ昨今ハ之カ調査ヲ中止セシカ如ク実ニ買手売手双方ノ意向ニテ定マル有様ニテ標準相場ナルモノナシト云フ」(日本銀行調査局『筑豊石炭調査』大正六年、五一頁)と記されるような、炭価の非公開性のためである。それは主として消費市場によって売手間および売手と買手との競争関係に相違があるので、同一銘柄の石炭についても坑所渡炭価を異にすることに基因するものと考えられる。「炭坑会社は同じ等級の石炭でも、異った買手に対しては異った坑所渡し価格をつけることになるし、また事実、つねにつけてきたのである」(アダムス『アメリカの産業構造』邦訳九六頁)。

この銘柄の複雑さと各銘柄価格の非公開とは、石炭取引において駆引に重要な役割を与えることとなった。だが、それは同時に早くから石炭取引資本の狡智の基盤となった。

「この仕事に最も精通している人の判断を以てしても、不確実な点が少なくないので、欺瞞・謠詐への手掛りは広く開かれていた。石炭が坑口を出た所で取引する当事者間には何の疑いもないが、一たび石炭が船から倉庫に移されると、いくら公的に取り締っても、私的に注意を払っても、捏造、すなわち替え玉を使うトリックは防ぎようがない。それは選別したり、雑多な銘柄を混じたりして、質の悪い商品に評判のよい銘柄の名をつけ、価格を水増しするのである」(History of Fossil Fuel and Coal Trade, pp. 338—9)。

このような事態は石炭産業の初期に一般的であったのみでなく、今日も、大口、小口市場それぞれの形態で残存し、前述した近代的商品としての適格性を欠くことの、一現象形態となっている。(8)

なお、石炭需要者、とくに鉄鋼、鉄道、電気事業などにおける独占的巨大資本の形成にともなって、需要者の市場へのプレッシャーによって、石炭価格は大きな影響をうけることとなる。すなわち、買手独占の進行をみるのである。

(二)　市場価格の変動。石炭は単一の商品でないということから、その価格が多様であるばかりでなく、石炭の性状によって消費市場を異にするために、その価格の変動においても一様ではない。一般的にいって、ガスの消費は比較的安定しているので、ガス用炭の市場は安定的であるのに対し、船舶焚料用炭はもっぱら海運業の繁閑に影響されるため、その市場はきわめて変動的であり、それに応じて価格も変動する。そこで、石炭はその性状によって市場を異にするとはいえ、代替性を全く欠くものではない。したがって「リーズとシェフィールド間で採掘される石炭は、主として輸出用炭を産出するそれより東部の炭鉱の石炭より、ガス生産に適しているが、近年後者の価格が相対的に下落したので、前者の犠牲において、後者に対するガス生産事業からの需要が増加した」(J. H. Jones, "Organized Marketing in the Coal Industry", Economic Journal, Vol. xxxix, June, 1929, p. 158)というような事態が生じる。このような代替関係は石炭以外の燃料との間にも生じる。石炭内部における代替の最も顕著な事例は、粉炭による塊炭の代替である。粉炭は長い間その用途をもたなかったために、販路をもちえず、「一九世紀初頭には、採掘された石炭の相当の部分が、選別され、廃物として焼かれ、石炭採掘の全経費が販売された塊炭の価格にかけられるのが普通であった」(Stanley Jevons, The Coal Question, p. 86)。その後粉炭使用の方法が次第に発展し、廉価な石炭を使用しようとする資本の要請もあって、二〇世紀、とくに第一次世界大戦後、粉炭需要は急速に拡大し、価格の上昇をみたが、粉炭需要は塊炭に比べて弾力性が大きく、したがって、価格の変動も大幅である。

石炭市場は、短期的には供給も需要も弾力性に乏しいので、価格が変動的であるが、長期的には需要も供給も弾力性が大きく、一般にカロリー等の条件に比して廉価な石炭に対する需要が増加している。(9)

（1） coal, Kohle は元来木炭を意味したから、石炭は sea-coal, smith-coal, Steinkohle 等と呼ばれた。smith-coal はいうまでもなく石炭が早くから鍛冶用に用いられたからであるが、一般的には sea-coal が慣用された。石炭市場においては水路輸送されたものが支配的であったからであろう。

（2） 正田教授は筑豊炭市場の発展について次のように概括している。

「筑豊石炭の市場としては初期の家事用下級燃料、コークス化、が山元村から博多にいたる地方市場を形成し、仕組法の第一段階(文化年間)を企画した和田佐平に代表される塩焼用炭の確立が、中国、四国の瀬戸内海沿岸農業の分解、西日本市場と結合し、幕末に至って大阪の鍛冶用、九州の石灰焼用と小商品生産の発展と結合して拡大、充実したのであるが、所詮、産業革命以前の石炭鉱業は地方市場商品たるに止まり、石炭市場の飛躍は蒸汽船、鉄道、動力運転工場の移植を待たねばならなかった」(『筑豊炭鉱業における産業資本の形成』九州経済調査協会、二頁)。

日本についての立ち入った分析については第一部を参照されたい。

（3） たとえば、イギリスにおける最初の本格的運河である Worsley Canal(1759)は、もっぱら石炭輸送を目的としていた (Mantoux, op. cit., p. 127)。

（4） 石炭の科学的分析としては、その成分を水分、灰分、揮発分、硫黄および固定炭素に分つ「工業分析」が、厳密な化学分析ではないが、実際の用途に適したため早くから普及した。昭和一一年の日本工業規格はこれによっていた。

（5） 科学的分類は石炭取引の実情と必ずしも適合しないので、たとえば、通産省は一般炭を粒度とカロリーによって次頁表のように分類している。

	塊　　炭	切込炭	粉炭
特級	カロリー 6,500以上	〃	〃
上級	5,500 −6,500	〃	〃
中級	4,500 −5,500	〃	〃
下級	4,500以下	〃	〃

(6) 日本はイギリスやドイツと異なって、石炭消費地＝工業地帯が石炭生産地に対し遠隔の地に成立したため、輸送費の比率が高く、「高炭価」の重要な要因となっている。

(7) 同書によればこれら諸掛りは次のとおりである(距離その他の条件を平均して)。

	九州炭	北海道炭
積出港迄の汽車賃	一・一〇	二・三〇
積出港の船積賃	一・〇〇	〇・七〇
陸揚地迄の汽船賃	二・〇〇	二・〇〇
陸揚港の陸揚賃	一・五〇	一・五〇
計	五・六〇	六・五〇

なお、同じ頃の調査で輸送の歩減り四〇銭、陸揚後消費者までの諸経費一円六〇銭、問屋口銭一円三〇銭、小売業者の経費および手数料五円八〇銭と計算されている(前掲『本邦を中心とせる石炭需給』一一九頁)。山元原価八円として、小口消費者価格は二三円、工場岸壁荷役が可能な場合には直売で一四―一五円となる。

(8) 「会社が一部の消費者に対し秘密の割引を行うことは自由であり、坑所渡しと揚地渡しとの値差が輸送費とは一致しなくても、それは自由である。この陰の割引の大きさを左右する要因は景気である。一九五四年から五五年の不況期には、それは屯当り約一、〇〇〇円に達したが、現在(五七年)では二〇〇円以下であると思われる」(『日本石炭鉱業に関するソフレミン報告書』第四巻、三一頁)。

(9) 石炭価格の経済学的な分析については、A. M. Neuman, Economic Organization of the British Coal Industry, 1934, Part I を参照されたい。なお、ＩＬＯの石炭産業に関する報告書は、石炭消費者別に需要の変動に影響する要因とその影響の強さを、次頁表のように要約している。

	極めて大	%	やや大	%	やや小	%	極めて小	%
短期に:								
景気変動	重金属工業	19.6	一般製造業	26.6	発電所	7.1	家庭煖房	21.0
	炭鉱	4.3	鉄道	16.3	ガス事業	3.5		
			船舶	1.6				
		23.9		44.5		10.6		21.0
石炭，その他燃料の価格変動					船舶	1.6	重金属工業	19.6
					鉄道	16.3	炭鉱	4.3
					家庭煖房	21.0	ガス事業	3.5
					発電所	7.1	一般製造業	26.6
						46.0		54.0
冬季の状態	家庭煖房	21.0					その他	79.0
長期に:								
燃料経済の発展	重金属工業	19.6	一般製造業	26.6	ガス事業	3.5	家庭煖房	21.0
	発電所	7.1	炭鉱	4.3				
	鉄道	16.3						
	船舶	1.6						
		44.6		30.9		3.5		21.0
他の熱エネルギーへの転換	船舶	1.6	一般製造業	26.6	ガス事業	3.5	重金属工業	19.6
			鉄道	16.3	家庭煖房	21.0	炭鉱	4.3
					発電所	7.1		
		1.6		42.9		31.6		23.9
生産と人口増加					全グループ	100.0		

備考 I. L. O., The World Coal Mining Industry, Vol. I, pp. 102—3

第二節　企業と市場

(a)　企業の行動様式

(イ)　石炭企業の投機性。石炭は地中に層をなして存在するが，時に炭層の厚薄に変化があり，断層があり，湧水があり，安定的な経営にとっては望ましくない要因が，少なからず伏在している。それは他面，優良な炭層を入手すれば，その利益は莫大であることを意味する。とくに探鉱技術の発達しない段階においては，炭層には未知の要因が多く，石炭企業はきわめて投機的な事業であった。したがって，多くは投機的精神をもった小事業家によって創業されたものであり，その盛衰常なく，昨日まで成功を誇ったものも，一度び断層や出水に会えば，たちまち没落せざるをえない状態にあり，炭鉱企業家もまた「山師」の範疇に属するものであった。

ところが，探鉱技術も発展して炭層の状況もやや明らかになり，採炭規模も拡大して，従来の「山師」的小事業家をもってしては，投資資金や経営資金の調達も困難になると，商業資本や従来炭鉱事業と関係のなかった大資本が，優良な鉱業権を譲りうけてその経営に当るようになる。というのは鉱区の優良性がほぼ確証されるならば，炭鉱はきわめて有利な投資の対象だからである。

「石炭産業が繁栄し発展しており，個人財産が産業発展に大きな役割を演じた前世紀に，多くの資本家たちは個々に，全く投資として優良炭坑事業の支配権をにぎった」(P. E. P., Report., p. 43)。

しかしそれも亦炭鉱事業の投機性の反面に外ならなかった。このような性格は企業の形態が合資会社，株式会社等

表Ⅱ-6　採炭規模および深度の推移(ルール地方)

		1850	1870	1885	1900	1913	1929	1938	1950	1956
採炭規模	10,000トン未満	144	92	38	14	7	7	5	—	—
	100,000 〃	54	72	44	15	6	8	7	13	15
	500,000 〃	—	51	97	100	74	54	28	28	22
	1,000,000 〃	—	—	7	36	67	105	63	63	44
	1,000,000以上	—	—	—	5	19	23	51	36	57
	計	198	215	186	170	173	197	154	140	138
				1892	1904	1926	1929	1941	1950	1956
採炭炭層の深度	500 m 未満			83.3	48.3	21.1	47.0	27.0	19.8	12.3
	700 〃			16.2	44.0	52.7	38.6	38.8	30.7	32.8
	900 〃			0.5	7.7	23.5	12.8	30.5	40.3	39.1
	900 m 以上			—	—	2.8	1.5	3.7	9.2	15.8
	計			100.0	100.0	100.0	100.0	100.0	100.0	100.0

備考　Ruhrbergbau, 1957, SS. 494—5

に変っても、久しく内容的には変化を見なかったことは、たとえば大正六年に「炭鉱ヘノ放資ハ危険視セラレ今日関門若銀行ニシテ直接ノ貸付ヲナシヲルモノハ殆ト此レナキ有様ナリ」(日銀『筑豊石炭調査』一一七頁)といわれていることによっても、知りうるであろう。

(ロ)　石炭企業の地域性。石炭の賦存状況と炭質は地域によって異なり、石炭生産を第一次的に規定するものはこの石炭の賦存状況と炭質であるから、石炭産業はその立地の条件において、一般工業といちじるしく異なり、炭田の地域性に規定される。この点、石炭企業分析の一要点となる。石炭企業の地域性は次の諸点に示される。第一に、炭層の賦存状況は採炭方式を規定する。たとえば炭層の条件が良好であれば、大量の資本を投下して大規模に採炭することが可能であるが、条件の劣悪な地域では、企業の規模も零細化する。第二に、炭層の条件が採炭方式を規定することによって、労働過程もまたこれに規制され、労働の分化、熟練の形成過程、労働者の統轄機構等を異にすることになる。第三に、石炭はその流通費が大きいため、遠距離輸送、とくに陸上運輸による遠距離輸送は、市場における競争をいちじるしく不利にするため、市場にもおのずから地域性が生じ、各炭田の市場圏が構成される。第四に、市場に近接した炭田および良質炭田の場合には、炭層の条件が劣悪であっても、市場における競争力を有するので、企業が成立する。

表II-7　ゲルゼンキルヘン炭坑の発展

年次	獲得鉱区	鉱区合計	資本金	従業員	出炭
	千平方米	千平方米	千マルク		千トン
1873年	7,671	7,671	13,500		
1881	23,310	30,981	(1) 20,250	2,736	1,006
1887	10,068	41,049	28,060	4,837	1,579
1889—92	28,798	69,847	36,000	(2) 9,952	(2) 2,930
1897	89,816	159,663	40,000	13,145	3,890
1899	5,043	164,706	50,000		
1904	66,309	231,015	69,000	24,852	6,560
1905	54,972	285,987	119,000		

備考　Ruhrbergbau, SS. 201—18
　　(1)は1882年　(2)は1893年分

それゆえに、一国の石炭産業を考察する場合にも、国民経済に規定される側面と同時に、炭田ごとの石炭企業の生成と発展、その性格と問題とを分析しなければならない。石炭企業の地域性は、石炭資本に本質的な要因なのである。

(ハ)　企業規模の巨大化。炭鉱の採炭規模は縦と横とに向って、すなわち、深度と鉱区面積とにおいて、拡大してきた。これをルール地方についてみれば、表II-6および表II-7のとおりである。この深度と面積の拡大とは一般的に相関的であり、深部採炭は増大する投下資本を償却しうる炭量の存在を前提するから、炭層密度を一定とすれば、鉱区面積の増大を前提しなければならない。もっともこの点では、鉱区所有が土地所有と結合しているイギリスと、分離している大陸とで相違がある。土地所有によって鉱区にも限界の存在するイギリスでは、(1) 経営規模の拡大も緩慢であり、(2) 伝統的な斜坑方式という事情もあって平均深度は三〇〇メートル強にすぎず、ルール炭田の半ばにも達しないが、ドイツでは表II-7に明らかなように、鉱区の拡大がつぎつぎと行なわれ、深度も急速に深くなり、企業規模は従業員数についても、出炭量においても、急速に拡大されている。

このような炭坑の規模拡大には、莫大な追加資本の投入が必要となるが、ドイツにおいては、それは株式の形で社会的資本が動員された。(3)

「ドイツでは起業時代に巨大な計画が作られたので石炭産業には投機的な活動が生じた。そのため古い家父長的な鉱山共有組合は、取引所の利害にいっそう適合した形態、すなわち、株式会社に変えられ、それによって、ドイツの資本を一層大規模に引き入れることとなった」(O. Stillich, op. cit., S. 6)。

イギリスにおいても、事情は基本的には異ならない。

「当初イギリスの炭坑は個人企業によって発展し、数世紀にわたって、個人または家族企業の手中に留っていた。しかし、一九世紀の前半に新しい方法が発展しはじめた。すなわち、徐々に多数のパートナーが導入されるようになり、それは結局イギリス石炭産業に株式会社の勃興をもたらすこととなった。現在近代的大炭坑の大部分は、すでに株式会社の手に集中されている」(Neuman, op. cit., pp. 143—4)。

もっとも、ドイツでも鉱区の拡大は買収または合併によったから、資本の増大によって、ただちに鉱区の獲得が可能だったわけではない。むしろ、「好況期には多くの鉱山共有組合が株式会社に変ったり、新しい株式会社ができたりした」(Ruhrbergbau, 1957, S. 16)が、不況期には共有組合に逆行するものも少なくなかった。

(ニ) 石炭企業の多角経営。一般に石炭市場は景気の変動に対して敏感なので、石炭企業が石炭だけを販売している場合には、経営は不安定とならざるをえないのに対し、石炭生産の大規模化、したがって投資の巨額化は、生産と市場の安定を要請する。のみならず、石炭を自然形態のままで販売することは、市場競争、輸送コスト等の点で企業を圧迫し、収益力が低下する。このような問題を解決すべく展開されたのが、炭坑におけるコークスおよびその副産物生

表II-8　炭鉱の兼営事業(ドイツ)　(単位 10,000トン)

出炭規模	20—40	40—60	60—80	80—100	100—150	150—200	200—	計
石炭採掘のみ	3	4	9	4	5			25
石炭・コークス	2	4	2	2	2	2	1	15
石炭・練炭	3	4			1			8
石炭・発電	1	7	8	7	7	2		32
石炭・練炭・発電	7	1	2	2	2			14
石炭・コークス・発電	4	4	8	7	19	2	1	45
計	20	24	29	22	36	6	2	139

備考　Jahrbuch des Deutschen Bergbaus, 1952による

産、練炭生産、電力供給事業等石炭の使用価値の変形、すなわち、経営的にいえば次工程へのインテグレーション《forward integration》であり、ヨーロッパ諸国の石炭企業はここに一つの活路を見出している(4)。

多角経営の発達したドイツにおける炭鉱の経営をみると表II-8のとおりであり、炭鉱企業は採掘した石炭をそのまま市場に供給するだけでなく、これに加工し、あるいはその形態、性状を変え、あるいはエネルギーの形を変えて販売しているのである。ドイツの製鉄用コークスの九〇%は炭鉱で生産される。この点はヨーロッパの炭鉱に一般に見られるところであり、イギリスにおいても、多くの粘結炭炭坑はコークス生産を行ない、その石炭消費は一九五二年で二五〇〇万トンに上っている(5)。

(ホ)　炭鉱における企業集中。石炭企業の大規模化は、鉱区の統合を媒介として資本の集中、独占化をもたらした。ドイツとくにルールにおいては、それはすぐれて鉄鋼業および化学工業と結びついて展開され、前に引用したゲルゼンキルヘン《Gelsen Kirchener Bergwerks-Aktien-Gesellschaft》のように、石炭→鉄鋼の結合の線と、クルップ《Fried. Krupp》のように鉄鋼→石炭の結合、およびイー・ゲー《I. G. Farbenindustrie AG》のように化学→石炭の結合の線をもって、製鉄所炭坑、炭坑製鉄所、コークス工場炭坑等の形態をとる混合大企業が形成され、これらの結合を中心として、石炭独占企業の成立を見たのである。

この場合注目すべき点は、石炭企業の発展が、銀行からの融資と、その圧力によ

る炭坑の合併を通じて、すなわち、金融資本の形成の一環として展開されたことである。ルールの代表的大石炭企業であるヒベルニア《Bergwerksgesellschaft Hibernia》について、次のように記されている。[6]

「かかる合併に際して推進力となったのは、ヒベルニア炭坑と結びついた銀行であったし、今もそうである。それはベルリンの二つの大金融業、すなわち、S・ブライシュレーダーとベルリン商業銀行であり、その援助によって、かかる大規模な金銭上の商議がまとまったのである。これらの銀行はかかる合併を推進し、これと関連する資本増額に大いに協力する。その結果、資本集中を可能な限り推進することに強い関心をもつのである」(O. Stillich, op. cit., S. 14)。

このような金融資本との結合を背景として、莫大な投下資本を要する大竪坑方式も可能となったのである。

このような結合は程度の差はあれ、大陸諸国に見られるところであり、石炭産業における独占化のおくれたイギリスにおいてさえ、国有化前において鉄鋼業の側からの炭坑支配＝《backward integration》は相当進んでいた。[7] なお、アメリカにおいても全瀝青炭の五分の一はいわゆる《captive mine》〔石炭消費資本に支配された炭坑〕で産出され、鉄鋼業は所要石炭の約半分を自己の所有する炭坑で生産している(アダムス『アメリカの産業構造』邦訳九二頁)。

(b) 企業の成果

(イ) 企業の変動――消滅と参入。石炭企業はその変動のいちじるしい点に特色が見られる。

「破産はしばしば生じるが、再建も新しい企業の参入も同様にしばしば行なわれる。ある企業が行詰ると、株主や債権者は損をするであろう。だが、炭坑施設は残っている。製造業の工場や建屋の場合には、他の商品の生産に転換することもできなくはないが、炭坑の場合にはただ一つの目的にしか使えないし、炭層がなくなるまでこの産業にとどまることになる」(A. Phillips, Market Structure, Organization and Performance, pp. 121—2)。

ここに記されている事情以上に、石炭企業は変動の要因を内在させている。というのは、石炭企業は鉱区所有、換言すれば、炭層を基底としており、炭層は第一に、採掘によって消滅していくから、製造業の場合と異なって、石炭生産の持続性には限界がある。炭坑には「寿命」がある。第二に、炭層は賦存条件、熱量等に差異があるうえ、採掘によって条件は変化し、劣悪化していくから、限界炭坑が流動的である。しかも、市場の縮小に対して生産を制限することには排水、坑道・切羽維持等のため限界があり、いきおい市場の圧力は限界炭坑にかかることとなり、休・廃坑化する。他方、市場拡大の場合には、稼行炭坑の運搬・採炭の能力を急速に拡大することには限界があるので、休・廃坑が復活したり、採炭の容易な新坑が参入したりすることとなる。これを戦前の日本についてみれば図II-2のとおりで、操業坑区と休業坑区は傾向的には逆に変動している。

図 II-2　坑区数変動状況

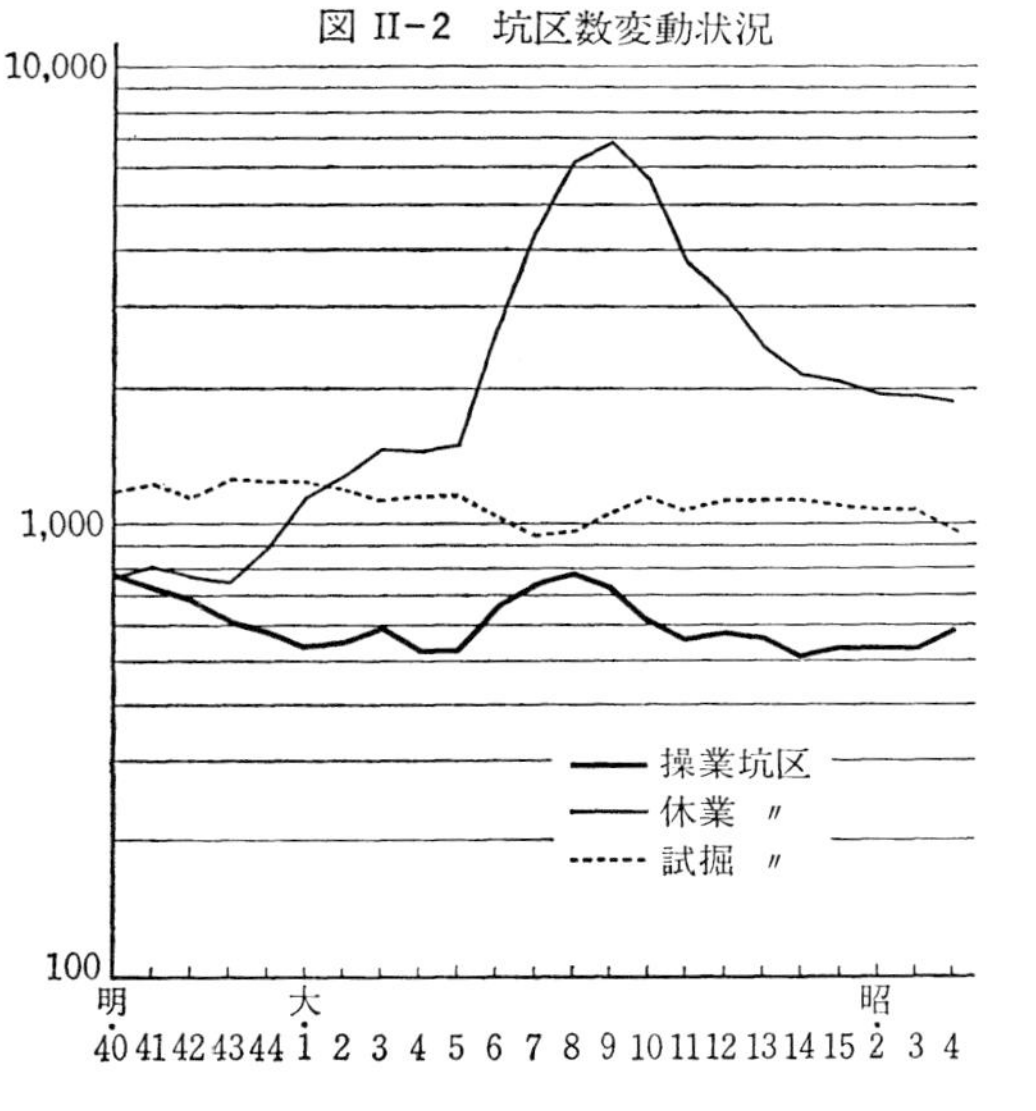

(ロ)　市場競争と利潤率。以上考察したことは、市場競争とそこから結果する利潤率についても妥当する。同一市場で競争する石炭の生産コストは、第一に、山の「生れ」によって規定されており、炭層条件の有利なものほど、カロリー当りの単価が低くなる。第二に、山の「経歴」が古くなるほど、採炭条件は不利となるので、コストは割高となる。

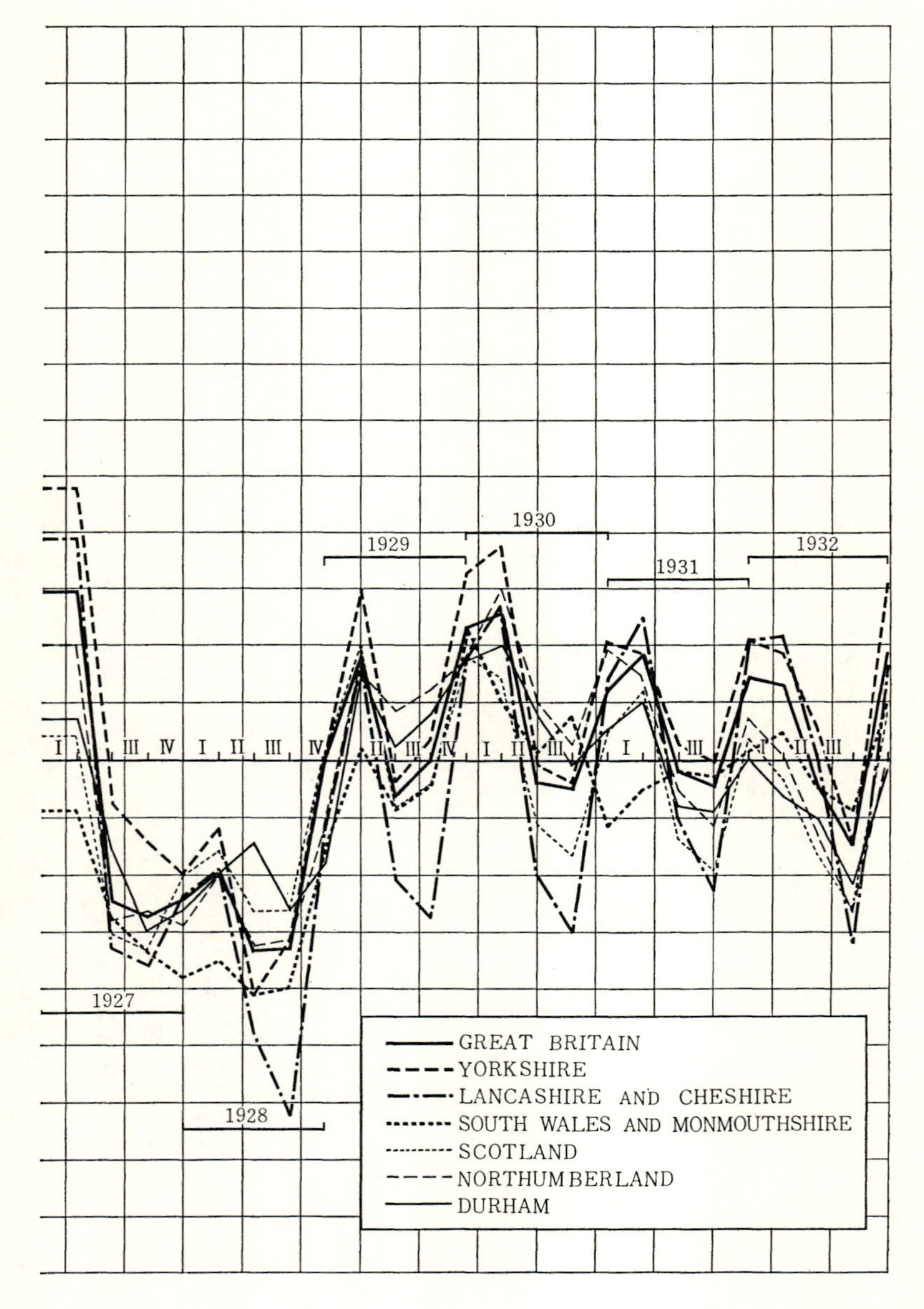

1927
1928
1929
1930
1931
1932
I
III
IV
I
II
III
IV
II
III
IV
I
II
III
I
III
I
II
III
GREAT BRITAIN
YORKSHIRE
LANCASHIRE AND CHESHIRE
SOUTH WALES AND MONMOUTHSHIRE
SCOTLAND
NORTHUMBERLAND
DURHAM

図II-3

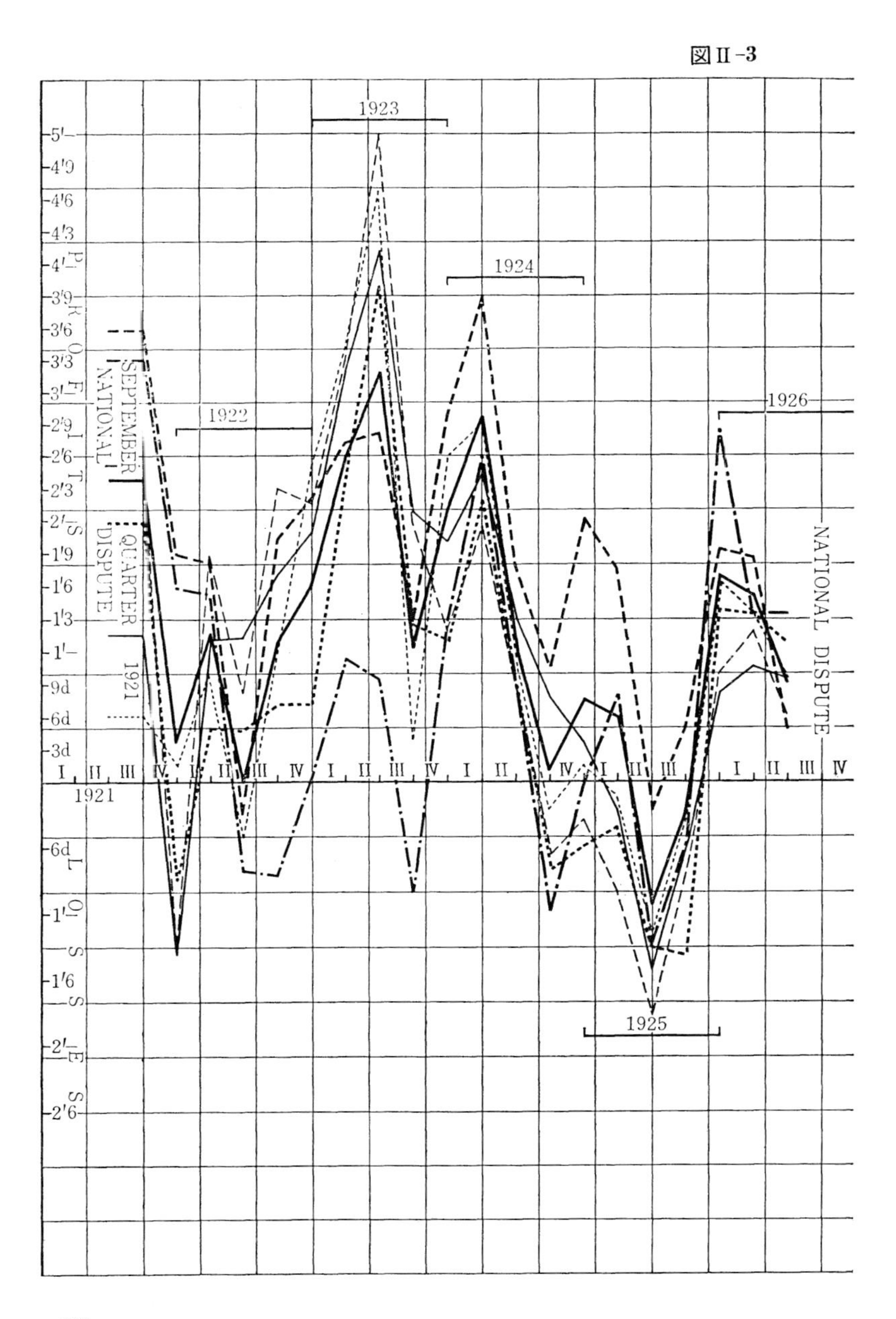

1923
1924
1922
1926
1925
1921
5'–
4'9
4'6
4'3
4'–
3'9
3'6
3'3
3'–
2'9
2'6
2'3
2'–
1'9
1'6
1'3
1'–
9d
6d
3d
6d
1'–
1'6
2'–
2'6
PROFITS
LOSSES
SEPTEMBER NATIONAL
QUARTER DISPUTE
NATIONAL DISPUTE
I II III IV I II III IV I II III IV I II III IV I II III IV I II III IV

そこに差額地代ないし超過利潤が生れる根拠が存することは、前に分析したとおりである。ということは、市場価格を一定としても、生産コストはつねに変動的であり、したがって、利潤率も企業に差異があるばかりでなく、その差異自体も変動的である。これを、イギリスの炭田別にみると、図II-3のとおりである。ニューマンはこれに注してつぎのように記している。

「スコットランド、ノーザンバーランド、ダーラムおよびサウス・ウェルズは、輸出地区の例であり、ランカシャーとヨークシャーは主として国内消費用の生産に当っている。しかし、ランカシャーが古色蒼然たる方法と炭坑をもった古い衰退過程にある炭田を代表しているのに対し、ヨークシャーは発展過程にある地域である」(A. M. Neuman, Economic Organization of the British Coal Industry, pp. 42—3)。

(ハ) カルテルと独占利潤。石炭企業は、好況その他の条件でいちど採炭規模を拡大すると、坑道・切羽の維持、排水等のために、その規模を縮小することが困難であり、市況の悪化によって市場は収縮するので、過剰能力として企業経営を圧迫することとなる。

「一八九〇年には早くも、瀝青炭産業は過剰能力の問題にぶつかった。伝統的理論とは逆に、価格競争は少なくとも三〇年間、それを消去することにはほとんど役立たなかった。一八九〇年から一九二三年の間、過剰能力が生産の三〇%以下になった年は、第一次大戦中の一九一七年と一八年の二年だけである」(A. Phillips, op. cit., p. 120)。

この過剰能力は、一九世紀末以降炭坑の規模が大きくなったため、限界企業が消滅するだけでは解消されえなくなったところに、問題の深刻さがあった。この問題を解決すべく現れたのが、石炭カルテルである。

価格維持のための生産カルテルとしてもっとも著名なのは、一八九三年ルール炭田の大半を傘下に収めた、ライン・ウェストファーレン石炭シンジケートである。シンジケートは各炭坑に生産量を割当て、その販売を一手に引きうけ、各市場に対して販売価格を定めた。炭坑間の競争がはげしく、カルテル形成のおくれたイギリスでは、一九三〇年の炭坑法で、強制カルテルの結成をみている。

石炭カルテルの一つの特色は、カルテルが基本的に地域別に構成されることにある。ドイツの石炭シンジケートもライン・ウェストファーレン地区のものを典型としたし、イギリスの一九三〇年法も、地域カルテルを基盤としていた。それは、石炭生産が地域的に限定され、したがってまた石炭市場が地域的に規定されていることに原因する、というべきであろう。

(二)　石炭企業の斜陽化——国有化への移行。石炭企業は多くの国において、一方では採炭深度の増大によるコストの増大と炭坑労働者の抵抗に直面し、他方では前述した石炭の過剰能力とその負担増大でカロリー当り価格の廉価な流体燃料の進出に脅やかされ、カルテル化への努力にもかかわらず、その存立の基盤は動揺を見るようになった。すでに第一次大戦直後、イギリスの石炭産業を検討したサンキイ委員会《Sankey Commission》は、その報告書で石炭の私企業的経営の行詰りを指摘し、国有化への移行の必要を論じた。このような動きは第二次大戦に際して、国家の必要とする石炭生産を充たすことが私企業の下では困難であったことによって、石炭産業に対する国の統制・管理が強化され、さらに戦後、荒廃した石炭産業を再建する能力を石炭企業がもたなかったことによって、イギリスやフランスでは石炭産業の国有化が実現されるに至った。(8)

いまその間の事情をイギリスについてみると、第二次大戦直後、労働党政府は炭鉱の国有化を断行したのであるが、それは二重の意味においてイギリス資本主義の矛盾を打開する意味をもっていた。すなわち、一方では、土地所有に規定されたイギリス炭鉱企業の零細性が、明白に石炭産業の存立の障害となっていた。

「イギリスでは鉱物の私有制の結果、無計画で、不適当な規模の、多数の炭坑が存在することとなった。そしてこの広く分散した炭坑所有が、非経済的な炭坑の閉鎖や炭坑経営の集中の障害となった。これは国家が鉱石の所有権をにぎり、炭鉱所有が高度に集中した体制の下で、より能率的に石炭を採掘してきた大陸の事情と、対照的である」(H. Townshend-Rose, The British Coal Industry, 1951, p. 34)。

国有化は行詰った石炭企業に活路を与えるとともに、この《old industry》を自らの基盤とする負担にたえ得なくなったイギリス総資本に、負担解放の途を開いたのである。

国有化の第二の要因は、労働問題にあった。炭坑の条件は坑毎に異なり、地域毎に異なっており、それにしたがって経営の条件も異なる。炭鉱労働者の賃金は経営条件の良好な所では高く、劣悪な所では低かった。

「労働組合はしかし、同一の労働の支出に対しては同一の報酬を支払うべきだ、と主張した。だが、現制度の下では、ほぼ同一率の賃金さえ支払われていないし、もし組合がある地域に最低賃率を打ち建てようとすれば、それは最も劣悪な炭坑を閉鎖させないですむ額に決めねばならない。それゆえ、私有制度の下では、労働者は優良坑の剰余利潤を手に入れることができないのである」(Rowe, op. cit., pp. 128—9)。

炭鉱労働者の賃率を全国的に確立しながら労働条件を高めていく途は、労働者にとっても国有化によって超過利潤をプールし分配する以外に途はないと考えられたのである。

(1) 「資源の性質自体と技術に規定された諸条件のために、この産業は多数の地域的に分散した鉱山から成り立つ。事業所の物理的な統合は不可能である。この事実が、規模に応じて収益を増大することに基因する操業の経済性を、したがって、製造業において統合や合併を推進してきた一要因を、実現する可能性を失わせている」(A. Phillips, op. cit., p. 135)。

(2) 「石炭産業は多くの地方で依然としてほとんど完全な個人経営が支配し、小規模生産者が大部分である。……だが、二五の巨大企業が現在の石炭生産の約三三%を支配している。この数字は産業支配力の集中が、実際には一般に考えられているよりやや進んでいることを示しているが、同時に指導的な企業を除くと、炭坑の平均的規模はきわめて小さいことを示している」(P. E. P., Report., p. 42)。

(3) 株式会社はドイツでは一八四三年以降法的には一般に成立を認められたが、土地所有者の承諾を条件としていたため、若干の例外はあるが、七〇年までは石炭産業には普及しなかった。

(4) 「一例としてフランスの場合を見ると炭鉱経営下の火力発電量が全火力発電量の三七パーセント、コークスが全体の四〇パーセント、合成化学製品のうちメタノールは一〇〇パーセントを占め、しかもこれらの生産量は年々一七〜二〇パーセントの勢で増加している現状である。……このような石炭企業の経営多角化は、いうまでもなく、石炭需要の安定、設備機械の有効利用、不況抵抗力の強化を可能にするものであって、たとえばフランスの開発概況報告(一九五四年度)によれば、同年の石炭関係の赤字は一三二億フランにのぼっているが、一方附帯事業関係が五八億フランの黒字をあげており、これによって公社の損失を差引七四億フランに収縮している」(日本生産性本部『欧洲における石炭企業』昭和三三年、四三頁)。

(5) 日本の場合は、炭質および炭層の地理的条件が、このような兼営に不利な事情もあるが、炭鉱はもっぱら石炭を石炭として供給する事業として経営されてきた。この点は、最近財閥炭鉱がセメント製造や製塩事業に進出している場合にも、貫徹している。このような展開の途をとった石炭資本の性格こそ問われなければならないであろう。

(6) ドイツにおける石炭企業と鉄鋼業、化学工業等との結合の歴史および実態については、たとえばG. Gebhardt, Ruhrbergbau, 1957 をみよ。また、石炭産業と金融資本の結合形態については、大野英二『ドイツ金融資本成立史論』(昭和三一年)とくに第二章第二部の1をみよ。

(7) 「一二の大鉄鋼企業の炭鉱との結びつきを調べてみると、三五の重要炭坑がこの一二グループの直接的支配下にあることがわかった。……全部で鉄鋼業は、現在合計二千万トン以上の石炭を産出する炭坑を支配している、と見て大過ないであろう」(P. E. P., Report., p. 107)。

イギリスでは石炭鉱業の規模に限界があるので、ドイツと異なり鉄鋼→石炭の線だけが見られる。なお、イギリス炭坑業の集中については、A. M. Neuman, Economic Organization of the British Coal Industry, Part I, Chap. 3 Integrating Forces を見よ。

(8) 石炭生産の社会化は、社会主義国を含めると一九四九年で次のとおりである(I. L. O. Coal Mine Committee, Productiv-

ity in Coal Mines, 1951)。

1資本制生産	七二〇百万トン
ヨーロッパ	一五〇
北米・その他	五七〇
2社会化された生産	六八〇
イギリス・フランス	二七〇
社会主義諸国	四一〇

第三章　資本制生産の展開

(a)　産業資本の確立

(イ)　資本制生産の成立。一般に市場の展開は小商品生産の発展を促す。ところで商品生産の資本制的発展を考察するには、三つの点が検討されなければならない。第一は資本制的な生産諸関係の成立、したがってまた、資本制的諸範疇の成立であり、第二は生産力の発展であり、第三は市場の形成である。いうまでもなく、これら三者は相互に密接に関連している。

第一の視点の基底は鉱区所有の近代化である。近代的な鉱区所有には、イギリスのように土地所有の一属性として展開する場合と、大陸のように土地所有と分離して形成される場合とがあることは、前述したところであるが、いずれにせよ近代的鉱区所有制が画期のメルクマールとなることには変りない。この鉱区所有の近代化過程を基底とし、これとからみあいながら、資本と賃労働の分化が進展する。近世初頭には、多くの国で農業と鉱業は未分離で、石炭採掘は何れかといえば農家の副業であった。一九世紀前半までのルールの炭坑夫の中心をなしたのは、このような兼業坑夫であった。

「坑夫は同時に農民または小屋住農《Kötter》であって、実際は農業労働が暇な時にだけ、石炭採掘に従事した。それは、今日もなお零細な所有地で生活し、小屋然とした家と多少の菜園と耕地をもっている、古くから住みついた家族に見ることができる」(W. Brepohl, Industrievolk Ruhrgebiet, 1957, S. 3)。

かれらはいまだ近代的な炭鉱プロレタリアではなく、互いに協力して採炭に従事したが、採炭の規模が大きくなるにつれて、採炭技術に習熟したもの、あるいは仲間の坑夫より富裕で多少の経営資金をもったものなどが、炭坑経営について支配権をにぎり、他の農民=坑夫は実質的に単なる労働者となる、という分化が徐々に進行した。

「借地農たちの間にしばしばみられた経済的条件の大まかな平等は、だれもがマナーの権力に隷属しているということに基づいていた。そこでその権力が弱体化していくにつれ、新しい不平等が発展した。同時に、石炭を近くの町や村に売っていたが、坑夫の仕事をしたことのない小商人が、商売でもうけた利益を使って、土地の炭坑の支配権をにぎる、ということも生じたのである」(Nef, op. cit., Vol. I, p. 413)。

石炭市場が急速に拡大し、炭鉱経営が有利な事業と認められるようになると、富裕な投機家たちが国王の特許を獲得したり、土地所有者の協力をえたりして、多額の資本を投じて大規模な採炭に従事するようになる一方、炭坑経営に資金が必要となればなるほど、小経営者は資本不足のため商業資本等に依存せざるをえなくなった[1]。そうなると、もはや兼業農民だけに頼っていては必要な労働力を充足することができなかったから、土地に緊縛されていない「自由な」賃労働者が広く求められた。ルール地方についてみれば、一八五〇年代以降、このような労働者は急速に増加し、一九世紀末葉には旧型坑夫はもはや一〇%を占めるにすぎなかった[2]。

炭坑経営が大規模化し、石炭生産に経験のない商業資本等々が炭鉱資本家となった場合には、採炭の管理者が要請される。この管理者と炭鉱資本家との契約如何によって、そこにさまざまの請負制——炭坑請負から切羽請負に至る——が発生することになるのである。

(ロ) 石炭マニュの形成。このような資本制諸範疇の成立、展開とからみあって、第二の視点である生産力の発展が問題となる。石炭産業の場合には、山腹に横坑を掘り、湧水を自然流出させる横坑方式か、露頭から掘り下げて湧水や通気の困難に出あうと坑を放棄する狸掘りが広く行なわれ、この場合は、熟練坑夫である先山と、その助手である不熟練ないし半熟練の後山とからなる数名の協業が、その基底となっている。しかし石炭産業の場合には、生産過程内部に生産規模を拡大させる要因が存在し、他方市場の展開がこれを促進するので、工業より早く分業による協業が成立する。すなわち、坑道と切羽が明確に分化して、採炭と運搬と仕繰の分業が現れ、これとならんで排水労働の比重が大きくなることによって排水夫が分化し、さらに竪坑の場合には捲揚夫が現れる。このような分業体制は排水汽罐の出現によって本格化する。坑道は長くなりかつ整備され、採炭夫のほかに運搬夫と支柱夫が独立の職種として確立されるだけでなく、運搬夫は棹取の場合のように分業労働の結節点とさえなる。

このような石炭生産の発展をルール地方についてみれば次のとおりである。

「一横坑当り坑夫は、一七九二年にはなお平均九人で、一八〇五年には一五人になった。一八世紀と一九世紀の変り目頃には、各炭坑についてみても一五人から二五人の人間が、ポンプで排水に従事していた。ここで明らかに、技術的にも経済的にも限界に達し、その限界は蒸気機関をもってしなければ克服しえないものであった。それゆえ、一八〇八年にフォルムンド炭坑に最初の深い竪坑が掘鑿され、そこに最初の蒸気揚水機が採用されたのは、決して偶然ではない。竪坑は深さ四六メートルであった」(Ruhrbergbau, S. 12)。

こうして、揚水ポンプの出現によって石炭生産は飛躍的に増大することとなったので、ネフはこの時期を「初期産業革命」と名づけた(J. U. Nef, op. cit., Vol. I, p. 165)が、ドッブも批判するように、その全経済過程における比重が小さいことは別にしても、このような巨大炭鉱は主として領主的土地所有ないし特権的資本がその担い手であるのに対し、当時石炭生産の中心をなしたのはむしろ中規模炭鉱で、それらは近代的土地所有の下に形成された炭坑経営であった

(M. Dobb, Studies in the Development of Capitalism, p. 142)。しかもこの段階で機械が導入された排水は、生産の補助過程であり、採炭および運搬過程においては分業と道具が基底となっていたのであるから、それは生産手段の体系からみて、石炭マニュファクチュアの段階と規定されなければならず[3]、排水汽罐はむしろ石炭マニュ確立の指標である。石炭マニュの出現は、炭坑の生産体系自体の矛盾を克服するためであるとともに、製塩、暖房用等としての市場の発展に支えられるものであった。

(ハ) 産業資本の確立。揚水ポンプの出現による採炭上の困難の克服は、坑道の一層の延長と坑内規模の拡大、すなわち、深部採炭を可能とするようになった。ところで、坑道が長くなり、出炭が増加すると、石炭の坑内運搬が炭鉱経営の障害となった。この問題を解決すべく現れたのが、主要坑道の運搬の機械化、具体的には、捲揚機の出現であった。捲揚機は一七八〇年ワォットの蒸気機関の発明によって可能となり、イギリスではその後、急速に普及した。

「一八一〇年、フェレイはダービーとノッティンガムだけで五〇基以上の捲揚機の存在を認めている。そのうちのいくつかは石炭山ではなく金属山で使用されていたが、この時までに、〔当時の石炭産業の中心地であった〕イングランドの北部はもちろん、ミッドランド地方でも、大部分の比較的大きい炭坑では、蒸気が馬や水車を凌駕してしまっていた」(Ashton and Sykes, op. cit., p. 60)。

ルール地方においても揚水ポンプについで、捲揚機が一九世紀なかばまでに多くの炭坑に導入されたのである。それは蒸気機関自体の発展により、工場用炭を中心として、汽船用、鉄道用炭としての市場の確立と結びついていた。

ところで、前述したように、運搬は排水と異なって石炭生産の基本過程であり、捲揚機の出現は排水ポンプの出現とその意義を全く異にする。生産の基本過程の中でも最も多額の資本が投下され、多数の労働者が使用されていた運搬過程の中枢が機械化されたのであるから、これこそ産業革命の生産力的始点をなすものである。捲揚機が出現すると計画的出炭が要請され、それまで一括請負採炭の行なわれていた坑、ないし切羽においても、資本の直接的支配が切羽の末端まで滲透するようになり、片盤運搬も合理化されることとなる。こうして捲揚機の導入を契機に坑内での生産諸関係および生産過程は資本の支配下に入り、運搬労働の機械化に対応して採炭においても長壁式切羽が出現し、分業と労働手段としての火薬および簡単な機械の導入が見られ、切羽における採炭と運搬とが統一のある体系として形成されるようになる。このような捲揚機を中心とする稼行方式は、その生産力とそれを支える資本とのゆえに、石炭生産および石炭市場を支配するようになる。資本による捲揚機の採用とその一般化をもって石炭産業における産業資本の確立のメルクマールとするゆえんである。(4)

ドイツについていえば、このような産業資本の確立に対し、旧来の絶対主義的規制は桎梏となっていたから、一八四八年の革命を契機に、五一年法の制定によって官僚規制が大幅に排除され、さらに六五年のプロイセン一般鉱業条例によって、近代市民法的鉱業権の確立をみたのも、産業資本確立の法制的表現にほかならないのである。

(b)　石炭産業における独占

(イ)　鉱区の独占。石炭産業における生産体系の基底が、一般工業の場合と異なって、労働対象である炭層にあることは、最初に考察したところである。工業の場合には、生産体系の基底をなす労働手段の巨大化、高度化、その基底としての資本の集積・集中が、独占の基礎となるのであるが、石炭産業の場合には、労働対象である炭層の確保・拡大、したがって、鉱区の確保・拡大、それにもとづく生産規模の拡大が独占の出発点となる。それゆえ、たとえば、ゲルゼンキルヘン炭坑は、一八八七年、二二五〇万マルクの資本金であったが、五五六万マルクをもってエリン鉱区(千万平方メートル)を買い、一八八九年にはウェストファーレン炭坑組合の株の大半を入手し、九二年これを合併する、というような方法によって、その鉱区の拡大に努めたのである（表II-7参照）。それは、これによって大規模採炭に伴なう高い生産力の実現が可能であったからである。[5]

とはいえ、炭鉱生産力の基底をなす炭層自体についていえば、鉱区の拡大は炭層そのものの量的拡大を意味するだけであって、量の拡大がただちに質の上昇をもたらすものではない。炭層自体の条件の有利性は自然的・社会的に規定されているので、本来的に優良炭層の確保・拡大に依存する。したがって、単なる鉱区の確保・拡大のみでなく、優良鉱区の確保・拡大が、すぐれて独占の基底となるのである。

(ロ)　資本の集積・集中。しかしながら、鉱区の確保はあくまで利潤獲得の出発点であり、その可能性の確保にすぎないのであって、これを具体化するものが資本であるだけでなく、鉱区の獲得自体が、前述したゲルゼンキルヘン炭坑の場合のように、多くの場合、資本支出を必要とするのであり、鉱区自体が資本の一存在形態なのである。したがって、炭鉱資本は第一に鉱区の拡大のために資本の増大を必要とし、第二に拡大された鉱区に生産力の高い労働手段の体系を整備するために、莫大な資本を要することとなる。それは資本の集積だけでは不可能であったので、[6]三つの方法がからみ合って進行する。一つは株式の発行による資本の調達であり、第二は株式市場を媒介とする炭坑資本の集中であり、第三は金融資本からの融資である。炭坑経営の株式会社化についてみれば、鉱区の拡大の比較的おくれたイギリスにおいても、二〇世紀初頭以降顕著に進行し、一九三〇年代には「近代的大炭坑の大部分はすでに株式会社の手に集中されている」(A. M. Neuman, op. cit., p. 144)。第二の株式市場を通じての集中は、前述ゲルゼンキルヘン炭坑の場合にも見られるように、ドイツにおいては広く見られた形態である。

第三の金融資本との結びつきについていえば、ゲルゼンキルヘン炭坑の急速な巨大化も、それが設立の当初から金融資本と結びついていたからであるが、イギリスにおいても、銀行資本は石炭産業と結びつき、その集中を促進した。

「すべての地区で、主要会社は総生産の大きな部分を支配しているが、一般にそれらは他の炭田にはほとんど利害関係をもっていない。これに反し、多くの地区の巨大企業は、しばしば重役の相互派遣という方法で結びついているが、それは普通資本が一つの大本からいくつかの炭田に滲透している結果である」(A. M. Neuman, op. cit., pp. 155—6)。

(ハ) 市場支配。しかし、鉱区独占と生産規模の拡大は、それだけでは独占を現実化しない。独占資本の成立のためには、大資本が鉱区独占と生産の拡大を基盤として、市場を支配し、カルテル価格ないし管理価格の形成によって、炭価の変動を抑制し、独占的利潤の獲得が行なわれなければならない。この場合、鉱区独占と生産規模の拡大によって、大資本は市場における支配的な地歩を与えられ、石炭価格の形成に主導的役割を演ずることによって、独占的価格を生み出す要因となる。また、大資本による鉱区独占は、一般に、質的に優良銘柄の炭層と、自然的な条件の有利な炭層の独占を意味するから、そこに生ずる超過利潤は、独占利潤と不可分に結合する。工業生産にあっては、特許や自然的条件にもとづく超過利潤は、競争により縮小する傾向にあるが、石炭産業にあっては、鉱区独占によって競争が排除されるので、このような条件の差異は、銘柄による価格体系[(7)]と結びついて、独占の有力な基盤となっている。

しかしながら、大資本間の競争は激烈であったから、一九世紀後半、石炭生産が急速に大規模化するに伴ない、過剰生産が石炭資本の最大の問題となり、ルール地方では、早くも一八九三年、石炭シンジケートの成立をみたのである。その際、その設立を主導したのが、ゲルゼンキルヘン炭坑の最高責任者エミール・ヒルドルフらであったことは、カルテル形成における巨大独占資本の役割を示すものとして注目される。イギリスにおいても、一九二〇年代末から各地区ごとにカルテル形成の動きが見られたが、世界恐慌の激浪から身を守るため、一九三〇年に、地域別強制カルテルの結成と炭坑合同の促進とを規定した、炭坑法《Coal Mines Act》の制定をみたのである。石炭資本はこのような

カルテルによって、行きづまった市場を自己の手中に確保しようと試みたのである。(8)

(二)　中小炭鉱の存続。石炭生産はまず炭層についで炭坑施設に規定されることによって、市場支配にもある限界が見られる。すなわち、一方では出炭は炭層と採炭施設の規模に規定され、優良大炭鉱といえども、価格を引きさげて、その他の中小炭鉱を駆逐することには限界が存するし、他方では、工業の場合のように、大資本が中小資本を合併し、その工場を一分工場とするようなことは、石炭産業の場合には必ずしも有利ではない。自然的条件の劣悪な炭坑は、優秀な経営と技術をもってしても、その不利な条件を克服しえないからである。

表III-1　ルールにおける中小炭鉱

炭鉱	設立	従業員	出炭(1956年)	備考
1	1940	232	73,025	
2	1939	264	75,219	722万平方米
3	1948	129	33,122	租鉱
4	1945	134	38,676	
5	1934	269	33,122	
6	1946	114	31,359	
7	1948	101	18,473	租鉱
8	1948	122	36,996	租鉱
9	1950	136	50,845	
10	1943	219	56,510	租鉱
11	1942	143	28,495	
12	1933	58	19,894	29万平方米
13	1955	204 164	35,740 25,685	上欄は租鉱経営
14	1951	142	45,000	製紙資本
15	1940	256	60,119	

備考　Ruhrbergbau, SS. 486—91

イギリスの炭鉱が、その鉱区所有の在り方から、多数の中小鉱区、したがって、中小炭鉱から成っていることは、くり返し述べたところであるが、独占資本の制覇したルール地方においても、さまざまの形態で中小炭鉱が残存している。"Ruhrbergbau"があげている年出炭一〇万トン以下の一五炭鉱についてみれば、表III-1のとおりであり、浮沈のはげしさを反映して設立年次は新しく、三分の一は租鉱権炭鉱で、一般に「大炭鉱が取り残した炭層を採掘している」(Ruhrbergbau, S. 486)。なお、この中小炭鉱の下にさらに少なからぬ零細炭鉱が存在するが、「それらは景気変動に依存し、大抵、わずかの間存続するにすぎない。……数は多いが全部で年間約一〇〇万トンの石炭しか産出していない」(Ruhrbergbau, S. 491)。零細炭鉱は一般に炭層も浅く、施設も簡単であるうえに、工場と異なって閉山した場合他の用途への転用が不可能で、基本的施設は残存するので、石炭市場の状況によって、簡単に再出現し、あえなく消滅していく。

(ホ) 独占化への制約。独占の形成によって危機を克服しうるかにみえる石炭産業は、その生産と市場自体のなかに、独占の、したがって独占価格の、形成をチェックする要因を内包させている。生産についていえば、第一に、石炭産業は自然に存在する労働対象を掘り出すのであるから、優良鉱区の場合でも、採掘にしたがって採掘条件は悪化し、やがて採算限界内の炭層は消滅する。したがって、石炭における独占は、労働対象の点でも市場の点でも、製造業の場合のように安定的ではない。第二に、鉱区所有がその制約となる。石炭生産の基底は鉱区所有であり、したがって、石炭独占の基底も鉱区所有にあるということは、逆に、鉱区所有が個別資本にとっては、その生産・市場拡大の制約となることを意味する。鉱区の分散が資本の集中・独占化をチェックすることとなるのである。

つぎに市場についてみれば、取引の相手方である石炭需要者の一部は、石炭生産の集中よりもより高度に集中・独占化している。これを今日の日本についてみると、表III-2-1、2のと

表III-2-1　一般炭の部門別需要構成(%)

	31年度	37	38	39	40
電力	21	44	50	53	59
暖房	10	10	11	10	10
国鉄	11	8	7	7	6
製造業	53	36	31	29	24
その他	5	2	1	1	1

表III-2-2　国内原料炭荷渡(39年上期)　(単位 1,000トン)

	大手直売	中小直売	商社	計
高炉	2,692	8	451	3,151
コークス専業	1,042	3	35	1,080
都市ガス	1,462	0	72	1,535
その他	96	—	78	174

備考　通産省『石炭・コークス統計年報』

おりで、一般炭では九電力が全需要の過半を占めるようになっており、原料炭についても六大高炉メーカーの需要が過半を占め、とくに強粘結炭需要を独占している。しかもこれら電力および鉄鋼資本は、石炭資本よりはるかに強力である。したがって、石炭市場は双方寡占ではあるが、需要側の市場支配力の方が強大なのである。

(ヘ) 社会的総資本と石炭産業。以上考察した生産および市場のほかに、石炭産業は内外に二つの難問をかかえていた。一つは労働運動の圧力であり、他は競合的エネルギー、とくに石油との競争である。全国的な規模で地下労働の条件を改善しようとする労働運動は、労務コストが生産費の過半を占める石炭産業にとっては、大きな負担であり、したがって、労働運動にとっては、石炭産業の資本主義的経営がその限界となったから、早くから社会化・国有化の要求が現れた。他方、石油資本との競争におされる老化した石炭経営は、それが国民経済へのエネルギー供給の最大部門であるだけに、社会的総資本、具体的には金融独占資本にとって、重大な負担となるに至った。(9) それが、第二次大戦前から、とくに石炭生産に国家統制が強力に働いたゆえんであり、また、第二次大戦後、イギリス、フランスにおいて、炭鉱国有化が実現したゆえんである。

(1) 特権的資本は、いち早くイギリスで発展した揚水技術を採用し、相当大規模に採炭することが有利であったヨーロッパ大陸諸国では、とくに大きな役割を演じた。
「〔前略〕燃料の必要が増大したので、勅令で国王から特権を与えられたものだけに、採掘を制限するようになった。農民よりは富裕であるが、これら特権資本家はふつう他人の助けなしに仕事をするに足りるだけの資本を動かせなかったので、フランスでは――同じような原因が作用している西ヨーロッパの他の国でも同様であるが――典型的な鉱山企業の形態は、合資会社であった」(Ashton and Sykes, op. cit., p. 1)。

(2) この点については、大野英二「ルール炭鉱労働力の存在形態」(『経済論叢』八二巻三号、昭和三三年九月)を参照されたい。

(3) 「充分な資本と七万坪にのぼる大鉱区、これに8吋スペシャルポンプ新品二台を設置して完全排水に成功し、筑豊炭坑における水との闘いに新しい段階を劃した。明治十四年のことである。これは技術と資本の新しい段階を意味する。この年をもって筑豊炭鉱産業革命の始点とするのが正しいであろう」(正田誠一『筑豊炭鉱業における産業資本の形成』五頁)。この規定は産業革命を技術革命と考えることからきた誤りであり、むしろこれに続けて「蒸気機関の採用は小生産段階と原始マニュファクチュア段階との分裂をもたらした」との規定の方が、日本の場合についていえば正しい。原始マニュの成立が産業革命の始点では論理が一貫しない。

(4)　正田教授は「坑道運搬の汽力利用は、産業革命の第二段階指標」と規定した上、「排水、運搬が採炭の周辺作業の近代化に過ぎない」のに対し、「産業革命の中心課題は、生産の中心過程が機械の体系によって遂行されることにある」として、以上の技術発展を「手工業技術を基礎とするマニュファクチュアの発展に過ぎない」とされ、「作業組織の中核は採炭方式にある」との見解から、切羽の労働組織の発展として長壁式切羽の出現を「筑豊炭鉱産業革命の中心指標」とされ、こう結論する。「以上によりこの期における石炭鉱業の発展段階を、単純な分業と広汎な協業とに基礎をおき、周辺作業に大規模な動力機構をもつところの、発展せるマニュファクチュアとして規定して大過ないであろう」(前掲書、七頁)。これは産業革命の技術的把握は別として、興味ある見解である。石炭産業における生産過程、労働手段の規定が異なると、このような結論に導かれざるをえない。石炭産業の分析をそこから始めた所以である。

(5)　採炭規模を拡大するという視点から、鉱区の拡大は、まず隣接鉱区の買収・合併という形態をとった。

「当初の傾向は直接の隣接地へ拡大することであった。炭坑グループが形成されるが、それらは場所的・技術的な条件が同一な近接炭坑をメンバーとしている」(Neuman, op. cit., p. 149)。

(6)　一九世紀、炭坑規模の拡大に伴ない、資金の不足に悩んだイギリス炭坑資本は、まずパートナーを増加することによって、その解決をはかり、それでもなお事足りなくなることによって、株式会社へ発展した(Neuman, op. cit., p. 144)。

(7)　このような銘柄による市場支配を支える要因となったのが、選炭体系の成立である。前述したように、選炭は石炭生産と市場の結節点であるから、市場支配のためには選炭体系の確立が伴なわなければならなかったのであり、事実、選炭施設は石炭資本の独占と結びついて、形成・確立をみたのである。

(8)　ニューマンは石炭企業の結合を促進した要因として、労働運動の圧力を重視する。炭鉱夫組合が一九世紀後半以降急速に成長し、資本に労働条件の改善を強く要求するにつれ、資本はまず労務対策のために横に連結せざるをえなかったが、さらに賃金が生産コストの大半を占める石炭産業にあっては、それが単に労務対策に止まることができず、生産および市場統制にまで拡大していく(Neuman, op. cit., pp. 132—4)。

(9) 石炭産業はそれ自体のなかに二つの問題をもっていた。一つは、優良鉱区を所有することによって、いわば座して超過利潤がえられるということから、生産力の発展、技術の革新による利潤の拡大への刺激が少なかったことであり、二つには、地中から採取した石炭がそのままで最終商品であるから、石炭の銘柄は多様であるが、それは炭層によって規定されており、工業生産に見られるような商品の質の変革への刺激が少なく、それにともなう生産過程の変更という事態は生じなかった。採炭条件が次第に劣悪化することを除けば、生産過程に重大な変化はなかったのである。そこで近年石油の進出を見ることによって、石炭産業は世界的に重大な危機に直面したのであり、改めて、水力採炭その他石炭生産体系への根本的反省、および地下ガス化その他商品としての石炭の加工に関する検討が取りあげられるに至っているのである。

文献

Ｉ　日本石炭産業資料

Ａ　史料

1　福岡県史料編纂所　福岡県史料叢書　全一一輯　昭和二三―四年、とくに第三、第六、第七輯

2　遠賀川筋庄屋文書(宮崎百太郎氏蔵)　幕末・維新期

a　古野家(鞍手郡笠松村庄屋)文書

b　飯野家(直方庄屋)文書

c　石井家(鞍手郡若宮庄屋)文書

d　一太家(遠賀郡堀川庄屋)文書

e　許斐家(嘉穂郡勢田庄屋)文書

f　末松家(折尾庄屋)文書

g　松尾家(遠賀郡木屋瀬庄屋)文書

h　六角家(田川郡金田庄屋)文書

i　有松家（嘉穂郡下山田庄屋）文書
j　有吉家（鞍手郡若宮庄屋）文書
k　入江六郎七（鞍手郡山元頭取）文書
3　北松浦郡梶山村庄屋文書（相知公民館蔵）　幕末期
4　工部省鉱山課　鉱山借区一覧表　明治一六年末現在
5　長崎県勧業課
a　鉱山沿革調　明治一四年（佐賀県庁蔵）
b　鉱山志料調　明治一七年（佐賀県庁蔵）
6　農商務省
a　地質調査所　福岡県豊前及筑前煤田地質説明書　明治二七年
b　鉱夫年齢賃金勤続年限ニ関スル調査　明治三七年
c　鉱夫待遇事例　明治四一年
d　鉱夫調査概要　大正二年
e　石炭調査概要　大正二年
7　労働運動史料委員会　日本労働運動史料　第一巻　昭和三七年

B　逐次刊行物

8　筑豊石炭鉱業組合　筑豊石炭鉱業組合月報　明治三七年創刊

9　外務省通商局　通商彙纂　明治二七年創刊
10　三池鉱山(分)局　三池鉱山(分)局年報　明治六―二二年(三井文庫蔵)
11　日本鉱業会　日本鉱業会誌　明治一八年創刊
12　農商務省　鉱山統計便覧　明治二七―三一年(?)

C　年誌・沿革史

13　三池鉱山局　炭山沿革史(三井文庫蔵)
14　三井鉱山株式会社
　a　三井鉱山五十年史稿
　b　三池鉱業所　三池鉱業所沿革史(稿)
　c　田川鉱業所　田川鉱業所沿革史(稿)
　d　山野鉱業所　山野鉱業所沿革史(稿)
15　三菱合資会社　社史、とくに第一五巻
16　〔鍋島藩〕　高島石炭坑記(佐賀鍋島文庫蔵)
17　大牟田市
　a　大牟田市史　昭和一九年
　b　大牟田産業経済の沿革と現況　昭和三一年
18　小野田市　小野田市史　資料篇下巻　昭和三三年

19　多羅尾忠郎　北海道鉱山略記　明治二三年
20　渡辺翁記念文化協会　宇部産業史　昭和二八年
なお、ライマン、麻生太吉、貝島太助、団琢磨、益田孝、安川敬一郎、渡辺祐策等、炭坑経営者の伝記も参照に値する。

II　日本石炭産業研究史研究文献

A　著　書

21　遠藤正男　九州経済史研究　昭和一七年
22　石村善助　鉱業権の研究　昭和三五年
23　鉱山懇話会　日本鉱業発達史　中巻　昭和七年
24　高野江基太郎　門司港誌　明治三〇年
25　同　　筑豊炭礦誌　明治三一年
26　正田誠一　筑豊炭鉱業における産業資本の形成　九州経済調査協会研究報告No. 18　昭和二七年
27　東京高等商業学校　九州石炭集散及売買慣習取調報告　明治三八年
28　同　　筑豊地方ニ於ケル炭礦経理ノ状況調査報告書　明治三八年
29　和田維四郎　帝国鉱山法　明治二四年

B 論文

30 江頭恒治 高島炭坑に於ける旧藩末期の日英共同企業（『経済史研究』一三の二）
31 馬場克三 納屋制度と炭鉱賃金（九大『経済学研究』一五の三・四）
32 檜垣元吉 唐津藩石炭史の研究（九州史学会『史淵』八二輯） 昭和三五年八月
33 水野五郎 幌内炭坑の官営とその払下げ（北大『経済学研究』9号） 昭和三〇年
34 水沼知一 「明治前期高島炭坑における外資とその排除過程の特質」（『歴史学研究』昭和三八年二月）
35 隅谷三喜男 納屋制度の成立と崩壊（『思想』昭和三五年八月）
36 同 炭鉱における労務管理の成立——三池炭鉱坑夫管理史（脇村教授還暦記念論文集『企業経済分析』所収） 昭和三七年
37 瓜生二成 遠賀川流域に於ける石炭運送の史的展望（若松高等学校『研究紀要』第五集） 昭和二八年
38 吉村朔夫 炭鉱賃金制度の研究（九大産業労働研究所『森教授記念論文集』昭和三三年）

III 石炭産業論

A 邦文

39 石炭経済研究所 石炭鉱業の諸問題 昭和三七年

40　正田誠一　九州石炭産業の経済分析（『九州経済統計月報』昭和三〇年四―六月）

B　外　国　文

41　Ashton, T. S. & Sykes, J., The Coal Industry of the Eighteenth Century, 1929
42　Nef, J. U., The Rise of the British Coal Industry, Vol. I, II, 1932
43　Neuman, A. M., Economic Organization of the British Coal Industry, 1934
44　Stillich, O., Steinkohlenindustrie, 1906

索　　引

キ

ク

ケ

コ

サ

シ

ス

セ

ノ

ハ

ヒ

フ

ホ

マ

ミ

ム

メ

モ

ヤ

ユ

ヨ

ラ

リ

■岩波オンデマンドブックス■

日本石炭産業分析

1968年2月26日　第1刷発行
2014年10月10日　オンデマンド版発行

著　者　隅谷三喜男（すみやみきお）

発行者　岡本　厚

発行所　株式会社 岩波書店
〒101-8002 東京都千代田区一ツ橋2-5-5
電話案内 03-5210-4000
http://www.iwanami.co.jp/

印刷／製本・法令印刷

ISBN 978-4-00-730142-1　　Printed in Japan